普通高等教育"十一五"国家纟

电气测试技术

第 5 版

主　编　李学聪　万　频　林德杰
参　编　唐雄民　严柏平　宋亚男
主　审　黄道平

机械工业出版社

本书详细介绍电气测试的原理、方法，测量仪器的特性，测量误差的分析、综合与分配，测量数据的处理。详尽阐述了各种传统的传感器和新型传感器（如压阻、压电、超声、光电、激光、光纤、气敏、霍尔、微型化和智能化等传感器）的原理、特性及其在非电量电测技术中的应用。对数字化测量技术和数字化仪器仪表进行了详细论述，并对抗干扰技术作了较深入地介绍。本书有大量的例题和具体应用实例分析，理论联系实际，内容丰富，系统性和实用性强。

本书可作为高等学校电气工程及其自动化、自动化、机械电子工程、信息工程、测控技术与仪器等专业教材，亦可供相近专业研究生和工程技术人员参考。

本书配套资源丰富，包括多媒体课件、课后习题解答、实验指导书、课程设计指导书、试卷及答案等，欢迎选用本书作教材的老师登录 www.cmpedu.com 下载。

图书在版编目（CIP）数据

电气测试技术/李学聪，万频，林德杰主编. —5 版. —北京：机械工业出版社，2023.12（2025.6 重印）

普通高等教育"十一五"国家级规划教材

ISBN 978-7-111-74451-1

Ⅰ.①电… Ⅱ.①李…②万…③林… Ⅲ.①电气测量 – 高等学校 – 教材 Ⅳ.①TM93

中国国家版本馆 CIP 数据核字（2023）第 238418 号

机械工业出版社（北京市百万庄大街22号　邮政编码100037）

策划编辑：王雅新　　责任编辑：王雅新　刘琴琴

责任校对：李　婷　　封面设计：张　静

责任印制：张　博

北京机工印刷厂有限公司印刷

2025 年 6 月第 5 版第 3 次印刷

184mm×260mm·22.5 印张·528 千字

标准书号：ISBN 978-7-111-74451-1

定价：69.80 元

电话服务　　　　　　　　　网络服务

客服电话：010 – 88361066　　机　工　官　网：www.cmpbook.com

　　　　　010 – 88379833　　机　工　官　博：weibo.com/cmp1952

　　　　　010 – 68326294　　金　　书　　网：www.golden – book.com

封底无防伪标均为盗版　机工教育服务网：www.cmpedu.com

前　　言

本书是普通高等教育"十一五"国家级规划教材。

习近平总书记指出，"新时代新征程，以中国式现代化全面推进强国建设、民族复兴伟业，实现新型工业化是关键任务。"新型工业化推动中国制造向中国创造转变，中国速度向中国质量转变，中国产品向中国品牌转变，从而为中国式现代化构筑强大的物质技术基础。推进新型工业化的关键是实现智能制造，而传感技术是实现智能制造的基石。因此推动传感技术的大力发展和广泛应用是当前非常重要且迫切的任务。

电气测试技术的核心就是传感技术，传感技术与计算技术、通信技术协同发展，正在朝着系统化、数字化、智能化、微型化、无源化、网络化方向迅速发展，因此本书对原教材中部分内容进行了增减，修订了部分理论内容，强化了对数字化测量仪器仪表的原理和应用的论述。

"电气测试技术"是电气工程及其自动化、自动化、机械电子工程、信息工程、测控技术与仪器等专业及其相近专业的重要专业基础课。前置课程有模拟电子技术、数字电子技术、电路原理、自动控制理论和微机原理及应用等。本书按56学时编写，适当删减也并不影响本书的系统性和实用性，亦适用于48学时。

本书第1章由林德杰编写，第2、3章由李学聪编写，第4章由万频编写，第5、6章由唐雄民、严柏平和宋亚男共同编写。李学聪和卢业戈共同制作了本书电子课件和动画。

华南理工大学黄道平教授担任本书主审，详细审阅了全稿，提出许多宝贵意见。广东工业大学教务处和自动化学院相关领导对本书的编写给予了大力支持和帮助。在此，对各位专家教授、领导和原参编者表示衷心的感谢。本书的编写参考了大量文献和资料，在此对有关单位和作者一并致谢。

由于编者水平有限，书中的缺点和错误在所难免，敬请广大读者批评指正。

编　者

目　录

第 1 章

测量的基本概念

1.1 测量的概念和定义

在自然界中，对任何不同的研究对象，如要从数量方面对它进行研究和评价，都是通过测量代表其特性的物理量来实现的。

1.1.1 测量的基本方程

测量是以同性质的标准量（也称为单位量）与被测量比较，并确定被测量对标准量的倍数。因此，测量结果由数值（大小及符号）和相应的单位两部分组成。没有单位，数值是没有物理意义的。

设被测量为 x，单位量为 x_0，测量结果的数值 A_x 为

$$A_x = \frac{x}{x_0} \tag{1-1}$$

式（1-1）称为测量的基本方程。

被测量的数值 A_x 与所选定的单位量 x_0 有关，x_0 越大，A_x 越小，反之亦然。对同一被测量 x，若先后用单位量 x_{01} 和 x_{02} 与之比较，由式（1-1）可得

$$A_{x1} = x/x_{01}$$

和
$$A_{x2} = x/x_{02}$$

由此可得

$$A_{x2}/A_{x1} = K \qquad (1-2)$$

即
$$A_{x2} = KA_{x1}$$

式中，K 称为换算因数。

由此可见，换算因数 K 是这样一个数，用一定单位量测量某一量所得的数值，必须乘上换算因数 K 才能得出用新单位量表示的该被测量的数值。

1.1.2 单位制和单位

为了对同一被测量在不同的时间、地点进行测量，能得到相同的结果，必须采用公认的而且固定不变的单位。为了有利于各国之间的科学文化交流，测量单位的确定和统一是非常重要的。

单位制的种类很多，国际单位制（代号 SI）具有严格的统一性、突出的简明性与广泛的实用性，是生产、科研、文教、贸易和人们生活中广泛应用的统一单位。

1.1.3 测量仪表的基本功能

测量过程实际上是能量的变换、传递、比较和显示的过程。例如，用水银温度计测量室温时，室温被变换成玻璃管内水银柱的热膨胀位移，而温度的标准量为玻璃管上的刻度。可见，被测量和标准量都变换成线位移，两者进行比较，从而读出被测室温的数值（大小和单位）。

由此可见，测量仪表应具有变换、选择、比较和显示 4 种功能。

1. 变换功能 变换是指把被测量按一定的规律转变成便于传输或处理的另一种物理量的过程。图 1-1 为变换元件的功能图，设

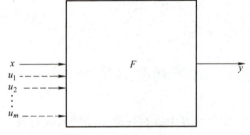

图 1-1 变换元件的功能图

被测量为 x，经变换后输出量为 y，它们之间的函数关系为

$$y = F(x) \qquad (1-3)$$

图 1-1 中实线所示的 y 与 x 之间的关系是理想情况，y 与 x 之间具有单值函数关系。

最简单、最理想的变换规律是变换前后 y 与 x 之间的关系成比例，变换元件的这种特性称为线性特性。放大可看作变换的一种特殊形式，即同类量的变换。

2. 选择功能 在实际的物理系统中，除了被测量 x 外，还有许多其他影响量 u_1，u_2，$\cdots$，u_m 等以不同程度影响输出量 y，见图 1-1。实际上，变换元件的输出量与输入量之间的关系是多变量函数关系，即

$$y = F(x, u_1, u_2, \cdots, u_m) \qquad (1-4)$$

变换元件除了特定的输出与输入的关系外，不希望 u_1，u_2，$\cdots$，u_m 等影响量对 y 起作用。因此，应具有选择有用信号、抑制其他一切无用信号的功能，选频放大器就是一例。

3. 比较功能 由式（1-1）可见，要确定被测量 x 对标准量 x_0 的倍数 A_x，比较功能是必不可少的。

4. 显示功能 测量的最终目的是将测量结果用便于人眼观察的形式表示出来，因此

显示功能是测量仪表的基本功能之一。测量仪表有模拟显示和数字显示两种显示方式。

1.2　测量仪表的结构及其基本性能

1.2.1　仪表的基本性能

评价仪表的品质指标是多方面的，作为仪表的基本性能，主要是衡量仪表测量能力的那些指标，如精确度、稳定性、测量范围、输入输出特性等。本节主要介绍精确度和稳定性两个指标，其余性能指标在后续章节中论述。

1.2.1.1　精确度

说明精确度的指标有两个：精密度和准确度。

1. 精密度 δ　精密度表示仪表指示值的分散程度，即对某一稳定的被测量，用同一台仪表，由同一个测量者用同样精细程度，在相当短的时间内连续重复测量多次，其测量结果（指示值）的分散程度。δ 越小，精密度越高。例如某温度仪表的精密度 $\delta = 0.5℃$，说明该表多次测量结果的分散程度不大于 $0.5℃$。

2. 准确度 ε　准确度是指仪表的指示值（简称示值）偏离被测量真正值的程度。例如某电压表的准确度 $\varepsilon = 0.5V$，说明该表的示值偏离被测量的真正值不会大于 $0.5V$。ε 越小，准确度越高。

3. 精确度（简称精度）τ　精确度是精密度和准确度的综合反映。在最简单的场合可取两者的代数和，$\tau = \delta + \varepsilon$。精确度高说明精密度和准确度都高。精密度和准确度两者中，若只有某一个指标高而另一个指标低都不能说明精度高。精密度、准确度和精确度是 3 个不同的概念，不能混为一谈。

1.2.1.2　稳定性

表征仪表示值稳定性的指标有两个：一是时间上的稳定性，以稳定度表示；二是仪表外部环境和工作条件变化引起示值的不稳定，以影响系数来表示。

1. 稳定度 δ_s　稳定度是由于仪表内部某些随机变化的因素引起的。例如仪表内部某些因素作周期性变化、漂移或机械部分的摩擦力变化等引起仪表的示值变化。通常它以精密度的数值和时间长短一起来表示。例如电压波动在 8h 内引起示值变化 1.3mV，则可写成稳定度 $\delta_s = 1.3mV/(8h)$。

2. 环境影响　使用仪表时的周围环境（如室温、湿度、大气压、振动等）条件变化引起仪表示值变化，以及电源电压、波形、频率等工作条件变化引起仪表示值变化，统称为环境影响，用影响系数表示。例如，温度变化引起示值变化，用温度系数 β_T 表示；电源电压变化引起示值变化，用电源电压系数 β_u 表示；其余依此类推。

1.2.2　测量仪表的结构

测量仪表（测量系统、传感器等$^{\ominus}$）由若干环节组成。根据各个环节（或变换元件）的连接方式不同，仪表就有不同的组成结构。

$\ominus$　以后若无特别说明，测量仪表均包括测量系统、传感器系统等。

1.2.2.1 直接变换型结构

直接变换型仪表由 n 个组成环节串联连接而成，信息的变换只沿一个方向进行，是一个开环系统，见图1-2。

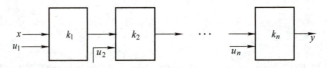

图1-2　直接变换型结构

设各组成环节的传递系数为 k_1，k_2，$\cdots$，k_n，整个系统的传递系数 k 为

$$k = \prod_{i=1}^{n} k_i \tag{1-5}$$

在各个组成环节中难免会引进一些干扰信号 u_1，u_2，$\cdots$，u_n，这些干扰信号就会反映在输出信号 y 中。因此，这种结构的仪表对各个组成环节的要求都很高，各个环节均应具有很好的选择性，否则，仪表的稳定性较差，精度不容易做得很高。

1.2.2.2 平衡变换型结构

平衡变换型结构有两个变换回路，见图1-3。一个是正向变换回路，其各环节的传递系数为 k_1，k_2，$\cdots$，k_n，则正向变换回路的传递系数 k 如式（1-5）所示。另一个回路是由传递系数为 β_1，β_2，$\cdots$，β_m 组成的反向回路。由式（1-5）可得反向变换回路的总传递系数为

$$\beta = \prod_{i=1}^{m} \beta_i \tag{1-6}$$

因此，图1-3a可简化为图1-3b。

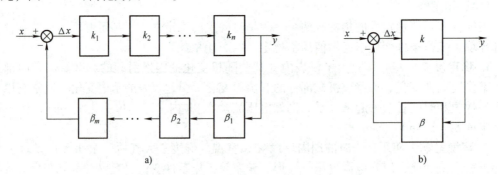

a)　　　　　　　　　　　　　　　　　　b)

图1-3　平衡变换型结构
a）原理框图　b）等效简化电路框图

由图1-3可见，平衡变换型结构的仪表形成一个深度负反馈的闭环系统。由电子放大器的负反馈原理可知，若 $k\beta \gg 1$，则可得

$$y \approx \frac{1}{\beta}x \tag{1-7}$$

由式（1-7）可见，平衡变换型仪表的输出量 y 与正向变换回路各组成环节的性能无关，因此正向变换回路中各环节引进的干扰不影响仪表的性能。但是，反向变换回路各环

节引进的干扰却影响仪表的性能。通常组成反向回路的变换环节不会多，只要精心制作反向变换回路，提高其选择性功能和传递系数 β 的稳定性，便能保证仪表具有较高的稳定性和高精度。

1.2.2.3　差动变换型结构

差动变换型结构由 k_1、k_2 和 k_3 3 个回路组成，见图 1-4。每个回路都可以是前述的直接变换型或平衡变换型结构，k_1 和 k_2 回路的组成结构必须相同。被测量 x 以 $+x$ 和 $-x$ 分别作用于 k_1 和 k_2 回路，可得 $y_1 = k_1 x$ 和 $y_2 = -k_2 x$。设 $k_1 = k_2 = k$，若有干扰信号 u_1 和 u_2 分别作用于 k_1 和 k_2 回路，则 $y_1 = k(x + u_1)$ 和 $y_2 = k(-x + u_2)$，y_1 和 y_2 在 k_3 回路中相减，则得

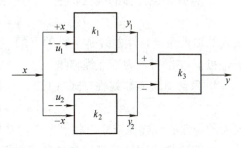

图 1-4　差动变换型结构

$$y = k_3 [k(x + u_1) - k(-x + u_2)] = 2kk_3 x + kk_3 (u_1 - u_2)$$

若干扰信号 $u_1 = u_2$，则

$$y = 2kk_3 x = Kx \tag{1-8}$$

式中，K 称为灵敏度，$K = 2kk_3$。

由式（1-8）可见，差动变换型仪表的灵敏度较高。k_1 和 k_2 回路引进的干扰只要 $u_1 = u_2$，就不会影响输出量 y，因此抗干扰能力较强。k_3 回路引进的干扰会影响输出量 y，只要精心制作 k_3 回路，提高其选择性和稳定度，便能提高仪表的稳定性和精确度。

1.3　测量仪表的输入输出特性

前面介绍了测量仪表的精确度和稳定性，本节详细讨论测量仪表的输入输出特性。说明仪表输入输出特性的指标有静态特性和动态特性。

1.3.1　静态特性及其性能指标

1.3.1.1　静态特性

在测量过程中，当输入信号 x 不随时间变化（$\mathrm{d}x/\mathrm{d}t = 0$），或者 x 随时间变化很缓慢时，输出信号 y 与输入信号 x 之间的函数关系称为仪表的静态特性。仪表的静态特性可用高阶多项式代数方程表示：

$$y = a_0 + a_1 x + a_2 x^2 + a_3 x^3 + \cdots + a_n x^n \tag{1-9}$$

式中，x 为输入信号；y 为输出信号；a_0 为零位输出或零点迁移量；a_1 为仪表的灵敏度；a_2，a_3，$\cdots$，a_n 为非线性项的待定系数。

式（1-9）的多项式代数方程可能有下列 5 种情况：

1. 理想线性　在这种情况下，$a_0 = a_2 = a_3 = \cdots = a_n = 0$。由式（1-9）得

$$y = a_1 x$$

上式表明输入输出特性是经过坐标原点的一条直线。该直线上任何点上的斜率都相

等，因此仪表的灵敏度可表示为

$$a_1 = \mathrm{d}y/\mathrm{d}x = y/x = k = 常数$$

仪表具有理想线性的输入输出特性。

2. 具有零点迁移的线性特性　在这种情况下，$a_2 = a_3 = \cdots = a_n = 0$，$a_0 = \pm y_0$，则得

$$y = \pm y_0 + a_1 x$$

仪表的输入输出特性曲线是在纵轴上的截距为 $\pm y_0$ 的直线，相当于将仪表的零点迁移到 $\pm y_0$ 处。y_0 也可视为零点漂移量。

3. 只含奇次方非线性　式（1-9）只含奇次方项，即 $a_0 = a_2 = a_4 = \cdots = 0$ 时，则得

$$y = a_1 x + a_3 x^3 + a_5 x^5 + \cdots$$

仪表的特性曲线在原点附近相当范围内是线性的。

4. 只含偶次方非线性　在这种情况下，$a_0 = a_3 = a_5 = \cdots = 0$，则得

$$y = a_1 x + a_2 x^2 + a_4 x^4 + \cdots$$

仪表的输入输出特性具有严重的非线性。

5. 普遍情况　见式（1-9），仪表的输入输出特性具有按自然数排列的非线性。

1.3.1.2　静态性能指标

表征仪表静态特性的指标有灵敏度、线性度、重复性和滞环4个指标。

1. 灵敏度 k　灵敏度是指测量仪表在稳态下，输出的变化量对输入变化量之比，即

$$k = \mathrm{d}y/\mathrm{d}x \tag{1-10}$$

它是仪表静态特性曲线上各点的斜率。测量仪表的灵敏度可分为3种情况：

（1）灵敏度为常数　在整个测量范围内，灵敏度 k 不随被测量的变化而变化，而保持为常数。在这种情况下，式（1-10）可表示为

$$k = y/x = 常数$$

若在整个测量范围内灵敏度为常数，仪表的静态特性是线性的，指针式仪表标尺的刻度是均匀的。

（2）灵敏度随被测量 x 的增大而增大　这种情况下，仪表的静态特性是非线性的，指针式仪表标尺的刻度特性是不均匀的。随着被测量 x 的增加，仪表标尺的刻度将越来越疏。

（3）灵敏度随被测量 x 的增大而减小　同样，仪表的静态特性也是非线性的。但是随着被测量 x 的增大，仪表标尺的刻度将越来越密。

2. 线性度　线性度是指仪表的实际静态特性曲线偏离其理论拟合直线的程度。通常也用仪表的非线性误差表示。仪表的非线性误差定义为：仪表的实际静态特性曲线与理论拟合直线的最大偏差 Δy_m 与仪表输出满度值 y_m 之比的百分数（见图1-5a），即

$$E_l = \pm \frac{\Delta y_\mathrm{m}}{y_\mathrm{m}} \times 100\% \tag{1-11}$$

由此可见，仪表非线性误差的大小与理论拟合直线有关，对同一条静态特性曲线，若理论拟合直线不同，计算所得的非线性误差会差别很大。因此，不能笼统地提线性度或非线性误差，必须说明所依据的理论拟合直线。根据理论拟合直线的取得方法，有理论线性

度、独立线性度、端基线性度、平均选点线性度和最小二乘法线性度等。下面介绍常用的理论线性度、端基线性度和最小二乘法线性度。

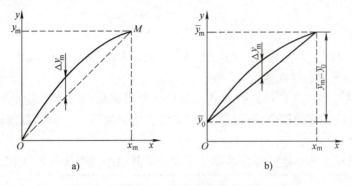

图 1-5　不同理论拟合直线所对应的线性度

a）理论线性度　b）端基线性度

（1）理论线性度　理论线性度又称为绝对线性度。通常取仪表的零点作为理论拟合直线的始点 O，以最大输入 x_m 的最大输出 y_m 对应的坐标点 M 为终点的连线作为理论拟合直线，见图 1-5a。

（2）端基线性度　把仪表实际数据的零点输出平均值和满度输出平均值连成的直线作为理论拟合直线，其方程式为

$$y = b + kx \tag{1-12}$$

式中，y 为输出量；x 为输入量；b 为拟合直线在 y 轴上的截距；k 为拟合直线的斜率。

根据端基法作出的拟合直线（见图 1-5b）其方程式对应于式（1-12），即 $b = \bar{y}_0$，$k = (\bar{y}_m - \bar{y}_0)/x_m$，可得

$$y = \bar{y}_0 + \frac{\bar{y}_m - \bar{y}_0}{x_m} x \tag{1-13}$$

式中，$\bar{y}_0$ 为零点输出平均值；$\bar{y}_m$ 为满度输出平均值；x_m 为满度输入。

这种拟合直线的取得方法简单、直观，应用较广泛，但拟合精度较低。

（3）最小二乘法线性度　拟合直线方程式见式（1-12）。设实际测试点有 n 个，即 (x_1, y_1)，(x_2, y_2)，…，(x_n, y_n)，则第 i 个校准数据与拟合直线上相应值之间的残余误差为

$$\Delta y_i = y_i - y = y_i - (b + kx)$$

最小二乘法拟合直线取得的原则是使 $\sum_{i=1}^{n} \Delta y_i^2$ 为最小值。为此，必须由 $\sum_{i=1}^{n} \Delta y_i^2$ 分别对 k 和 b 求一阶偏导数，并令其等于零，即

$$\frac{\partial}{\partial k} \sum \Delta y_i^2 = 2 \sum (y_i - kx_i - b)(-x_i) = 0$$

$$\frac{\partial}{\partial b} \sum \Delta y_i^2 = 2 \sum (y_i - kx_i - b)(-1) = 0$$

由上面两式可求出 k 和 b 为

$$k = \frac{n \sum x_i y_i - \sum x_i \sum y_i}{n \sum x_i^2 - (\sum x_i)^2} \qquad (1-14)$$

$$b = \frac{\sum x_i^2 \sum y_i - \sum x_i \sum x_i y_i}{n \sum x_i^2 - (\sum x_i)^2} \qquad (1-15)$$

式中，$\sum x_i = x_1 + x_2 + \cdots + x_n$；$\sum y_i = y_1 + y_2 + \cdots + y_n$；$\sum x_i y_i = x_1 y_1 + x_2 y_2 + \cdots + x_n y_n$；$\sum x_i^2 = x_1^2 + x_2^2 + \cdots + x_n^2$；$n$ 为测试次数。

将式（1-14）和式（1-15）代入式（1-12）便可得最小二乘法拟合直线方程。

最小二乘法线性度的拟合精度最高，但其计算也最繁琐，在测试数据较多时，最好用计算机进行计算。

例 有一只压力传感器的标定数据见下表。求其最小二乘法线性度和灵敏度。

$x_i/10^5$ Pa	0	0.5	1.0	1.5	2.0
正行程 y_i/V	0.0020	0.2015	0.4005	0.6000	0.7995
反行程 y_i/V	0.0030	0.2020	0.4020	0.6010	0.8005

解 为求拟合直线方程式（1-12），必须计算式（1-14）和式（1-15）中各数值之和。由上表可知，测试次数 $n = 10$，可求得各值如下：

$$\sum_{i=1}^{10} x_i = 10；\sum_{i=1}^{10} y_i = 4.012；\sum_{i=1}^{10} x_i y_i = 6.00575；\sum_{i=1}^{10} x_i^2 = 15$$

把上述数据代入式（1-14）和式（1-5），可求得

$$k = 0.39875$$

$$b = 0.00245$$

于是可得最小二乘法拟合直线的方程式为

$$y_i = 0.00245 + 0.39875 x_i$$

将各输入量 x_i 代入上式可得理论拟合直线各点的数值，见下表：

$x_i/10^5$ Pa	0	0.5	1.0	1.5	2.0
y_i/V	0.00245	0.2018	0.4012	0.6006	0.79995

依次找出传感器的输出输入校准值与上述拟合直线相应点的偏差 Δy_i 如下：

正行程 Δy_i/V	-0.00045	-0.0003	-0.0007	-0.0006	-0.00045
反行程 Δy_i/V	0.00055	0.0002	0.0008	0.0004	0.00055

由上表可见，最大偏差 $\Delta y_m = 0.0008$，可求得最小二乘法非线性误差为

$$E_l = \frac{\Delta y_m}{y_m} \times 100\% = \frac{0.0008}{0.79995} \times 100\% = 0.1\%$$

压力传感器的灵敏度用输出量和输入量的测量范围之比来表示，即

$$K = \left(\frac{0.79995 - 0.00245}{2.0 - 0} \right) V/kPa = 0.39875 V/kPa$$

也可以直接由拟合直线方程式的斜率 k 得到

$$K = k = 0.39875 V/kPa$$

3. 滞环误差 滞环误差表示仪表的正向（上升）和反向（下降）特性曲线的不一致

程度。当被测量 x 连续增加时仪表的输出量 y_c 与被测量 x 连续减小时仪表的输出量 y_d 之间的偏差称为滞环误差，见图 1-6。滞环误差用在测量范围内产生的最大滞环误差 $\varepsilon_{hm} = | y_d - y_c |_m$ 与仪表满度值 y_m 之比的百分数表示，即

$$E_{hm} = \frac{\varepsilon_{hm}}{y_m} \times 100\% \qquad (1\text{-}16)$$

滞环误差主要由于仪表内部的弹性元件、磁性元件和机械部件的摩擦、间隙以及积尘等原因而产生。

4. 重复性　重复性是指仪表在输入量按同一方向作全量程连续多次测量时所得到的静态特性曲线的不一致程度，也用重复性误差表示，见图 1-7。特性曲线一致，重复性好，重复性误差小。

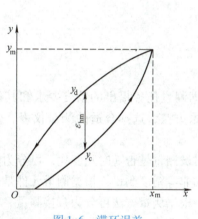

图 1-6　滞环误差

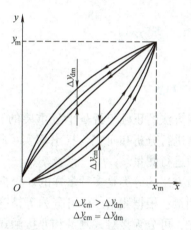

$\Delta y_{cm} > \Delta y_{dm}$
$\Delta y_{cm} = \Delta y_{dm}$

图 1-7　重复性误差

重复性误差用多次正行程测量中各个测量点输出值之间的最大偏差 Δy_{cm}，以及多次反行程测量中各个测量点输出值之间的最大偏差 Δy_{dm}，用 Δy_{cm} 和 Δy_{dm} 中最大一个作为 Δy_m 与满度值 y_m 之比的百分数来表示，即

$$E_z = \pm \frac{\Delta y_m}{y_m} \times 100\% \qquad (1\text{-}17)$$

利用图 1-7 和式（1-17）计算重复性误差比较繁琐，而且精度很低。实际上，仪表的重复性是用测量数据的分散程度来描述的，因此它表征了仪表的精密度。仪表的精密度可用标准差估计值 $\hat{\sigma}$ 来表示。对于 $\hat{\sigma}$ 的计算可参考 2.3 节。计算出全部 $\hat{\sigma}$ 后，找出其最大值 $\hat{\sigma}_m$，然后取（2 ~ 3）$\hat{\sigma}_m$ 作为 Δy_m，利用式（1-17）计算重复性误差。该法计算重复性误差简便、精度高。

1.3.2　测量仪表的动态特性

在生产过程中，许多被测量是保持恒定的或者变化是非常缓慢的。在这种条件下，研究仪表的静态特性就具有重要意义。但是，也有许多被测量随时间的变化非常快，其幅值是时间的函数。当输入量是时间的函数时，仪表的输出量与输入量之间的函数关系称为仪

表的动态特性。任何仪表都有时间常数 T_m 和时延 τ_m，可用一阶或二阶加时延环节的特性来描述仪表的动态特性。因此，当仪表的输入量随时间变化很快时，其输出量跟不上输入量的变化而存在较大的偏差。仪表输出量随时间变化的曲线与输入量随同一时间变化的曲线之偏差，称为仪表的动态误差。理论研究和实践表明，由于 T_m 和 τ_m 引起仪表的动态误差是比较大的。为提高测量精度，减小动态误差，应根据被测信号的频率选择仪表的动态特性。

在研究仪表的动态特性时，通常是根据阶跃变化和正弦变化两种"标准"输入信号作用，研究仪表的动态响应特性，即用时域分析法和频率特性分析法。时域法和频率法在前置课程"自动控制原理"中作了详细地论述，由于篇幅所限，本书不作介绍，读者可参考有关文献。

1.4　测量方法

1.4.1　概述

测量方法的正确与否是十分重要的。要根据测量任务提出的精度要求和其他技术指标，认真进行分析和研究，找出切实可行的测量方法，选择合适的测量仪表、仪器或装置，然后进行测量。

测量方法的分类是多种多样的。根据测量时被测量是否随时间变化，可分为静态测量和动态测量；根据测量条件可分为等精度测量和非等精度测量；根据测量元件是否与被测介质接触，可分为接触式测量和非接触式测量；根据测量方法可分为直接测量、间接测量和组合测量；根据测量方式可分为直读式测量、平衡式测量和微差式测量。下面根据后两种分类方法对测量方法进行研究。

1.4.2　按测量方法分

1. 直接测量　用预先按标准量标定好的仪表对被测量进行测量或用标准量直接与被测量进行比较，从而得出被测量之值，叫作直接测量。例如用电流表测量电流；用温度计测量温度等。

直接测量的优点是测量过程简单、迅速、应用比较广泛。

2. 间接测量　用直接测量方法测量几个与被测量有确切函数关系的物理量，然后通过函数关系式求出被测量之值，叫作间接测量。例如测量导体的电阻率 ρ，可以通过测量该导体的电阻 R 和它的长度 l 及其截面积 S，然后通过下式求电阻率 ρ：

$$\rho = \frac{RS}{l}$$

间接测量法测量手续繁多，花费时间较长，有下列情况之一者，才进行间接测量：①直接测量很不方便，例如直接测量晶体管集电极电流 I_c 很不方便，可直接测量其集电极电阻（R_c）上的电压 U_{Rc}，然后用公式 $I_c = U_{Rc}/R_c$ 算出 I_c；②直接测量误差大；③缺乏直接测量仪器；④手头上有多参数综合测试仪，测量手续可以简化等。间接测量法多在实验室中使用，在工程测量中很少用。

3. 组合测量 在测量中，使各个未知量以不同的形式组合（或改变测量条件来获得这种不同的组合），通过直接测量和间接测量所获得的数据，然后求解一组联合方程而求得被测量的数值，叫作组合测量。例如，要测量标准电阻的电阻温度系数 α 和 β，可作为组合测量的例子。众所周知，标准电阻的电阻值与温度 t 之间的数值关系为

$$R_t = R_{20}\left[1 + \alpha(t-20) + \beta(t-20)^2\right]$$

因此，可在20℃、t_1 和 t_2 3 个温度下，分别测量出 3 个电阻值 R_{20}、R_{t1} 和 R_{t2}，然后通过求解下列方程组来确定电阻温度系数 α 和 β

$$R_{t1} = R_{20}\left[1 + \alpha(t_1-20) + \beta(t_1-20)^2\right]$$

$$R_{t2} = R_{20}\left[1 + \alpha(t_2-20) + \beta(t_2-20)^2\right]$$

所列方程式的数目至少应等于被测量的数目。

1.4.3 按测量方式分

1. 直读式测量 直读式测量是根据仪表（仪器）的读数来判断被测量的大小，而作为单位的标准量具并不参与比较。为了读取被测量之值，这些仪表（仪器）已经预先按被测量的单位刻度好分度，因而实际上是被测量与量具间接比较。例如，利用万用表测量电流、电压都属于这种测量方法。

这种测量方法具有测量过程简单、迅速的优点，但测量精确度较低，在工程测量方面得到广泛应用。

2. 零位式测量 零位式（又称补偿式或平衡式）测量法是在测量过程中，用已知的标准量直接与被测量比较，若有差值，则调整标准量使差值减小，该差值用指零仪表来指示，当指零仪表指在零位时，说明被测量等于标准量，然后用标准量之值决定被测量之值。用这种测量方法进行测量，标准量具装在仪表内，在测量过程中，标准量直接与被测量进行比较。例如用电位差计测量被测电动势就是这种测量方法。电位差计的简化电路见图1-8。图中，RP_1 作调整工作电流用，E 是工作电源电动势，R_N 是标准电阻，E_N 是标准电池电动势，RP_2 是工作电位器；其阻值为 R_K，P 是高灵敏度检零仪表。

直流电位差计原理

测量时，首先校准标准电流 I，将开关 S 置于 N 位置，调整电位器 RP_1，使指零仪表指零，则 $E_N = IR_N$。然后将开关 S 置于 x 位置，此是测量位置。调整电位器 RP_2 使指零仪表指零，说明整个系统处于平衡状态，即

$$U_K = IR_K = E_x$$

因为 $I = E_N / R_N$

故

$$E_x = \frac{E_N}{R_N}R_K \qquad (1-18)$$

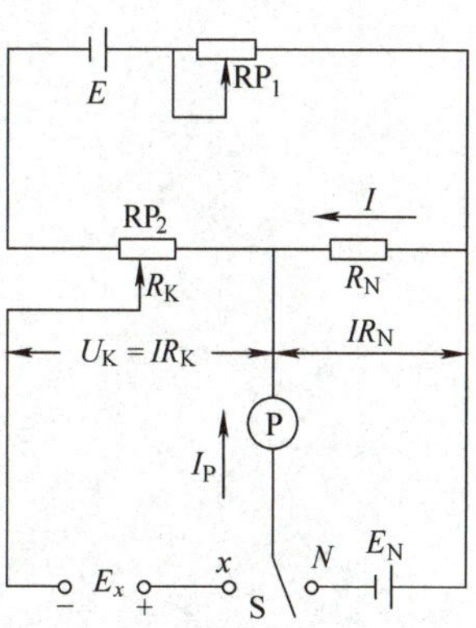

图 1-8 直流电位差计原理图

由此可以看出零位式测量的特点：

11

1）被测电动势 E_x 用 E_N、R_N 和 R_K 3 个标准量来表示，而这 3 个标准量的精确度都可做得很高，故这种测量方法的测量精度高。

2）读数时指零仪表 P 指零，说明指零仪表 P 支路电流 $I_P = 0$。也就是说，读数时，不向被测电路吸取能量，不影响被测电路的工作状态。所以不会因为仪表的输入电阻不高而引起误差。

3）由于在测量过程中要进行平衡操作，其反应速度较慢，故不适合测量迅速变化的信号，只适用于测量缓慢变化的信号。

由于上述特点，这种测量方法在实验室和工程实践中都得到广泛应用。

3. 微差式测量 微差式测量综合了直读式测量和零位式测量的优点。它将被测量 x 与已知的标准量 N 进行比较，得到差值 $\Delta x = x - N$，然后用高灵敏度的直读式仪表测量微差 Δx，因此可得到被测量 $x = N + \Delta x$。由于微差 $\Delta x \ll N$，$\Delta x \ll x$，虽然直读式测量仪表测量 Δx 时，精度可能不高，但是测量 x 的精度仍然很高。

微差式测量方法的优点是反应快，测量精度高，既适用于测量缓变信号，也适用于测量迅速变化的信号，因此，在实验室和工程测量中都得到广泛应用。

各种测量方法都有各自的特点，在选择测量方法时，应首先研究被测量本身的特性、所提出的精度要求、环境条件及所具有的测量仪表（装置）、仪器等，经综合考虑，再确定采用哪种测量方法和选择哪些测量设备。

习题与思考题

1-1 测量仪表应具有哪些基本功能？

1-2 精密度、准确度和精确度的定义及三者的相互关系如何？

1-3 测量仪表有哪些基本结构？画出它们的组成框图，写出输入输出表达式，并分析它们的特点。

1-4 写出描述仪表静态特性的方程，并分析表征仪表静态特性的性能指标。

1-5 举出例子分析零位测量原理，并分析零位测量的特点。

1-6 在微差式测量中，为什么说测量微差 Δx 的精度可能不高，但被测量 x 的测量精度仍很高，请证明之。

第2章

测量误差及数据处理

研究测量误差的目的是要在认识和掌握误差规律的基础上指导设计、制造和使用测量仪表。要解决一项测量任务，必须分析被测对象和被测量的特性，选用适当的测量仪表和测量方法，组成合理的测量系统，然后对测量结果进行数据处理和作出恰当的评价。所有这些都离不开误差理论的指导。

2.1　误差来源及其分类

在科学实验和工程实践中，任何测量结果都含有误差。由于误差存在的必然性和普遍性，人们只能将它控制到尽量低的程度而无法消除它。

2.1.1　误差的来源

误差的来源是多方面的，概括起来主要有如下几个方面：

1. 仪器、仪表误差　仪器、仪表本身及其附件引起的误差称为仪器、仪表误差。例如，仪器、仪表本身的电气或力学性能不完善、零点和增益漂移、非线性、刻度不准确以及标准量不稳定等所引起的误差均属于仪器、仪表误差。

2. 影响误差　由于各种环境因素与仪器、仪表所要求的使用条件不一致而造成的误差称为影响误差。例如，由于温度、湿度、大气压、电磁场、电源电压及频率等波动所造成的误差均属于影响误差。

3. 方法误差　由于测量方法不合理所造成的误差。例如用低输入电阻的仪表测量高内阻回路的输出电压所引起的误差属于方法误差。

4. 理论误差 由于仪器、仪表所依据的理论或公式本身不完善或者是由于近似所引起的误差称为理论误差。例如，用均值表测量非正弦信号电压，需进行波形换算，其定度系数为

$$K_\alpha = \frac{\pi}{2\sqrt{2}} \approx 1.11$$

π 和 $\sqrt{2}$ 均是无理数，所取的 1.11 是个近似值，所造成的误差属于理论误差。

5. 人身误差 由于测量者的分辨力、视觉疲劳、固有习惯或缺乏责任心等因素引起的误差称为人身误差。人身误差是由于人为因素造成的，欲减小人身误差，必须加强责任心。

在测量工作中，对于误差的来源必须认真分析，采取相应的措施，以减小误差对测量结果的影响。

2.1.2 误差的分类

根据误差的性质及其产生的原因，可将误差分为 3 类：

1. 系统误差（简称系差） 在相同条件下多次测量同一量值时，误差的绝对值和符号保持不变，或者改变测量条件时，按一定规律变化的误差称为系统误差。前述仪器、仪表误差，方法误差和理论误差均属于系统误差。

系统误差是有规律性的误差。通过仔细分析和研究产生系统误差的规律是可以掌握的。因此，可设法减小或消除系统误差。

系统误差表征了测量结果的准确度，系统误差越小，准确度越高，反之亦然。

2. 随机误差 在相同条件下多次重复测量同一被测量，其误差的大小和符号均是无规律变化的误差称为随机误差。产生随机误差的原因是由于许多复杂的因素微小变化的总和引起的。例如，仪表内部某些元件的热噪声和散粒噪声、机械部件的间隙和摩擦、电源电压、频率和环境因素的频繁而无规律的变化等引起的误差均属于随机误差。

就一次测量而言，随机误差没有规律，不可预测。但当测量次数足够多时，大多数随机误差是服从正态分布的。服从正态分布规律的随机误差具有下列特点：

（1）单峰性 绝对值小的误差比绝对值大的误差出现的概率大，在误差 $\delta = 0$ 处，出现的概率最大。

（2）有界性 绝对值大于某一数值的误差几乎不出现，故可认为随机误差有一定的界限。

（3）对称性 大小相等、符号相反的误差出现的概率大致相同。

（4）抵偿性 正、负误差是相互抵消的，因此随机误差的代数和趋于或者等于零。

由于服从正态分布规律的随机误差具有上述特点，故可以用数理统计方法对随机误差进行估算，但不能消除它，故只能估计随机误差对测量结果的影响程度。

随机误差表征了测量结果的精密度，随机误差小，精密度高，反之，精密度低。

3. 粗大误差（简称粗差） 在相同条件下多次测量同一被测量时，可能有某些测量值明显偏离了被测量的真正值所形成的误差称为粗大误差。前述的人身误差是产生粗差的原因之一。此外，由于测量条件的突然变化，例如电源电压、雷电、机械冲击等是造成粗

差的客观原因。

凡是被确认含有粗差的测量结果均称为坏值。在测量数据处理时，所有坏值都必须剔除。

2.2　误差的表示方法

2.2.1　测量误差的表示方法

由于误差是客观存在的，因此在计量学上认为被测量的真正值是无法得到的。讨论被测量示值与真值的误差是没有应用意义的。

1. 实际值绝对误差　由测量所得之被测量的值 x 与被测量实际值 A 之差称为实际值绝对误差，记为 Δx。

$$\Delta x = x - A \tag{2-1}$$

由此可见，Δx 为可正可负和有量纲的数值，其大小和符号分别表示测量值偏离被测量实际值的程度和方向。

例 2-1　一个被测电压的实际值为 100V，用一只电压表测量，其指示值 $U_x = 101\text{V}$，则其实际值绝对误差为

$$\Delta U = U_x - U = (101 - 100)\text{V} = +1\text{V}$$

此为正误差，表示仪表示值比被测量实际值大 1V。

被测量实际值 A 可用下列两种方法取得：

1）用比所用仪表的精度等级高一级或数级的仪表的指示值作为被测量的实际值 A。

2）在测量次数 n 足够多时，仪表示值的算术平均值 $\bar{x} = \dfrac{1}{n} \displaystyle\sum_{i=1}^{n} x_i$ 作为被测量的实际值 A。

与绝对误差的数值相等而符号相反的量值称为修正值，用 c 来表示，则

$$c = -\Delta x = A - x \tag{2-2}$$

修正值 c 是通过检定（或校准）由上一级标准（或基准）以表格、曲线、公式或数字等形式给出的。因此，利用修正值与仪表的示值相加，可算出被测量的实际值 A，即

$$A = x + c \tag{2-3}$$

例 2-2　一台晶体管毫伏表的 10mV 档，测量时示值为 8mV，在检定该表时 8mV 刻度处的修正值为 -0.03mV，则被测电压的实际值为

$$U = x + c = [8 + (-0.03)]\text{mV} = 7.97\text{mV}$$

可见，利用修正值可以减小测量误差，得到更接近于被测量真值的实际值。因此，测量仪表应定期送计量部门检定，以便获得准确的修正值。应该指出，使用修正值必须在仪表检定的有效期内。修正值本身也有误差。

绝对误差虽然可以说明仪表示值偏离被测量实际值的程度，但不能说明测量的精确度。

例 2-3　测量两个电压，实际值 $U_1 = 100\text{V}$，$U_2 = 5\text{V}$，仪表的示值分别为 $U_{x1} = 101\text{V}$，$U_{x2} = 6\text{V}$。其绝对误差分别为

$$\Delta U_1 = U_{x1} - U_1 = (101 - 100)\text{V} = +1\text{V}$$
$$\Delta U_2 = U_{x2} - U_2 = (6 - 5)\text{V} = +1\text{V}$$

很显然，虽然两者的绝对误差相同，但是两者测量的精确度却相差甚远，因此有必要引入相对误差的概念。

2. 实际值相对误差　实际值绝对误差与被测量实际值之比的百分数称为实际值相对误差，即

$$\gamma_A = \frac{\Delta x}{A} \times 100\% \qquad\qquad (2-4)$$

例 2-4　利用例 2-3 的数据，测量两电压的相对误差分别为

$$\gamma_{A1} = \frac{\Delta U_1}{U_1} \times 100\% = \frac{+1}{100} \times 100\% = 1\%$$

$$\gamma_{A2} = \frac{\Delta U_2}{U_2} \times 100\% = \frac{+1}{5} \times 100\% = 20\%$$

可见，两者绝对误差相同，但相对误差差别很大，测量 U_1 的精确度比 U_2 的高得多。

在误差较小、要求不太严格的场合，可以用仪表的示值 x 代替实际值 A，此时的相对误差称为示值相对误差，即

$$\gamma_x = \frac{\Delta x}{x} \times 100\% \qquad\qquad (2-5)$$

式（2-5）中 Δx 由所用仪表的精度等级给出。由于 x 含有误差，故 γ_x 只适用于近似测量或工程测量。

2.2.2　仪器仪表误差的表示方法

误差是仪器仪表的重要质量指标。按有关规定，可用工作误差、固有误差、影响误差和稳定误差来表征仪器仪表的性能；也可以用基本误差和附加误差来表征仪器仪表的性能。本书采用后面一种表示方法。

1. 基本误差　它是仪器仪表在标准条件下使用时所具有的误差。标准条件一般是指仪器仪表在标定刻度时所保持的工作条件。例如，电源电压交流 220（1 ± 5%）V；环境温度（20 ± 5）℃；相对湿度（70 ± 15）%；大气压（98.1 ± 4.0）kPa 等。

对于相同的绝对误差，相对误差随被测量 x 的增大而减小，相反，随 x 的减小而增大，在整个测量范围内相对误差不是一个定值。因此，相对误差不能用于评价仪器仪表的精确度，也不便于用来划分仪器仪表的精度等级。为此提出最大满度相对误差称为最大满度引用误差的概念。

最大满度引用误差是最大绝对误差与仪器仪表量程满度值 x_m 之比的百分数，即

$$\gamma_{0m} = \frac{\Delta x_m}{x_m} \times 100\% \qquad\qquad (2-6)$$

γ_{0m} 是仪器仪表在标准条件下使用不应超过的误差。由于在仪表的刻度线上各处均可能出现 Δx_m，所以从最大误差出发，在没有修正值的情况下，测量者应当认为在整个测量范围内各处示值的最大误差 Δx_m 是个常数。

按国家标准规定，用最大引用误差来定义和划分仪器仪表的精度等级，将仪器仪表的

精度等级划分为：0.1，0.2，0.5，1.0，1.5，2.5，5.0 共七级。它们的最大引用误差分别为 ±0.1%，±0.2%，±0.5%，±1.0%，±1.5%，±2.5%，±5.0%。当计算所得的 γ_{0m} 与仪表精度等级的分档不等时，应取比 γ_{0m} 稍大的精度等级值。仪表的精度等级通常以 s 来表示。例如，$s = 1.0$，说明该表的最大引用误差不超过 ±1.0%。

例 2-5　检定一台 $A_m = 5A$，$s = 1.5$ 的电流表，在 $A_x = 2.0A$ 处，其 $\Delta A_m = 0.1A$，问此电流表精度是否合格？

解　按式（2-6）求得

$$\gamma_{0m} = \frac{0.1}{5} \times 100\% = 2.0\%$$

因为

$$2.0\% > 1.5\%$$

所以该表不合格。可作 2.5 级表使用。

仪器仪表的基本误差也经常遇到同时应用相对误差和绝对误差来表示的情况。例如电位差计的基本误差经常表示成 $2 \times 10^{-4} U_x \pm 10\mu V$。

2. 附加误差　当仪表在使用中偏离了标准工作条件，除了基本误差外，还会产生附加误差。附加误差也用百分数表示。例如，仪表使用时温度超出 (20 ± 5)℃，则会产生温度附加误差；使用时电源电压超出 $220(1 \pm 5\%)$ V，则会产生电压附加误差。此外，还有频率附加误差、湿度附加误差、振动附加误差等。在使用仪表时，附加误差和基本误差要合理综合，再估计出测量的总误差。

2.2.3　数字仪表误差的表示方法

数字仪表的基本误差用下列两种方式表示：

$$\left. \begin{array}{l} \Delta x = \pm a\% x \pm b\% x_m \\ \Delta x = \pm a\% x \pm \text{几个字} \end{array} \right\} \tag{2-7}$$

式中，Δx 为绝对误差；a 为误差的相对项系数；x 为被测量的指示值；b 为误差的固定项系数；x_m 为仪表的满度值。

上述两种方式实质上是一致的，常用后一种，因较为方便。

$a\% x$ 是用示值相对误差表示的，它与读数成正比，称为读数误差。它与仪表各单元电路的不稳定性有关。$b\% x_m$ 不随读数变化，x_m 一定时，它是个固定值，称为满度误差。它包括量化误差和零点误差等。满度误差与所取量程有关，故常用正负几个字来表示。下面举例说明两种表示方法的一致性。

例 2-6　有五位数字电压表一台，基本量程 5V 档的基本误差为 $\pm 0.006\% U_x \pm 0.004\% U_m$，求满度误差相当于几个字。

解　$\pm 0.004\% U_m = \pm 0.004\% \times 5V = \pm 0.0002V$

由于该表可显示 5 位数字，故 ±0.0002V 恰好相当于末位正负两个字。因此该表 5V 量程的基本误差也可以用式（2-7）中的第二种方式表示为

$$\Delta U = \pm 0.006\% U_x \pm 2 \text{ 个字}$$

由此可见，两种表示方式是完全一致的。

2.2.4　一次直接测量时最大误差的估计

在工程测量中，通常只做一次直接测量而取得测量结果，此时如何从仪器仪表的精度等级来确定测量误差呢？

设只有基本误差的情况下，仪器仪表的最大绝对误差为

$$\Delta x_m = \pm s\% \, x_m \tag{2-8}$$

Δx_m 与示值 x 之比，即为最大示值相对误差

$$\gamma_{xm} = \frac{\Delta x_m}{x} \times 100\% = \pm s\% \frac{x_m}{x} \tag{2-9}$$

可见，γ_{xm} 不仅与仪器仪表的精度 s 有关，而且与满度值 x_m 和示值 x 之比值有关。示值 x 大时，相对误差 γ_{xm} 小。当 $x = x_m$ 时，$\gamma_{xm} = \pm s\%$。可见，仪器仪表给出的精度 $\pm s\%$ 是相对误差的最小值。x 离开满度值 x_m 越远，γ_{xm} 越大。

因此，当仪器仪表的精度等级已知时，示值 x 越接近满度值 x_m，测量示值的精度越高。在使用正向刻度的模拟式仪表时，应尽量使指示值 x 靠近满度值 x_m，至少应在 $x \approx 2x_m/3$ 左右。

反之，在选择仪表量程时，应该使其满度值 x_m 尽量接近被测量的数值，至少不应比被测量值大得太多。

例 2-7　测量一个约 80V 的电压。现有两块电压表，一块量程为 300V，0.5 级；另一块量程 100V，1.0 级。问选哪一块为好。

解　根据式（2-9），求其最大相对误差。

1）使用 300V，0.5 级电压表时

$$\gamma_{x1} = \pm 0.5\% \frac{300}{80} \approx \pm 1.88\%$$

2）使用 100V，1.0 级电压表时

$$\gamma_{x2} = \pm 1.0\% \frac{100}{80} = \pm 1.25\%$$

可见，用 100V，1.0 级电压表测量该电压时，精度比较高。故选用 100V，1.0 级电压表较好。

例 2-8　被测电压约 10V。现有：①150V，0.5 级和②15V，2.5 级电压表两块，选择哪一块表测量误差较小？

解　用①表时

$$\Delta U_m = \pm s\% \, U_m = \pm 0.5\% \times 150\text{V} = \pm 0.75\text{V}$$

其示值范围为 10V ±0.75V。

用②表时

$$\Delta U_m = \pm s\% \, U_m = \pm 2.5\% \times 15\text{V} = \pm 0.375\text{V}$$

其示值范围为 10V ±0.375V。

可见，选择 2.5 级的表比选择 0.5 级的表测量误差小。所以要合理选择仪器仪表的量

程及其精度等级，不能单纯追求仪器仪表的精度等级（当然还有仪表内阻的影响问题）。

上述根据式（2-9）得出的应尽量使仪表指针偏转的位置靠近满度值（即 $x \approx x_m$）的结论只适用于正向刻度的仪表。而对于反向刻度的仪表，例如反向刻度的测量电阻的欧姆表或万用表的欧姆档就不适用了。因为万用表的欧姆档的刻度是非线性的，应尽可能使仪表的指针指示在刻度线的中间位置附近，此时 $R_x = R_c$，R_c 称为中值电阻，它等于欧姆表在该量程时内部的总电阻，这样测量的相对误差为最小。

下面再举例说明数字式仪表，如何计算其测量误差。

例 2-9　用一台 4 位的数字电压表的 5V 量程分别测量 5V 和 0.1V 电压，已知该仪表的基本误差为 $\pm 0.01\% U_x \pm 1$ 个字，求由于该表的基本误差引起的测量误差。

解　① 测量 5V 电压时的绝对误差。

因为该表是 4 位的，用 5V 量程时，± 1 个字相当于 $\pm 0.001V$，所以绝对误差为

$$\Delta U_1 = \pm 0.01\% \times 5V \pm 1 \text{ 个字}$$
$$= (\pm 0.0005 \pm 0.001)V = \pm 0.0015V$$

因此其示值相对误差为

$$\gamma_1 = \frac{\Delta U_1}{U_x} \times 100\% = \frac{\pm 0.0015}{5} \times 100\% = \pm 0.03\%$$

② 测量 0.1V 电压时的绝对误差。

$$\Delta U_2 = \pm 0.01\% \times 0.1V \pm 1 \text{ 个字}$$
$$= (\pm 0.00001 \pm 0.001)V \approx \pm 0.001V$$

其示值相对误差为

$$\gamma_2 = \frac{\Delta U_2}{U_x} \times 100\% = \frac{\pm 0.001}{0.1} \times 100\% = \pm 1\%$$

可见，当不接近满量程时，误差是很大的。因此，当测量小电压时，应当用较小的量程。同时还可看出，"± 1 个字"的误差对测量结果的影响也是比较大的，不可忽视。

2.3　随机误差的估算

2.3.1　测量值的算术平均值与数学期望

由同一测量者用同一仪器和方法，以同样的精细程度在短时间内对同一被测量进行多次重复测量，称为等精密度测量。设对被测量 x 进行 n 次等精密度测量，得测量值数列为

$$x_1,\ x_2,\ x_3,\ \cdots,\ x_n$$

这里的 x_i 为随机变量。测量值的算术平均值 $\bar{x}$ 为

$$\bar{x} = \frac{1}{n} \sum_{i=1}^{n} x_i \tag{2-10}$$

$\bar{x}$ 也称为样本平均值。当测量次数 $n \to \infty$ 时，样本平均值 $\bar{x}$ 的极限称为测量值的数学期望 E_x

$$E_x = \lim_{n \to \infty} \left(\frac{1}{n} \sum_{i=1}^{n} x_i \right) \tag{2-11}$$

E_x 也称为总体平均值。

由前述可知，随机误差是精密度的反映，表征了各次测量值的分散程度，故随机误差 δ_i 为

$$\delta_i = x_i - E_x \quad 即 \quad x_i = \delta_i + E_x$$

而系统误差是准确度的反映，则系统误差 ε 为

$$\varepsilon = E_x - A_0 \quad 即 \quad A_0 = E_x - \varepsilon$$

式中，A_0 是被测量真值。

真值绝对误差 Δx_i 是测量示值 x_i 与真值之差：

$$\Delta x_i = x_i - A_0 = (\delta_i + E_x) - (E_x - \varepsilon) = \delta_i + \varepsilon$$

由上式可见，绝对误差等于随机误差与系统误差的代数和。若系统误差和粗差等于零（$E_x = A_0$），则

$$\delta_i = x_i - A_0$$

随机误差的算术平均值 $\bar{\delta}$ 为

$$\bar{\delta} = \frac{1}{n}\sum_{i=1}^{n}\delta_i = \frac{1}{n}\sum_{i=1}^{n}(x_i - A_0) = \frac{1}{n}\sum_{i=1}^{n}x_i - \frac{1}{n}\sum_{i=1}^{n}A_0$$
$$= \bar{x} - A_0 \tag{2-12}$$

由式（2-11）可知，当 $n \to \infty$ 时，$\bar{x} = E_x$，则

$$\bar{\delta} = E_x - A_0 = 0 \tag{2-13}$$

由此可见，当 $n \to \infty$ 时，随机误差的算术平均值为零。

对于有限次等精密度测量，当 n 足够多时，可近似认为 $\bar{\delta} \approx 0$。由式（2-12）得

$$\bar{x} \approx A_0 \tag{2-14}$$

由此可见，若仅存在随机误差，可用多次测量的算术平均值 $\bar{x}$ 作为最后测量结果。

各次测量值 x_i 与算术平均值 $\bar{x}$ 之差称为剩余误差（简称残差）

$$v_i = x_i - \bar{x} \tag{2-15}$$

对残差求代数和

$$\sum_{i=1}^{n}v_i = \sum_{i=1}^{n}(x_i - \bar{x}) = \sum_{i=1}^{n}x_i - \sum_{i=1}^{n}\bar{x} = n\frac{1}{n}\sum_{i=1}^{n}x_i - n\bar{x}$$
$$= n\bar{x} - n\bar{x} = 0 \tag{2-16}$$

即当 n 足够多时，剩余误差的代数和等于零。利用这一性质可以检验所计算的算术平均值是否正确。

2.3.2 标准差

测量值的算术平均值是被测量的最可信赖值。但是仅知道测量值的算术平均值仍无法知道测量值的分散程度。被测量的分散程度可以用测量值数列的标准差来表示。其定义为：当 $n \to \infty$ 时，随机误差 δ_i 的二次方的算术平均值再开二次方后，只取正值，即

$$\sigma = \sqrt{\frac{1}{n}\sum_{i=1}^{n}\delta_i^2} \tag{2-17}$$

标准差 σ 是表征精密度的重要参数。σ 小表示测量值集中；σ 大表示测量值分散。

δ_i 取二次方的目的是，不论 δ_i 是正是负，其二次方总是正的，其二次方和不会等于零，给计算带来方便。

2.3.3　随机误差的正态分布

由概率论中的讨论可知，测量中随机误差 δ_i 的分布和在 δ_i 影响下的测量数据的分布大多数是服从正态分布的。服从正态分布的随机误差，其概率密度函数 $\varphi(\delta)$ 为

$$\varphi(\delta) = \frac{1}{\sigma\sqrt{2\pi}} e^{-\frac{\delta^2}{2\sigma^2}} \tag{2-18}$$

式中，δ 为随机误差；σ 为标准差。

$\varphi(\delta)$ 与 δ 的曲线见图 2-1。由图可见，标准差 σ 一经确定，$\varphi(\delta)$ 就是 δ 的单值函数。

图 2-2 示出了 3 个不同的 σ 对应的 3 条正态分布曲线。由图可见，σ 越小，δ 曲线越高越陡，小误差出现的概率越大，表示测量值集中，精密度高；反之，σ 越大，曲线越平坦，测量值分散，精密度低。

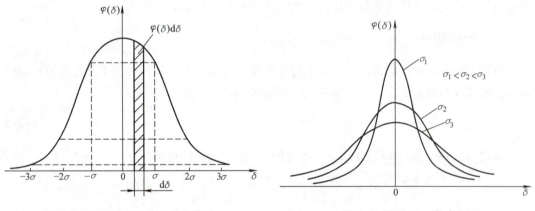

图 2-1　随机误差的正态分布曲线　　　　　图 2-2　标准差 σ 的意义

2.3.4　贝塞尔公式

式（2-17）所示的标准差 σ 是在 $n \to \infty$ 条件下导出的。在实际测量中，测量次数 n 不可能无穷大。当测量次数 n 为有限次时，可用剩余误差 v_i 来计算标准差 σ，同时用标准差的估计值 $\hat{\sigma}$ 代替 σ。在有限次测量中，标准差估计值 $\hat{\sigma}$ 可用贝塞尔公式计算，即

$$\hat{\sigma} = \sqrt{\frac{1}{n-1}\sum_{i=1}^{n} v_i^2} \tag{2-19}$$

式中，$(n-1)$ 称为自由度，常用 K 表示，$K = n-1$。

由式（2-19）可见，当 $n=1$ 时，$\hat{\sigma}$ 值不定，故仅作一次测量的数据是不可靠的。

2.3.5　算术平均值标准差

在有限次等精密度测量中，以测量值的算术平均值作为测量结果。如果在相同条件下对同一量值作 m 组，每一组作 n 次测量，通过计算可得到 m 个算术平均值。由于随机误

差的存在，这 m 个算术平均值并不相同，而围绕着真值 A_0 有一定的分散性。这说明了算术平均值还存在着误差。当需要更精密考虑时，可用算术平均值的标准差 $\hat{\sigma}_{\bar{x}}$ 来评定测量结果的分散程度。算术平均值标准差与标准差估计值的关系为

$$\hat{\sigma}_{\bar{x}} = \frac{\hat{\sigma}}{\sqrt{n}} \tag{2-20}$$

由式（2-20）可见，$\hat{\sigma}_{\bar{x}}$ 随 n 的增大而减小，测量次数越多，测量结果的精密度越高。但由于 $\hat{\sigma}_{\bar{x}}$ 与 $\sqrt{n}$ 成反比，精密度的提高随 n 的增大而越来越慢。一般取 $n = 10 \sim 20$ 次即可。不能单靠增加 n 来减小 $\hat{\sigma}_{\bar{x}}$，而应该在增大 n 的同时，设法减小 $\hat{\sigma}$。这就意味着要改善测量方法，采用精确度等级较高的仪器仪表，才能进一步提高测量的精密度。

2.4 粗大误差的判断准则

如前所述，服从正态分布规律的随机误差具有有界性的特点，即随机误差的绝对值不会超过某一界限。这个界限如何确定呢？下面讨论这一问题。

2.4.1 置信概率与置信区间

由概率积分可知，随机误差的正态分布曲线所包含的全部面积相当于全部误差出现的概率，对式（2-18）从 $-\infty \sim +\infty$ 积分，并令其等于 1，即

$$\frac{1}{\sigma\sqrt{2\pi}} \int_{-\infty}^{+\infty} e^{-\frac{\delta^2}{2\sigma^2}} \mathrm{d}\delta = 1 \tag{2-21}$$

对式（2-18）在 $-\delta \sim +\delta$ 积分，便可得 $\pm\delta$ 误差出现的概率为

$$P(\pm\delta) = \frac{1}{\sigma\sqrt{2\pi}} \int_{-\delta}^{+\delta} e^{-\frac{\delta^2}{2\sigma^2}} \mathrm{d}\delta = \frac{2}{\sigma\sqrt{2\pi}} \int_{0}^{+\delta} e^{-\frac{\delta^2}{2\sigma^2}} \mathrm{d}\delta$$

为简明计，将积分变换成 t，设 $t = \delta/\sigma$，则 $\mathrm{d}\delta = \sigma\mathrm{d}t$，故上式变为

$$P(\pm\delta) = 2 \times \left(\frac{1}{\sqrt{2\pi}} \int_{0}^{t} e^{-\frac{t^2}{2}} \mathrm{d}t \right) = 2\varphi(t) \tag{2-22}$$

式中，$\varphi(t)$ 称为概率积分，$\varphi(t)$ 与 t 的关系见表 2-1。

表 2-1 正态分布下的置信概率数值表

t	$\varphi(t)$	t	$\varphi(t)$	t	$\varphi(t)$
0.50	0.1915	1.50	0.4332	2.50	0.4938
0.60	0.2257	1.60	0.4452	2.60	0.4953
0.70	0.2580	1.70	0.4554	2.70	0.4965
0.80	0.2881	1.80	0.4641	2.80	0.4974
0.90	0.3159	1.90	0.4713	2.90	0.4981
1.00	0.3413	2.00	0.4772	3.00	0.49865
1.10	0.3643	2.10	0.4821	3.20	0.49931
1.20	0.3849	2.20	0.4861	3.40	0.49966
1.30	0.4032	2.30	0.4893	3.80	0.499928
1.40	0.4192	2.40	0.4918	4.00	0.499968

由 t 写出随机误差 δ 的表达式，并取绝对值，即

$$|\delta| = t\sigma \qquad (2\text{-}23)$$

用式（2-21）减去式（2-22），可得出超出 $|\delta|$ 的概率 a 为

$$a = 1 - 2\varphi(t) \qquad (2\text{-}24)$$

由表 2-1 查出不同的 t 对应的 $\varphi(t)$ 值，便可由式（2-24）算出 a，见表 2-2。表 2-2 中，n 为测量次数。

表 2-2　正态分布的置信系数

t	$|\delta| = t\sigma$	$\varphi(t)$	$a = 1 - 2\varphi(t)$	$n = 1/a$
1.00	1.00σ	0.3413	0.3174	3
1.96	1.96σ	0.4750	0.0500	20
2.00	2.0σ	0.4772	0.0456	22
2.58	2.58σ	0.4950	0.0100	100
3.00	3.00σ	0.49865	0.0027	370

总而言之，不超出 $|\delta|$ 的概率为 P，P 可由式（2-24）求得

$$P = 1 - a = 1 - \left[1 - 2\varphi(t)\right] = 2\varphi(t) \qquad (2\text{-}25)$$

由表 2-1 和式（2-25）可算出 t 取不同值时，随机误差 δ 出现的概率 P 为

当　$t = 1$ 时，$P = 2\varphi(t) = 2 \times 0.3413 = 68.26\%$

　　$t = 2$ 时，$P = 2\varphi(t) = 2 \times 0.4772 = 95.44\%$

　　$t = 3$ 时，$P = 2\varphi(t) = 2 \times 0.49865 = 99.73\%$

上述结果表明，对于正态分布规律的随机误差，不超出 2σ 的随机误差出现的概率为 95.44%；不超出 3σ 的随机误差出现的概率为 99.73%。

上述用于描述测量结果的误差处于某一范围内的可靠程度的量，称为置信程度或者置信概率。所选择的极限误差范围称为置信区间。显然，对于同一测量结果，所取置信区间越宽，置信概率越大，反之亦然。置信概率与置信区间的关系见图 2-3。

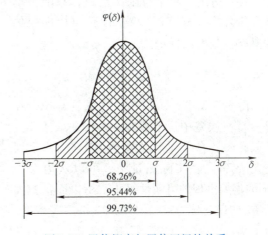

图 2-3　置信概率与置信区间的关系

2.4.2　有限次测量的置信度

图 2-3 所示的置信概率与置信区间的关系，是在测量次数 n 足够多，误差服从正态分布，以标准差 σ 为条件得出的结论。当测量次数 n 足够多（$n > 20$）时，应用这一结论是合适的，因为随机误差的分布接近正态分布。若测量次数 n 较小（$n < 20$），随机误差的分布曲线与正态分布曲线差别较大，服从 t 分布（也称为学生分布），正态分布曲线与 t 分布曲线的不同见图 2-4。为区别于正态分布，t 分布用置信系数 t_a 表示。自由度 K（$K = n - 1$）、置信概率 P 与置信系数 t_a 的关系见表 2-3。若已知 K 和置信概率 P，可由表 2-3 查出置信系数 t_a。

表 2-3 t_a 分布的置信系数

K	P		K	P	
	95%	99%		95%	99%
1	12.71	63.66	20	2.09	2.85
2	4.30	9.92	22	2.07	2.82
3	3.18	5.84	24	2.06	2.80
4	2.78	4.60	26	2.06	2.78
5	2.57	4.03	28	2.05	2.76
6	2.45	3.71	30	2.04	2.75
7	2.36	3.50	40	2.02	2.70
8	2.31	3.36	50	2.01	2.68
9	2.26	3.25	60	2.00	2.66
10	2.23	3.17	70	1.99	2.65
12	2.18	3.05	80	1.99	2.64
14	2.14	2.98	90	1.99	2.63
16	2.12	2.92	100	1.98	2.63
18	2.10	2.88	∞	1.96	2.58

必须指出，对于有限次测量，只能根据贝塞尔公式［式（2-19）］计算出标准差估计值 $\hat{\sigma}$，用 $\hat{\sigma}$ 代替 σ。

2.4.3 随机不确定度与坏值剔除

由表 2-2 可见，若取置信系数 $t=2$，在 22 个随机误差中，至多有一个误差大于 2σ；若取 $t=3$，在 370 个误差中，至多有一个误差大于 3σ。在实际测量中，可以认为大于 3σ 的误差出现的可能性极小，所以通常把大于 3σ 的误差称为极限误差或随机不确定度，用 λ 表示：

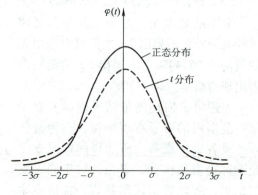

图 2-4 正态分布与 t 分布的不同

$$\lambda = 3\sigma \qquad (2\text{-}26)$$

或用估计值表示：

$$\lambda = 3\hat{\sigma} \qquad (2\text{-}27)$$

这个数值说明测量结果在数学期望附近某一确定范围内的可能性有多大，由测量值的分散程度来决定，所以用标准差的若干倍来表示。

根据上述理由，在测量数据中，如果出现大于 $3\hat{\sigma}$ 的剩余误差 v_i，可认为该次测量值 x_i 为坏值，应予剔除，即

$$|v_i| > 3\hat{\sigma} \qquad (2\text{-}28)$$

式（2-28）称为莱特准则（亦称为 $3\hat{\sigma}$ 准则）。

在测量次数足够多（$n > 20$）时，按莱特准则剔除坏值是客观的和合理的。但是，若测量次数较少（$n < 20$），按莱特准则剔除坏值就不一定可靠。这时应采用格拉布斯（Grubbs）准则。它是根据数理统计方法推导出来的，其概率意义比较明确。

在等精密度测量数据中，若有剩余误差 v_i 的绝对值满足下式：

$$|v_i| > G\hat{\sigma} \tag{2-29}$$

则认为与该 v_i 相对应的测量数据 x_i 是坏值，应予剔除。式中 G 是格拉布斯系数，见表2-4。

表2-4 格拉布斯系数表

n	P		n	P		n	P	
	95%	99%		95%	99%		95%	99%
3	1.15	1.16	12	2.29	2.55	21	2.58	2.91
4	1.46	1.49	13	2.33	2.61	22	2.60	2.94
5	1.67	1.75	14	2.37	2.66	23	2.62	2.96
6	1.82	1.94	15	2.41	2.70	24	2.64	2.99
7	1.94	2.10	16	2.44	2.75	25	2.66	3.01
8	2.03	2.22	17	2.47	2.78	30	2.74	3.10
9	2.11	2.32	18	2.50	2.82	35	2.81	3.18
10	2.18	2.41	19	2.53	2.85	40	2.87	3.24
11	2.23	2.48	20	2.56	2.88	50	2.96	3.34

算术平均值的不确定度可以表示为

当 n 足够大时 $\qquad\qquad\qquad\qquad \lambda = 3\hat{\sigma} \tag{2-30}$

当 n 较小时 $\qquad\qquad\qquad\qquad \lambda = t_a\hat{\sigma} \tag{2-31}$

或者 $\qquad\qquad\qquad\qquad\qquad \lambda = G\hat{\sigma}$

剔除坏值后，对剩余的测量数据重新计算算术平均值和标准差估计值，再次作判断，直到在测量数据中无坏值为止。

2.5 系统误差及其减小方法

如前所述，绝对误差是系统误差和随机误差的代数和，即 $\Delta x_i = \varepsilon + \delta_i$。此式说明测量结果的精确度不仅取决于随机误差，也取决于系统误差。由于系统误差不具有抵偿性，所以不能用求算术平均值的方法加以消除。但是，系统误差是有规律性的误差，经过仔细的分析和研究，其产生的规律是可以掌握的，因此可以采取一些技术措施削弱或消除其对测量结果的精确度的影响。

2.5.1 系统误差的分类

按照系统误差变化的征性，可将系统误差分为两种类型。

1. 恒值系统误差 在测量过程中误差的大小和符号是不变的误差称为恒值系统误差。例如，仪器的基本误差、仪表的零点偏高或低、标尺刻度不准确等均属于恒值系统误差，见图 2-5 曲线 *a*。

2. 变值系统误差 误差的绝对值和符号按照一定规律变化的误差称为变值系统误差。

（1）线性系统误差 在测量过程中误差的数值随着时间线性增大或者减小的误差称为线性系统误差。例如由于晶体管老化过程引起放大倍数下降引起的误差；标准电池的电动势随时间而减小引起的误差等均属此类系统误差，见图 2-5 曲线 *b*。

（2）周期性变化的系统误差 在测量过程中误差值作周期性变化，见图 2-5 曲线 *c*。

（3）复杂变化的系统误差 在测量过程中误差的变化规律很复杂，见图 2-5 曲线 *d*。通常它是由几个影响因素同时变化引起的。

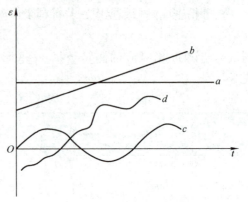

图 2-5　系统误差的特征

2.5.2　系统误差的判断

由于产生系统误差的原因很多，所以发现它或判断它的方法也很多，这里仅介绍几种常用的判断方法。

1. 实验对比法 改变测量条件、测量仪器仪表或测量方法进行重复测量，然后将测量结果进行对比，从而发现系统误差。这种方法用于判断是否存在恒值系统误差。例如，原先用一般精度等级的仪表测量某参数，可能存在系统误差。然后再用精度等级高一等数级的标准表再对该参数进行测量，将前后测量结果进行对比，就会发现原来的测量结果存在系统误差。

2. 剩余误差观察法 用仪器仪表对某一被测量进行一系列等精密度测量，得示值 x_1，x_2，…，x_n，然后求算术平均值 $\bar{x}$，并求出各示值的剩余误差 v_1，v_2，…，v_n，最后将剩余误差数列按测量先后制成表格或画成曲线进行观察，从而判断是否存在系统误差。

3. 马利科夫判据 该判据用于判断是否存在线性系统误差。首先将测量数据按测量先后排列起来，分别求剩余误差 v_1，v_2，…，v_n。把剩余误差数列分为前后两组，分别求前后两组 v_i 的代数和，然后求前后两组代数和之差 Δ：

$$
\left.
\begin{aligned}
\text{当 } n \text{ 为偶数时} \quad \Delta &= \sum_{i=1}^{\frac{n}{2}} v_i - \sum_{i=\frac{n}{2}+1}^{n} v_i \\
\text{当 } n \text{ 为奇数时} \quad \Delta &= \sum_{i=1}^{\frac{n-1}{2}} v_i - \sum_{i=\frac{n+3}{2}}^{n} v_i
\end{aligned}
\right\}
\tag{2-32}
$$

如果满足

$$\Delta \approx 0$$

则认为不存在线性系统误差。如果满足：

$$|\Delta| > |v_{im}|$$

则认为存在线性系统误差。式中 v_{im} 是最大剩余误差。

4. 阿卑—赫梅特判据 该判据用于判断是否存在周期性系统误差。首先按测量数据的测量先后求剩余误差列 v_1，v_2，$\cdots$，v_n。然后用下式判断：

$$|v_1v_2 + v_2v_3 + \cdots + v_{n-1}v_n| = \left|\sum_{i=1}^{n-1} v_iv_{i+1}\right| > \sqrt{n-1}\hat{\sigma}^2 \tag{2-33}$$

若式（2-33）成立，则认为存在周期性系统误差，否则不存在周期性系统误差。

对于存在变值系统误差的测量数据，原则上应舍去不用。但是，若 v_{im} 明显小于测量允许的误差范围或者仪器仪表的基本误差，也可以考虑使用。

2.5.3 减小系统误差的方法

对于测量者，善于找出产生系统误差的原因并采取有效措施以减小误差是极为重要的。它与被测对象、测量方法、仪器仪表的选择以及测量人员的实践经验密切有关。下面介绍几种常用的减小系统误差的方法。

1. 从产生系统误差的原因采取措施 接受一项测量任务后，首先要研究被测对象的特性，选择适当的测量方法和测量仪表、所用仪表的精度等级和量程上限；测量工作环境（如温度、湿度、大气压、交流电源电压、频率、振动、电磁场干扰等）是否符合仪表的标准工作条件。必要时可采取稳压、稳频、恒温、恒湿、散热、防振和屏蔽接地等措施。

测量者应提高测量技术水平，增强责任心，克服主观原因所造成的误差。为避免读数或记录出错，可用数字仪表代替指针式仪表，用自动打印代替人工抄写等。

总之，在测量工作开始前，尽量消除产生误差的根源，从而减小系统误差的影响。

2. 定期校正减小缓变系统误差 缓变系统误差的特点是随时间平稳变化。例如，仪表的零点和灵敏度过一段时间后可能会发生变化，见图2-6。原来仪表的输入输出特性见图2-6直线1，经过一段时间后可能变成虚线2。显然，仪表的零点和灵敏度（或满度值）已发生变化，产生了系统误差。应调整仪表的零点和满度值机构使虚线2回复至直线1，恢复仪表原来的输入输出特性，从而减小系统误差。

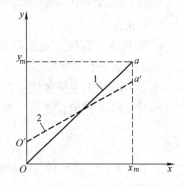

图2-6 校正仪表零点和灵敏度

为了不断消除仪表的缓变（或线性变化）的误差，应定期对仪表进行校正，校正周期越短，缓变误差越小。

3. 用加修正值方法减小系统误差 详见式（2-3）和例2-2。

4. 零位测量法 详见1.4.3节。

5. 微差法 微差法的测量原理详见1.4.3节。这里仅介绍微差法的测量误差。

设标准量为 N，被测量为 x，微差为 Δx，则微差法的绝对误差 Δ 为

$$\Delta = \Delta N + \Delta\delta$$

式中，ΔN 为标准量的绝对误差；$\Delta \delta$ 为测量 Δx 的绝对误差。

相对误差为

$$\gamma_x = \frac{\Delta}{x} = \frac{\Delta N}{x} + \frac{\Delta \delta}{x} = \frac{\Delta N}{N + \Delta x} + \frac{\Delta x}{N + \Delta x}\frac{\Delta \delta}{\Delta x}$$

因为 $\Delta x << N$，故 $N + \Delta x \approx N$，并令 $\gamma_\delta = \Delta \delta / \Delta x$，得

$$\gamma_x = \frac{\Delta}{x} \approx \frac{\Delta N}{N} + \frac{\Delta x}{N}\gamma_\delta \qquad (2-34)$$

式中，$\Delta N/N$ 为标准量的相对误差，即为标准量的精度等级；γ_δ 为测量微差 Δx 的示值相对误差。

微差法测量原理

由于标准量的精度等级很高，故式（2-34）第一项误差很小；第二项是两个小于1的数之乘积，误差也很小。所以用微差法可以减小系统误差。下面举例说明。

例 2-10　设标准电压 $U_N = 25V$，$s = 0.1$ 级。已知微差 $\Delta U = 0.5V$，用 $U_m = 1.0V$，$s = 1.5$ 级电压表测量 ΔU。求测量 U_x 的相对误差。

解　据式（2-9），测量 ΔU 的相对误差为

$$\gamma_\delta = \pm s\% \frac{U_m}{\Delta U} = \pm 1.5\% \times \frac{1}{0.5} = \pm 3.0\%$$

据式（2-34），测量 U_x 的相对误差为

$$\gamma_x = \frac{\Delta U_N}{U_N} + \frac{\Delta U}{U_N}\gamma_\delta = \pm 0.1\% + (\pm 3.0\%)\frac{0.5}{25} = \pm 0.16\%$$

可见，测量误差主要取决于标准量的精确度，而仪表引起的测量误差仅为 0.06%。在测量微差时误差达 $\pm 3.0\%$，但它在总误差中仅占 0.06%。用 $s = 1.5$ 级仪表，可达到 0.06% 的精度。

6. 替代法　替代法是在测量过程中将被测量以等值的标准量来替换。替代时，要使仪器的工作状态前后不变，这样就能消除由仪器产生的恒值系统误差。

图2-7是利用等量替代法在平衡电桥上测量电阻 R_x 的电路。测量时，首先将 s 接到 R_x，调节电阻 R 使电桥平衡，则得

$$R_x = \frac{R_1}{R_2}R \qquad (2-35)$$

式（2-35）中 R_x 的误差与电桥参数有关。为消除这一误差，可用标准电阻 R_N 代替 R_x。保持 R_1/R_2 和 R 不变，将 S 接于 R_N，调节 R_N 使电桥重新平衡，则得

$$R_N = \frac{R_1}{R_2}R \qquad (2-36)$$

比较式（2-35）和式（2-36）可得

$$R_x = R_N$$

可见，测量 R_x 的误差与桥路参数的精度无关，仅取决于标准电阻 R_N 的精度，因此可减小系统误差。

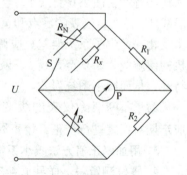

图2-7　替代法减小系统误差

2.6   测量数据的处理

测量数据的处理是指从原始的测量数据中经过加工、整理求出被测量的最佳估计值，并计算其精确度。

2.6.1   测量数据的舍入法则

由于测量数据是由 0，1，2，…，9 共 10 个数组成的近似数，因此在进行数据处理时会遇到数据的舍入问题。通常的"四舍五入"规则中，对 5 只入不舍是不合理的，它也应当有舍有入。所以在测量技术中规定："小于 5 舍，大于 5 入，等于 5 时采取偶数法则"。也就是说，保留数字末位为 n 位，第 $n+1$ 位大于 5，第 n 位数字加 1；第 $n+1$ 位小于 5，第 n 位数字不变；若第 $n+1$ 位恰好是 5，则将第 n 位凑成偶数，即第 n 位为奇数时，第 n 位加 1，第 n 位为偶数时，则第 n 位不变。

例 2-11   将下列数字保留 3 位：

12.34→12.3（4 < 5）

12.36→12.4（6 > 5）

12.35→12.4（因第三位是 3 为奇数，5 入）

12.45→12.4（因第三位是 4 为偶数，5 舍）

当舍入足够多时，舍和入的概率相同，从而舍入误差基本抵消，又考虑到末位是偶数，容易被除尽，减小计算误差。

由此可见，每个数据经舍入后，末位是欠准数字，末位以前的数字是准确数字。其舍入误差不会大于末位单位的一半，这是最大舍入误差，故称该舍入法则为"0.5"误差法则。

2.6.2   有效数字的位数

所谓有效数字的位数，是指在一个数值中，从第一个非零的数算起，到最末一位数为止，都叫有效数字的位数。例如，0.27 是两位有效数字；10.30 和 2.102 都是 4 位有效数字。

可见，数字"0"在一个数值中，可能是有效数字，也可能不是有效数字。如数值 0.270 是 3 位有效数字，开头的"0"不是有效数字，因为它与测量精度无关，而只与采用的单位有关。而最后一个"0"是有效数字，因为它与测量精度有关。又例如 0.0208V，前面两个零不是有效数字，中间一个"0"是有效数字。当转换毫伏为单位时，前面的"0"就消失了，写成 20.8mV。

数字尾部的"0"是很重要的，不能多写也不能少写，例如 20.80mV，表示精确到百分位，是 4 位有效数字，不能写成 20.8mV，这是精确到十分位，是 3 位有效数字。再例如 1000mA，是 4 位有效数字，精确到 mA 级，不能写成 1A，这是一位有效数字，但可写成 1.000A，这是 4 位有效数字。

2.6.3　有效数字的运算规则

在数据处理中，常需要对一些精度不相等的数进行四则运算。为了使计算简单准确，可首先将参加运算的各个数，以精度最差的一个为基准进行舍入处理（也可多保留一位欠准数字），计算结果也按精度最差的那个数为基准作舍入处理（也可以多保留一位或两位欠准数字）。这样使计算简便准确。

2.6.4　有效数字位数的确定

确定有效数字位数的标准是误差。并非写得越多越好，多写位数，就夸大了测量的精确度，少写位数就会带来附加误差。测量结果有效数字处理原则是：由测量精确度来确定有效数据的位数，但允许多保留一位欠准数字，与误差的大小相对应，再根据舍入法则将有效位以后的数字舍去。

例 2-12　用一块 $U_m = 100V$，$s = 0.5$ 级电压表进行测量，其示值为 85.35V，试确定有效数字位数。

该量程的最大误差为

$$\Delta U_m = \pm s\% \, U_m = \pm 0.5\% \times 100V = \pm 0.5V$$

可见示值范围为 84.85 ~ 85.85V，因为误差是 ±0.5V，根据 "0.5" 误差法则，此数据的末位应是整数，所以测量结果应写成两位有效数字，根据舍入法则，示值末尾的 0.35 < 0.5，因此，不标注误差的报告应写成 85V。

由上可见，测量结果的有效数字反映了测量的精确度。例如 123V，末位是个位，表明其绝对误差在 ±0.5V 以内；若 1.23V，末位是百分位，表明其绝对误差在 ±0.005V 以内。

有效数字的位数与小数点的位置和所用单位都无关，而只由误差的大小所决定，这是应该十分明确的。

2.6.5　等精密度测量结果的处理步骤

对某一被测量进行等精密度测量时，其测量值可能同时含有随机误差、系统误差和粗大误差。为了合理估算其测量结果，写出正确的测量报告，必须对测量数据进行分析和处理。

数据处理的基本步骤如下：

1）用修正值等方法，减小恒值系统误差的影响。

2）求算术平均值

$$\bar{x} = \frac{1}{n} \sum_{i=1}^{n} x_i$$

式中，$\bar{x}$ 是指可能含有粗差在内的平均值。

3）求剩余误差 v_i，并验算 v_i 的代数和是否等于零，从而验算计算平均值的正确性。

$$v_i = x_i - \bar{x}$$

$$\sum_{i=1}^{n} v_i$$

若 v_i 的代数和约等于零，说明 $\bar{x}$ 的计算是正确的；否则说明计算 $\bar{x}$ 时有错，要重新计算。

4）求标准差的估计值 $\hat{\sigma}$。利用贝塞尔公式

$$\hat{\sigma} = \sqrt{\frac{1}{n-1}\sum_{i=1}^{n} v_i^2}$$

5）判断粗差，剔除坏值。当 n 足够大时，随机不确定度为

$$\lambda = 3\hat{\sigma}$$

当 n 较少时，利用格拉布斯准则

$$\lambda = G\hat{\sigma}$$

若有 $|v_i| > \lambda$，则认为 v_i 对应的测量值 x_i 是坏值，应予以剔除。

6）剔除坏值后，利用剩下的数据再求 $\bar{x}'$，剩余误差 v'_i，标准差 $\hat{\sigma}'$ 和随机不确定度 λ'，并再次判断粗差和剔除坏值，直到测量数据没有坏值为止。然后继续往下计算。

7）判断有无变值系统误差

① 利用马利科夫判据判断有无线性系差。

当 n 为偶数时

$$\Delta = \sum_{i=1}^{\frac{n}{2}} v_i - \sum_{i=\frac{n}{2}+1}^{n} v_i$$

当 n 为奇数时

$$\Delta = \sum_{i=1}^{\frac{n-1}{2}} v_i - \sum_{i=\frac{n+3}{2}}^{n} v_i$$

上两式中的 v_i 必须是无坏值时所计算得到的剩余误差。若 $|\Delta| > |v_{im}|$，则认为存在线性系统误差。含有线性系差的数据原则上不能使用。应重新作等精密度测量。

② 利用阿卑—赫梅特判据判断有无周期性系差。

$$\left| \sum_{i=1}^{n-1} v_i v_{i+1} \right| > \sqrt{n-1}\hat{\sigma}^2$$

若上式成立则认为存在周期性系差。$\hat{\sigma}$ 是无坏值时的标准差估计值。含有周期性系差的数据也不能使用。

8）求算术平均值标准差估计值

$$\hat{\sigma}_{\bar{x}} = \frac{\hat{\sigma}}{\sqrt{n}}$$

9）求算术平均值的不确定度

当 n 较小时　$\lambda_{\bar{x}} = t_a\hat{\sigma}_{\bar{x}}$ 或 $\lambda_{\bar{x}} = G\hat{\sigma}_{\bar{x}}$

当 n 较大时　$\lambda_{\bar{x}} = 3\hat{\sigma}_{\bar{x}}$

10）给出测量结果的表达式或报告值。对于技术测量，需要指明不确定度 $\lambda_{\bar{x}}$ 时，可表示为

$$A = \bar{x} \pm \lambda_{\bar{x}}$$

若不指明不确定度，可用 $\bar{x}$ 代表 A。

必须指出，上述计算所用数据和计算所得各个值均是在无坏值情况下的计算结果。

在上述计算过程中，也应当考虑有效数字的位数，可先化整然后再计算，使计算简化。为避免累积误差，在化整和结果中可保留两位欠准数字。但最后结果要与误差相对应。

例 2-13   对某一电压进行 16 次等精密度测量。测量数据 v_i 中已计入修正值，具体数值见表 2-5。要求给出包括误差（即不确定度）在内的测量结果表达式。

1）计算算术平均值

$$\overline{U} = \frac{1}{16} \sum_{i=1}^{16} U_i = 205.30\,\mathrm{V}$$

2）计算剩余误差

$$v_i = U_i - \overline{U}$$

各 v_i 列于表 2-5 中第三列。然后求 v_i 的代数和

$$\sum_{i=1}^{16} v_i = 0$$

说明计算算术平均值是正确的。

3）计算标准差估计值。利用贝塞尔公式

$$\hat{\sigma} = \sqrt{\frac{1}{16-1} \sum_{i=1}^{n} v_i^2} = 0.43$$

表 2-5   例 2-13 数据表   （单位：V）

n	U_i	v_i	v'_i	n	U_i	v_i	v'_i
1	205.30	0.00	0.09	9	205.01	−0.29	−0.20
2	204.94	−0.36	−0.27	10	204.70	−0.60	−0.51
3	205.63	+0.33	0.42	11	205.56	0.26	0.35
4	205.24	−0.06	0.03	12	205.35	0.05	0.14
5	206.65	+1.35	—	13	205.21	−0.09	0.00
6	204.97	−0.33	−0.24	14	205.19	−0.11	−0.02
7	205.36	+0.06	0.15	15	205.21	−0.09	0.00
8	205.16	−0.14	−0.05	16	205.32	0.02	0.11

4）判断粗差。求随机不确定度，因为 $n=16$ 次，比较少，采用格拉布斯准则。取 $P=95\%$，查表 2-4，得格拉布斯系数 $G=2.44$，则

$$G\hat{\sigma} = 2.44 \times 0.43 = 1.05$$

查表 2-5，可知 $v_5 = +1.35$ 为最大，大于 $G\hat{\sigma}$，所以测量值 U_5 是坏值，予以剔除。此外没有大于 $G\hat{\sigma}$ 的 v_i，暂定坏值只有一个。剩下数据只有 15 个。

5）重新计算 $\overline{U}'$，v'_i 和 $\hat{\sigma}'$ 值

$$\overline{U}' = \frac{1}{16-1}\left[\sum_{i=1}^{4} U_i + \sum_{i=6}^{16} U_i \right] = 205.21\,\mathrm{V}$$

计算剩余误差 v'_i，列于表 2-5 的第四列。

计算标准差估计值 $\hat{\sigma}' = 0.24$，再查表 2-4，$n' = 15$ 得 $G = 2.41$，算出

$$G\hat{\sigma}' = 2.41 \times 0.24 = 0.58$$

再判断坏值。查表 2-5 知 $|v'_{im}| = 0.51 < 0.58$。说明所剩数据中没有坏值。

6）判断有无变值系差

① 马利科夫判据判断是否有线性系差。

$$\Delta = \sum_{i=1}^{6\sim 8}(v'_1 \sim v'_8) - \sum_{i=9}^{16}(v'_{10} \sim v'_{16})$$
$$= 0.13 - 0.07 \approx -0.06$$

查表 2-5 知 $v'_{im} = v'_{10} = -0.51$，可见 $|\Delta| < |v'_{10}|$，不存在线性系统误差。

② 利用阿卑—赫梅特判据判断有无周期性系差。

$$\left| \sum_{i=1}^{4.6\sim 15} v'_i \times v'_{i+1} \right| = 0.193$$

而

$$\sqrt{n'-1}\,(\hat{\sigma}')^2 = \sqrt{15-1} \times 0.24^2 = 0.216$$

可见，$\left| \sum_{i=1}^{n-1} v_i v_{i+1} \right| < \sqrt{n-1}\hat{\sigma}^2$，故不存在周期性系差。

7）利用 $\hat{\sigma}'$ 计算算术平均值标准差的估计值

$$\hat{\sigma}_{\bar{x}} = \frac{\hat{\sigma}'}{\sqrt{n}} = \frac{0.24}{\sqrt{15}} = 0.06$$

8）计算不确定度。$n' = 15$ 较少，$k = n'-1 = 14$，取 $P = 95\%$，查表 2-3，得 $t_a = 2.14$，则

$$\lambda_{\bar{x}} = t_a \hat{\sigma}_{\bar{x}} = 2.14 \times 0.06 = 0.13 \approx 0.1$$

9）给出测量结果的表达式（报告值）。由 $\lambda_{\bar{x}}$ 值可以看出，测量结果只能精确到十分位，从而得出被测量

$$U = \bar{U}' \pm \lambda_{\bar{x}} = (205.2 \pm 0.1)\,V$$

这一结果表明，虽然被测电压的真值不知道，但可以用经过数据处理后的算术平均值 $\bar{U} = 205.2V$ 代表它。在这个数值中含有随机误差，其标准差为 0.06V，但无论如何不可能超过 0.1V。

2.7 误差的合成与分配

2.7.1 概述

前面讨论了直接测量的误差计算问题。在许多场合要用到间接测量方法对某些被测量进行测量。对间接测量的误差如何计算？这是本节要讨论的问题。它包括误差的合成与误差的分配两方面的内容。

1. 误差的合成 已知被测量与各个参数的函数关系以及各个参数测量值的分项误差，求被测量的总误差，称为误差的合成。

2. 误差的分配 已知总误差及其与各测量值之间的函数关系，将总误差合理地分配给各测量值称为误差分配。

欲进行误差的合成与误差的分配，首先必须知道误差的传递公式。设被测量 y 与各测

量值 x_i 之间的函数关系为 $y = f(x_1, x_2, \cdots, x_n)$，测量值 x_i 各自有独立的绝对误差 Δx_1，Δx_2，$\cdots$，Δx_n，则 y 有绝对误差 Δy。Δy 与 Δx_i 之间的关系为

$$\Delta y = \sum_{i=1}^{n} \frac{\partial f}{\partial x_i} \Delta x_i \tag{2-37}$$

式（2-37）是绝对误差的传递公式。$\partial f / \partial x_i$ 是误差传递系数。

式（2-37）表明，总误差是各分项误差 Δx_i 与其传递系数的代数和。即对函数表达式求全微分，然后求其代数和便可得到 y 的绝对误差 Δy。

式（2-37）两边分别除以 y，便得相对误差的传递公式：

$$r_y = \frac{\Delta y}{y} = \sum_{i=1}^{n} \frac{\partial \ln f}{\partial x_i} \Delta x_i \tag{2-38}$$

由式（2-38）可见，对函数两边分别取自然对数，再求全微分，然后求代数和便可得到 y 的合成相对误差。

2.7.2 常用函数的合成误差

1. 积函数的合成误差　设 $y = x_1 x_2$，y 是积函数。对 y 求全微分得其绝对误差为

$$dy = x_2 dx_1 + x_1 dx_2 \tag{2-39}$$

要求其相对误差，可对 y 取对数再求全微，即

$$\ln y = \ln x_1 + \ln x_2$$

$$r_y = \frac{dy}{y} = \frac{dx_1}{x_1} + \frac{dx_2}{x_2} = r_{x1} + r_{x2} \tag{2-40}$$

式（2-40）说明，由积函数的合成相对误差等于各分项误差之和。当 r_{x1} 和 r_{x2} 分别有"$\pm$"号时，从最大误差出发，总误差应等于各分项误差之绝对值和。即

$$r_{ym} = \pm(|r_{x1}| + |r_{x2}|) \tag{2-41}$$

例 2-14　已知电阻上的电压和电流的误差分别为 $\pm 2.0\%$ 和 $\pm 1.5\%$，求电阻耗散功率的相对误差。

解　电阻耗散的功率 $P = UI$，此为积函数。根据式（2-41）得

$$r_{pm} = \pm(|r_U| + |r_I|) = \pm(2\% + 1.5\%) = \pm 3.5\%$$

2. 商函数的合成误差　已知 $y = x_1 / x_2$ 为商函数。对 y 求全微分可得其绝对误差为

$$dy = \frac{dx_1}{x_2} + \left(-\frac{dx_2}{x_2^2} x_1\right) = dx_1/x_2 - x_1 dx_2/x_2^2 \tag{2-42}$$

对 y 取对数得 $\ln y = \ln x_1 - \ln x_2$，然后微分得 y 的相对误差为

$$r_y = \frac{dx_1}{x_1} - \frac{dx_2}{x_2} = r_{x1} - r_{x2} \tag{2-43}$$

可见，商函数的合成相对误差是各分项相对误差之差。但由于 r_{x1} 和 r_{x2} 往往前面有"$\pm$"号，从最大误差出发，仍取各分项误差的绝对值相加，即

$$r_{ym} = \pm(|r_{x1}| + |r_{x2}|) \tag{2-44}$$

例 2-15　已知放大电路晶体管集电极电阻 R_c。利用测量 R_c 上的压降 U_R，然后间接测得集电极电流 $I_c = U_R / R_c$。已知测量电压的误差是 $\pm 1.5\%$，电阻的误差是 $\pm 2.0\%$。求

测量电流的误差。

解　已知 $I_c = U_R/R_c$ 是商函数。根据式（2-44）可得测量电流 I_c 的误差为

$$r_{Im} = \pm (|r_U| + |r_R|) = \pm (1.5\% + 2.0\%) = \pm 3.5\%$$

3. 幂函数的合成误差　设 $y = kx_1^n x_2^m x_3^P$ 　$k =$ 常数，可见 y 是幂函数。对 y 取对数得

$$\ln y = \ln k + n\ln x_1 + m\ln x_2 + P\ln x_3$$

然后微分，得 y 的合成误差

$$\begin{aligned}
r_y &= n\frac{\mathrm{d}x_1}{x_1} + m\frac{\mathrm{d}x_2}{x_2} + P\frac{\mathrm{d}x_3}{x_3} \\
&= nr_{x1} + mr_{x2} + Pr_{x3}
\end{aligned} \tag{2-45}$$

式中，n、m 和 P 为影响系数。

例 2-16　电流通过电阻，发热量

$$Q = 0.24I^2Rt$$

已知 $r_I = \pm 2.0\%$，$r_R = \pm 1.0\%$，$r_i = \pm 0.5\%$，求 r_Q 是多少。

解　由于 r_I、r_R 和 r_i 的前面均有 "$\pm$" 号，从最大误差出发，仍取各分项误差的绝对值相加。

由式（2-45）可得

$$\begin{aligned}
r_{Qm} &= \pm (|2r_I| + |r_R| + |r_i|) \\
&= \pm (2 \times 2.0\% + 1.0\% + 0.5\%) = \pm 5.5\%
\end{aligned}$$

由此例说明，因为测量电流的影响系数为 2，而 I 的误差占了总合成误差的近 80%，因此，选择合成函数时应尽量避免影响系数大的函数。

4. 和差函数的合成误差　设 $y = x_1 \pm x_2$

上式求全微分得绝对误差

$$\mathrm{d}y = \mathrm{d}x_1 \pm \mathrm{d}x_2 \tag{2-46}$$

若各分项误差的符号不能预先确定时，从最大误差出发，仍取绝对值相加，即

$$\mathrm{d}y = \pm (|\mathrm{d}x_1| + |\mathrm{d}x_2|) \tag{2-47}$$

相对误差

$$r_y = \frac{\mathrm{d}y}{y} = \frac{\mathrm{d}x_1 \pm \mathrm{d}x_2}{x_1 \pm x_2}$$

① 设 $y = x_1 + x_2$ 是和函数，则

$$\begin{aligned}
r_y &= \frac{\mathrm{d}x_1 + \mathrm{d}x_2}{x_1 + x_2} = \frac{x_1}{x_1 + x_2}\frac{\mathrm{d}x_1}{x_1} + \frac{x_2}{x_1 + x_2}\frac{\mathrm{d}x_2}{x_2} \\
&= \frac{x_1}{x_1 + x_2}r_{x1} + \frac{x_2}{x_1 + x_2}r_{x2}
\end{aligned} \tag{2-48}$$

② 设 $y = x_1 - x_2$ 是差函数。同理得

$$r_y = \frac{x_1}{x_1 - x_2}r_{x1} - \frac{x_2}{x_1 - x_2}r_{x2} \tag{2-49}$$

当 r_{x1} 和 r_{x2} 的符号为未知时，上两式仍需取绝对值相加。

由式（2-49）可见，当 x_1 和 x_2 比较接近时，其合成误差比较大，所以尽量不选择差

函数。

例 2-17　用三瓦特表法测量三相交流电路中的功率，各仪表的示值分别为 P_1、P_2 和 P_3，设三仪表的相对误差相等为 r_P。求总功率的相对误差为多少？

解　三相交流电路的总功率等于

$$P = P_1 + P_2 + P_3$$

由式（2-48）可知，总功率的误差为

$$r = \frac{P_1}{P}r_P + \frac{P_2}{P}r_P + \frac{P_3}{P}r_P = r_P$$

可见，若测量三相功率的相对误差相同，三相电路总功率的相对误差等于任一相功率的误差。

例 2-18　用指针式频率计测量放大电路的频带宽度，仪器的 $f_m = 20\,\text{MHz}$，$s = 1.0$ 级。测量值 $f_h = 20\,\text{MHz}$，$f_L = 10\,\text{MHz}$。求频带宽度的合成误差。

解　测量 f_h 的相对误差为

$$r_h = \pm s\%\frac{f_m}{f_h} = \pm 1.0\%\frac{20}{20} = \pm 1.0\%$$

测量 f_L 的相对误差为

$$r_L = \pm s\%\frac{f_m}{f_L} = \pm 1.0\%\frac{20}{10} = \pm 2.0\%$$

已知频带宽度 $f_B = f_h - f_L = (20 - 10)\,\text{MHz} = 10\,\text{MHz}$

由于 r_h 和 r_L 的符号均为未知，代入式（2-49），并取绝对值相加，得

$$r_f = \pm\left(\left|\frac{f_h}{f_h - f_L}r_h\right| + \left|\frac{f_L}{f_h - f_L}r_L\right|\right)$$

$$= \pm\left(\frac{20}{10}\times 1.0\% + \frac{10}{10}\times 2.0\%\right) = \pm 4.0\%$$

5. 和差积商函数的误差　综合上述各个结论可以解决这个问题。

例 2-19　两只电阻 R_1 和 R_2 并联，求并联后电阻 R 的总误差。

解　并联后总电阻

$$R = \frac{R_1 R_2}{R_1 + R_2}$$

上式是和差积商函数。

根据误差传递公式（2-37）可以得出

$$dR = \frac{\partial R}{\partial R_1}dR_1 + \frac{\partial R}{\partial R_2}dR_2$$

$$\frac{\partial R}{\partial R_1}dR_1 = \frac{\partial}{\partial R_1}\left(\frac{R_1 R_2}{R_1 + R_2}\right)dR_1 = \left(\frac{R_2}{R_1 + R_2}\right)^2 dR_1$$

$$\frac{\partial R}{\partial R_2}dR_2 = \frac{\partial}{\partial R_2}\left(\frac{R_1 R_2}{R_1 + R_2}\right)dR_2 = \left(\frac{R_1}{R_1 + R_2}\right)^2 dR_2$$

则

$$dR = \left(\frac{R_2}{R_1 + R_2}\right)^2 dR_1 + \left(\frac{R_1}{R_1 + R_2}\right)^2 dR_2$$

其相对误差为

$$r_R = \frac{\mathrm{d}R}{R} = \frac{R_2}{R_1 + R_2}\frac{\mathrm{d}R_1}{R_1} + \frac{R_1}{R_1 + R_2}\frac{\mathrm{d}R_2}{R_2}$$

即

$$r_R = \frac{R_2}{R_1 + R_2}r_{R1} + \frac{R_1}{R_1 + R_2}r_{R2} \tag{2-50}$$

当 $r_{R1} = r_{R2}$ 时，则 $r_R = r_{R1} = r_{R2}$。表明相对误差相同的电阻并联后总电阻的相对误差与单个电阻的相对误差相同。

2.7.3　系统误差的合成

1. 已定系统误差的合成　对于已定系差，由于误差的大小、符号和函数关系均为已知，故可直接由误差传递公式（2-37）进行合成。因为 $\Delta x_i = \varepsilon_i + \delta_i$，如果 $\delta_i = 0$ 则可对各分项误差采用代数和法进行合成。即

$$\varepsilon_y = \sum_{i=1}^{n} \frac{\partial f}{\partial x_i}\varepsilon_i \tag{2-51}$$

而相对误差为

$$r_y = \frac{\varepsilon_y}{y} = \sum_{i=1}^{n} \frac{\partial \ln f}{\partial x_i}\varepsilon_i \tag{2-52}$$

例 2-20　有 5 个 1000Ω 电阻串联，若各电阻的系统误差分别为 $\varepsilon_1 = -1\Omega$，$\varepsilon_2 = 3\Omega$，$\varepsilon_3 = 2\Omega$，$\varepsilon_4 = -2\Omega$，$\varepsilon_5 = 1\Omega$。求总电阻的绝对误差和相对误差。

解　　　　　　　　　$R = R_1 + R_2 + R_3 + R_4 + R_5 = 5000\Omega$

$$\varepsilon_R = \sum_{i=1}^{5} \frac{\partial R}{\partial R_i} = (-1 + 3 + 2 - 2 + 1)\Omega = 3\Omega$$

其相对误差为

$$r_R = \frac{\varepsilon_R}{R} = \frac{3}{5000} \times 100\% = 0.06\%$$

2. 系统不确定度的合成　对于未定系统误差，由于往往只知道其误差极限而不知道其确切的大小和符号，因此对它的合成方法视具体情况而定。通常可用下列两种方法。

（1）绝对值和法　各分项误差取绝对值，然后求和。用式子表示为

1）绝对系统不确定度

$$\varepsilon_{ym} = \pm \sum_{i=1}^{n} \left| \frac{\partial f}{\partial x_i}\varepsilon_{im} \right| \tag{2-53}$$

2）相对系统不确定度

$$r_{ym} = \pm \sum_{i=1}^{n} \left| \frac{\partial \ln f}{\partial x_i}\varepsilon_{im} \right| \tag{2-54}$$

在函数关系为积商函数情况下，$r_{ym} = \pm(|r_1| + |r_2| + \cdots + |r_n|)$

例 2-21　用二功率表法测量三相三线制电路中的总功率。设两功率表的 $s = 0.5$ 级，

$U_m = 380\text{V}$，$I_m = 5\text{A}$。它们的读数分别为 $P_1 = 1455\text{W}$，$P_2 = 1785\text{W}$。求测量总功率的系统不确定度。

解 总功率为 $P = P_1 + P_2 = (1455 + 1785)\text{W} = 3240\text{W}$。根据式（2-53）和仪表精度等级的定义，可求出测量 P_1 和 P_2 的局部系统不确定度

$$\varepsilon_{1m} = \varepsilon_{2m} = \pm s\% \, UI = \pm(0.5\% \times 380 \times 5)\text{W} = \pm 9.5\text{W}$$

由此可得测量总功率 P 的系统不确定度

$$\varepsilon_{Pm} = \pm(|\varepsilon_{1m}| + |\varepsilon_{2m}|) = \pm(9.5 + 9.5)\text{W} = \pm 19\text{W}$$

其相对系统不确定度为

$$r_{Pm} = \frac{\varepsilon_{Pm}}{P} = \pm\frac{19}{3240} \times 100\% = \pm 0.6\%$$

例 2-22 用晶体管毫伏表 $U_m = 3\text{V}$，$s = 3.0$ 级测量 $U_x = 1.5\text{V}$，$f = 100\text{kHz}$ 的电压。已知在 $20\text{Hz} \sim 1\text{MHz}$ 内频率附加误差 $r_f = \pm 3.0\%$。求相对系统不确定度。

解 仪表的基本误差为

$$r_m = \pm s\% \frac{U_m}{U_x} = \pm 3.0\% \times \frac{3}{1.5} = \pm 6.0\%$$

相对系统不确定度为

$$r_{ym} = \pm(|r_m| + |r_f|) = \pm(6.0\% + 3.0\%) = \pm 9.0\%$$

当各分项误差较少时，采用绝对值和法是比较保险的，因为在这种情况下，各分项误差在相同方向相叠加的机会较大。但是，当各分项误差较多时，绝对值和法过于保守，因为各分项误差由于符号相反而抵消一部分的可能性较大。因此，各分项误差较多时，应采用方和根合成法比较合理。

（2）**方和根合成法** 这种方法是首先将各分项误差平方，再求平方后之和，最后开平方，并在其前面冠以"±"号。即

1）绝对系统不确定度

$$\varepsilon_{ym} = \pm\sqrt{\sum_{i=1}^{n}\left(\frac{\partial f}{\partial x_i}\varepsilon_{im}\right)^2} \tag{2-55}$$

2）相对系统不确定度

$$r_{ym} = \pm\sqrt{\sum_{i=1}^{n}\left(\frac{\partial \ln f}{\partial x_i}\varepsilon_{im}\right)^2} \tag{2-56}$$

在函数关系为积商函数情况下

$$r_{ym} = \pm\sqrt{r_1^2 + r_2^2 + \cdots + r_n^2} = \pm\sqrt{\sum_{i=1}^{n} r_i^2} \tag{2-57}$$

例 2-23 仍用例 2-22 的数据。采用方和根合成法求系统不确定度。

解 利用式（2-57）可得

$$r_{ym} = \pm\sqrt{r_m^2 + r_f^2} = \pm\sqrt{0.06^2 + 0.03^2} = \pm 6.7\%$$

这个合成误差的结果比较合理。

例 2-24　体育运动会上，裁判员用秒表对一运动员计时，设起跑及终点最大计时误差均是 0.03s，求总的不确定度系统误差。

解　1）用绝对值和合成法

$$\varepsilon_{ym} = \pm(0.03 + 0.03)\text{s} = \pm 0.06\text{s}$$

2）用方和根合成法

$$\varepsilon_{ym} = \pm\sqrt{0.03^2 + 0.03^2}\text{s} \approx \pm 0.04\text{s}$$

一般地说，以差 0.04s 较为合理。

2.7.4　系统误差的分配

已知总的误差，把它合理地分配给各个环节，一般地说有无穷多个分配方案。所以往往是在假设某些条件下进行分配。这里介绍两种常用的分配方法。

1. 按误差相同原则分配　分配给各组成环节的<u>误差相同</u>，即

$$\varepsilon_1 = \varepsilon_2 = \cdots = \varepsilon_n = \varepsilon_j$$

由误差的传递公式（2-37）可知：

$$\varepsilon_y = \frac{\partial f}{\partial x_1}\varepsilon_1 + \frac{\partial f}{\partial x_2}\varepsilon_2 + \cdots + \frac{\partial f}{\partial x_n}\varepsilon_n$$

$$= \left(\frac{\partial f}{\partial x_1} + \frac{\partial f}{\partial x_2} + \cdots + \frac{\partial f}{\partial x_n}\right)\varepsilon_j$$

$$= \left(\sum_{i=1}^{n}\frac{\partial f}{\partial x_i}\right)\varepsilon_j$$

所以

$$\varepsilon_j = \frac{\varepsilon_y}{\sum_{i=1}^{n}\dfrac{\partial f}{\partial x_i}} \tag{2-58}$$

用相对误差来表示时，在函数关系为积商函数情况下

$$r_j = \frac{r_{ym}}{n} \tag{2-59}$$

式（2-58）和式（2-59）中的分子是待分配的总误差，把它平均地分配给各个环节。这样分配不一定合理，可以再作适当调整。

例 2-25　设计一个普通直流电桥，要求仪器精度 $S = 0.1$。如何将误差分配给各桥臂。

解　直流平衡电桥原理见图 2-8，由图可见，直流电桥平衡时

$$R_x = \frac{R_2}{R_1}R_N$$

式中，R_2/R_1 是比例臂；R_N 是标准电阻。

上式是积商函数。对上式取对数再微分得

$$r_{Rx} = r_{R2} + r_{RN} - r_{R1}$$

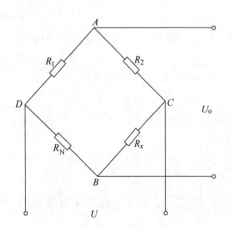

图 2-8　直流平衡电桥

按各分项误差相同原则分配，可得

$$r_i = \frac{r_{Rx}}{3} = \frac{1}{3} \times (\pm 0.1\%) = \pm 0.03\%$$

如果使 $r_{R2} = r_{R1}$ 的话，$r_{Rx} = r_{RN}$，这是最好的方法，但是这是做不到的。由于 R_N 随 R_x 变化，所以 r_{RN} 不可能保持定值，故应分配给 R_N 较大的误差，而给 R_1 和 R_2 较小的误差，并尽量使 r_{R1} 和 r_{R2} 的符号相同，总可以抵消一部分，然后尽量使 $r_{R1} = r_{R2}$。

2. 按对总误差影响相同的原则分配 按这种原则来分配，ε_1，ε_2，…，ε_n 可以不同，而它们对总误差的作用是相同的。根据误差传递公式（2-37）可得

$$\frac{\partial f}{\partial x_1}\varepsilon_1 = \frac{\partial f}{\partial x_2}\varepsilon_2 = \cdots = \frac{\partial f}{\partial x_n}\varepsilon_n = \frac{\partial f}{\partial x_i}\varepsilon_i$$

因为

$$\varepsilon_y = \frac{\partial f}{\partial x_1}\varepsilon_1 + \frac{\partial f}{\partial x_2}\varepsilon_2 + \cdots + \frac{\partial f}{\partial x_n}\varepsilon_n = n\frac{\partial f}{\partial x_i}\varepsilon_i$$

所以

$$\varepsilon_i = \frac{\varepsilon_y}{n\partial f/\partial x_i} \tag{2-60}$$

例 2-26 用测电压和电流的方法测量功率，要求 $r_P \leqslant 5.0\%$。测得电压 $U = 10\mathrm{V}$，$I = 80\mathrm{mA}$。按对总误差影响相同原则分配误差。应如何选择电压表和电流表。

解
$$P = UI = (10 \times 80)\mathrm{mW} = 800\mathrm{mW}$$
$$\varepsilon_P \leqslant 800\mathrm{mW} \times (\pm 5.0\%) = \pm 40\mathrm{mW}$$

根据式（2-60）可知

$$\varepsilon_U = \frac{\varepsilon_P}{n\partial P/\partial U} = \frac{\varepsilon_P}{n\partial(UI)/\partial U} = \frac{\varepsilon_P}{nI} \leqslant \frac{40}{2 \times 80}\mathrm{V} = 0.25\mathrm{V}$$

已知 $U_x = 10\mathrm{V}$，可选 $U_m = 10\mathrm{V}$ 或 $U_m = 15\mathrm{V}$ 的电压表，设 $U_m = 10\mathrm{V}$，则

$$\Delta U_m = \pm s\% U_m = \pm s\% \times 10\mathrm{V} \leqslant 0.25\mathrm{V}$$
$$\pm s\% \leqslant 0.25/10 = 0.025$$
$$s \leqslant 2.5 \text{ 级}$$

因此，可选 $U_m = 10\mathrm{V}$，$s = 2.5$ 级电压表。

$$\varepsilon_I = \frac{\varepsilon_P}{n\partial P/\partial I} = \frac{\varepsilon_P}{n\partial(UI)/\partial I} = \frac{\varepsilon_P}{nU} \leqslant \frac{40}{2 \times 10}\mathrm{mA} = 2\mathrm{mA}$$

已知 $I_x = 80\mathrm{mA}$，可选 $I_m = 100\mathrm{mA}$，则

$$\Delta I_m = \pm s\% I_m = \pm s\% \times 100\mathrm{mA} \leqslant 2\mathrm{mA}$$

$$\pm s\% \leqslant 2/100 = 0.02$$

$$s \leqslant 2.0 \text{ 级，选 } s = 1.5 \text{ 级}$$

所以选 $I_m = 100\mathrm{mA}$，$s = 1.5$ 级电流表。

2.8 最佳测量条件的确定

最佳测量条件，就意味着减小测量误差。绝对误差

$$\Delta x_i = \varepsilon_i + \delta_i$$

欲使 Δx_i 为最小，则必须使 ε_i 和 δ_i 均为最小。因此必须满足下列两式：

1）要使系统误差最小，应做到

$$\varepsilon_y = \sum_{i=1}^{n} \frac{\partial f}{\partial x_i} \varepsilon_i = \min \tag{2-61}$$

2）要使随机误差最小，应做到

$$\sigma_y^2 = \sum_{i=1}^{n} \left(\frac{\partial f}{\partial x_i} \sigma_i \right)^2 = \min \tag{2-62}$$

若满足式（2-61）、式（2-62），说明测量的精确度高。要确定最佳测量条件，多用微分学原理求函数的极小值的方法。下面举例说明。

例 2-27　万用表的欧姆档的简化电路见图 2-9。试求指针在什么位置处测量误差最小。

解　由图可知，指针的偏转角 α 为

$$\alpha = K_I \frac{E}{R + R_x}$$

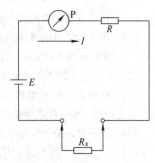

式中，K_I 为仪表的电流灵敏度；E 为电源电动势；R 为仪表内阻；R_x 为被测电阻。

将上式移项得

$$R_x = \frac{K_I E - \alpha R}{\alpha}$$

图 2-9　万用表欧姆档简化电路

根据式（2-38）得

$$r_{Rx} = \frac{\mathrm{d}R_x}{R_x} = \frac{\partial \ln R_x}{\partial \alpha} \mathrm{d}\alpha = -\frac{K_I E}{(K_I E - \alpha R)\alpha} \mathrm{d}\alpha$$

由上式可见，若 $\mathrm{d}\alpha = 0$，$r_{Rx} = 0$，这是不可能的，也不是寻求的最佳条件。只有在 $\mathrm{d}\alpha$ 为某一值情况下保证 r_{Rx} 为最小。要使上式为最小，必须其分母为 $(K_I E - \alpha R)\alpha = \max$。为了使 r_{Rx} 等于最小，可对上式再微分并令其等于零，即

$$\frac{\partial r_{Rx}}{\partial \alpha} = \frac{\partial}{\partial \alpha} \frac{K_I E}{(K_I E - \alpha R)} = 0$$

即

$$-K_I E \frac{K_I E - 2R\alpha}{(K_I E - \alpha R)^2} = 0$$

所以

$$K_I E - 2R\alpha = 0$$

$$\alpha = \frac{K_I E}{2R} = \frac{\alpha_m}{2}$$

式中，α_m 为指针的最大偏转角。

由此可以看出，当 $R_x = R$（R 称为欧姆中心值电阻）时，指针指在标尺的中心位置，此时测量误差为最小。

例 2-28　设电压、电流和电阻的相对误差分别为 $r_U = \pm 2.0\%$，$r_I = \pm 2.5\%$，$r_R = \pm 1.0\%$，可用三种方案间接测量功率 P：1）$P = UI$；2）$P = U^2/R$ 和 3）$P = I^2 R$。问哪一种测量方案为最佳方案？

解　1）$P = UI$，其相对误差为

$$r_P = \mathrm{d}U/U + \mathrm{d}I/I = \pm(2.0\% + 2.5\%) = \pm 4.5\%$$

2）$P = U^2/R$，则

$$r_P = 2\mathrm{d}U/U - \mathrm{d}R/R = \pm(2\times2.0\% + 1.0\%) = \pm5.0\%$$

3）$P = I^2R$，则

$$r_P = 2\mathrm{d}I/I + \mathrm{d}R/R = 2r_I + r_R = \pm(2\times2.5\% + 1.0\%) = \pm6.0\%$$

经过比较，方案1）的测量误差最小，故方案1）是最佳测量方案。

在选择测量方案时，最好选用直接测量法，而少用间接测量方法，在不得已时，选择测量数目少的组合函数。同时，还要考虑客观条件的限制，力争根据现有条件制定测量方案，并且要兼顾经济、简便易行等因素。

习题与思考题

2-1　正态分布的随机误差有什么特点？

2-2　用0.2级100mA电流表去校验2.5级100mA电流表，前者示值80mA，后者示值77.8mA。

（1）被校表的绝对误差、修正值和实际相对误差各为多少？

（2）若认为上述误差是最大误差，被校表的精度应定为几级？

2-3　测量20V左右电压，现有两块电压表，其中一块量程为200V，0.5级；另一块为30V，2.5级。该选择哪一块电压表测量更精确？

2-4　用一台5位数字电压表的4V量程分别测量4V和0.1V电压，已知该表的基本误差为$\pm0.01\%U_x \pm 2$个字，求由于该表的基本误差引起的测量误差。

2-5　用精度为0.1级的9V电源采用微差法测量10V电源的输出电压U_o，要求测量误差r_x范围为$\pm0.4\%$，用量程为1V电压表测量微差电压，该选用几级精度的电压表。

2-6　对某信号源的输出频率f进行12次测量，数据如下（单位：Hz）500.85，500.82，500.79，500.97，501.10，502.03，501.20，501.50，501.60，500.70，500.80，500.50。数据中已无系统误差，求置信概率为99%时的测量结果表达式。

2-7　已知一台5位半的数字电压表的基本误差为$\pm0.003\%U_x \pm 0.002\%U_m$，选用1V量程档去测量电压，示值为0.49946V，求相对误差是多少？

2-8　推导当测量值$x = A^m B^n C^p$时的相对误差r_x的表达式。设$r_A = \pm2.0\%$，$r_B = \pm1.0\%$，$r_C = \pm2.5\%$，$m=2$，$n=3$，$p=\frac{1}{2}$，求这时的r_x。

2-9　用伏安法测量电阻R_x，见图2-10。用万用表的10V和50mA量程分别测量U_x和I_x。已知万用表的电压灵敏度为20kΩ/V，电流档的最大压降为5.00V。示值$U_x = 9.8$V，$I_x = 49$mA。求R_x的实际值R_{x0}是多少？计算$r_R = ?$分析方法误差，改变接线方法。

2-10　见图2-11。仍用题2-9的万用表50V和1mA量程测量。示值为$U_x = 45$V，$I_x = 90\mu$A。求$R_{x0} = ?$计算$r_R = ?$分析方法误差，改进接线方法。

2-11　现有两只5.1kΩ的电阻，误差分别为$\pm5.0\%$和$\pm1.0\%$。

（1）求两只电阻串联时的总电阻和相对误差。

（2）求两只电阻并联时的总电阻和相对误差。

（3）若两只电阻的误差相同为$\pm2.5\%$，求串、并联时的总电阻和相对误差分别是多少？

2-12　用两功率表法测量三相三线制系统的总功率，已知两功率表的$s = 1.0$级，$U_m = 380$V，$I_m = 10$A。它们的读数分别为$P_1 = 3500$W，$P_2 = 3400$W。求测量总功率的系统不确定度。

2-13　求测量电能$W = \dfrac{U^2}{R}t$的测量误差，已知$r_U = \pm1.5\%$，$r_R = \pm1.0\%$，$r_t = \pm0.1\%$，求r_w为

多少?

2-14 某电子仪表技术说明书上指出:

(1) 被测信号为2kHz时,引用误差 ±1.5%;

(2) 温度在 20~30℃时,温度附加误差 ±0.1%/℃ (以20℃为准);

(3) 电源 (220±10%) V时,附加误差 ±0.06%/V (以220V为准);

(4) 被测信号为20Hz~5MHz时,附加误差 ±1.0%;

(5) 湿度不大于80%时,附加误差 ±0.2%;

(6) 更换晶体管或集成元件时,附加误差 ±0.2%。

设本仪表使用前更换一块集成元件,工作在30℃,湿度为60%,电源电压波动 -10%,被测电压3V,f_x =2kHz,U_m =4V。请合理估算测量误差。

2-15 用两块 U_m =50V 的交流电压表分别测量有中心抽头的变压器二次侧的输出电压 U_1 和 U_2,已知示值 U_1 = U_2 =45V,设 U = U_1 + U_2 的最大允许误差为 ±2.0%,选择电压表的精确度等级 (按系统误差相同原则分配)。

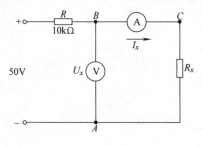

图 2-10 题 2-9 图

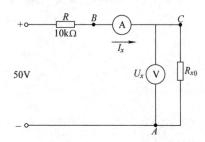

图 2-11 题 2-10 图

第3章

非电量的电测技术

在实际生产过程中，经常涉及到机械量（位移、速度、加速度、力、力矩、应变、应力、振动等），热工量（温度、压力、流量、物位等），化工量（浓度、成分、密度、粘度、pH 值等）等非电物理量的测量。在早期，这些非电量的测量多数采用非电的测量方法，例如用尺子测量长度，用杆秤去称重量。随着科学技术的发展，用非电的测量方法去测量非电量已不能满足工程测量要求，因而研究开发了新的测量技术——非电量电测技术。非电量电测技术中的关键技术是研究如何将非电量转换成电量的技术——传感技术。可以毫不夸张地说，从飞往茫茫太空的宇宙飞船到游弋于浩瀚海洋的各种舰艇船只，从各种复杂的工程系统到人们生活中的衣食住行，几乎都离不开各种各样的传感器。传感技术对国民经济各个领域的发展起着不可估量的巨大作用。

本章主要内容是研究有关传感器的工作原理、结构、特性及其应用。

3.1　电位器式传感器

电位器式传感器可以把直线位移或转角位移转换成具有一定函数关系的输出电阻或输出电压，因此可以用来测量振动、位移、速度、加速度和压力等非电参数。

3.1.1　电位器式传感器的结构

图 3-1 示出了典型的电位器式传感器的结构原理。它由电阻元件（包括骨架和金属电阻丝）和电刷（活动触点）两个基本部分组成。由图可见，当有机械位移时，电位器

的动触点产生位移，而改变了动触点相对于电位参考点（0 点）的电阻 R_x 或电压 U_x，从而实现了非电量（位移）到电量（电阻值或电压幅值）的转换。

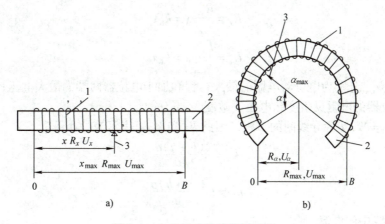

图 3-1　电位器式传感器原理图

a）直线位移式　b）转角位移式

1—金属电阻丝　2—骨架　3—电刷

电位器式传感器有线性和非线性电位器式传感器两大类。

3.1.2　线性电位器式传感器

线性电位器式传感器的理想空载（负载电阻 $R_L = \infty$）特性曲线应具有严格的线性关系。图 3-2 是线性电位器式传感器原理图。由图可见，线性电位器式传感器的骨架截面处处相等，由材料均匀的金属电阻丝按相等截距 t 绕制成电阻元件，因此其最大电阻值 R_{max} 为

$$R_{max} = \frac{2\rho(b+h)N}{A} \tag{3-1}$$

式中，ρ 为导线的电阻率；A 为导线的截面积；b 和 h 分别为骨架的宽度和高度；N 为电位器线圈的总匝数。

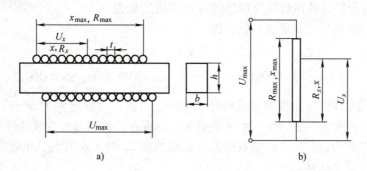

图 3-2　线性电位器式传感器原理图

a）结构图　b）原理图

由于电位器单位长度上电阻值处处相等，当电刷行程为 x 时，对应的空载输出电阻和输出电压分别为

$$R_x = \frac{R_{max}}{x_{max}}x = k_R x \tag{3-2}$$

和

$$U_x = \frac{U_{max}}{x_{max}}x = k_U x \tag{3-3}$$

式中，x_{max} 和 U_{max} 分别为电位器电刷的最大行程和加于电位器两端的最大电压；k_R 和 k_U 分别为线性电位器的电阻灵敏度和电压灵敏度。

由于 $x_{max} = Nt$，t 为导线间的节距，因此 k_R 和 k_U 可表示为

$$k_R = \frac{2(b+h)\rho}{At} \tag{3-4}$$

和

$$k_U = I\frac{2(b+h)\rho}{At} \tag{3-5}$$

式中，I 为导线中的电流。

实际上，绕线线性电位器的变换是一匝一匝进行的，电刷每移过一匝，输出电压（或电阻）产生一个增量 $\Delta U(\Delta R)$，其值为

$$\Delta U = \frac{U_{max}}{N} \tag{3-6}$$

由此可见，绕线线性电位器传感器的输入输出特性不是线性的，而是一条阶梯特性曲线。其理想阶梯特性曲线见图 3-3。

由图 3-3 可求出绕线线性电位器传感器的电压分辨率 k_B，其定义为：在工作行程内电位器产生一个可测得出的输出电压变化量与最大输出电压 U_{max} 之比的百分数，即

$$k_B = \frac{\Delta U}{U_{max}} \times 100\% = \frac{\frac{U_{max}}{N}}{U_{max}} \times 100\% = \frac{1}{N} \times 100\% \tag{3-7}$$

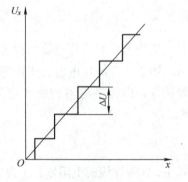

图 3-3　绕线线性电位器传感器理想阶梯特性曲线

由图 3-3 可求出绕线线性电位器传感器的阶梯误差 γ_j，其定义为理想阶梯特性曲线与理想的理论直线的最大偏差值与最大输出电压之比的百分数，即

$$\gamma_j = \frac{\pm\frac{\Delta U}{2}}{U_{max}} \times 100\% = \frac{\pm(\frac{1}{2}\frac{U_{max}}{N})}{U_{max}} \times 100\% = \pm\frac{1}{2N} \times 100\% \tag{3-8}$$

上面研究的是线性电位器的空载特性，实际上，由于负载电阻 $R_L \neq \infty$，当传感器带负载时的工作特性称为负载特性。由于负载效应的存在，传感器的负载特性与理想空载特性之间存着偏差称为负载误差。负载误差与负载电阻 R_L 的大小有关，负载电阻 R_L 越大，负载误差越小，反之亦然。

例 3-1　带负载线性电位器传感器电路见图 3-4。图中，$U_{max} = 5V$，$R_{max} = 5k\Omega$，$x_{max} = 50mm$，$x = 30mm$，$R_L = 20k\Omega$。求负载误差。若 $R_L = 100k\Omega$，负载误差又是多少？

解　由式（3-2）和式（3-3）可求得位移 x 时传感器电阻和空载输出电压分别为

$$R_x = \frac{R_{max}}{x_{max}}x = \frac{5}{50} \times 30\mathrm{k\Omega} = 3\mathrm{k\Omega}$$

$$U_x = \frac{U_{max}}{x_{max}}x = \frac{5}{50} \times 30\mathrm{V} = 3\mathrm{V}$$

由图 3-4 可求得带负载 $R_L = 20\mathrm{k\Omega}$ 时的输出电压为

$$U_{xL} = I\frac{R_x R_L}{R_x + R_L} = \frac{U_{max}}{\dfrac{R_x R_L}{R_x + R_L} + (R_{max} - R_x)}\frac{R_x R_L}{R_x + R_L}$$

$$= \frac{5}{\dfrac{3 \times 20}{3 + 20} + (5-3)} \times \frac{3 \times 20}{3 + 20}\mathrm{V} = 2.83\mathrm{V}$$

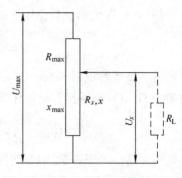

图 3-4　带负载电位器传感器电路图

引起的负载误差为

$$\gamma_L = \frac{U_{xL} - U_x}{U_x} \times 100\% = \frac{2.83 - 3}{3} \times 100\% = -5.7\%$$

若负载 $R_L = 100\mathrm{k\Omega}$，可求得输出电压为

$$U_{xL}' = I\frac{R_x R_L}{R_x + R_L} = \frac{U_{max}}{\dfrac{R_x R_L}{R_x + R_L} + (R_{max} - R_x)}\frac{R_x R_L}{R_x + R_L}$$

$$= \frac{5}{\dfrac{3 \times 100}{3 + 100} + (5-3)} \times \frac{3 \times 100}{3 + 100}\mathrm{V} = 2.96\mathrm{V}$$

引起的负载误差为

$$\gamma_L' = \frac{U_{xL}' - U_x}{U_x} \times 100\% = \frac{2.96 - 3}{3} \times 100\% = -1.3\%$$

由例 3-1 可见，欲使负载误差小于 1.0%，必须保证负载电阻 $R_L > 20R_{max}$ 以上。

例 3-2　用灵敏度为 20kΩ/V 电压表的 $U_m = 5\mathrm{V}$ 量程测量图 3-5a 桥路的输出电压。已知线性电位器 $R_m = 5\mathrm{k\Omega}$，$x_m = 50\mathrm{mm}$，$R_1 = R_2 = 5\mathrm{k\Omega}$，被测参数为零时，$B$ 为电位器的中间点。在被测参数作用下电刷由 B 点下移 10mm。

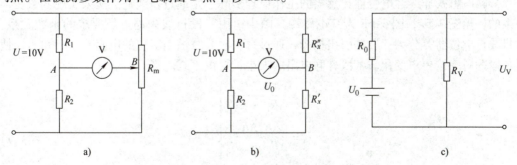

图 3-5　用电压表测量桥路输出电压

a）传感器测量桥路　b）等效桥路　c）等效电路

1）求电压表的指示值。

2）求由于电压表内阻不够高引起的误差。

解　1）在被测参数作用下 B 点下移 $x = 10\text{mm}$ 的电阻变化量为

$$\Delta R_x = \frac{R_{\text{m}}}{x_{\text{m}}} x = \frac{5}{50} \times 10\text{k}\Omega = 1.0\text{k}\Omega$$

可画出等效桥路见图 3-5b。

由图 3-5b 可求出桥路开路电压为

$$U_0 = \left(\frac{1}{2} - \frac{R_x{}'}{R_x{}' + R_x{}''} \right) U = \left(\frac{1}{2} - \frac{1.5}{1.5 + 3.5} \right) \times 10\text{V} = 2.0\text{V}$$

将电源短路，求图 3-5b 的等效内阻为

$$R_0 = (R_1 \parallel R_2) + (R_x{}' \parallel R_x{}'') = \frac{R_1 R_2}{R_1 + R_2} + \frac{R_x{}' R_x{}''}{R_x{}' + R_x{}''} = \left(\frac{5 \times 5}{5 + 5} + \frac{1.5 \times 3.5}{1.5 + 3.5} \right)\text{k}\Omega = 3.55\text{k}\Omega$$

电压表 $U_{\text{m}} = 5\text{V}$ 量程的内阻为

$$R_{\text{V}} = 20\text{k}\Omega/\text{V} \times 5\text{V} = 100\text{k}\Omega$$

因此可画出图 3-5c 的等效电路。

由图 3-5c 可求出电压表的指示值为

$$U_{\text{V}} = \frac{R_{\text{V}}}{R_0 + R_{\text{V}}} U_0 = \frac{100}{3.55 + 100} \times 2\text{V} = 1.93\text{V}$$

2）电压表内阻不够高引起的误差为

$$\gamma = \frac{U_{\text{V}} - U_0}{U_0} \times 100\% = \frac{1.93 - 2.0}{2.0} \times 100\% = -3.5\%$$

3.1.3　非线性电位器传感器

非线性电位器传感器是指在空载时其输出电压（或电阻）与电刷行程 x 之间具有非线性函数关系的一种电位器传感器，也称为函数电位器传感器。它可以实现指数函数、对数函数、三角函数及其他任意函数，因此可以满足控制系统的特殊要求。常用的非线性绕线电位器传感器有变骨架式、变截距式和分路电阻式等。对广大用户而言，常用分路电阻式，在此仅讨论分路电阻式非线性电位器传感器。

分路电阻式非线性电位器传感器的工作原理实际上是通过折线逼近法来实现函数变换关系的，见图 3-6a，图 3-6b 为其电路图。图中，用三段折线来逼近所要求的函数关系，故将线性电位器等分为三段并引出抽头，通过每一段并联适当阻值的电阻 r_1、r_2 和 r_3，使得各段的斜率按要求变化。各段并联电阻的大小，可由下式求得

$$\left. \begin{aligned} r_1 &= \frac{\Delta R_1 \Delta R_1{}'}{\Delta R_1{}' - \Delta R_1} \\ r_2 &= \frac{\Delta R_2 \Delta R_2{}'}{\Delta R_2{}' - \Delta R_2} \\ r_3 &= \frac{\Delta R_3 \Delta R_3{}'}{\Delta R_3{}' - \Delta R_3} \end{aligned} \right\} \tag{3-9}$$

式中，$\Delta R_1{}'$、$\Delta R_2{}'$ 和 $\Delta R_3{}'$ 分别是线性电位器各分段的阻值；ΔR_1、ΔR_2 和 ΔR_3 分别是各分段电阻分别并联了电阻 r_1、r_2 和 r_3 后的阻值。

显然，$\Delta R_1' > \Delta R_1$，$\Delta R_2' > \Delta R_2$，$\Delta R_3' > \Delta R_3$。

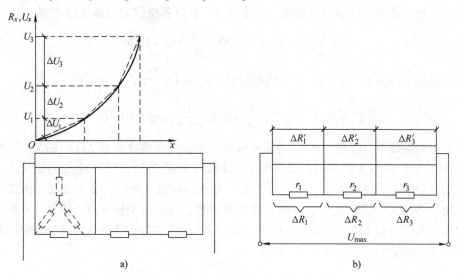

图 3-6　分路电阻式非线性电位器传感器

a）特性曲线　b）电路图

或用通式表示第 n 段并联电阻 r_n 为

$$r_n = \frac{\Delta R_n \Delta R_n'}{\Delta R_n' - \Delta R_n} \qquad (3\text{-}10)$$

若仅知道要求的各段电压变化量 ΔU_1、ΔU_2 和 ΔU_3，由于并联 r_1、r_2 和 r_3 后各段的电阻 ΔR_1、ΔR_2 和 ΔR_3 流过的电流相等，均为 I，即

$$I = \frac{\Delta U_1}{\Delta R_1} = \frac{\Delta U_2}{\Delta R_2} = \frac{\Delta U_3}{\Delta R_3}$$

求出电流 I 后，则

$$\left. \begin{aligned} \Delta R_1 &= \frac{\Delta U_1}{I} \\[4pt] \Delta R_2 &= \frac{\Delta U_2}{I} \\[4pt] \Delta R_3 &= \frac{\Delta U_3}{I} \end{aligned} \right\} \qquad (3\text{-}11)$$

或用通式来表示第 n 段并联 r_n 后的电阻 ΔR_n，即

$$\Delta R_n = \frac{\Delta U_n}{I} \qquad (3\text{-}12)$$

计算出 ΔR_1、ΔR_2、$\cdots$、ΔR_n 后，再根据式（3-9）或式（3-10）计算出各段需并联的电阻 r_1、r_2、$\cdots$、r_n。

例 3-3　计算分路电阻式非线性电位器的分路电阻值。设线性电位器已设计好：圆形骨架内径 $D = 62.5\text{mm}$，工作角度 $\alpha_m = 330°$，总阻值 $R_m = 500\Omega$。要求电刷转角在 $0° \sim 330°$ 内转动时，输出电压按 $U_o = 0.78\alpha^2$（α 以 rad 计，U_o 以 V 计）确定的抛物线变化，当 $\alpha_m = 330°$

时，$U_m = 26V$。要求折线近似误差范围为 ±4%，相当于绝对误差 $\Delta U \leqslant \pm 1V$。

　　解　以展开的平面图表示电位器，见图 3-7。电位器绕线部分的长度 l_m 为

$$l_m = \frac{D}{2}\alpha_m = 31.25 \times 330 \times \frac{\pi}{180} mm = 180 mm$$

作出函数 $U_o = f(l)$ 的图形，l 为电刷位移，因为 $l = \frac{D}{2}\alpha$，$U_o = 0.78\alpha^2$，则

$$U_o = f(l) = 0.78 \frac{4l^2}{D^2} = 0.78 \frac{4l^2}{62.5^2} = 8 \times 10^{-4} l^2$$

按上式可作出曲线 1，将 $U_o = f(l)$ 沿纵坐标轴移动一个允许误差值 $\Delta U = \pm 1V$，得到曲线 2 和 3。在给定的曲线 1 的近似直线段作 I－I 线（见图 3-7），I－I 线与曲线 3 交于 A 点确定电位器某一段的交界点；过 A 点作 II－II 线与曲线 2 相切，II－II 线与曲线 1 的交点 B 是电位器的另一段的交界点，从 B 点作 III－III 直线通过坐标 0 点。因此，从图 3-7 上可确定电位器的各段长度为 $\Delta l_1 = 44mm$，$\Delta l_2 = 84mm$，$\Delta l_3 = 52mm$；各段上的电压增量 $\Delta U_1 = 1.6V$，$\Delta U_2 = 10.7V$，$\Delta U_3 = 13.7V$。

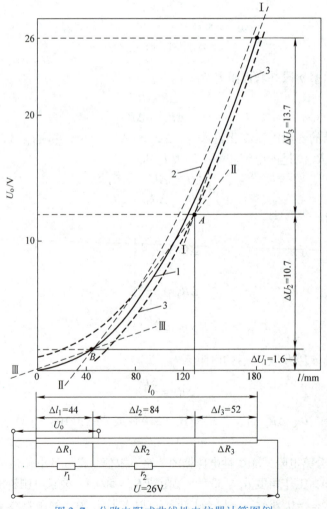

图 3-7　分路电阻式非线性电位器计算图例

50

线性电位器各段电阻为

$$\Delta R_1{}' = \frac{R_m}{l_m} \Delta l_1 = \frac{500}{180} \times 44\Omega = 122.2\Omega$$

$$\Delta R_2{}' = \frac{R_m}{l_m} \Delta l_2 = \frac{500}{180} \times 84\Omega = 233.3\Omega$$

$$\Delta R_3{}' = R_m - \Delta R_1{}' - \Delta R_2{}' = (500 - 122.2 - 233.3)\Omega = 144.5\Omega$$

由图 3-7 可见，$\Delta R_3{}'$ 段曲线斜率最高，故不需并联电阻，只在 $\Delta R_1{}'$ 和 $\Delta R_2{}'$ 段上并联电阻。因此各段上的等效电阻值 ΔR_1、ΔR_2、ΔR_3 为

$$\Delta R_3 = \Delta R_3{}' = 144.5\Omega$$

$$\Delta R_2 = \frac{\Delta U_2}{\Delta U_3} \Delta R_3 = \frac{10.7}{13.7} \times 144.5\Omega = 112.9\Omega$$

$$\Delta R_1 = \frac{\Delta U_1}{\Delta U_3} \Delta R_3 = \frac{1.6}{13.7} \times 144.5\Omega = 16.9\Omega$$

按式（3-9）求各分段并联电阻值：

$$r_1 = \frac{\Delta R_1 \Delta R_1{}'}{\Delta R_1{}' - \Delta R_1} = \frac{122.2 \times 16.9}{122.2 - 16.9}\Omega = 19.6\Omega$$

$$r_2 = \frac{\Delta R_2 \Delta R_2{}'}{\Delta R_2{}' - \Delta R_2} = \frac{233.3 \times 112.9}{233.3 - 112.9}\Omega = 218.9\Omega$$

由于分路电阻式非线性传感器是由折线逼近法来实现函数变换关系的，所以只能保证各分段点 x_1、x_2、$\cdots$、x_n 处之电阻符合函数曲线，而当电刷处于各段中间位置时，将存在着理论误差，折线段数越多，理论误差越小。

3.1.4　电位器式传感器的应用

1. 电位器式压力传感器　如图 3-8 所示，弹性敏感元件波纹管在被测压力作用下，产生弹性位移，通过连杆带动电位器的电刷在电阻丝上滑动，因而输出一个与被测压力成比例的电压信号。

2. 电位器式位移测量　电位器式传感器测量的基本参数是直线位移或转角位移，因此，凡能转变成位移的参数均可用电位器作为检测元件，例如，温度、物位，振动、位移、速度、线膨胀等。图 3-9 为电位器式数字位移测量仪，其量程达 40.00mm，精度达 ±0.01mm，用 $3\frac{3}{4}$ 位数字显示。

图中，1403 为集成稳压块，输出电压 2.5V 稳定度达 ±0.088%。因此供桥电压相当稳定。

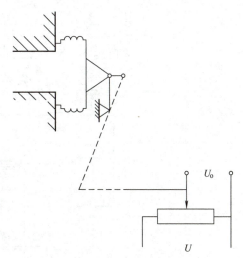

图 3-8　电位器式压力传感器原理

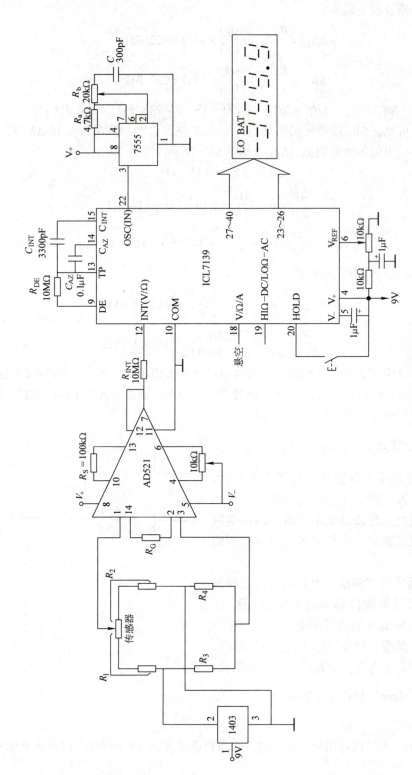

图 3-9　电位器式数字位移测量仪

AD521 是测量放大器（也称为电桥放大器或仪表放大器），其对称性强，受温度的影响可以互相补偿，具有高输入阻抗和高共模抑制比、低失调电压、低失调电流和低噪声等特点。AD521 中，10kΩ 电位器的作用是调整仪表的零点，放大倍数 $K = R_S/R_G$，当 R_G 取值为 $1M\Omega \sim 100\Omega$ 时，$K = 0.1 \sim 1000$ 之间变化。

ICL7139 为 $3\frac{3}{4}$ 位 A – D 转换器，其输入电压量程为 400mV、4V、40V 和 400V。7555 和阻容组成外时钟振荡器，其振荡频率

$$f_0 = \frac{1}{T_0} = \frac{1.433}{(R_a + 2R_b)\ C} \approx 100\text{kHz}$$

作为 ICL7139 外时钟。积分电阻 R_{INT} 和反向积分电阻 R_{DE} 应相等，均为 10MΩ，积分电容 C_{INT} 可选择 3000pF 或 4000pF，应选择介质吸收系数很小的聚丙烯电容器。参考电压 V_{REF} 由 10kΩ 多圈精密电位器来调整。

ICL7139 为双积分式 A – D 转换器，速度较慢，但其有很强的抗干扰能力。

3.2   电阻应变式传感器

电阻应变式传感器由电阻应变片和测量电路组成。其敏感元件的电阻随着机械变形（伸长或缩短）的大小而变化。它广泛应用于测量力和与力有关的一些非电参数（如压力、荷重、扭力、加速度等）。电阻应变传感器的特点是精度高，测量范围广；结构简单，性能稳定可靠，寿命长；频率特性好，能在高温、高压、振动强烈、强磁场等恶劣环境条件下工作。

3.2.1   应变片的工作原理

图 3-10 示出了电阻应变片的基本形状。图中，l 称为应变片的标距或称为工作基长；b 称为应变片的工作宽度。金属导体的电阻随着它所受机械变形（伸长或缩短）的大小而发生变化的现象，称为金属电阻的应变效应。这就是电阻应变片赖以工作的物理基础。

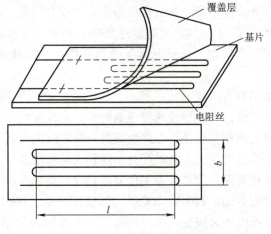

图 3-10   电阻应变片的基本形状

众所周知，一条长度为 l，电阻率为 ρ，截面积为 A 的金属导体，其电阻值 R 为

$$R = \rho \frac{l}{A} \tag{3-13}$$

如果金属导体在外力 F 作用下，其长度 l 变化 $\mathrm{d}l$，电阻率 ρ 变化 $\mathrm{d}\rho$，截面积 A 变化 $\mathrm{d}A$，因而将引起电阻值 R 变化 $\mathrm{d}R$。式（3-13）两边取对数再微分，可得

$$\frac{\mathrm{d}R}{R} = \frac{\mathrm{d}\rho}{\rho} + \frac{\mathrm{d}l}{l} - \frac{\mathrm{d}A}{A} \tag{3-14}$$

对于直径为 D 的圆形电阻丝：

$$\frac{\mathrm{d}A}{A} = 2\frac{\mathrm{d}D}{D} \tag{3-15}$$

由材料力学知，横向收缩和纵向伸长的关系为

$$\varepsilon_r = \frac{\mathrm{d}D}{D} = -\mu\frac{\mathrm{d}l}{l} = -\mu\varepsilon \tag{3-16}$$

式中，μ 为材料的泊松系数，对不同的金属材料 μ 不同，通常 $\mu = 0.3 \sim 0.5$；$\varepsilon = \mathrm{d}l/l$ 为电阻丝长度的相对变化量，称为纵向应变。$\varepsilon_r = \mathrm{d}D/D$ 称为横向应变。

将式（3-15）、式（3-16）代入式（3-14），得

$$\frac{\mathrm{d}R}{R} = \frac{\mathrm{d}l}{l}(1+2\mu) + \frac{\mathrm{d}\rho}{\rho} = \varepsilon(1+2\mu) + \frac{\mathrm{d}\rho}{\rho} \tag{3-17}$$

下面分导体和半导体两种情况对上式进行讨论。

1. 金属电阻应变片 式（3-17）中第二项 $\mathrm{d}\rho/\rho$ 是由于受力后材料的电阻率发生变化而引起的，对多数金属材料其值是个常数，往往甚小，可以忽略。式（3-17）中第一项 $(1+2\mu)\varepsilon$ 是由电阻丝几何尺寸变化引起的，对某种材料来说，其 $(1+2\mu)$ 是常数。因此，式（3-17）可写为

$$\frac{\mathrm{d}R}{R} \approx (1+2\mu)\varepsilon = k\varepsilon \tag{3-18}$$

式中，$k = 1+2\mu$ 称为应变灵敏度系数，由于大多数金属材料的 μ 为 $0.3 \sim 0.5$，所以 k 为 $1.6 \sim 2.0$。

金属电阻应变片具有分辨率高，非线性误差小；温漂系数小；测量范围大，可从弹性变形一直测至塑性变形（$1\% \sim 2\%$），可超载达 20%；既能测量静态应变，又能测量动态应变；价格低廉，品种繁多，便于选择和大量使用等优点，因此在各行各业都得到广泛应用。

金属电阻应变片常用的有丝式、箔式和薄膜式三种。丝式常用直径 $0.025\mathrm{mm}$ 的具有高电阻率的金属电阻丝制成，由于导线的横截面积小，允许最大工作电流较小。应用十分广泛的是箔式，它是通过光刻、腐蚀等工序制成的一种很薄的金属箔栅，表面积和横截面积之比大，允许最大工作电流较大，灵敏度高。薄膜式是采用真空蒸镀技术在薄的绝缘基片上蒸镀上金属电阻材料薄膜，允许最大工作电流较大，灵敏度较高。

应变片电阻值通常有 60Ω、120Ω、200Ω、350Ω、500Ω、1000Ω 几种，其中以 120Ω 为最常用。电阻值大，可以加大应变片承受的电压，因此输出的信号大，但是电阻值大，敏感栅尺寸亦随之加大。

允许最大工作电流是指通过应变片而不影响其工作的最大电流值。工作电流大，应变片输出信号就大、灵敏度高。允许最大工作电流 I_{max} 与应变片的允许最大功耗 P_{max} 有关，即

$$P_{max} = I_{max}U_{max} = \frac{U_{max}^2}{R}\tag{3-19}$$

式中，U_{max} 为应变片允许最大电压；R 为未受应变时的阻值。

通常允许最大工作电流 I_{max}，在静态测量时约取 25mA 左右，动态测量时可更高一些。

2. 半导体应变片　金属电阻应变片虽然有许多优点，但却存在灵敏度低的一大弱点，半导体应变片就能克服这一缺点。

半导体应变片是根据压阻效应原理工作的，即对一块半导体的某一轴向施加一定的载荷而产生应力时，其电阻率会发生变化。

当沿某一晶轴方向切下的一小条半导体应变片，若只沿其纵向受到应力，其电阻率的变化量可由下式表示：

$$\frac{\mathrm{d}\rho}{\rho} = \pi_r E\varepsilon \tag{3-20}$$

式中，π_r 为半导体纵向压阻系数；E 为半导体材料的弹性模量；ε 为沿半导体小条纵向的应变。

将式（3-20）代入式（3-17），得半导体应变片的电阻相对变化量为

$$\frac{\mathrm{d}R}{R} = (1 + 2\mu)\varepsilon + \pi_r E\varepsilon$$

上式中第一项是由几何形状变化而引起的电阻相对变化量，其值很小，约为 1～2；第二项是由压阻效应引起的，其值约为第一项的 50～70 倍，故第一项可忽略。因此上式可写成

$$\frac{\mathrm{d}R}{R} \approx \pi_r E\varepsilon = k\varepsilon \tag{3-21}$$

式中，k 称为半导体应变片的灵敏度系数。

半导体应变片突出的优点是灵敏度系数高，可测微小应变（一般 600 微应变以下）；机械滞后小；动态特性好；横向效应小；体积小。其主要缺点是：电阻温度系数大；一般可达 $10^{-3}/℃$；灵敏度系数 k 随温度变化大；非线性严重；测量范围小。因此，在使用时需采用温度补偿和非线性补偿措施。

以上缺点目前已得到较好的解决，所以应用也较广泛。

3.2.2　电阻应变传感器的测量电路

由于电阻应变片工作时其电阻变化很微小，例如，一片 $k = 2$、初始电阻 120Ω 的应变片，受 1000 微应变时，其电阻变化仅 0.24Ω。测量电路的任务是把微弱的电阻变化转换成电压或电流的变化，因此常用电桥作为测量电路。电桥可分为直流电桥和交流电桥，目前应变片电桥大都采用交流电桥，但由于直流电桥比较简单，交流电桥原理与它相似，所以以直流电桥作分析。

1. 电桥测量电路的分析 电桥测量电路见图 3-11，图中 $R_1 \sim R_4$ 分别为四桥臂电阻，U 为供桥电压，U_o 为电桥输出电压。当电桥的负载电阻为无穷大时，桥路的输出电压为

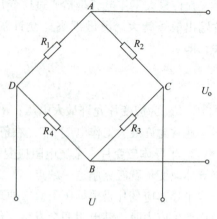

图 3-11　桥式测量电路

$$U_o = \frac{R_1 R_3 - R_2 R_4}{(R_1 + R_2)(R_3 + R_4)} U \qquad (3\text{-}22)$$

为了使测量前的输出为零，应使：

$$R_1 R_3 - R_2 R_4 = 0 \qquad (3\text{-}23)$$

满足式（3-23）的条件称为电桥平衡条件。此时，当每桥臂电阻的变化远小于本身值；即 $\Delta R_i \ll R_i$，$(i = 1、2、3、4)$，且负载电阻为无穷大时，输出电压可近似为

$$U_o = \frac{R_1 R_2}{(R_1 + R_2)^2}\left(\frac{\Delta R_1}{R_1} - \frac{\Delta R_2}{R_2} + \frac{\Delta R_3}{R_3} - \frac{\Delta R_4}{R_4}\right) U$$

$$(3\text{-}24)$$

实际上，式（3-24）可分为下面 4 种情况来讨论：

（1）单臂电桥　桥臂电阻 $R_1 \sim R_4$ 中只有一个电阻为应变片（例如 R_1），其余为固定电阻。工作时 R_1 的电阻变化 $\Delta R_1 = \Delta R$，$\Delta R_2 = \Delta R_3 = \Delta R_4 = 0$，且初始电阻 $R_1 = R_2 = R_3 = R_4$，则式（3-24）可写成

$$U_o = \frac{U}{4}\frac{\Delta R}{R} = \frac{U}{4}k\varepsilon \qquad (3\text{-}25)$$

桥路电压灵敏度为

$$K_U = \frac{U_o}{\varepsilon} = \frac{U}{4}k \qquad (3\text{-}26)$$

由上式可见，欲提高桥路的电压灵敏度，一方面可提高供桥电压 U，但它受到应变片允许功耗的限制；另一方面选择灵敏度系数高的应变片。在应变传感器的指标中，桥路电压灵敏度的另一个定义为：在额定荷载时，单位供桥电压桥路的输出电压，单位为 mV/V，例如 10^{-3}V/V。

（2）对称电桥　对于电源左右两边对称，$R_1 = R_2$，$R_3 = R_4$。通常只有两臂接入应变片，例如 R_1 产生纵向应变 ε，R_2 产生横向应变 ε_r，R_3、R_4 为固定电阻。因此式（3-24）可写成

$$U_o = \frac{U}{4}k(1 + \mu)\varepsilon \qquad (3\text{-}27)$$

$$K_U = \frac{U_o}{\varepsilon} = \frac{U}{4}k(1 + \mu) \qquad (3\text{-}28)$$

若 R_1 和 R_3 均是产生纵向应变的应变片，R_2 和 R_4 是固定电阻，则

$$U_o = \frac{U}{2}k\varepsilon \qquad (3\text{-}29)$$

$$K_{\mathrm{U}} = \frac{U_{\mathrm{o}}}{\varepsilon} = \frac{U}{2}k \tag{3-30}$$

这种电桥称为半桥。

（3）**非对称电桥**　$R_1 = R_4$，$R_2 = R_3$，如令 $R_2/R_1 = R_3/R_4 = a$，如 R_1 和 R_4 是产生不同应变的应变片，R_2 和 R_3 是固定电阻，则

$$U_{\mathrm{o}} = \frac{aU}{(1+a)^2}k(1+\mu)\varepsilon \tag{3-31}$$

$$K_{\mathrm{U}} = \frac{aU}{(1+a)^2}k(1+\mu) \tag{3-32}$$

由式（3-32）可见，当 $a = 1$ 时，电压灵敏度 k_{U} 最高，式（3-32）与式（3-28）相同，对称电桥是非对称电桥的特例。非对称电桥的优点是非线性误差较小。

（4）**全等电桥**　$R_1 = R_2 = R_3 = R_4$，$R_1 \sim R_4$ 均为应变片，设 R_1 和 R_3 产生纵向应变 ε，R_2 和 R_4 产生横向应变 ε_{r}，则式（3-24）可写成

$$U_{\mathrm{o}} = \frac{U}{4}k(\varepsilon - \varepsilon_{\mathrm{r}} + \varepsilon - \varepsilon_{\mathrm{r}}) = \frac{U}{2}k(1+\mu)\varepsilon \tag{3-33}$$

$$K_{\mathrm{U}} = \frac{U_{\mathrm{o}}}{\varepsilon} = \frac{U}{2}k(1+\mu) \tag{3-34}$$

这种情况称为全桥，其电压灵敏度最高，因此是最常用的一种桥路。

综上所述，可得出如下的结论：

1）产生相同应变的应变片不能接在相邻的桥臂，否则桥路输出电压恒等于零。例如全桥情况下，相邻臂 R_1、R_2 产生应变 ε，另一相邻臂 R_3、R_4 产生应变 ε_{r}，代入式（3-33）可知 $U_{\mathrm{o}} = 0$。本结论对对称电桥和非对称电桥均适用。

2）提高电桥电压灵敏度除了上述提高供桥电压和选择高 k 值的应变片外，可在 $R_1 \sim R_4$ 桥臂中分别串接产生相同应变的应变片 $R_1{}' \sim R_4{}'$，见图 3-12。按全等电桥的条件，式（3-34）可写成

$$K_{\mathrm{U}} = Uk(1+\mu) \tag{3-35}$$

3）在半桥和全桥测量电路中，粘贴于测试件上的应变片的特性相同或相近，又感受相同的温度，因此可起到温度补偿作用，减小温度附加误差。

4）在上述的讨论中，假设 $\Delta R_i \ll R_i$，并忽略了式（3-24）分母中的 $\Delta R_i/R_i$，因此式（3-24）是近似式，实际上，桥路输出电压 U_{o} 与应变 ε 是非线性的，ε 小时，非线性误差很小，可以忽略。在使用半导体应变片测量较大应变时，非线性误差较大，必须进行补偿。补偿方法有

① 采用高桥臂比的对称电桥。

② 采用全桥测量电路。

③ 采用恒流源电桥。

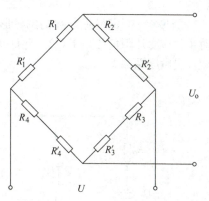

图 3-12　多片应变片串联

④ 单臂电桥非线性严重，可采用有源电桥，见图 3-13。图中，R_1 为应变片，R 为限流电阻。设 A 为理想运算放大器（简称运放），输入电阻远大于桥臂电阻 R，运放 A 的输入电流可忽略不计。因此，a、b 两点等电位，均为 $U/2$。设未受应变时 $R_1 = R$，流过 cb 支路的电流为

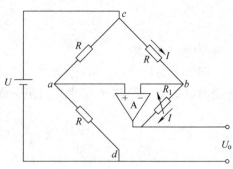

图 3-13　有源电桥

$$I = \frac{U}{R + R_1} = \frac{U}{2R_1}$$

而

$$\frac{U}{2} = U_o + I\left(R_1 + \Delta R_1\right)$$

式中，ΔR_1 是应变片 R_1 的电阻变化量。

所以

$$U_o = -\frac{U}{2}\frac{\Delta R_1}{R_1} = -\frac{U}{2}k\varepsilon \tag{3-36}$$

$$k_U = \frac{U_o}{\varepsilon} = -\frac{U}{2}k \tag{3-37}$$

由式（3-37）与式（3-26）比较可以看出，有源电桥的电压灵敏是单臂电桥的两倍，而且又改善了非线性。

5）上述讨论假设负载电阻 $R_L = \infty$，实际上是不可能的。当 R_L 为有限值时，由于桥路有内阻，所以输出电压有所下降，此时可利用戴维南定理求其开路电压 U_o 与桥路的短路内阻 R_0，得其等效电路见图 3-14。

由图可求出负载 R_L 两端电压为

$$U_L = \frac{R_L}{R_L + R_0}U_o \tag{3-38}$$

例 3-4　额定载荷为 4t 的圆柱形电阻应变线性传感器，其展开图见图 3-15。未受载荷时 4 片应变片阻值均是 120Ω，允许功耗 208.35mW，传感器电压灵敏度 $k_U = 0.008\text{V/V}$，应变片灵敏度系数 $k = 2$。

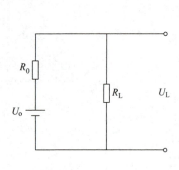

图 3-14　带负载时的等效电路

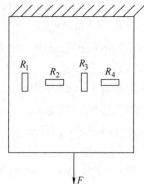

图 3-15　电阻应变传感器展开图

1）画出桥路接线图。

2）求桥路供桥电压。

3）载荷 4t 和 2t 时，桥路输出电压分别是多少？

4）载荷 2t 时，$R_1 \sim R_4$ 的阻值分别为多少？

解　1）根据上面结论 1），产生相同应变的应变片不能接在相邻桥臂上。画出桥路接线图见图 3-11。

2）设供桥电压为 U，在全桥中每一应变片承受电压为 $U/2$。据式（3-19）得

$$P_{max} = \frac{\left(\dfrac{U_{max}}{2}\right)^2}{R}$$

因此，$U = \sqrt{4P_{max}R} = \sqrt{4 \times 208.35 \times 10^{-3} \times 120}\,V = 10V$

3）载荷 4t 时的输出电压

$$U_{om} = k_U U = 0.008V/V \times 10V = 80mV$$

传感器是线性的，因此载荷 2t 时的输出电压 U_{o2} 为

$$U_{o2} = \frac{1}{2}U_{om} = \frac{1}{2} \times 80mV = 40mV$$

4）由图 3-15 可见，F 为拉力，R_1、R_3 产生纵向应变 ε，R_2、R_4 产生横向应变 ε_r。$k = 1 + 2\mu = 2$，$\mu = 0.5$。由式（3-33）可求得

$$\varepsilon = \frac{2U_{o2}}{kU(1+\mu)} = \frac{2 \times 40 \times 10^{-3}}{2 \times 10 \times (1+0.5)} = 2666 \times 10^{-6}$$

$$R_1 = R_3 = R + Rk\varepsilon = (120 + 120 \times 2 \times 2666 \times 10^{-6})\Omega$$
$$= 120.64\Omega$$

$$\varepsilon_r = -\mu\varepsilon = -0.5 \times 2666 \times 10^{-6} = -1333 \times 10^{-6}$$

$$R_2 = R_4 = R + Rk\varepsilon_r = (120 - 120 \times 2 \times 1333 \times 10^{-6})\Omega$$
$$= 119.68\Omega$$

2. 电桥的零位调整　由于制造工艺的原因应变传感器在不受载荷时，其输出电压不为零，因此使用前必须调零。

（1）直流电桥调零　直流电桥调零仅需电阻平衡即可，有串联调零和并联调零两种，见图 3-16。图 a 在 R_1 和 R_2 臂间串联接入变阻器 RP，调节 RP 可使电桥平衡。图 b 是并

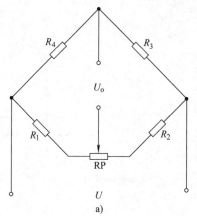
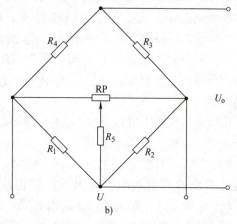

图 3-16　直流电桥调零电路

a）串联调零　b）并联调零

59

联调零，改变 RP 中心抽头的位置可达到平衡目的，调零能力取决于 R_5，R_5 小些，调零能力就强一些。通常 RP 的大小可与 R_5 相同，取值为数千欧姆。

（2）**交流电桥调零** 图 3-11 的桥式测量电路用交流供桥电压 U，以复阻抗 $Z_1 \sim Z_4$ 分别代替图中的 $R_1 \sim R_4$，即成为交流电桥。交流电桥的分析与直流电桥相似。直流电桥仅需电阻平衡，而交流电桥除了电阻平衡外，还必须满足相位平衡，即必须满足阻抗平衡：

$$Z_1 Z_3 = Z_2 Z_4$$

式中，$Z_i = R_i + jX_i$（$i = 1 \sim 4$），代入上式经整理得

$$\left. \begin{array}{l} R_1 R_3 - X_1 X_3 = R_2 R_3 - X_2 X_4 \\ R_3 X_1 + R_1 X_3 = R_4 X_2 + R_2 X_4 \end{array} \right\} \tag{3-39}$$

式中，R_i 和 X_i 分别为各桥臂的电阻和电抗（主要是容抗）。

由此可见，交流电桥欲达到零位平衡，必须有电阻和电容调零装置，见图 3-17。

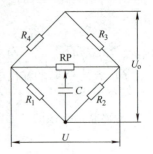

图 3-17 交流电桥调零

3.2.3 电阻应变传感器的温度误差及其补偿

由于温度变化引起电阻应变片阻值的变化与被测量引起的阻值的变化几乎具有相同的数量级。若不采取适当的补偿措施，电阻应变传感器将无法工作。引起温度误差的主要因素有

1）应变片本身电阻随温度的变化引起误差。该项温度误差可用半桥或全桥测量电路获得较好的补偿效果。

2）应变片材料的线膨胀系数与基底材料的线膨胀系数不同引起温度误差。为消除该项温度误差主要是采取应变片自补偿方法，在制造传感器时已加以考虑。对使用者来说，最好的补偿方法是采用半桥或全桥测量电路。

3）测试件的弹性模量 E 随温度变化引起的误差。电阻应变片制造好后，用粘合剂粘贴到测试件上成为电阻应变传感器。被测量作用于测试件，应变片跟着测试件产生机械变形，从而造成电阻应变片阻值发生变化。由于测试件的弹性模量 E 随着温度的增加而减小，在被测量不变情况下，应变片产生的应变量 ε 增加。因此，传感器桥路输出电压 U_o 随温度的增加而增加，从而引起温度附加误差。该项误差不能采用半桥或全桥测量电路加以克服，必须采用适当的补偿措施。

由测量桥路输出电压 U_o 的表达式可知，当温度升高时，若能适当减小供桥电压 U，则可达到补偿的目的。其补偿原理见图 3-18。图中，R_t 为正温度系数的热敏电阻。设由于环境温度变化 Δt，U_o 增加 ΔU_o，此时热敏电阻增加 $\Delta R_t =$

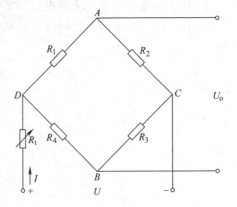

图 3-18 弹性模量的温度补偿

$R_{t0} \beta \Delta t$，其中，R_{t0} 的温度为 t_0 时热敏电阻的阻值，β 为热敏电阻的电阻温度系数。则桥

路电流在 R_t 上的压降增加 ΔU_t，即供桥电压 U 减小了 ΔU_t。若供桥电压的减小使桥路输出刚好减小 ΔU_o，则便可达到补偿的目的。此即为温度补偿的原理。

3.2.4　电阻应变传感器及其应用

1. 电阻应变传感器　电阻应变片除了直接用于测量测试件的应力和应变外，还广泛利用它制成各种应变式传感器，用于测量如力、压力、转矩、位移、振动、加速度等物理量。

（1）测力传感器　其结构原理见图 3-19。

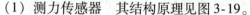

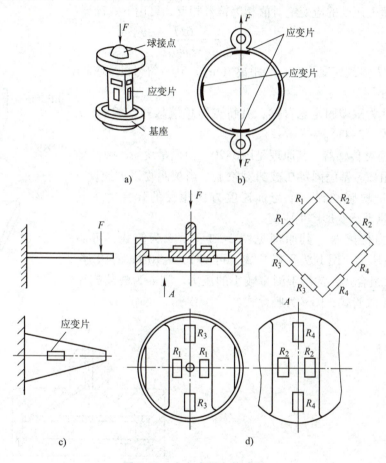

图 3-19　应变式测力传感器

图 3-19a 为柱式结构，可测大的拉力或压力，量程上限可达 10^7N。在小荷载（$10^3 \sim 10^5$N）时，可用空心筒式结构。当力 F 与轴向一致时，应变片感受的纵向应变为

$$\varepsilon = \frac{F}{AE} \tag{3-40}$$

式中，F 为被测力（N）；A 为受力面积（m²）；E 为材料的弹性模量（N/m²）。

沿圆周方向粘贴的应变片感受横向应变 ε_r 为

$$\varepsilon_r = -\mu\varepsilon \tag{3-41}$$

图 3-19b 是环式结构，用于测试 500N 以上的载荷。用环式测量拉（压）力时，实质

61

上是测量贴片处的弯曲应力，因为弯曲应力一面是正值（$+\varepsilon$），另一面是负值（$-\varepsilon$），两者绝对值相等符号相反，用下式计算：

$$\varepsilon = \frac{1.08Fr}{Ebh^2} \qquad (3-42)$$

式中，r 为环的平均半径（m）；b 为环的宽度（m）；h 为环的厚度（m）；其余符号的意义与式（3-40）相同。

图3-19c 为单端悬臂梁式，其灵敏度高，测量范围小，约 $1 \sim 10^3$N。粘贴于梁上方和下方相同位置上感受的应变绝对值相等符号相反，可用下式计算：

$$\varepsilon_l = \frac{6Fl}{Ebh^2} \qquad (3-43)$$

式中，l 为受力点到应变片中心的距离（m）；其余符号的意义与式（3-42）相同。

图3-19d 为双端固定悬臂梁，其特点与单端悬臂梁相同，ε 计算公式见式（3-43）。

（2）加速度传感器　其原理见图3-20。由质量块 m、弹性悬臂梁和基座组成。基座固定在被测对象上，当被测物以加速度 a 运动时，质量块感受到一个与加速度方向相反的弹性力 $F = -ma$，而使悬臂梁变形产生应变。

（3）压力传感器　其原理见图3-21。图 a 为筒式，可测 10^7Pa 或更高压力。图 b 为平膜片式，可测 $10^5 \sim 10^6$Pa 的压力。图 c ~ 图 e 为组合式，常用于测量较小的压力。图 c 为波纹膜片式；图 d 为波纹管式；图 e 为膜盒式。

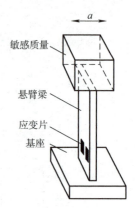

图3-20　应变式加速度传感器

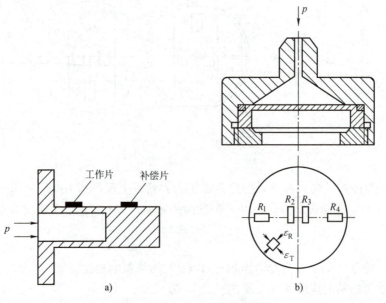

a)　　　　　　　　　　　b)

图3-21　应变式压力传感器

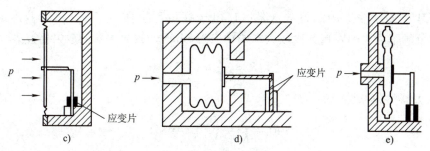

c) d) e)

图 3-21 应变式压力传感器（续）

（4）转矩传感器 其原理见图 3-22。在半径为 r（m）的扭转轴上沿与轴线成 45°角的方向粘贴应变片。当扭转轴受到转矩 T（N·m）作用时，应变片产生的应变为

$$\varepsilon_{45°} = \frac{2T}{\pi r^3 E}(1 + \mu) \qquad (3-44)$$

电阻应变传感器种类繁多，在此不一一赘述。

2. 电阻应变传感器应用实例

（1）手提式电子秤 手提式电子秤具有精度高、成本低和便携等特点。其原理见图 3-23。

传感器采用改进型的单端悬臂式，4 片应变片 $R_1 \sim R_4$ 接成全桥，R_1、R_3 产生 ε，R_2、R_4 产生 $-\varepsilon$，据式（3-33）可得

$$U_o = kU\varepsilon$$

应变 ε 的计算见式（3-43）。RP_1 为桥路调零电位器。

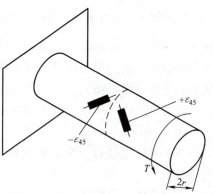

图 3-22 应变式转矩传感器

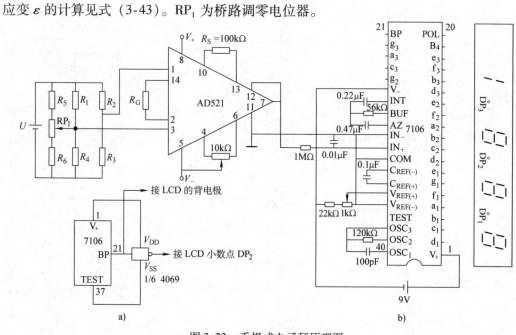

图 3-23 手提式电子秤原理图

AD521 是差动输入的测量放大器，设电子秤量程上限为 5kg，桥路输出电压约为 4.0mV，分辨率为 10mV/kg，则放大器的输出为 50mV，故放大器的放大倍数为

$$K = \frac{50}{4.0} = 12.5$$

由放大器参数可见，R_G 为

$$R_G = \frac{R_S}{K} = \frac{100k\Omega}{12.5} = 8k\Omega$$

因此，R_G 选择 10kΩ 的多圈精密电位器。

ICL7106 是带有七段译码和驱动液晶显示器的 $3\frac{1}{2}$ 位 A – D 转换器，选择量程为 200mV，即输入 200mV 时，显示 1999，因此将小数点定在百分位即可。液晶显示需用交流电源驱动，因此用 7106 的 BP（21 脚）输出的方波作驱动电源。液晶显示器的段码电极和背电极（公共极）间加上两个反相的方波电压时，该段显示。

7106 中 1kΩ 多圈电位器的作用是量程调整，当称重为 5.00kg 时，调该电位器使仪表显示为 5.00kg。

（2）数字血压计　数字血压计具有使用方便，体积小，测量速度快，分辨率和精度高等特点。

数字血压计电原理图见图 3-24。传感器选用薄膜扁平受力面积大的硅半导体压力传感器 2S5M 型，初始电阻 890Ω，接成全桥，因此灵敏度很高。为了减小非线性误差，传感器由 A 组成的恒流源供电。由图可见，A 的 U_T 输入端电压为

$$U_T = \frac{3k\Omega}{27k\Omega + 3k\Omega} \times 15V = 1.5V$$

设 A 为理想运放，其负输入端的电位为

$$U_F = U_T = 1.5V$$

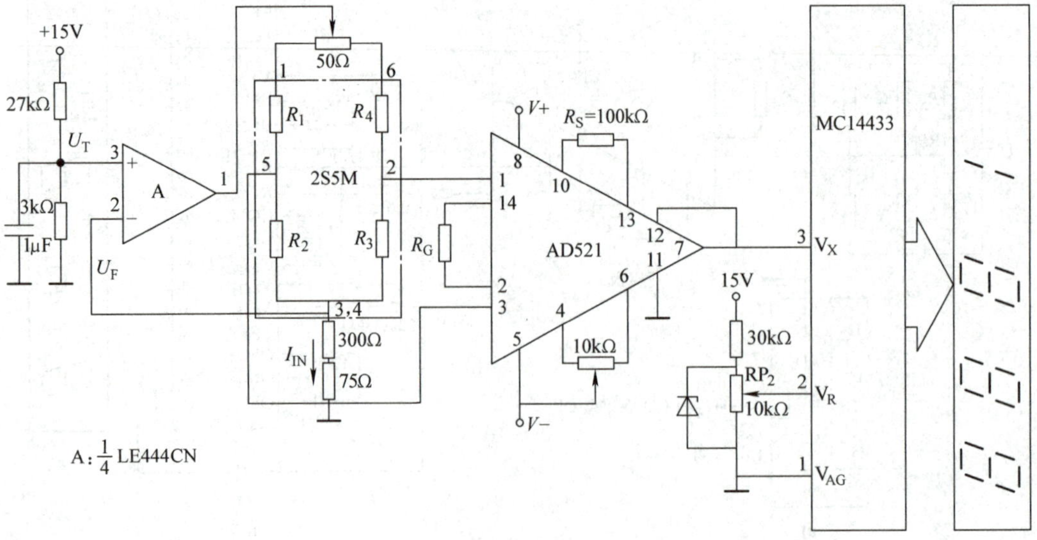

图 3-24　数字血压计电路原理图

A 的输出电流，即为传感器的输入电流 I_{IN} 为

$$I_{IN} = \frac{1.5\text{V}}{300\Omega + 75\Omega} = 4\text{mA}$$

此电流不随负载（传感器）电阻的变化而变化，是恒流源，保证了测量准确度。

传感器的 1 脚与 6 脚间接 50Ω 电位器作为桥路零位调整。

AD521 是测量放大器。

A–D 转换器选用双积分式 $3\frac{1}{2}$ 位的 MC14433，其原理详见 5.8 节。电位器 RP_2 为满度调整。

由上述实例可见，电阻应变传感器的信号放大常选用差动电压放大器，以提高共模抑制比和测量准确度。它的工作原理详见 5.3.5 节。

电阻应变传感器的应用实例还很多，不再一一列举，读者可参阅有关文献。

3.3　电感式传感器

电感式传感器是利用线圈自感或互感的变化来实现测量的一种装置，可以用来测量位移、振动、压力、流量、重量、力矩等各种非电物理量。

3.3.1　自感式传感器

3.3.1.1　简单自感传感器的原理及特性

图 3-25 是简单自感传感器结构的示意图。它由线圈、铁心和衔铁所组成。线圈是套在铁心上的。在铁心与衔铁之间有一个空气隙，其厚度为 δ。根据磁路的基本知识，传感器线圈的电感量可按下式计算：

$$L = \frac{N^2}{\sum R_m}$$

式中，N 为线圈匝数；$\sum R_m$ 为以平均长度表示的磁路的总磁阻。如果空气隙厚度 δ 较小，而且不考虑磁路的铁损，则总磁阻为

$$\sum R_m = \sum \frac{l_i}{\mu_i S_i} + \frac{2\delta}{\mu_0 S}$$

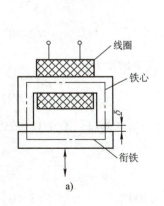
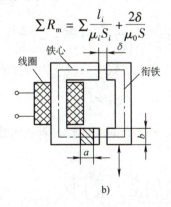
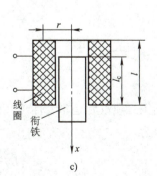

图 3-25　简单自感传感器结构示意图

a）变气隙式　b）变截面积式　c）螺管式

式中，l_i 为各段导磁体的磁路平均长度；μ_i 为各段导磁体的磁导率；S_i 为各段导磁体横截面积；μ_0 为空气隙的磁导率（$\mu_0 = 4\pi \times 10^{-9} \text{H/cm}$）；$S$ 为空气隙截面积。

因为一般空气隙的磁阻比导磁体的磁阻大很多，故在计算时，可忽略导磁体磁阻，则有

$$L = \frac{N^2 \mu_0 S}{2\delta} \tag{3-45}$$

式（3-45）是制作简单自感传感器的理论依据。

1. 变气隙式自感传感器的工作特性 式（3-45）中，保持 S 不变，空气隙厚度变化 $\pm\delta$，此时传感器工作特性为

$$L = \frac{N^2 \mu_0 S}{2(\delta_0 \pm \Delta\delta)} \tag{3-46}$$

当 $\delta = \delta_0 - \Delta\delta$ 时，电感变化量为

$$\Delta L = L - L_0 = L_0 \frac{\Delta\delta}{\delta_0 - \Delta\delta}$$

式中，$L_0 = N^2 \mu_0 S / (2\delta_0)$。

上式可改写成：

$$\Delta L = L_0 \frac{\Delta\delta}{\delta_0}\left(\frac{1}{1 - \frac{\Delta\delta}{\delta_0}}\right)$$

当 $\Delta\delta/\delta_0 \ll 1$ 时，可将上式展开成麦克劳林级数：

$$\Delta L = L_0 \frac{\Delta\delta}{\delta_0}\left[1 + \frac{\Delta\delta}{\delta_0} + \left(\frac{\Delta\delta}{\delta_0}\right)^2 + \cdots\right]$$
$$= L_0\left[\frac{\Delta\delta}{\delta_0} + \left(\frac{\Delta\delta}{\delta_0}\right)^2 + \left(\frac{\Delta\delta}{\delta_0}\right)^3 + \cdots\right] \tag{3-47}$$

当 $\delta = \delta_0 + \Delta\delta$ 时，电感量减小，即

$$\Delta L = L_0 - L = L_0 \frac{\Delta\delta}{\delta_0 + \Delta\delta}$$

把上式展开为级数：

$$\Delta L = L_0\left[\frac{\Delta\delta}{\delta_0} - \left(\frac{\Delta\delta}{\delta_0}\right)^2 + \left(\frac{\Delta\delta}{\delta_0}\right)^3 - \left(\frac{\Delta\delta}{\delta_0}\right)^4 + \cdots\right] \tag{3-48}$$

由式（3-47）和式（3-48）可见，式中第一项为线性的，其灵敏度为

$$k = \frac{\Delta L}{\Delta\delta} = \frac{L_0}{\delta_0} \tag{3-49}$$

而第二项以后是非线性项，含有 n 次方的非线性。若仅考虑二次方非线性，其非线性误差为

$$r_{l2} = \left|\frac{L_0 \frac{\Delta\delta}{\delta_0} - L_0\left[\frac{\Delta\delta}{\delta_0} + \left(\frac{\Delta\delta}{\delta_0}\right)^2\right]}{L_0 \frac{\Delta\delta}{\delta_0}}\right| \times 100\% = \frac{\Delta\delta}{\delta_0} \times 100\% \tag{3-50}$$

由此可看出变气隙式自感传感器的特点：灵敏度高，测量范围小，但非线性误差大，为减小非线性误差，$\Delta\delta/\delta_0$ 不能太大，通常取 $\Delta\delta/\delta_0 = 0.1 \sim 0.2$ 为宜。

2. 变截面积式自感传感器的工作特性　式（3-45）中，保持 δ 和 μ_0 不变，S 随被测量变化而变化，则可构成变截面积式自感传感器，见图 3-25b。由式（3-45）可见，其工作特性是线性的，其灵敏度为

$$k = \frac{dL}{dS} = \frac{N^2\mu_0}{2\delta} \tag{3-51}$$

由此可看出变截面积式自感传感器的特点：测量范围较大，非线性误差小，但灵敏度较低。

3. 螺管式自感传感器的工作特性　见图 3-25c，在线圈中放入圆柱形衔铁，衔铁随被测量作上下位移，其电感量将作相应的变化，便构成了螺管式自感传感器。其工作原理是基于线圈磁力线泄漏路径上的磁阻变化。线圈电感量与衔铁插入深度 l_c 有关。设线圈内的磁场强度是均匀的，且 $l_c < l$，则线圈的电感量 L 与衔铁插入深度 l_c 的关系为

$$L = \frac{4\pi^2 N^2}{l^2}\big[lr^2 + (\mu_m - 1)l_c r_c^2 \big] \times 10^{-7} \quad (\text{H}) \tag{3-52}$$

式中，l 为线圈的长度（m）；r 为线圈的平均半径（m）；r_c 为磁通作用半径（m），由衔铁半径及端部空气隙的大小决定；μ_m 为衔铁的有效磁导率。

由式（3-52）可见，当传感器几何尺寸一定时，线圈的电感量 L 与衔铁插入深度 l_c 成正比。但由于线圈内磁场强度沿轴向分布不均匀，实际传感器的输入输出特性是非线性的。螺管式自感传感器的特点：测量范围大，结构简单，但灵敏度较低和具有一定的非线性。

3.3.1.2　差动自感传感器

上述简单自感传感器虽然结构简单，运用方便，但也有缺点。具有初始电感，线圈流向负载的电流不为零，衔铁永远受有吸力，线圈电阻受温度影响引起温度误差，灵敏度低等。因此，实际中应用较少，常用差动自感传感器。上述三种自感传感器均可构成差动结构，以下以变气隙式差动自感传感器为例加以说明。

变气隙式差动自感传感器原理见图 3-26。它由一个公共衔铁和上、下两个对称的线圈 w_1 和 w_2 组成。

当被测量为零时，$\delta_1 = \delta_2 = \delta_0$，$L_1 = L_2 = L_0$，$\dot{I}_1 = \dot{I}_2$，$\dot{I} = \dot{I}_1 - \dot{I}_2 = 0$，负载 Z_L 上输出电压 $\dot{U}_o = 0$。

当在被测量作用下，衔铁向上位移 $\Delta\delta$，则 $\delta_1 = \delta_0 - \Delta\delta$，此时 $L_1 = L_0 + \Delta L_1$，展开成麦克劳林级数，见式（3-47）。

此时 $\delta_2 = \delta_0 + \Delta\delta$，$L_2 = L_0 - \Delta L_2$，展开成麦克劳林级数，见式（3-48）。

在差动自感传感器中，电感变化量 $\Delta L = \Delta L_1 +$

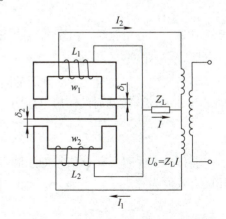

图 3-26　变气隙式差动自感传感器

ΔL_2。将式（3-47）和式（3-48）相加得

$$\Delta L = 2L_0\left[\frac{\Delta\delta}{\delta_0} + \left(\frac{\Delta\delta}{\delta_0}\right)^3 + \left(\frac{\Delta\delta}{\delta_0}\right)^5 + \cdots\right] \tag{3-53}$$

式（3-53）中第一项是线性项，其灵敏度为

$$k = \frac{\Delta L}{\Delta\delta} = \frac{2L_0}{\delta_0} \tag{3-54}$$

由式（3-54）与式（3-49）比较可见，差动自感传感器的灵敏度是简单自感传感器的 2 倍。

由式（3-53）可见，差动自感传感器仅含奇次方非线性项，其三次方非线性误差为

$$\gamma_{l3} = \left(\frac{\Delta\delta}{\delta_0}\right)^2 \times 100\% \tag{3-55}$$

非线性得到很大的改善。

同理，变面积式和螺管式差动自感传感器也能得到提高灵敏度和改善线性度的同样的结论。

3.3.1.3 测量电路

1. 基本测量电路 基本测量电路通常采用交流电桥，如图 3-27 所示。电桥的两臂 Z_1 和 Z_2 为差动自感传感器中的两个线圈的阻抗，另两臂为电源变压器二次线圈的两半（每一半的电压为 $\dot{U}/2$），输出电压取自 A、B 两点。假定 0 点为参考零电位，则 A 点的电压为

$$\dot{U}_A = \frac{\dot{U}Z_1}{Z_1 + Z_2}$$

B 点的电压为

$$\dot{U}_B = \frac{\dot{U}}{2}$$

则有输出电压

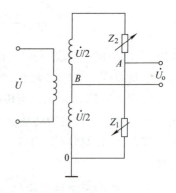

图 3-27 变压器式交流电桥

$$\dot{U}_o = \dot{U}_A - \dot{U}_B = \left(\frac{Z_1}{Z_1 + Z_2} - \frac{1}{2}\right)\dot{U} \tag{3-56}$$

当衔铁处于中心位置时，由于两线圈完全对称，因此 $Z_1 = Z_2 = Z$，代入式（3-56），得

$$\dot{U}_o = 0$$

当衔铁向下移动时，下面线圈的阻抗增加，即 $Z_1 = Z + \Delta Z$，而上面线圈的阻抗减小，即 $Z_2 = Z - \Delta Z$，故此时的输出电压为

$$\dot{U}_o = \left(\frac{Z + \Delta Z}{2Z} - \frac{1}{2}\right)\dot{U} = \frac{\Delta Z}{2Z}\dot{U} \tag{3-57}$$

若传感器线圈为高 Q 值，即线圈电阻远远小于其电感阻抗，即 $r \ll \omega L$ 时，其输出电压的有效值为

$$U_o = \frac{\omega\Delta L}{2\sqrt{r^2 + (\omega L)^2}}U \tag{3-58}$$

式中，ω 为电源角频率。

同理，当传感器衔铁上升同样大小的距离时，可推得

$$\dot{U}_{\circ} = \left(\frac{Z - \Delta Z}{2Z} - \frac{1}{2} \right) \dot{U} = -\frac{\Delta Z}{2Z} \dot{U} \tag{3-59}$$

其有效值为

$$U_{\circ} = \frac{-\omega \Delta L}{2\sqrt{r^2 + (\omega L)^2}} U \tag{3-60}$$

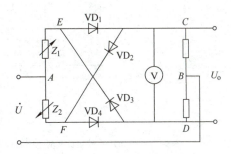

图 3-28　带相敏整流的测量电桥

比较式（3-57）和式（3-59）可知，当衔铁向上移动和向下移相同距离时，其输出大小相等，方向相反。由于电源电压 $\dot{U}$ 是交流，所以尽管式中有正负号，还是无法加以分辨。

为了能够示出衔铁运动的方向，提高检测性能，可采用带相敏整流的交流电桥，见图3-28。

其工作原理简述如下：

当衔铁处于中间位置时，$Z_1 = Z_2 = Z$，电桥处于平衡状态，输出电压 $U_{\circ} = 0$；当衔铁上移，使上线圈阻抗增大，$Z_1 = Z + \Delta Z$，而下线圈阻抗减少 $Z_2 = Z - \Delta Z$。

相敏电桥测量原理

设输入交流电压 $\dot{U}$ 为正半周，即 A 点为正，B 点为负，则二极管 VD_1、VD_4 导通，VD_2、VD_3 截止。在 $A \rightarrow E \rightarrow C \rightarrow B$ 支路中，C 点电位由于 Z_1 的增大而比平衡时 C 点的电位降低；在 $A \rightarrow F \rightarrow D \rightarrow B$ 支路中，D 点电位由于 Z_2 的降低而比平衡时 D 点的电位增加，即 D 点电位高于 C 点电位，此时直流电压表正向偏转。

设输入交流电压 $\dot{U}$ 为负半周，即 A 点为负，B 点为正，则二极管 VD_2、VD_3 导通，VD_1、VD_4 截止。在 $B \rightarrow C \rightarrow F \rightarrow A$ 支路中，C 点的电位由于 Z_2 的减小而比平衡时降低。而在 $B \rightarrow D \rightarrow E \rightarrow A$ 支路中，D 点的电位由于 Z_1 的增加比平衡时的电位增加。所以仍然是 D 点电位高于 C 点电位，直流电压表正向偏转。只要衔铁上移，不论输入电压是正半周还是负半周，电压表总是正向偏转，即输出电压 $U_{\circ}$ 总为下正、上负。

用同样的分析方法，当衔铁下移时，$Z_1 = Z - \Delta Z$，而 $Z_2 = Z + \Delta Z$，无论交流电压 $\dot{U}$ 的极性如何，电压表总是反向偏转，即输出电压 $U_{\circ}$ 总是上正、下负。

可见，采用带相敏整流的交流电桥，输出信号既能反映位移的大小，又能反映衔铁运动的方向，并能消除零点残余电压，改善输出特性。其输出特性见图 3-29b。由于传感器的结构不可能绝对对称和输入交流电压 $\dot{U}$ 含有高次谐波等原因，衔铁在中间位置时输出电压 $\dot{U}_{\circ}$ 不等于零而等于较小的电压 $u_{\circ}$，$u_{\circ}$ 称为零点残余电压，不带相敏整流电路的变压器桥路的输出特性，见图3-29a。

2. 数字化测量电路　阻抗测量的数字化仪器已得到日益广泛的应用，它具有测量准确度高，反应迅速，使用方便等优点。

图 3-30 是数字化测量的原理框图。图中，$\dot{U}_s$ 为电源电压，向已知限流电阻 R_N 提供稳

定的电流 $\dot{I}$，设 $\dot{U}_\mathrm{s}$ 的瞬时值为

$$\dot{U}_\mathrm{s} = U_\mathrm{sm}\sin\omega t$$

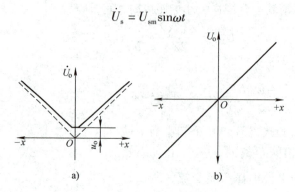

图 3-29　变压器桥路的输出特性

a）不带相敏整流电路的输出特性　b）带相敏整流电路的输出特性

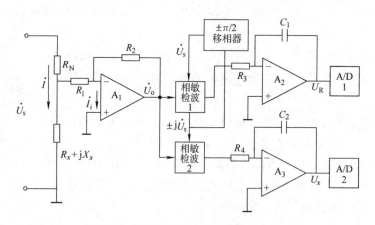

图 3-30　阻抗的数字化测量原理框图

设运算放大器 A_1 为理想放大器，其输入电流 $\dot{I}_\mathrm{i} = 0$，闭环增益为 k，则输出为

$$\dot{U}_\mathrm{o} = k\,\frac{R_x + \mathrm{j}X_x}{R_\mathrm{N} + R_x + \mathrm{j}X_x}\dot{U}_\mathrm{s}$$

式中，$R_x + \mathrm{j}X_x = Z_x$ 为被测阻抗。

由于限流电阻 $R_\mathrm{N} \gg |Z_x|$，忽略分母中 $R_x + \mathrm{j}X_x$，上式可简化为

$$
\begin{aligned}
\dot{U}_\mathrm{o} &= \frac{kR_x}{R_\mathrm{N}}\dot{U}_\mathrm{s} + \mathrm{j}\,\frac{kX_x}{R_\mathrm{N}}\dot{U}_\mathrm{s} \\
&= \frac{kR_x}{R_\mathrm{N}}U_\mathrm{sm}\sin\omega t + \frac{kX_x U_\mathrm{sm}}{R_\mathrm{N}}\sin\left(\omega t \pm \frac{\pi}{2}\right)
\end{aligned}
\tag{3-61}
$$

式（3-61）中实部（kR_x/R_N）$U_\mathrm{sm}\sin\omega t$ 经相敏检波器 1，其输出是直流电压，再经由 A_2 组成的有源滤波后输出平滑的直流电压 U_R 为

$$U_\mathrm{R} = \frac{kR_x}{2R_\mathrm{N}}U_\mathrm{sm}^2$$

可见 U_R 正比于被测阻抗的实部 R_x。

式（3-61）中的虚部（kX_x/R_N）$U_{sm}\sin$（$\omega t\pm\pi/2$）经相敏检波器 2，被整流成直流电压，经由 A_3 组成的有源滤波器变成平滑的直流信号 U_x 为

$$U_x=\frac{kX_x}{2R_N}U_{sm}^2$$

可见，U_x 正比于被测阻抗的虚部 X_x。

全波相敏检波电路见图 3-31。图中 $VD_1\sim VD_4$ 是全桥式检波；$R_1\sim R_4$ 为了补偿 $VD_1\sim VD_4$ 的温度特性；R 是负载电阻；$\dot{U}_A$ 和 $\dot{U}_B$ 分别是被测电压和开关电压，其瞬时值为

$$\dot{U}_A=U_{Am}\sin\omega_A t$$

$$\dot{U}_B=U_{Bm}\sin\omega_B t$$

式中，$|U_{Bm}|\gg|U_{Am}|$。

$VD_1\sim VD_4$ 的导通与截止完全由 $\dot{U}_B$ 决定。在这一条件下，相敏检波电路的输出电压 U_o 为

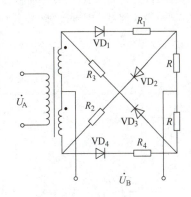

图 3-31　相敏检波电路

$$U_o=U_{(\omega_A-\omega_B)}=\frac{8U_{Am}R}{\pi}\cos(\omega_B-\omega_A)t$$

由上式可见，当 $\omega_A=\omega_B$ 时

$$U_o=\frac{8U_{Am}R}{\pi}\tag{3-62}$$

这说明被测电压 $\dot{U}_A=U_{Am}\sin\omega t$ 被检波成直流电压。

图 3-30 中相敏检波器 1 的开关电压是由稳定电压源 $\dot{U}_s$ 提供的，其频率和相位与被测电压 $\dot{U}_o$ 的实部相同；相敏检测器 2 的开关电压由 $\dot{U}_s$ 经移相器移相后变成 $\pm j\dot{U}_s$ 提供，其相位和频率也与被测电压 $\dot{U}_o$ 的虚部相同，满足同相位同频率的要求。

滤波器 A_2 和 A_3 输出的直流电压 U_R 和 U_x 分别经 A－D 转换器 1 和 2 转换成数字量，经译码、显示，完成阻抗的数字化测量。

图 3-30 被测阻抗（R_x+jX_x）接在运算放大器 A_1 的输入回路，适用于测量较小的阻抗，若测量较大的阻抗，可将被测阻抗替代运算放大器 A_1 中的 R_2，原来被测阻抗的位置接一个精密的固定电阻。该电路是电感和电容两用的测量电路。

3.3.1.4　自感传感器应用实例

由于篇幅所限，仅介绍两个自感传感器的应用实例。

1. JGH 型电感测厚仪　其原理图见图 3-32。差动自感传感器的两个线圈 L_1 和 L_2 作为两个相邻桥臂，电容 C_1 和 C_2 是另两个桥臂。$VD_1\sim VD_4$ 为相敏整流电路，在二极管支路中分别串接电阻 $R_1\sim R_4$ 的作用是温度补偿，以减小 $VD_1\sim VD_4$ 的导通内阻随温度变化而引起的温度附加误差。因此，$R_1\sim R_4$ 应选择其阻值不随温度变化的锰铜电阻。供桥电压由变压器 T 供给。T 的一次侧用 R_7 和 C_4 组成磁饱和稳压器，以稳定供桥电压的幅值。C_3 为平滑滤波电容。电压表 V 以厚度单位刻度，RP_1 调节 V 表的电气零点；RP_2 调节 V

表的满刻度。HL 为电源指示灯。

2. BYM 型压力传感器 如图 3-33 所示。当被测压力 p 变化时，弹簧管的自由端产生位移，带动与自由端刚性连接的自感传感器的衔铁发生移动，使传感器的线圈中的电感值一个增加，另一个减小。传感器输出信号的大小，决定于衔铁位移的大小，输出信号的相位，决定于衔铁移动的方向。整个机心装在一个圆形的金属盒内，用接头螺纹与被测压力相连。

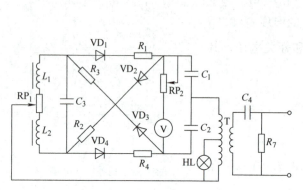

图 3-32　JGH 测厚仪电原理图

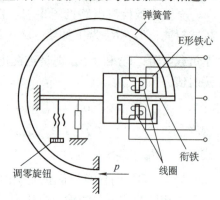

图 3-33　BYM 型压力传感器

3.3.2　差动变压器式传感器

差动变压器式传感器的工作原理是把被测量的变化转换成互感 M 的变化。传感器本身是互感系数可变的变压器，故又称互感式传感器。由于其二次侧接成差动形式（相同的同名端相接），故又称为差动变压器式传感器。

3.3.2.1　差动变压器的结构和工作原理

差动变压器由铁心、骨架和两个或多个二次线圈组成，见图 3-34a。在差动变压器的一次绕组通以适当频率的激励电压 $\dot{U}_1$，当铁心随被测量 x 的变化作上、下位移时，一次绕组对两个对称的二次绕组之间的互感也作相应的变化，因此两个二次绕组的感应电动势 $\dot{E}_{21}$ 和 $\dot{E}_{22}$ 也作相应的变化，从而将位移转换成输出电压 $\dot{U}_o$，见图 3-34b。

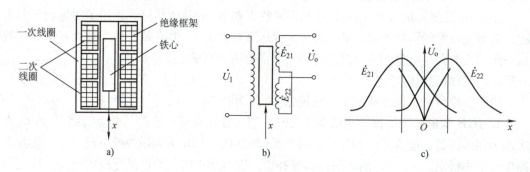

图 3-34　差动变压器的结构、原理及其输出特性

a）结构图　b）原理图　c）输出特性

1）当被测量 $x = 0$ 时，铁心在中间位置，两个二次绕组的互感 M_1 和 M_2 相等，因而其感应电动势 $\dot{E}_{21} = \dot{E}_{22}$。由于接成差动形式，其输出电压 $\dot{U}_o = \dot{E}_{21} - \dot{E}_{22} = 0$。

2）当被测量 x 使铁心向上位移时，由于 $M_1 > M_2$，则 $\dot{E}_{21} > \dot{E}_{22}$，因此，$\dot{U}_o = \dot{E}_{21} - \dot{E}_{22} \neq 0$。

3）当被测量 x 使铁心向下位移时，由于 $M_2 > M_1$，则 $\dot{E}_{22} > \dot{E}_{21}$，因此，$\dot{U}_o = \dot{E}_{21} - \dot{E}_{22} \neq 0$。

差动变压器的输出特性见图 3-34c。

3.3.2.2　差动变压器的基本特性

1. 等效电路　当忽略差动变压器的涡流损耗、磁滞损耗和分布电容等影响时，则可以看作是一个理想的差动变压器，其等效电路见图 3-35a。

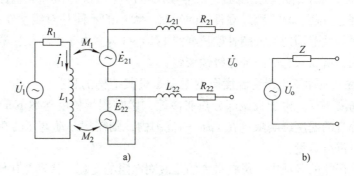

图 3-35　差动变压器的等效电路

a）等效电路　b）简化等效电路

图中，$\dot{U}_1$ 为一次线圈励磁电压；$\dot{E}_{21}$ 和 $\dot{E}_{22}$ 分别为两个二次线圈的输出电压；L_1 为一次线圈自感；R_1 为一次线圈有效电阻；M_1 和 M_2 分别为一次线圈与二次线圈的两个绕组的互感；L_{21} 和 L_{22} 分别为两个二次绕组的自感；R_{21} 和 R_{22} 分别为两个二次绕组的有效电阻，$\dot{U}_o$ 为空载时差动输出电压。

从图 3-35a 的输出端往左看进去，图 3-35a 的等效电路可简化为图 3-35b，图中：

当铁心向上移动时，U_o 的幅值为

$$U_o = \frac{2\omega U_1 \Delta M}{\sqrt{R_1^2 + (\omega L_1)^2}} \tag{3-63}$$

当铁心向下移动相同位移时，U_o 的幅值为

$$U_o = -\frac{2\omega U_1 \Delta M}{\sqrt{R_1^2 + (\omega L_1)^2}} \tag{3-64}$$

差动变压器输出阻抗的模为

$$|Z| = \sqrt{(R_{21} + R_{22})^2 + (\omega L_{21} + \omega L_{22})^2} \tag{3-65}$$

式（3-63）、式（3-64）、式（3-65）中，ω 为激励电压的角频率（Hz）；ΔM 为铁心偏离中间位置时的互感增量（H）。

式（3-64）中前面的 "－"号表示铁心位移的方向与式（3-63）的方向相反。

2. 灵敏度　差动变压器的灵敏度是指在单位励磁电压下，铁心移动单位位移时的输

出电压或电流,以 V/(mm·V)或 mA/(mm·V)表示。一般差动变压器的灵敏度可达0.1~0.5V/(mm·V)或 100mA(mm·V)。

差动变压器的灵敏度受其结构和励磁电压、频率影响。在结构方面,提高线圈的 Q 值;增大衔铁的直径;选用导磁性能好,铁损小,涡流损耗小的导磁材料,可以提高灵敏度。提高输入励磁电压也会提高灵敏度,这是因为增大输入励磁电压,在传感器结构参数不变的条件下励磁电流增加,因此灵敏度也提高。励磁电源的频率提高,灵敏度也提高,但这仅在一定频率范围内有此现象,频率增加超过一定范围,灵敏度反而下降。这是因为高频时,导线有效电阻增加,涡流损耗、磁滞损耗增加的缘故。一般励磁频率为10Hz~50kHz。

3. 线性范围 理想的差动变压器二次侧输出电压应与铁心位移成线性关系,实际上由于铁心的长度、直径、材质和线圈骨架的形状、大小的不同均对线性度有直接的关系。差动变压器一般线性范围约为线圈骨架长度的 1/10~1/4。由于差动变压器中间部分磁场是均匀的且较强,所以只有中间部分线性较好。

4. 温度特性 差动变压器受温度影响主要是机械结构的膨胀、收缩、线圈电阻的变化,会使测量精度下降。由于机械部分热胀冷缩,影响测量精度达数 μm 到 $10\mu m$ 左右,如果要把机械部分的温度影响限制在 $1\mu m$ 的范围内,则需把差动变压器在使用环境中放置24h后,方可进行测量。

在造成温度误差的各项中,影响最大的是线圈电阻的变化,特别是在低频激励时尤为显著。一般,铜线的电阻温度系数约为 $+0.4\times10^{-2}℃^{-1}$,对于小型差动变压器,其在较低激励频率下使用时,其温度系数较大,约为 $-0.3\times10^{-2}℃^{-1}$,对于大型差动变压器,其使用频率高,温度系数就小,约为 $(-0.1\sim0.05)\times10^{-2}℃^{-1}$。

铁心的磁特性、磁导率、铁损、涡流损耗也随温度变化而变化,但数值较小,可略去不计。

差动变压器一般使用温度为80℃,特别制造的高温型可以用到150℃。

5. 零点残余电压及其消除方法 当差动变压器铁心位于中间位置时,由于对称的两个二次线圈反向串联,理论上感应电动势应大小相等方向相反,因而差动输出电压应该为零,但实际情况并不为零,总会有一个很小的输出电压 $U_。$,这个电压一般称为"零点残余电压",使传感器的输出特性不过零点,见图 3-36a。

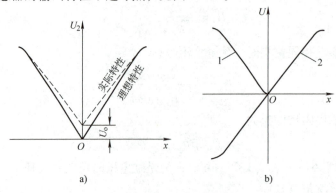

图 3-36 零点残余电压及其消除方法之一

a) 零点残余电压 b) 带相敏整流电路的特性曲线

零点残余电压的存在使得传感器输出特性在零位附近的范围内不灵敏，不利于测量，并会带来测量误差。因而零点残余电压的大小是评定差动变压器性能优劣的重要指标。

零点残余电压产生的原因：

1）由于二次线圈结构上的不对称，故引起线圈感应电动势幅值不等，相位不同。

2）铁心材料 $B-H$ 曲线的非线性造成输出电压含有高次谐波（主要是 3 次谐波）。

3）励磁电压含有高次谐波。

零点残余电压的消除方法：

1）尽可能保证传感器的几何尺寸，线圈电气参数和磁路的对称。

2）采用适当的测量电路，例如相敏整流电路，使其特性由特性曲线 1 变成特性曲线 2（见图 3-36b），这样不仅使输出电压能反映铁心移动的方向，而且可以减小零点残余电压。

3）采用适当的补偿电路减小零点残余电压。在差动变压器的二次侧串、并联适当数值的电阻电容元件，当调整这些元件时，可使零点残余电压减小。一些典型的补偿电路见图 3-37。

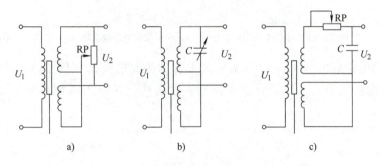

图 3-37　补偿电路

a）电阻补偿　b）电容补偿　c）阻容补偿

3.3.2.3　差动变压器的测量电路

差动变压器最常应用的测量电路是差动整流电路，见图 3-38。把两个二次电压分别整流后，以它们的差为输出（ab 端），这样，二次电压的相位和零点缺余电压都不必考虑。

图 3-38 中的图 a 和图 b 用在连接低阻抗负载的场合，是电流输出型。图 c 和图 d 用在连接高阻抗负载的场合，是电压输出型。

3.3.2.4　差动变压器的应用实例

1. CPC－A 型差压计　其原理见图 3-39。差压 Δp 由膜片转变成硬心的位移，即为差动变压器铁心的位移 $\Delta x \propto \Delta p$。7555 与其外围阻容元件组成 10kHz 振荡电路，其输出方波作为差动变压器一次绕组的激励电源，幅值 10V。VD_1、VD_2 组成电压输出型检波电路。RP_1 为零点调整，RP_2 为满度调整。磁电系电压表指示出差压大小。电压表 V 两端的电压 $U_\circ$ 也可供 $3\frac{1}{2}$ 位 DVM 显示。

例 3-5　图 3-40 是由差动变压器 T_1 和 T_2 组成的无差平衡系统。波纹膜片传递系数

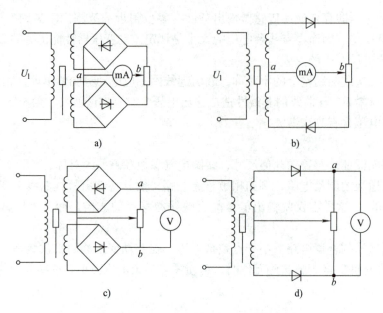

图 3-38　差动变压器的测量电路

a）全波整流电流输出型　b）半波整流电流输出型　c）全波整流电压输出型　d）半波整流电压输出型

k_p；T_1 和 T_2 的传递系数为 $k_{T1} = k_{T2} = k_T$；放大器的放大倍数 k_v；伺服电动机的传递系数 k_d；凸轮的传递系数为 k_f。分析其工作原理、画出传递系数组成框图和求 α 与 p_x 的关系式。

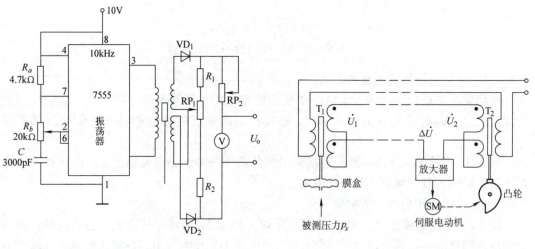

图 3-39　CPC–A 型差压计　　　　　　图 3-40　T_1 和 T_2 组成的平衡系统

解　当被测压力变化时，经波纹膜片转变成差动变压器 T_1 铁心的位移 $x = k_p p_x$。T_1 输出电压 $\dot{U}_1$ 变化，因此 $\dot{U}_1 - \dot{U}_2 = \Delta \dot{U} \neq 0$，经放大后驱动伺服电动机转动，仪表指针产生偏转，同时经凸轮带动差动变压器 T_2 的铁心位移，其输出 $\dot{U}_2$ 变化，当 $\dot{U}_1 - \dot{U}_2 = \Delta \dot{U} = 0$ 时，

系统处于新的平衡状态。从而指针的偏转角 α 指示出被测压力的 p_x 的大小。

因此，可画出传递系数框图，见图 3-41。此系统为具有深度负反馈系统，其输入输出关系为

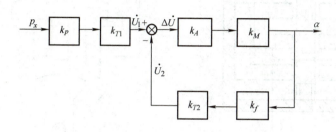

图 3-41　传递系数框图

$$\alpha = \frac{k_p k_{T1} k_A k_M}{1 + k_A k_M k_f k_{T2}} p_x$$

当 $k_A k_M k_f k_{T2} \gg 1$ 时，上式可简化为

$$\alpha = \frac{k_p}{k_f} p_x$$

指针转角与被测压力成正比。此外还可通过走纸记录机构记录被测压力之值。

2. 差动变压器式电子秤　图 3-42 示出了差动变压器式电子秤原理示意图。加于托盘上的被测物体的质量 m 压缩弹簧，则弹簧将产生位移 x，而弹簧产生反作用力作用于被测物体，当被测物体的重力与弹簧的反作用力平衡时，系统处于平衡状态，即：$kx = m$，则

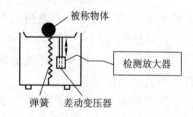

图 3-42　差动变压器式电子秤原理示意图

$$x = \frac{m}{k}$$

式中，k 为弹簧的刚度。

可见，弹簧的位移 x 与被测物体的重量成正比。差动变压器将位移 x 转换成二次侧的输出电压 $\dot{U}_o$，经检测放大器检测和放大到适当数值后，可用数字电压表（DVM）来显示，并以质量单位（kg 或 g）刻度。

3. 差动变压器式加速度传感器　见图 3-43。由上、下各两片弹簧片将质量块 m 支承于传感器的壳体上，测量时壳体与被测对象刚性连接，这样将被测加速度转变成质量块 m 的位移，即 $x = ka$。质量块是导磁材料，它既是质量块，又是差动变压器的铁心，将铁心位移转变成差动变压器二次侧输出电压 $\dot{U}_o$ 变化。

4. 差动变压器式角位移传感器　差动变压器也可以做成改变导磁截面积的变截面型传感器，用来测量角度位移，其结构见图 3-44。它通常可测到几角秒的微小角位移，输出的线性范围一般在 ±10° 左右。这种传感器又称微同步器。

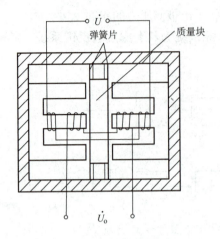

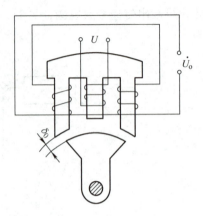

图 3-43 差动变压器式加速度传感器　　图 3-44 差动变压器式角位移传感器

3.3.3 电涡流式传感器

成块的金属在交变磁场中或在磁场中作切割磁力线运动时，金属内部会产生感应电动势形成电流，这种电流就称电涡流。建立在电涡流效应原理上的传感器，称为电涡流式传感器。

电涡流传感器的最大特点是可以对一些参数进行非接触的连续测量，动态响应好，灵敏度高，测量线性范围大（$300\mu m \sim 1000mm$），抗干扰能力强，在工业中应用越来越广。它可以用来测量振动、位移、厚度、转速、温度、硬度等参数，还可以进行无损探伤，是一种有发展前途的传感器。

涡流传感器在金属体上产生的电涡流，其渗透深度与传感器线圈的励磁电流的频率有关，所以涡流传感器主要可分高频反射和低频透射两类。

3.3.3.1 高频反射涡流传感器

高频反射涡流传感器是一只固定在框架上的扁平线圈（见图 3-45）。当没有测量体接近时，传感器的线圈由于高频电流 i 的激励，将产生一个高频交变磁场 Φ_i。当被测导电体靠近传感器时，根据电磁感应定律，在被测导电体的表面将产生与交变磁场相交链的电涡流（涡流作用范围一般为线圈外径的 1.4 倍），此涡流又将产生一磁场 Φ_e，而 Φ_e 总是抵抗 Φ_i 的存在。被测导体靠近通有高频电流的传感器时，除存在涡流效应外，还存在磁效应，结果改变了传感器的电参数，使线圈的 Q 值下降。

传感器工作的等效电路见图 3-46。假定传感器线圈原有电阻为 R_1，电感 L_1，在无导体靠近时其复阻抗为

$$Z_1 = R_1 + j\omega L_1 \tag{3-66}$$

当有被测导体靠近传感器线圈时，则成为一个耦合电感，线圈与导体之间存在一个互感系数 M，互感系数随线圈与导体之间距离的减小而增大。被测导体可看作一匝短路线圈，其电阻为 R_2，电感为 L_2。

由图 3-46 可列出下列方程：

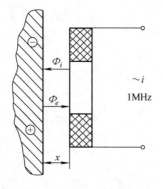

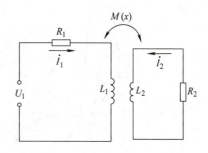

图 3-45　高频反射电涡流传感器原理　　　图 3-46　电涡流传感器的等效电路

$$R_1 \dot{I}_1 + \mathrm{j}\omega L_1 \dot{I}_1 - \mathrm{j}\omega M \dot{I}_2 = \dot{U}_1$$

$$- \mathrm{j}\omega M \dot{I}_1 + R_2 \dot{I}_2 + \mathrm{j}\omega L_2 \dot{I}_2 = 0$$

联立求解上两式得

$$\dot{I}_1 = \frac{\dot{U}_1}{Z'_1} = \frac{\dot{U}_1}{\left[R_1 + \dfrac{\omega^2 M^2 R_2}{R_2^2 + (\omega L_2)^2} \right] + \mathrm{j}\left[\omega L_1 - \dfrac{\omega^2 M^2 \omega L_2}{R_2^2 + (\omega L_2)^2} \right]}$$

由上式可得

$$Z'_1 = \frac{\dot{U}_1}{\dot{I}_1} = \left[R_1 + \frac{\omega^2 M^2}{R_2^2 + (\omega L_2)^2} R_2 \right] + \mathrm{j}\left[\omega L_1 - \frac{\omega^2 M^2}{R_2^2 + (\omega L_2)^2} \omega L_2 \right] \tag{3-67}$$

比较式（3-66）和式（3-67）可知，当导体靠近传感器时，其有效电阻增加，反射电感减小，从而使线圈的 Q 值下降。

对于一个没有被测导体的调谐到某一谐振频率 f 的传感器，其阻抗最大，谐振回路的压降最大。当被测导体引入时，回路将失谐，当被测体为非铁磁性材料或硬磁材料时，回路 Q 值下降，线圈等效电感减小，谐振峰右移；当被测体为软磁材料时，情况类似，只不过随导体逐渐靠近线圈，谐振峰越来越向左偏移，见图 3-47。

高频涡流传感器线圈阻抗 Z 与被测体材料的电阻率 ρ、磁导率 μ、激励频率 f 以及传感器线圈与被测物体间的距离 x 有关，用数学式可表示为

$$Z = F(\rho, x, f, \mu) \tag{3-68}$$

当电源频率 f 以及 ρ、μ 恒定时，被测体与线圈间的距离 x 与线圈的阻抗 Z 呈单值函数关系，即

$$Z = F(x)$$

当被测 x 变化时，Z 将发生变化，通过测量电路把 Z 的变化转换成电压 U 的变化，将位移转换为电量。输出电压与位移的关系曲线见图 3-48。同理，固定其他三个参量，而使 ρ 或 μ 为变量，可用于检测材料的电阻率 ρ 或磁导率 μ 的变化，这就是涡流传感器用于无损探伤的原理。

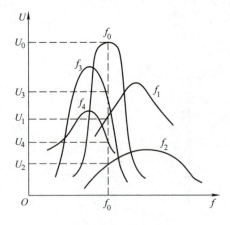

图 3-47　谐振特性曲线

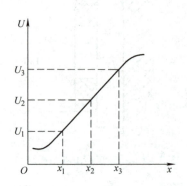

图 3-48　传感器输出特性曲线

3.3.3.2　低频透射涡流传感器

低频透射式电涡流传感器采用低频激励，因而能得到较大的贯穿深度，可用于测量金属的厚度。图 3-49 为低频透射涡流传感器原理图。

传感器由两个线圈组成，一个为发射线圈，一个为接收线圈，分别位于被测物体的两侧。由振荡器产生的低频电压 $\dot{U}_1$ 加到发射线圈 L_1 两端，则接收线圈 L_2 两端将产生感应电压 $\dot{U}_2$。若两线圈之间不存在被测物体 M，则 L_1 的磁力线能较多地穿过 L_2，于是在 L_2 上感生电压 $\dot{U}_2$ 最大。当放入一块金属板 M 后，由于 L_1 产生的磁力线穿过 M，并在其中产生涡流 i，损耗了部分磁场能量，到达 L_2 的磁力线减小，从而 $\dot{U}_2$ 下降。M 的厚度 d 越大，涡流越大，$\dot{U}_2$ 越小。可见，$\dot{U}_2$ 的大小间接反映了 M 的厚度 d，这就是测厚的原理。

事实上，被测金属块 M 中的涡流大小也与其化学成分（主要影响为电阻率 ρ）和物理状态（特别是温度）有关，因此引起相应的测量误差，并限制了测厚的应用范围，但可以采用校正和恒温的办法进行补偿。

在不同频率下对同一种材料的 $\dot{U}_2 = f(d)$ 关系曲线见图 3-50。由图可见：为了得到较好的线性度，应选用较低的励磁频率（通常为 1kHz 左右），但灵敏度有所下降，而渗透深度有所增加。

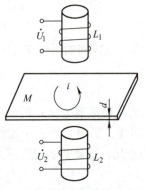

图 3-49　低频透射式电涡流传感器原理

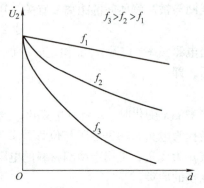

图 3-50　不同励磁频率的 $\dot{U}_2 = f(d)$ 关系曲线

在一定频率下，不同 ρ 值改变了渗透深度和 $\dot U_2 = f(d)$ 的曲线形状。为使测量不同 ρ 的材料所得到的曲线形状相近，需在 ρ 变动时，保持渗透深度不变，相应地改变频率 f。实践表明，测量 ρ 较小的材料（如纯铜）时，选用较低的频率（500Hz），而测量 ρ 较大的（如黄铜、铝）材料时，则选用较高的频率（2kHz），能使测厚仪得到较好的线性度和灵敏度。

3.3.3.3　测量电路

根据电涡流传感器原理，被测参数变化可以转换成传感器线圈的 Q 值、等效阻抗 Z 和等效电感 L 的变化，利用测量电路把这些参数转换为电量输出。其测量电路可采用谐振测量电路，也可采用电桥电路。谐振测量电路根据其输出是电压的幅值还是频率，又可分为调幅和调频两种。

1. 桥式测量电路　为了提高稳定性和灵敏度，对差动式传感器可采用桥式测量电路，电路原理见图 3-51。Z_1、Z_2 是传感器的两个线圈的阻抗，与电阻 R_1、R_2，电容 C_1、C_2 组成电桥的四个臂，其工作电源可由石英晶体振荡器组成的具有高稳定度的电源供给。测量时线圈阻抗变化，电桥电路则把线圈阻抗变化转换成不平衡电压幅值的变化，完成有关参数的测量。

2. 谐振幅值测量电路　见图 3-52。传感器线圈 L 和固定电容 C 组成并联谐振回路，由石英晶体振荡器提供频率（如 1MHz）稳定的高频激励电流 $\dot I_0$，在无被测导体时，使电路的 LC 谐振回路的谐振频率为

$$f_0 = \frac{1}{2\pi \sqrt{LC}}$$

即使 f_0 等于振荡器的振荡频率，此时并联谐振电路的阻抗最大，其输出电压 $\dot U_o$ 最大。

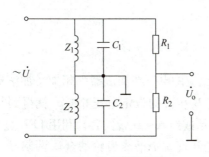

图 3-51　桥式测量电路

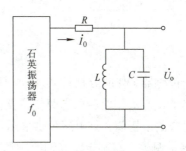

图 3-52　谐振幅值测量电路

在非铁磁性或硬磁性材料被测导体靠近传感器线圈时，线圈的等效电感减小，回路的谐振频率升高，谐振峰右移，谐振回路工作在失谐状态，这时频率为 f_0 的电流 $\dot I_0$ 流过并联谐振电路的电压降由原来的 $\dot U_o$ 下降为 U_1；当进一步靠近线圈时，线圈的 L 进一步减小，对应于 f_0 的阻抗更小，因此压降又由 $\dot U_1$ 下降为 $\dot U_2\cdots$，见图 3-47。

若被测导体为软磁材料时，情况类似，只不过随导体逐渐靠近线圈，谐振峰越来越向左移动，得到的谐振曲线见图 3-47。由图可见，非线性特性曲线，使用时必须注意使用范围，以得到较好的线性工作状态。传感器在工作过程中，输出电压 $(U_0,U_1,U_2,\cdots)$ 对应

的频率始终不变，其幅值只随位移的变化而变化，因此称为调幅测量电路。

3. 调频测量电路 测量电路见图 3-53。传感器线圈 L 作为一个电感元件接入振荡器中。该测量电路由两大部分组成，即电容三点式振荡器和射极输出器。

电容三点式振荡器产生高频正弦波，其频率随传感器线圈 $L(x)$ 的变化而变化，该频率信号通过 C_4 耦合到射极输出器，再由频率计测量输出频率的大小。

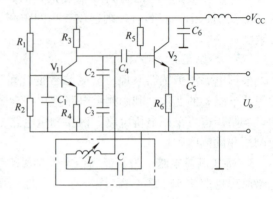

图 3-53　调频测量电路

3.3.3.4　电涡流传感器的应用实例

1. 厚度测量 利用电涡流传感器无接触地测量金属板的厚度的原理见图 3-54。为了防止测量过程中金属板上下波动引起测量误差，在金属板上下各安装一电涡流传感器，其距离为 D，而它们与板的上下表面的距离分别为 d_1 和 d_2，因此，被测金属板的厚度为

$$d = D - (d_1 + d_2)$$

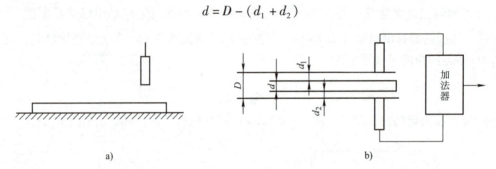

图 3-54　电涡流传感器测量厚度实例

两个传感器工作时分别将 d_1 和 d_2 转换成相应的电压在加法器中相加，加法器的输出电压代表了 $d_1 + d_2$。然后再与两传感器间距离 D 相应的设定电压相减，就得到与被测厚度 d 相对应的电压值，该电压可供显示仪表显示或经 A – D 转换后，利用 LED 显示。

2. 转速测量 在旋转体的轴上刚性连接上开有 n 个槽或齿轮的金属调制盘，在盘的旁边安装一个电涡流传感器，见图 3-55。当旋转体转动时，金属调制盘与传感器的距离

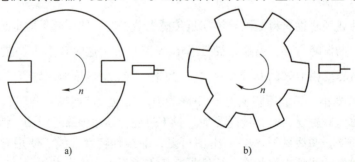

图 3-55　电涡流传感器测量转速的原理

周期性地改变，因此传感器输出信号也周期性改变，该信号经放大和整形后变成一系列脉冲，可用数字式频率计进行测量。设测得的频率为 f（Hz），则被测转轴的转速 N（r/min）为

$$N = \frac{f}{n} \times 60$$

电涡流传感器应用广泛，由于篇幅所限，仅介绍两个应用实例，读者可参考有关文献。

3.3.4　压磁式传感器

压磁式传感器也是测力传感器中的一种，它是利用压磁效应原理工作的。

3.3.4.1　工作原理

当铁磁材料受机械力作用时，其内部产生应变，引起磁导率 μ 的变化。当外加机械力消失后，其磁导率 μ 复原。通常把在机械变形（拉伸、压缩、扭曲等）作用下，所引起的磁性质的变化称为压磁效应。

铁磁材料的压磁效应的规律是：铁磁材料受拉力作用时，在力的作用方向磁导率 μ 提高，而在与作用力垂直的方向，磁导率降低；铁磁材料受到压力作用时，磁导率 μ 的变化刚好相反。

利用铁磁材料在外力作用下磁导率 μ 的变化的这一规律，构成了压磁传感器，见图 3-56。在一定形状的铁磁材料（例如硅钢片、坡莫合金等）的适当位置开 4 个孔，1 与 2 孔间绕有励磁绕组 w_1；3 与 4 孔间绕有测量绕组 w_2，见图 3-56a。在励磁绕组 w_1 通以交变电压 $\dot{U}_1$，若无外力作用，由于铁磁材料的磁导率 μ 在各个方向上均相同，w_1 建立的磁力线见图 3-56b，磁力线不与测量绕组 w_2 交链，故 w_2 不产生感应电动势。若传感器受压力 F 作用，由于与 F 垂直方向铁磁材料的磁导率 μ 增加，而与 F 相同方向的磁导率 μ 降低，故有磁力线与 w_2 交链，因此 w_2 绕组有感应电动势 $\dot{U}$ 输出，见图 3-56c。测量绕组 w_2 输出的电动势 $\dot{U}$ 为

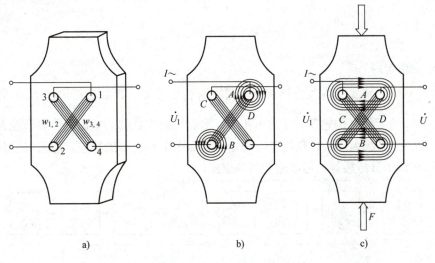

图 3-56　压磁传感器原理

$$\dot{U} = k\dot{U}_1 \frac{N_1}{N_2} F \tag{3-69}$$

式中，N_1 和 N_2 分别是励磁绕组和测量绕组的匝数；$\dot{U}_1$ 为励磁电压（V）；k 为与励磁电压和频率有关的系数（$1/N$）；F 为被测力（N）。

由式（3-69）可见，压磁传感器的输出 $\dot{U}$ 与被测力 F 的关系是线性的，而且当 $F=0$ 时，$\dot{U}=0$。但是，实际上由于结构上不完全对称、励磁电压中含有高次谐波及铁磁材料的 $B-H$ 曲线有弯曲部分等原因，致使 $F=0$ 时，$\dot{U}\neq0$，而 $\dot{U}=\dot{U}_0$，$\dot{U}_0$ 称为零点残余电压，见图 3-57。在测量电路中必须对 $\dot{U}_0$ 进行补偿。

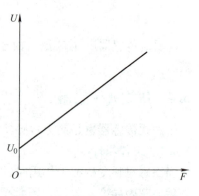

图 3-57　压磁传感器的输出特性

3.3.4.2　压磁传感器铁磁材料的形状

压磁传感器铁磁材料的常见形状见图 3-58。图 a 的灵敏度较高，可测量 5×10^5N 以下的力。图 b 是图 a 的改进型，在受力方向下开两个小孔，分散了部分力到 4 个孔的两侧，提高了测量上限，但灵敏度有所减小。图 c 为中字形，分别在 1、3 铁心柱上绕上励磁绕组和测量绕组，测量上限较小，灵敏度高，但零点残余电压较大。图 d 称为"田中"形，主要特点是灵敏度较高，常用于测量 5000N 以下的力。

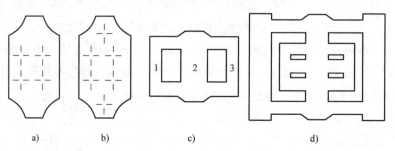

图 3-58　铁磁材料的形状

3.3.4.3　测量电路

由式（3-69）可见，在铁磁材料未达到磁饱和条件下，提高激磁电压 $\dot{U}_1$ 和两绕组的匝数比 N_1/N_2 均能提高传感器的输出电压 $\dot{U}$，因此压磁传感器的输出信号幅值较大。其测量电路不需要信号放大环节，仅需要有稳定的励磁电源和良好的检波、滤波以及调零电路等。图 3-59 是压磁传感器测量电路的组成框图。

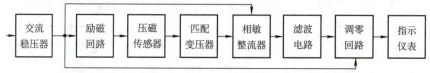

图 3-59　压磁传感器测量电路组成框图

3.3.4.4　压磁传感器的特点及应用范围

与其他传感器相比，压磁传感器具有输出功率大，抗干扰能力强、精度高、线性好、寿命长、维护方便、运行条件低（能在一般有灰尘、水和腐蚀性气体的环境中长期运行）等特点。因此，很适合在重工业、化学工业部门应用、是一种十分有发展前途的传感器。

目前，压磁传感器已在冶金、矿山、造纸、印刷、运输等各个工业部门中广泛应用。特别是在各种自动化系统中用来测量轧钢机的轧制力、钢带张力、卷扬机的定量自动提升、纸张的张力、吊车提物的自动秤重、配料斗的秤重、金属切削过程的切削力以及电梯安全保护等各个方面。

3.4　电容式传感器

3.4.1　电容式传感器的工作原理及其特性

图 3-60 为平板电容器原理图，若忽略其边缘效应，其电容量 C（F）为

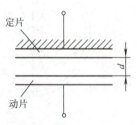

图 3-60　平板电容器原理

$$C = \frac{\varepsilon_r \varepsilon_0 A}{d} = \frac{\varepsilon A}{d} \tag{3-70}$$

式中，d 为两平行极板间的距离（m）；ε_r 为极板间介质的相对介电常数；ε_0 为真空介电常数（$\varepsilon_0 = 8.854 \times 10^{-12}$ F/m）；ε 为极板间介质的介电常数；A 为极板相互遮盖面积（m^2）。

由式（3-70）可见，ε、d 和 A 三个参数中，保持任意两个参数不变，另一个参数随被测量的变化而变化，则可制成三种类型的电容式传感器。

3.4.1.1　变气隙式电容传感器及其特性

图 3-60 中，设在被测量作用下，动极板向上移动 Δd，其电容量增加，电容变化量为

$$\Delta C = C - C_0 = C_0 \frac{\Delta d}{d_0}\left[\frac{1}{1 - \dfrac{\Delta d}{d_0}}\right]$$

式中，C_0 为初始电容量，$C_0 = \varepsilon A / d_0$。

在 $\Delta d / d_0 \ll 1$ 时，将上式展开成麦克劳林级数：

$$\Delta C = C_0\left[\frac{\Delta d}{d_0} + \left(\frac{\Delta d}{d_0}\right)^2 + \left(\frac{\Delta d}{d_0}\right)^3 + \cdots\right] \tag{3-71}$$

若动极板向下位移 Δd，同理可得

$$\Delta C = C_0 - C = C_0 \frac{\Delta d}{d_0}\left[\frac{1}{1 + \dfrac{\Delta d}{d_0}}\right]$$

同理，将上式展开成麦克劳林级数，得

$$\Delta C = C_0\left[\frac{\Delta d}{d_0} - \left(\frac{\Delta d}{d_0}\right)^2 + \left(\frac{\Delta d}{d_0}\right)^3 - \cdots\right] \tag{3-72}$$

由式（3-71）和式（3-72）可见，变气隙式电容传感器的特性是非线性的。若 $\Delta d / d_0 \ll 1$，忽略高次方非线性，方可认为其特性是线性的，即

$$\Delta C = C_0 \frac{\Delta d}{d_0}$$

因此，可得其灵敏度为

$$k = \frac{\Delta C}{\Delta d} = \frac{C_0}{d_0} \tag{3-73}$$

变气隙式电容传感器的特点是灵敏度高，但非线性严重，通常 $\Delta d / d_0$ 在 $0.1 \sim 0.2$ 之间选取。

3.4.1.2 变面积式电容传感器及其特性

变面积式电容传感器的结构见图 3-61。

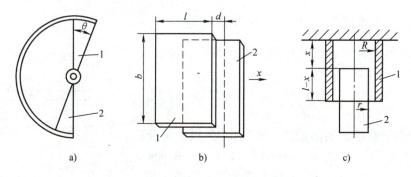

图 3-61　变面积式电容传感器

a）角位移式　b）板状线位移式　c）筒状线位移式

1—动极板　2—定极板

1. 角位移变面积型　见图 3-61a，当转动动片一个角度 θ，遮盖面积发生变化，电容量也随之改变。当 $\theta = 0$ 时，其电容量为

$$C_0 = \frac{\varepsilon A}{d}$$

当 $\theta \neq 0$ 时

$$C_\theta = \frac{\varepsilon A (1 - \theta / \pi)}{d} = C_0 (1 - \theta / \pi)$$

其灵敏度为

$$k = \frac{\mathrm{d} C_\theta}{\mathrm{d} \theta} = -\frac{C_0}{\pi} \tag{3-74}$$

2. 板状线位移变面积型　见图 3-61b，当动极板沿箭头所示方向移动 x 时，传感器的电容量为

$$C_x = \frac{\varepsilon b (l - x)}{d} = C_0 \left(1 - \frac{x}{l} \right)$$

其灵敏度为

$$k = \frac{\mathrm{d} C_x}{\mathrm{d} x} = -\frac{\varepsilon b}{d} \tag{3-75}$$

3. **筒状线位移变面积型**　见图 3-61c，当动板圆筒沿轴向移动 x 时

$$C_x = \frac{2\pi\varepsilon(l-x)}{\ln(R/r)} = \frac{2\pi\varepsilon l}{\ln(R/r)}\left(1 - \frac{x}{l}\right) = C_0\left(1 - \frac{x}{l}\right)$$

其灵敏度为

$$k = -\frac{C_0}{l} \tag{3-76}$$

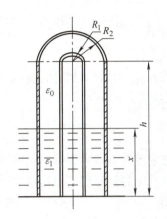

由式（3-74）、式（3-75）和式（3-76）可见，变面积式电容传感器的特性是线性的，灵敏度 k 是常数，但其灵敏度较低。式中" $-$ "号表示电容量减小。

3.4.1.3　变介电常数式电容传感器及其特性

当电容极板之间的介电常数发生变化时，电容量也随之发生变化，根据这一原理可构成变介电常数式电容传感器。可用以测量物位，含水量及成分分析等。图 3-62 为变介电常数式电容液位传感器原理图。

在被测介质中放入两个同心圆筒形极板，大圆

图 3-62　电容式液位传感器原理图

筒内径为 R_2，小圆筒内径为 R_1。当被测液体的液面在同心圆筒间变化时，传感器电容随之变化，其容量为

$$C = C_0 + C_1 = \frac{2\pi\varepsilon_0(h-x)}{\ln\dfrac{R_2}{R_1}} + \frac{2\pi\varepsilon_1 x}{\ln\dfrac{R_2}{R_1}} = \frac{2\pi\varepsilon_0 h}{\ln\dfrac{R_2}{R_1}} + \frac{2\pi x}{\ln\dfrac{R_2}{R_1}}(\varepsilon_1 - \varepsilon_0) \tag{3-77}$$

式中，C_0 为空气介质的电容量（F）；ε_0 为空气的介电常数（F/m）；C_1 为液体介质的电容量（F）；ε_1 为液体的介电常数（F/m）；h 为电极总高度（m）；x 为液体高度（m）。

式（3-77）中，当液位高度 $x = 0$ 时，$C = C_0$，若令：

$$\frac{2\pi(\varepsilon_1 - \varepsilon_0)}{\ln\dfrac{R_2}{R_1}} = k$$

则式（3-77）可写成

$$C = C_0 + kx \tag{3-78}$$

式中，k 为传感器的灵敏度。

由式（3-78）可见，传感器电容量 C 与液位高度 x 成正比，$k =$ 常数，（$\varepsilon_1 - \varepsilon_0$）越大，灵敏度越高。

3.4.1.4　差动电容传感器及其特性

上述变气隙式、变面积式和变介电常数式三种电容传感器均可制成差动电容传感器。由于变气隙式电容传感器的非线性严重，实际上是很少使用的，通常制成差动型式。由于篇幅所限，仅介绍变气隙式差动电容传感器及其特性，其结构见图 3-63。

图中，中间为动极板，两边为定极板。被测量 x 作用于动极板而使其产生位移。

设 $x=0$ 时，$d_1=d_2=d_0$，则电容量为

$$C_0 = \frac{\varepsilon A}{d_0}$$

在 x 作用下，动极板向上位移 Δd，则 $d_1=d_0-\Delta d$，而 $d_2=d_0+\Delta d$，因此 C_1 增加 ΔC_1，而 C_2 减小 ΔC_2，即

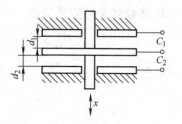

图 3-63　变气隙式差动电容传感器原理

$$\Delta C_1 = C_1 - C_0 = C_0 \frac{\Delta d}{d_0}\left[\frac{1}{1-\frac{\Delta d}{d_0}}\right]$$

上式按麦克劳林级数展开，见式（3-71）。而 ΔC_2 为

$$\Delta C_2 = C_0 - C_2 = C_0 \frac{\Delta d}{d_0}\left[\frac{1}{1+\frac{\Delta d}{d_0}}\right]$$

上式按麦克劳林级数展开，见式（3-72）。

差动电容传感器的输出电容变化量 $\Delta C = \Delta C_1 + \Delta C_2$，将式（3-71）与式（3-72）相加，得

$$\Delta C = \Delta C_1 + \Delta C_2 = 2C_0\left[\frac{\Delta d}{d_0}+\left(\frac{\Delta d}{d_0}\right)^3+\left(\frac{\Delta d}{d_0}\right)^5+\cdots\right] \tag{3-79}$$

由式（3-79）可见，变气隙式差动电容传感器仅含奇次方的非线性，因此其线性度得到很大程度的改善。在 $\Delta d \ll d_0$ 时，忽略三次方以上非线性项，可得

$$\Delta C = 2\frac{C_0\Delta d}{d_0}$$

因此，其灵敏度为

$$k = \frac{\Delta C}{\Delta d} = 2\frac{C_0}{d_0} \tag{3-80}$$

将式（3-80）与式（3-73）比较，可见其灵敏度提高了一倍。

3.4.2　测量电路

电容式传感器的测量电路的种类很多，目前较常用的有电桥电路、调频电路、脉冲调宽电路和运算放大器式电路等。

3.4.2.1　电桥电路

电容式传感器常用交流电桥和变压器电桥作为测量电路。交流电桥的分析方法与直流电桥相似，详见本书 3.2.2 节；变压器桥路的分析方法详见本书 3.3.1.3 节。

例 3-6　图 3-64 是电容式自动平衡液位测量仪原理框图，试求指针偏转角 θ 与液位 h 的表达式。

解　由图可见，当 $h=0$ 时，$C_x=C_{x0}=C_0$，且电位器 RP（阻值为 R_P）的电刷在 o 点，即 $R_P=0$，此时电桥应平衡，桥路输出电压 $U_{ac}=0$，则

$$\frac{C_{x0}}{C_0} = \frac{R_P}{R_3}$$

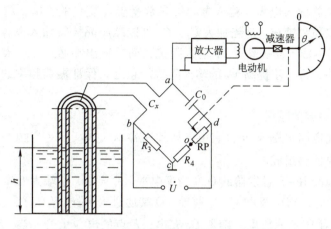

图 3-64　电容式自动平衡液位测量仪原理框图

当液位为 h 时，$C_x = C_{x0} + \Delta C$，$\Delta C = k_1 h$，k_1 为电容传感器的灵敏度。此时 $U_{ac} \neq 0$，经放大后，使单相电动机转动，经减速后带动指针转动，同时带动电位器的电刷移动，直到 $U_{ac} = 0$，系统重新平衡为止，此时

$$\frac{C_{x0} + \Delta C}{C_0} = \frac{R_4 + R_P}{R_3}$$

联立求解上面两式得

$$R_P = \frac{R_3}{C_0}\Delta C = \frac{R_3}{C_0}k_1 h$$

由于指针转角 θ 与电位器电刷同轴相连，它们间的关系为

$$\theta = k_2 R_P$$

因此

$$\theta = \frac{R_3}{C_0}k_1 k_2 h$$

k_2 为比例系数。

可见，指针偏转角 θ 与液位高度 h 成比例。

3.4.2.2　调频电路

将电容式传感器的电容接入 LC 高频振荡电路，将电容的变化转换成振荡频率的变化。由于振荡器的振荡频率受传感器电容的调制，因此称为调频电路，其工作原理见图 3-65。

图中，晶体管 V_1 及其阻容元件组成 LC 高频振荡；C_0 为传感器电容；C_1 为固定电容；C_i 为寄生电容。由图可见，$C = C_0 + C_i + C_1$，LC 组成串联谐振电路，由于 $C_2 = C_3 \gg C$，当被测参数变化，传感器电容有 $\pm \Delta C$ 的变化，即 $C_0 \pm \Delta C$，因此振荡器的振荡频率为

$$f = \frac{1}{2\pi\sqrt{LC}} = \frac{1}{2\pi\sqrt{L(C_1 + C_i + C_0 \pm \Delta C)}} \tag{3-81}$$

由上式可见，传感器电容量变化，振荡器的输出频率也变化，但是它们之间的关系是非线性的，必须进行线性化补偿；寄生电容 C_i 也影响振荡频率，传感器电容的连线必须

尽可能短。晶体管的输入电阻、输入电容等参数受温度变化的影响，将使振荡频率不稳定，因此必须采取稳频措施：适当加大 C_2、C_3 可以减小晶体管输入电容的影响；晶体管 V_1 和 V_2 均接成射极输出器提高 V_1 的输入阻抗，而且输出端通过 C_5、R_3 反馈至 V_1 的基极，构成自举电路，进一步提高 V_1 的输入阻抗。总之，保证振荡频率的稳定是调频式测量电路的关键。

3.4.2.3　差动脉冲调宽电路

差动脉冲调宽电路见图 3-66，它由电压比较器 A_1、A_2、R - S 触发器和电容充放电回路组成。

设接通电源瞬间 R - S 触发器的 Q 端为高电平（Q = 1），$\overline{Q}$ 端为低电平（$\overline{Q}$ = 0）。此时，VD_1 截止，VD_2 通导，Q 端通过 R_1 对电容 C_1 充电，C_2 通过 VD_2 对 $\overline{Q}$ 迅速放电。随着 C_1 充电，F 点的电位上升，当 $U_F > U_r$ 时，A_1 输出负脉冲使 R - S 触发器翻转为 Q = 0，$\overline{Q}$ = 1。因此，VD_1 导通，VD_2 截止，Q 通过 VD_1 迅速放电，$\overline{Q}$ 通过 R_2 对 C_2 充电。同理，当 $U_G > U_r$ 时，A_2 输出负脉冲使 R - S 触发器翻转为 Q = 1，$\overline{Q}$ = 0。于是又重复上述过程。如此周而复始，R - S 触发器的输出端 A 点和 B 点输出宽度受 C_1 和 C_2 调制的矩形脉冲，见图 3-67。C_1 和 C_2 是差动电容传感器的两个电容，一个电容量增加，另一个电容量必然减小。

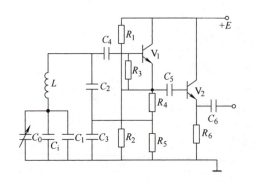

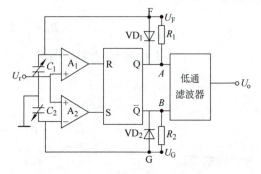

图 3-65　调频电路原理图　　　　图 3-66　差动脉冲调宽电路

当 $C_1 = C_2$ 时，由于 $R_1 = R_2$，C_1 和 C_2 充放电时间常数相等，因此 U_A 的脉宽等于 U_B 的脉宽。$U_{AB} = U_A - U_B$，所以 U_{AB} 是正、负幅值和宽度均相等的矩形脉冲。U_{AB} 经低通滤波器滤波后，其平均值为零，即 $U_o = 0$，见图 3-67a。

当 $C_1 > C_2$ 时，C_1 的充放电时间常数大于 C_2 充放电时间常数，U_A 的脉宽大于 U_B 的脉宽。U_{AB} 为正、负幅值相等而宽度不等的矩形脉冲，其平均值为正，即 $U_o > 0$，见图 3-67b。

若 $C_2 > C_1$，同理，U_B 的脉宽大于 U_A 的脉宽，U_{AB} 的平均值为负，即 $U_o < 0$。

由于 U_o 是 U_{AB} 的平均值，由图 3-67 可求得

$$U_o = \frac{T_1}{T_1 + T_2}U_1 - \frac{T_2}{T_1 + T_2}U_1 = \frac{T_1 - T_2}{T_1 + T_2}U_1 \tag{3-82}$$

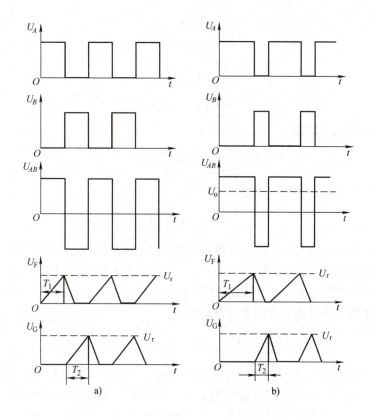

图 3-67 差动脉冲调宽电路的输出波形

a) $C_1 = C_2$ b) $C_1 > C_2$

式中，T_1、T_2 分别为电容 C_1、C_2 的充电时间；U_1 为触发器输出的高电平，是已定值。

电容 C_1 和 C_2 的充电时间为

$$T_1 = R_1 C_1 \ln \frac{U_1}{U_1 - U_r}$$

$$T_2 = R_2 C_2 \ln \frac{U_1}{U_1 - U_r}$$

将 T_1 和 T_2 代入式（3-82），得

$$U_o = \frac{C_1 - C_2}{C_1 + C_2} U_1 \tag{3-83}$$

由式（3-83）可见，差动脉冲调宽电路的输出电压 U_o 与差动电容的关系是线性的。而且无论是何种结构的电容传感器均能获得线性输出。

3.4.2.4 运算放大器电路

运算放大器电路见图 3-68，图中，C_x 为传感器电容，C_0 为标准电容，$\dot{U}_i$ 为标准激励电压。

设 A 为理想运算放大器，即其开环增益 $k \to \infty$，输入阻抗 $Z_i \to \infty$。因此，$\dot{U}_A \approx 0$，$\dot{I} \approx 0$。根据基尔霍夫定

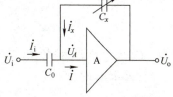

图 3-68 运算放大器电路

91

律可列出下列方程：

$$\dot{U}_i = -j\frac{1}{\omega C_0}\dot{I}_i + \dot{U}_A$$

$$\dot{U}_o = -j\frac{1}{\omega C_x}\dot{I}_x + \dot{U}_A$$

$$\dot{I}_i + \dot{I}_x = \dot{I}$$

将 $\dot{U}_A \approx 0$，$\dot{I} \approx 0$ 代入，解得

$$\dot{U}_o = -\dot{U}_i\frac{C_0}{C_x}$$

将 $C_x = \varepsilon A/d$ 代入上式，则得

$$\dot{U}_o = -\dot{U}_i\frac{C_0}{\varepsilon A}d$$

由此可见，输出电压与动极板的位移 d 成线性关系，从原理上克服了单个变气隙式电容传感器特性的非线性误差问题。需要指出的是，由于增益 $k \neq \infty$，且输入阻抗 $Z_i \neq \infty$，所以仍然具有一定的非线性误差。为了防止干扰和减小杂散分布电容的影响，必须采取特殊措施即所谓的驱动电缆技术（读者可参考有关文献）。

3.4.3 电容式传感器的特点及其应用范围

电容式传感器的特点是：结构简单，灵敏度高，分辨率高，能感受 $0.01\mu m$ 甚至更小的位移，无反作用力，需要的动作能量低，动态响应好，可实现无接触测量，能在恶劣的环境下工作；缺点是：输出特性非线性，受分布电容影响大。但是，随着新工艺、新材料问世，特别是电子技术的发展，使干扰和寄生电容等问题不断得到解决，因此，电容式传感器越来越广泛地应用于各种测量中。电容传感器可以用来测量直线位移、角位移、振动振幅（可测至 $0.05\mu m$ 微小振幅），尤其适合测量高频振动振幅、精密轴系回转精度、加速度等机械量。还可用来测量压力、差压、液位、料面、成分含量（如油、粮食、木材的含水量）及非金属材料的涂层、油膜等的厚度。此外，也可以用来测量电介质的温度、密度、厚度等。

下面以电容传声器为例介绍电容式传感器的应用实例。

电容式传声器较压电式和电动式传声器具有许多优点，它主要应用于高品质的电声系统和高精度的声级计中。电容式传声器原理见图 3-69。金属膜片 4 与背极板 3 组成一个空气介质电容器，金属膜片随被测声压而振动，从而改变电容器两极板间的距离 d。设极板间覆盖面积为 A，极板间初始距离为 d_0，声压增加时，$d = d_0 - \Delta d$，根据式（3-71），电容器增量 ΔC 为

$$\Delta C = C_0\frac{\Delta d}{d_0}\left[1 + \left(\frac{\Delta d}{d_0}\right) + \left(\frac{\Delta d}{d_0}\right)^2 + \left(\frac{\Delta d}{d_0}\right)^3 + \cdots\right]$$

式中，C_0 为电容器的初始电容。

当 $\Delta d \ll d_0$ 时

$$\Delta C \approx C_0\frac{\Delta d}{d_0} \tag{3-84}$$

当声压的变化频率远小于膜片的固有频率时，则声压与电容极间距离的关系为

$$\Delta d = \frac{r^2}{8F} p \tag{3-85}$$

式中，r 为膜片的半径；F 为膜片的张力；p 为声压。

将式（3-85）代入式（3-84），得

$$\Delta C = \frac{C_0 r^2}{8F d_0} p = k_p p \tag{3-86}$$

式中，k_p 为常数，$k_p = \frac{C_0 r^2}{8F d_0}$。

由式（3-86）可见，电容变化量与声压成正比。

传声器将电容的变化量 ΔC 转换成电压的变化量 ΔU 而输出。图 3-70 为传声器接入负载和加上极化电压 U_p 的等效电路。图中，R_p 为极化电压 U_p 的内阻；R 为前置放大器的等效输入电阻；C_s 为分布电容。由图可见，回路的时间常数 τ 为

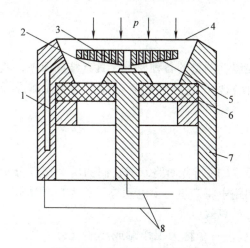

图 3-69　电容式传声器结构

1—毛细孔　2—内腔　3—背极板　4—膜片
5—阻尼孔　6—绝缘体　7—壳体　8—引线

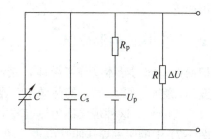

图 3-70　电容式传声器的等效电路

$$\tau = (C + C_s)\frac{R_p R}{R_p + R}$$

式中，C 为传声器的电容。

若 τ 足够大，电容 C 变化时，极化电压来不及补偿或抽取 C 上的电荷，因此，C 上的电荷可视为常数

$$q = (C_0 + C_s)U_0 = (C_0 + \Delta C + C_s)U$$

式中，U_0 为 $C = C_0$ 时的电压，$U_0 = RU_p/(R + R_p)$；U 为 $C = C_0 + \Delta C$ 时的电压，$U = (C_0 + C_s)U_0/(C_0 + \Delta C + C_s)$。

由此可见，ΔU 为

$$\Delta U = U - U_0 = - \frac{\Delta C}{C_0 + \Delta C + C_s} \frac{R}{R + R_p} U_p$$

将式（3-86）代入上式，得

$$\Delta U = - \frac{1}{C_0 + C_s} \frac{R}{R + R_p} k_p U_p p = kp \qquad (3-87)$$

式中，k 为常数，$k = - \dfrac{k_p U_p R}{(C_0 + C_s)(R + R_p)}$。

可见，传声器输出电压增量 ΔU 与被测声压 p 成正比。

式（3-87）的先决条件为 τ 很大，电容 C 上的电荷 q 为常数。要满足这一条件，要求 k 和 R 之值很高（几百兆欧以上），因此前置放大器的输入电阻应在 $10^8 \Omega$ 以上。

电容式传声器灵敏度高（50mV/Pa 以上），测量范围宽（10～170dB），性能稳定，精度高，常用于精密级噪声测量，但价格较贵。

3.5　热电偶传感器

热电偶传感器简称热电偶。热电偶能满足温度测量的各种要求，具有结构简单，精度高，范围宽（-269～2800℃），响应快，具有较好的稳定性和复现性，因此在测温领域中应用广泛。

3.5.1　热电偶的测温原理

把两种不同的导体（或半导体）接成图 3-71 的闭合回路，把它们的两个接点分别置于温度为 t 及 t_0（设 $t > t_0$）的热源中，则在回路中将产生一个电动势，称为热电动势，或称塞贝克电动势。这种现象称为热电效应或赛贝克效应。

图 3-71 中的两种导体叫热电极，两个接点，一个称为工作端或热端（t），另一个称为自由端或冷端。由这两种导体组成并将温度转换成热电动势的传感器称为热电偶。

热电动势由两种导体的接触电动势（或称珀尔帖电动势）和单一导体的温差电动势（汤姆逊电动势）组成。热电动势的大小与两种导体的材料及接点的温度有关。

3.5.1.1　接触电动势

在图 3-71 中，温度为 t 的接点，由于 A、B 两种导体的电子密度不同（设 $N_A > N_B$），在接触面上由 A 导体扩散到 B 导体的电子数量将比由 B 导体扩散到 A 导体的电子数量多。导体 A 因失去电子而带正电荷，导体 B 因得到多余的电子而带负电荷。因此在 A、B 导体的接触面上建立一个电场 $E_{AB}(t)$，见图 3-72。在该电场作用下，一方面阻止电子继续由 A 导体扩散到 B 导体，另一方面加速电子由 B 导体扩散到 A 导体。当达到动态平衡时，在 A、B 导体的接触面上便建立了接触电动势，其值用 $E_{AB}(t)$ 表示。接触电动势的大小与 A、B 两种导体的电子密度 N_A 与 N_B 的差异有关，N_A 与 N_B 的差异越大，接触电动势越大；同时，$E_{AB}(t)$ 也与接点的温度 t 有关，t 越高，接触电动势也越大。

同理，图 3-71 中的接点 t_0 也存在一个接触电动势，其值用 $E_{AB}(t_0)$ 表示。

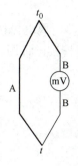

图 3-71　热电偶工作原理

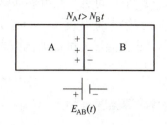

图 3-72　接触电动势的建立

3.5.1.2　温差电动势

温差电动势是在同一根导体中由于两端温度不同（设 $t > t_0$）而产生的电动势。在同一导体 A 中，由于高温端的电子的动能比低温端的电子的功能大，由高温端向低温端扩散的电子数量比由低温端向高温端扩散的电子数量多。高温端因失去电子而带正电荷，而低温端由于得到多余的电子而带负电荷。因此，在导体中建立一个静电场 $E_A(t,t_0)$，见图3-73。在该电场作用下，一方面阻止电子继续由高温端向低温端扩散，另一方面加速电子由低温端向高温端扩散。当达到动态平衡时，在导体 A 的高低温端便建立了温差电动势 $E_A(t,t_0)$，其值为

$$E_A(t,t_0) = E_A(t) - E_A(t_0) \tag{3-88}$$

温差电动势 $E_A(t,t_0)$ 的大小与导体 A 的电子密度 N_A 和两端的温度 t 与 t_0 之差有关。

同理，在 B 导体两端也建立一个温差电动势 $E_B(t,t_0)$，其值为

$$E_B(t,t_0) = E_B(t) - E_B(t_0) \tag{3-89}$$

3.5.1.3　热电偶回路的热电动势

由上述可知，图 3-71 的热电偶回路有 4 个热电动势：两个接触电动势 $E_{AB}(t)$、$E_{AB}(t_0)$ 和两个温差电动势 $E_A(t,t_0)$、$E_B(t,t_0)$，热电动势的等效电路见图3-74。4 个电动势中，由于 $t > t_0$，$E_{AB}(t)$ 的量值最大，以 $E_{AB}(t)$ 的方向为正，则回路热电动势为

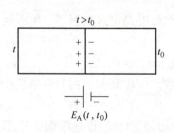

图 3-73　温差电动势的建立

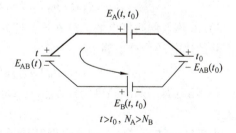

图 3-74　热电动势等效电路

$$E_{AB}(t,t_0) = E_{AB}(t) + E_B(t,t_0) - E_{AB}(t_0) - E_A(t,t_0)$$

由于温差电动势很小，而且 $E_B(t,t_0)$ 与 $E_A(t,t_0)$ 的极性相反，两者互相抵消，可忽略不计。因此，热电偶回路的热电动势为

$$E_{AB}(t,t_0) = E_{AB}(t) - E_{AB}(t_0) \tag{3-90}$$

由式（3-90）可见，热电偶回路的热电动势 $E_{AB}(t,t_0)$ 与热电偶电极材料的电子密度 N_A、N_B 和两接点的温度 t、t_0 有关。当电极材料一定时，热电偶回路的热电动势 $E_{AB}(t,t_0)$ 成为温度 t 和 t_0 的函数之差，即

$$E_{AB}(t,t_0) = f(t) - f(t_0)$$

若保持冷端温度 t_0 恒定，$f(t_0) = C = $ 常数，则上式可写成：

$$E_{AB}(t,t_0) = f(t) - C = \varphi(t) \tag{3-91}$$

由式（3-91）可见，热电偶回路的热电动势 $E_{AB}(t,t_0)$ 与热端温度 t 具有单值函数关系。此即为热电偶测温的工作原理。

由于电极材料的电子密度与温度有关，温度变化，电子密度并非常数，因此式 (3-91) 的单值函数关系很难用计算方法准确得到，而是通过实验方法获得。规定在 $t_0 = 0℃(T_0 = 273.15K)$，将测得的 $E_{AB}(t,t_0)$ 与 t 的对应关系制成表格，称为各种热电偶的分度表。

热电动势 $E_{AB}(t,t_0)$ 中，下标 A、B 表示热电极，规定写在前面的热电极 A 为正极，写在后面的热电极 B 为负极；t 表示测量温度，t_0 表示冷端温度。若符号有变化，而其相应的位置的规定含义不变，因此有

$$E_{AB}(t,t_0) = -E_{BA}(t,t_0) = -E_{AB}(t_0,t) \tag{3-92}$$

3.5.2　有关热电偶回路的几点结论

1）热电偶回路的热电动势仅与热电偶电极的热电性质及两端温度有关，而与热电极的几何尺寸（长短、粗细）无关。由于这一结论，使用中烧断的热电偶可重新焊接，经过校验合格后，再用于测温。

2）若组成热电偶的两电极的材料相同，即 $N_A = N_B$，则无论两接点的温度如何，热电偶回路的热电动势总是等于零，即

$$E_{AB}(t,t_0) = E_{AA}(t,t_0) = E_{BB}(t,t_0) = 0$$

3）若热电偶两接点的温度相同，即 $t = t_0$，则尽管热电偶电极材料 A、B 不同，热电偶回路的热电动势总是等于零。即

$$E_{AB}(t,t_0) = E_{AB}(t,t) = E_{AB}(t_0,t_0) = 0$$

4）热电偶回路的热电动势 $E_{AB}(t,t_0)$ 仅与两端温度 t 和 t_0 有关，而与热电偶中间温度无关。

由于这一结论，可以用热电偶补偿导线（也称为延伸导线）将热电偶的冷端延伸到温度恒定的地方，而不用担心影响热电偶回路的热电动势。

5）在热电偶回路中接入第三种材料的导体，只要第三种材料导体两端的温度相同，第三种导体的接入不会影响热电偶回路的热电动势。

由于这一结论，可以在热电偶回路中接入导线、仪表等，而不必担心会影响热电偶回路的热电动势。也可以采用开路热电偶对液态金属或金属壁进行测温。

6）当两接点的温度为 t 和 t_0 时，利用 A、B 导体组成的热电偶的热电动势等于 A、C 导体组成的热电偶和 C、B 导体组成的热电偶的热电动势的代数和，即

$$E_{AB}(t,t_0) = E_{AC}(t,t_0) + E_{CB}(t,t_0)$$

这一结论称为标准热电极定律。上式中导体 C 称为标准热电极。金属铂常用作标准热电极。

例 3-7　证明热电偶回路的中间温度定律（结论 4），见图 3-75。

证明　按图 3-75 箭头方向列出热电偶回路电动势为

$$E_{AB}(t,t_1,t_0) = E_{AB}(t) + E_B(t,t_1) + E_{BB}(t_1) + E_B(t_1,t_0) + E_{BA}(t_0) +$$
$$E_A(t_0,t_1) + E_{AA}(t_1) + E_A(t_1,t)$$

根据式（3-88）、式（3-92）、结论 2 和结论 3，上式可写成：

$$E_{AB}(t,t_1,t_0) = E_{AB}(t) + E_B(t) - E_B(t_1) + E_B(t_1) - E_B(t_0) - E_{AB}(t_0) +$$
$$E_A(t_0) - E_A(t_1) + E_A(t_1) - E_A(t)$$
$$= E_{AB}(t) + E_B(t,t_0) - E_{AB}(t_0) + E_A(t_0,t)$$
$$= E_{AB}(t) + E_B(t,t_0) - E_{AB}(t_0) - E_A(t,t_0)$$
$$= E_{AB}(t) - E_{AB}(t_0) = E_{AB}(t,t_0)$$

例 3-8　证明热电偶回路的结论 5），即：热电偶回路中接入第三种材料的导体，只要第三种导体两端温度相同，第三种导体的接入不会影响回路的热电动势。

证明　第三种导体的接入有两种情况，见图 3-76。

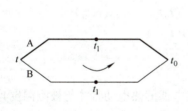

图 3-75　热电偶的中间温度定律

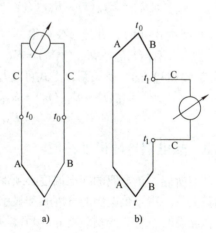

a)　　　b)

图 3-76　热电偶回路接入第三种导体 C

（1）对于图 3-76a，回路的总热电动势为

$$E_{ABC}(t,t_0) = E_{AB}(t) + E_{BC}(t_0) + E_{CA}(t_0) \tag{3-93}$$

根据结论 3），若各接点温度相同，回路热电动势等于零，即

$$E_{AB}(t_0) + E_{BC}(t_0) + E_{CA}(t_0) = 0$$

必须指出：回路总热电动势等于零，而各接点的热电动势依然存在。由上式可求得下列互换关系：

$$E_{AB}(t_0) + E_{BC}(t_0) = -E_{CA}(t_0)$$
$$E_{BC}(t_0) + E_{CA}(t_0) = -E_{AB}(t_0) \quad \left.\right\} \qquad (3\text{-}94)$$
$$E_{AB}(t_0) + E_{CA}(t_0) = -E_{BC}(t_0)$$

将式（3-94）代入式（3-93），得

$$E_{ABC}(t,t_0) = E_{AB}(t) - E_{AB}(t_0) - E_{CB}(t_0) + E_{CB}(t_0)$$
$$= E_{AB}(t) - E_{AB}(t_0) = E_{AB}(t,t_0)$$

（2）对于图 3-76b，回路总热电动势为

$$E_{ABC}(t,t_1,t_0) = E_{AB}(t) + E_{BC}(t_1) + E_{CB}(t_1) + E_{BA}(t_0)$$
$$= E_{AB}(t) + E_{BC}(t_1) - E_{BC}(t_1) - E_{AB}(t_0)$$
$$= E_{AB}(t) - E_{AB}(t_0) = E_{AB}(t,t_0)$$

例 3-9　证明热电偶回路的结论 6），即标准热电极定律。

证明　根据结论 6）的条件，可画出图 3-77。根据式（3-90），写出各热电偶回路的热电动势为

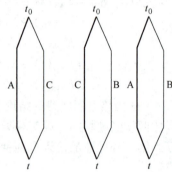

$$E_{AC}(t,t_0) = E_{AC}(t) - E_{AC}(t_0) \qquad (a)$$
$$E_{CB}(t,t_0) = E_{CB}(t) - E_{CB}(t_0) \qquad (b)$$
$$E_{AB}(t,t_0) = E_{AB}(t) - E_{AB}(t_0)$$

图 3-77　标准热电极定律

式（a）减去式（b），并经过变换得

$$E_{AC}(t,t_0) - E_{CB}(t,t_0) = E_{AC}(t) + E_{CB}(t) - [E_{AC}(t_0) + E_{CB}(t_0)]$$

根据式（3-94）的互换关系，上式可改写成：

$$E_{AB}(t) - E_{AB}(t_0) = E_{AB}(t,t_0) = E_{AC}(t,t_0) - E_{CB}(t,t_0)$$
$$= E_{AC}(t,t_0) + E_{CB}(t,t_0)$$

3.5.3　热电偶冷端温度补偿

如前所述，热电偶的冷端温度必须保持恒定，热电偶的热电动势才与被测温度具有单值函数关系。由于热电偶的分度表和显示仪表是在热电偶冷端温度 $t_0 = 0℃$ 刻度的，利用热电偶测温时，若其冷端温度 $t_0 \neq 0℃$，必须对仪表示值进行修正，否则会引起较大误差。因此，热电偶的冷端必须妥善处理。

3.5.3.1　冷端温度修正法

由于热电偶的分度表和与之配套的显示仪表是在 $t_0 = 0℃$ 时刻度的，若显示仪表内部没有冷端温度自动补偿器和冷端温度 $t_0 \neq 0℃$ 时，必须对仪表的示值进行修正，否则会引起较大误差。修正公式为：

$$E_{AB}(t,0) = E_{AB}(t,t_0) + E_{AB}(t_0,0) \qquad (3\text{-}95)$$

式中，$E_{AB}(t_0,0)$ 为修正值，它是冷端 $t_0 \neq 0℃$ 时对 $0℃$ 的热电动势。

例 3-10　镍铬—镍硅热电偶（分度号 K）工作时冷端温度 $t_0 = 30℃$，测得热电动势 $E(t,t_0) = 39168\mu V$。求被测介质实际温度和不进行冷端温度修正时示值引起的相对误差。

解　由附录 C 查出 E（30，0）$=1203\mu V$。由式（3-95），则

$$E(t,0) = E(t,30) + E(30,0) = 39168\mu V + 1203\mu V = 40371\mu V$$

由附录 C 查出 $E(t,0) = 40371\mu V$，$t = 977℃$。

由于显示仪表在 $t_0 = 0℃$ 时刻度，其内部无冷端自动补偿器，对显示仪表而言，相当于 E（t'，0）$= 39168\mu V$，由附录 C 查得 $t' = 946.39℃$，t' 为仪表示值。因此，由于不进行冷端温度修正引起的相对误差为

$$\gamma = \frac{t' - t}{t} \times 100\% = \frac{946.39 - 977}{977} \times 100\% = -3.13\%$$

3.5.3.2　补偿导线法

热电偶的电极材料大多数是贵金属合金，不可能做得很长，若用户不提出要求，最常用的长度是 350mm。使用时，其冷端接近被测温度场，并暴露于空气中，受环境温度的影响，其冷端温度是不可能稳定的。因此，必须设法将热电偶的冷端延伸到温度恒定的场合，就得利用补偿导线法。

热电偶回路的结论 4）（即中间温度定律）是补偿导线法的理论依据。补偿导线是指在一定温度范围内（0～100℃），其热电特性与其所连接的热电偶的热电特性相同或相近的一种廉价的导线。其作用是利用廉价、线径较粗的补偿导线作为贵金属热电偶的延伸线，以节约贵金属，将热电偶的冷端延伸至远离被测温度场而且温度较恒定的场合，便于冷端温度的修正和减小测量误差。

使用补偿导线时必须注意：

1）热电偶的补偿导线只能与相应型号的热电偶配合使用，且必须同极性相连接，见表 3-1，否则会引起较大的误差。

2）热电偶与补偿导线连接处的温度不应超过 100℃，否则由于热电特性不同带来新的误差。

3）只有新延伸的冷端温度恒定或所配显示仪表内具有冷端温度自动补偿器时，使用补偿导线才有意义。表 3-1 为常用热电偶补偿导线的特性。

表 3-1　常用热电偶补偿导线的特性

配用热电偶 正－负	补偿导线 正－负	导线外皮颜色		补偿温度范围/℃	100℃热电动势/mV	150℃热电动势/mV
		正	负			
铂铑$_{10}$－铂	铜－铜镍[1]	红	绿	0～150	0.643±0.023	$1.025{+0.024 \atop -0.055}$
镍铬－镍硅铝	铜－锰白铜（铁－锰白铜）	红	蓝	-20～100（-20～150）	4.10±0.15	6.13±0.20
镍铬－锰白铜	镍铬－锰白铜	红	黄	—	6.95±0.30	10.69±0.38
铜－锰白铜	铜－锰白铜	红	蓝	—	4.10±0.15	6.13±0.20
钨铼$_5$－钨铼	铜－铜镍[2]	红	蓝	0～100	1.337±0.045	—
铂铑$_{30}$～铂铑$_6$	铜－铜			0～150	±0.034	±0.092

[1] 99.4% Cu，0.6% Ni。

[2] 98.2%～98.3% Cu，1.7%～1.8% Ni。

例 3-11 图 3-78 为 K 型热电偶测温简图，其灵敏度为 0.0411mV/℃，A′B′分别为 AB 的同极补偿导线。求与不接错极性时回路电动势的相对误差。

解 根据补偿导线的定义和作用，若不接错极性，相当于将冷端温度用补偿导线从 t_1 延伸到 t_0，对回路电动势不产生影响，因此回路电动势为

$$E_{AB}(t,t_0) = E_{AB}(t) - E_{AB}(t_0)$$
$$= (0.0411 \times 800 - 0.0411 \times 25)\text{mV} = 31.8525\text{mV}$$

图 3-78 为错接补偿导线极性，由 A 与 B′和 B 与 A′分别组成了热电偶，其接点温度为 t_1，此时回路电动势为

$$E_{AB}(t,t_1,t_0) = E_{AB}(t) + E_{BA}(t_1) + E_{AB}(t_0) + E_{BA}(t_1)$$
$$= E_{AB}(t) - E_{AB}(t_1) + E_{AB}(t_0) - E_{AB}(t_1)$$
$$= E_{AB}(t) - 2E_{AB}(t_1) + E_{AB}(t_0)$$
$$= (0.0411 \times 800 - 2 \times 0.0411 \times 40 + 0.0411 \times 25)\text{mV}$$
$$= 30.6195\text{mV}$$

由于接错极性，引起的相对误差为

$$\gamma = \frac{30.6195 - 31.8525}{31.8525} \times 100\% = -3.9\%$$

可见，引起的相对误差是相当大的。同样，若配错热电偶的补偿导线，也会引起较大的误差，使用时必须注意。

3.5.3.3 冷端恒温法

利用补偿导线将热电偶的冷端延伸到温度恒定的地方，见图 3-79。图中 A、B 为热电偶，C、D 为其补偿导线，E、F 为铜连接线，P 为显示仪表，K 为恒温槽或冰点槽，用以保持热电偶冷端温度稳定在 t_0。热电偶测量端温度为 t，当测出热电动热 $E_{AB}(t, t_0)$ 数值后，可以根据 t_0 的大小加以修正。必须注意测量时要保证接点 3、4（冷端）真正恒温外，还得保证 1、2 点温度一致，且其温度 t_n 不得超过补偿导线规定的使用温度。

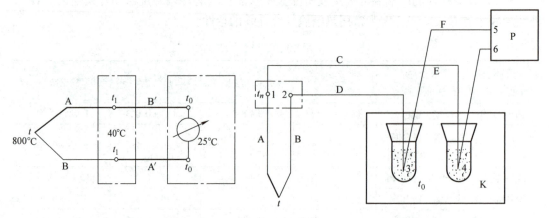

图 3-78 K 型热电偶测温简图   图 3-79 冷端恒温法

3.5.3.4 补偿电桥法

由式（3-90）可见，热电偶的热电动势 $E_{AB}(t, t_0)$ 随着冷端温度 t_0 的增加而减小；

相反，随着 t_0 的减小而增加。设温度增加 Δt_0，则 $E_{AB}(t, t_0)$ 减小 $\Delta E = k_r \Delta t_0$，$k_r$ 为热电偶在 t_0 附近的灵敏度；若补偿电路产生一个补偿电动势 $U_{ab} = k_B \Delta t_0$，k_B 为补偿电路在 t_0 附近的灵敏度，并使 $\Delta E = U_{ab}$，即 $k_r = k_B$，将 U_{ab} 加到热电偶的热电动势 $E_{AB}(t, t_0)$ 中去，则可达到完全补偿。此即为补偿电桥法的工作原理，其电路见图 3-80。图中，R_1、R_2、R_3 为阻值不随温度变化而变化的锰铜电阻，R_{Cu} 为具有正电阻温度系数的铜电阻。R_1、R_2、R_3 和 R_{Cu} 组成一个不平衡电桥，该桥的输出 U_{ab} 串接在热电偶回路中。R_{Cu} 感受的温度与热电偶冷端温度 t_0 相同。在 $t_0 = 20℃$ 时，$R_1 = R_2 = R_3 = R_{Cu}^{20}$（$R_{Cu}^{20}$ 为 20℃ 时铜电阻的阻值），电桥平衡 $U_{ab} = 0$，对仪表的读数无影响。当 t_0 偏离 20℃ 时，R_{Cu} 的阻值偏离 R_{Cu}^{20}，则桥路失去平衡，产生不平衡电压 U_{ab} 加到热电偶的热电动势 $E_{AB}(t, t_0)$ 中去，从而达到自动补偿。由图 3-80 可见，当热电偶冷端温度高于 20℃ 时，R_{Cu} 的阻值大于 R_{Cu}^{20}，a 点电位高于 b 点电位，U_{ab} 为正；相反，若热电偶冷端温度低于 20℃ 时，R_{Cu} 阻值小于 R_{Cu}^{20}，a 点电位低于 b 点电位，U_{ab} 为负。由此可见，热电偶冷端温度 t_0 偏离 20℃ 的方向不同，在热电动势 $E_{AB}(t, t_0)$ 中加或减 U_{ab}，只要电桥灵敏度 $k_B = k_r$，便可达到完全补偿的目的。根据这一原理，已为各种型号的热电偶配套生产了热电偶冷端温度补偿器，供用户选择使用。

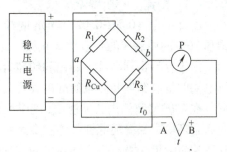

图 3-80　补偿电桥法原理线路

使用补偿电桥时必须注意：

1）由于电桥是在 20℃ 时平衡的，采用这种补偿电桥时需把显示仪表的机械零点调整到 20℃。

2）冷端补偿器只能与相应型号的热电偶配合使用，不能配错冷端补偿器的型号，否则会引起较大误差。

3）不能接错冷端补偿器的极性，否则不但起不到补偿作用，而且会引起更大误差。

4）有一些显示仪表（例如自动电子电位差计、DDZ–Ⅱ 和 DDZ–Ⅲ 温度变送器等）内部已含有冷端补偿电路，对该类显示仪表不必配用冷端补偿器。

例 3-12　利用铂铑—铂热电偶（分度号 S）测量 800℃ 的温度，用补偿导线将冷端延伸至 t_0。t_0 不大稳定，需用冷端补偿器。配用了镍铬—锰白铜热电偶（分度号为 E）的冷端补偿器，补偿器在 20℃ 平衡。由于错配了冷端补偿器，求 t_0 由 20℃ 变化至 30℃ 时的温度相对误差（不考虑补偿器的精度）。

解　若不错配冷端补偿器，将冷端修正至 0℃ 的热电动势 $E_S(t, 0)$，已知 $t = 800℃$，查附录 A 得 $E_S(t, 0) = 7345\mu V$。

错配 E 热电偶冷端补偿器修正至 0℃ 的热电动势为

$$E_S(t,0) = E_S(t,0) - E_S(30,0) + k_E \Delta t + E_S(20,0)$$

查附录 A，$E_S(30,0) = 173\mu V$，$E_S(20,0) = 113\mu V$，查附录 B，$E_E(20,0) = 1192\mu V$，$E_E(30,0) = 1801\mu V$，$k_E = [(1801 - 1192)/10]\mu V/℃ = 60.9\mu V/℃$　$\Delta t = (30 - 20)℃ = 10℃$

将上述数据代入上式得

$$E_S(t,0) = (7345 - 173 + 60.9 \times 10 + 113)\mu V = 7894\mu V$$

查附录 A 得 $t = 850.2℃$。

错配冷端补偿器引起的相对误差为

$$\gamma = \frac{850.2 - 800}{800} \times 100\% = 6.3\%$$

3.5.4 常用热电偶及其特性

下面介绍几种常用标准化热电偶。所谓标准化热电偶是指国家标准规定了其热电动势与温度的关系和允许误差，并有统一的标准分度表的热电偶。

3.5.4.1 铂铑$_{10}$-铂热电偶（S）

由直径为（0.5 ± 0.020）mm 的纯铂丝（负极）和相同直径的由含质量分数 90% 的铂和 10% 的铑制成的合金丝（正极）组成，其分度号为 S。它的技术数据见表 3-2。

由于容易得到高纯度的铂和铂铑合金，而且它们的物理化学性能稳定，耐高温，故 S 热电偶的复制精度和测量的准确性高，可用于精密测量。宜在氧化性及中性气氛中使用，可以在 1300℃ 范围内长期使用，短期测量温度可高达 1600℃。其主要缺点是热电动势小，在高温环境中易受还原性气体和金属蒸气玷污而变质；铂铑热电极中的铑元素在高温下会升华，而污染铂极，失去其测量的准确性，在使用 S 热电偶时必须注意。S 热电偶的材料系贵金属，故成本高。

表 3-2 标准化热电偶的技术数据

热电偶名称	分度号[①]	代号	热电极材料		电阻率/ ($\Omega \cdot mm^2 \cdot m^{-1}$) (20℃)	E (100, 0) /mV	测温范围 /℃		允许误差/℃	
			极性识别	化学成分			长期[②]	短期	温度 /℃	允许误差 /℃
铂铑$_{10}$-铂 (LB-3)	S	S (WRP)	正 较硬	90% Pt, 10% Rh	0.24	0.645	0 ~ 1300	0 ~ 1600	≤600	±1.5（Ⅱ级） （±3.0）
			负 较软	100% Pt	0.16				>600	±0.5% t
铂铑$_{30}$-铂铑$_6$ (LL-2)	B	B (WRR)	正 较硬	70% Pt, 30% Rh	0.245	0.033	0 ~ 1600	0 ~ 1800	≤800	±4（Ⅱ级）
			负 稍软	94% Pt, 6% Rh	0.215				>800	±0.5% t
镍铬-镍硅 (EU-2)	K	K (WRN)	正 不亲磁	9% ~ 10% Cr 0.4% Si 其余 Ni	0.68	4.10	-200 ~ 1000	-200 ~ 1300	≤400	±3.0（Ⅱ级）
			负 稍亲磁	2.5% ~ 3% Si, Cr≤0.6% 其余 Ni	0.25 ~ 0.33				>400	±0.75% t
镍铬-锰白铜	E EA-2	E (WRK)	正 色较暗	9% ~ 10% Cr 0.4% Si 其余 Ni	0.68	6.95	-50 ~ 600	-50 ~ 800	≤300	±3.0
			负 银白色	56% Cu, 44% Ni	0.47				>300	±1% t

（续）

热电偶名称	分度号[①]	代号	热电极材料		电阻率/$(\Omega \cdot mm^2 \cdot m^{-1})$ (20℃)	E(100, 0) /mV	测温范围/℃		允许误差/℃	
			极性识别	化学成分			长期[②]	短期	温度/℃	允许误差/℃
铜-锰白铜 T（CK）	T	T（WRC）	正 红色	100% Cu	0.017	4.28	-200 ~ 200	-200 ~ 400	(-200 ~ -50)	(±1.5% t)
			负 银白色	60% Cu, 40% Ni	0.49				(-50 ~ 300)	(±0.75% t)

① S、B、K、E、T 为我国已实施的新的分度号，它们与国际电工委员会（IEC）的标准一致，而括号内为我国原来的分度号及代号。

② 长期或短期使用温度上限与热偶丝直径有关。

3.5.4.2 镍铬-镍硅热电偶（K）

这种热电偶由镍铬、镍硅制成，分度号用 K 表示。镍铬为正极，镍硅为负极。由于 K 型热电偶化学性能稳定，复制性好，热电动势大，线性好，价格便宜，可在 1000℃ 以下长期使用，短期测量可达 1200℃，故而是工业生产中最常用的一种热电偶。

如果把 K 型热电偶用于还原性介质中，则必须加保护套管，否则很快被腐蚀；在此种情况下若不加保护套，只能用于测量 500℃ 以下的温度。

3.5.4.3 镍铬-锰白铜（原称考铜）热电偶（E）

其分度号用 E 表示。镍铬为正极，锰白铜（原称考铜）为负极。适用于还原性和中性介质，长期使用温度不可超过 600℃，短期测量可达 800℃。E 型热电偶特点是热电特性的线性好，灵敏度高，价格便宜；缺点是锰白铜易受氧化而变质，测温范围低而且窄。

3.5.4.4 铂铑$_{30}$-铂铑$_6$热电偶（B）

其分度号为 B，简称为双铂铑热电偶。是一种贵金属热电偶。其正极含质量分数（下同）为 30% 的铑，负极含 6% 的铑。

B 热电偶的特点是抗污染能力强，性能稳定，精度高，因室温情况下热电动势 $E(25, 0) = -2\mu V, E(50, 0) = 3\mu V$，故使用时不必进行冷端温度校正与补偿。适用于氧化性和中性介质，可长期测 1600℃ 的高温，短期可测 1800℃。缺点是热电动势小，价格昂贵。

3.5.5 热电偶常用测温电路

3.5.5.1 工业用热电偶测温电路

测量电路见图 3-81。图 a 为与动圈表及带冷端补偿器配套使用的电路；图 b 为与电位差计配套使用的电路。图中 t_0 为热电偶冷端温度；C、D 为 A、B 热电偶的补偿导线；其余连接导线均为铜导线，使用时应保证各接点接触良好。

3.5.5.2 多点测温电路

当有几支（或更多的）同型号热电偶共用一台仪表时，为节省补偿导线和不用特制的大恒温槽，可用补偿热电偶方法，其电路见图 3-82。图中被测温度为 t_1、t_2、…；相应的测量热电偶为 A_1、B_1，A_2、B_2，…；C、D 为补偿导线；A_0、B_0 为补偿热电偶，它可

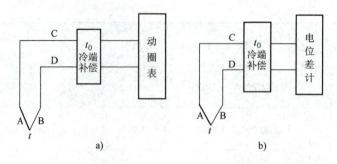

图 3-81　工业用热电偶测温电路

以是与主热电偶同型号的热电偶，也可以用其补偿导线制成补偿热电偶；S 为切换开关；P 为显示仪表。

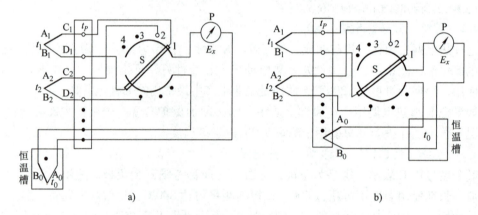

图 3-82　多点测温电路

当切换开关 S 置于 1 点时，测量 t_1 的温度。对图 3-82a，输出到显示仪表的总电动势为

$$E_x = E_{A_1B_1}(t_1, t_P) - E_{A_0B_0}(t_0, t_P)$$
$$= E_{A_1B_1}(t_1, t_P) + E_{A_1B_1}(t_P, t_0)$$
$$= E_{A_1B_1}(t_1, t_0)$$

对图 3-82b

$$E_x = E_{A_1B_1}(t_1, t_P) + E_{A_0B_0}(t_P, t_0)$$
$$= E_{A_1B_1}(t_1, t_P) + E_{A_1B_1}(t_P, t_0)$$
$$= E_{A_1B_1}(t_1, t_0)$$

其余各点的测量有类似的结果。

3.5.5.3　温差测量电路

见图 3-83，用两支相同的热电偶，同极性相连，其输出电动势为两支热电偶热电动势之差 ΔE，ΔE 的大小反映了两个测温点（t_1，t_2）温差的大小。

$$\Delta E = E(t_1, t_0) - E(t_2, t_0)$$
$$= E(t_1, t_2)$$

为了使 ΔE 值能更好地反映两点温差的大小，热电偶热电特性的线性要好，两者的冷端温度必须相同，且应尽量使 t_1 和 t_2 处于非线性误差小于规定值的温度范围内，同时应避免测量点接地。

3.5.5.4　热电偶的并联测量电路

见图3-84，用两支同型号热电偶并联，设其内阻分别为 R_1 和 R_2，其热电流为 i_1 和 i_2，则有

$$i_1 R_1 = E(t_1, t_0)$$
$$i_2 R_2 = E(t_2, t_0)$$
$$iR = E_x$$

式中，$R = R_1 /\!/ R_2$，$i = i_1 + i_2$。

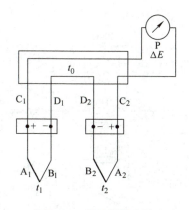

图 3-83　温差测量电路

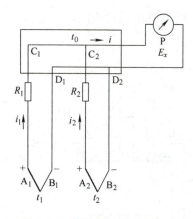

图 3-84　热电偶并联测量电路

联合求解上述方程，得

$$E_x = \frac{E(t_1, t_0) R_2 + E(t_2, t_0) R_1}{R_1 + R_2}$$

设 $R_1 = R_2$，则有

$$E_x = \frac{1}{2} \left[E(t_1, t_0) + E(t_2, t_0) \right]$$

由此可见，热电偶并联后得到的是平均热电动势。如果 t_1 和 t_2 处于热电偶热电特性的线性区，可求得两点的平均温度。测量时应保证两支热电偶具有相同的内阻。

必须指出，热电偶在使用前应预先进行校验或检定。热电偶使用一段时间后，由于其热电极的高温挥发、外来污染及腐蚀、晶粒结构的变化等，会使其热电性能产生变化，影响测量精度，因此使用中应定期对热电偶作检查与校验，以保证其测量准确度。

3.5.6　热电偶测温应用实例

热电偶是最常用的测温元件，但它的特性是非线性的。当与数字仪表配合测温时，必须对其特性进行线性化处理。线性化的方法很多，这里介绍一种利用近几年生产的先进器件进行线性化处理的方法。该法所用器件少，性能优良，精度高。

3.5.6.1　高精度 K 型热电偶数字测温仪

K 型热电偶的电极材料是镍铬—镍硅，其精度等级为 0.75 级时，温度为 0 ~ 1200℃，其测量温度误差为 ± 0.75%。经过本方法的线性化处理后，可将精度提高到 ± 0.1% ~ ± 0.2%。

零点补偿、放大和非线性校正电路见图 3-85。由图可见，它由热电偶的零点补偿、放大和非线性校正两部分组成。

（1）零点补偿及放大电路　该电路由美国模拟器件公司新近生产的 K 型热电偶专用集成芯片 AD595 组成。热电偶或通过补偿导线插入 CN 插座的 + IN 和 − IN 即可。由 AD595 完成零点补偿和放大任务，其输出与输入的关系为

$$U_a = 249.952 U_i$$

式中，U_i 是热电偶的输出热电动势。

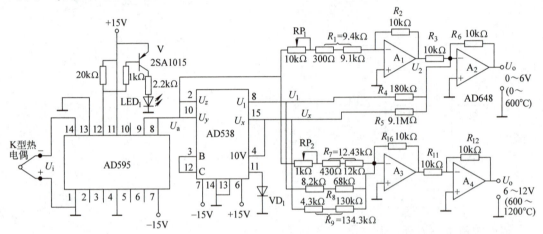

图 3-85　零点补偿、放大和非线性校正电路

此外，AD595 还具有热电偶断偶报警功能。热电偶断线时，由 12 脚输出报警信号，晶体管 V 导通，发光二极管点燃。

（2）非线性校正电路　热电偶的热电动势 U_i 与温度 t 不成线性关系，可用下式表示：

$$U_i = a_0 + a_1 t + a_2 t^2 + \cdots + a_n t^n \tag{3-96}$$

式中，a_0 为零点输出；a_1 为灵敏度；a_2，a_3，$\cdots$，a_n 为非线性项系数，取 $n = 2$ 已能获得足够精度。

a_0，a_1，a_2，$\cdots$，a_n 可由最小二乘法或计算机程序求出。K 型热电偶的高阶多项式（3-96），经计算可用下式表示：

0 ~ 600℃　　　　　$U_o = (-11.4 + 1.009534 U_a - 5.506 \times 10^{-6} U_a^2)$ 　　　(3-97)

600 ~ 1200℃　　　$U_o = (745.2 + 0.772808 U_a + 13.135 \times 10^{-6} U_a^2)$ 　　　(3-98)

非线性校正的关键是如何通过电路的运算实现式（3-97）和式（3-98）。它可由平方器和加法器来完成。

由图 3-85 可见，AD538 组成了乘除器，它有三个输入端子 U_x、U_y 和 U_z，且能完成下列运算：

$$U_1 = \left(\frac{U_z}{U_x}\right)^m U_y \tag{3-99}$$

式中，$m = 0.2 \sim 5$，可通过不同接线取得不同的 m 值。AD538 的 B（3 脚）和 C（12 脚）相连，则 $m = 1$。由于 U_y 和 U_z 的输入为 U_a，15 脚与 4 脚连接，AD538 内部基准电压为 4 脚输出电压 10V，故 $U_x = 10\text{V}$，因此式（3-99）为

$$U_1 = \left(\frac{U_a}{10\text{V}}\right) U_a = \frac{U_a^2}{10000\text{mV}}$$

从而实现了平方运算。

温度在 $0 \sim 600℃$ 范围时，由 A_1 和 A_2 实现式（3-97）的运算：

由 A_1 和 A_2 完成一次系数 1.009534 的运算，其中 A_1 是反相输入的放大器，A_2 是反相输入的加法器。A_1 的输出为 U_2：

$$U_2 = -\frac{R_2}{R_1 + R_{P1}} U_a = -\frac{10\text{k}\Omega}{9.4\text{k}\Omega + 1\text{k}\Omega} U_a$$

调整多圈电位器 RP_1 可使 $U_2 = -1.009534 U_a$。

A_2 的一条支路 R_6 与 R_3 组成一个系数为（-1）的支路。

$$-\frac{R_6}{R_3} = -\frac{10\text{k}\Omega}{10\text{k}\Omega} = -1$$

它将 U_2 转换成 $U_{o1} = 1.009534 U_a$。

R_6 与 R_4 组成 U_a 的二次系数支路

$$U_{o2} = -\frac{R_6}{R_4} U_1 = -\frac{10\text{k}\Omega}{180\text{k}\Omega} \times \frac{U_a^2}{10000\text{mV}} = -5.55 \times 10^{-6} U_a^2$$

R_6 与 R_5 组成常系数 -11.4 的偏置电路，其输出为

$$U_{o3} = -\frac{R_6}{R_5} \times 10\text{V} = -\frac{10\text{k}\Omega}{9.1\text{M}\Omega} \times 10\text{V} = -11\text{V}$$

由叠加原理可得

$$U_o = U_{o1} + U_{o2} + U_{o3} = (-11\text{V} + 1.009534 U_a - 5.55 \times 10^{-6} U_a^2)$$

上式与式（3-97）大体相同。若 R_4 和 R_5 用多圈电位器可调整到与式（3-97）完全相同。

温度在 $600 \sim 1200℃$ 范围内用式（3-98）来线性校正。该式的运算由 A_3 和 A_4 完成，其中 A_4 是放大倍数为 -1 的反相放大器。其分析方法与式（3-97）相同。读者可自行分析。

$0 \sim 600℃$ 和 $600 \sim 1200℃$ 的输出电压 U_o 分别为 $0 \sim 6\text{V}$ 和 $6 \sim 12\text{V}$，灵敏度为 10mV/℃。该电压可通过转换开关输入到 A - D 转换器和进行数字显示。

3.5.6.2　高精度 J 型热电偶测温仪

J 型热电偶的电极材料是铁—铜镍（锰白铜）。它的非线性较严重，在 $0 \sim 600℃$ 范围内其三次方以上非线性系数较大，因此分为 $0 \sim 300℃$ 和 $300 \sim 600℃$ 两档。其测温电路见图3-86。由图可见，它与图 3-85 相似，由零点补偿和非线性校正两部分组成。

AD594 是 J 型热电偶的零点补偿和放大专用集成芯片，且具有断偶报警功能。其输出与输入的关系为

$$U_a = (U_i + 16\mu\text{V}) \times 193.4$$

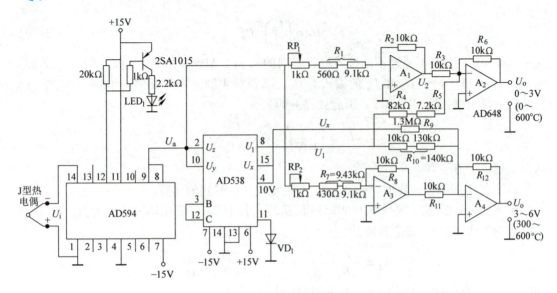

图 3-86　J 型热电偶测温电路

式中，U_i 为热电偶输出热电动势；加上 $16\mu V$ 是为使 AD594 在 25℃时误差最小。

J 型热电偶的非线性校正方程（数值方程）为

0 ~ 300℃ $\qquad U_o = (3.724V + 0.98195U_a - 11.2037 \times 10^{-6}U_a^2)$ $\qquad$ (3-100)

300 ~ 600℃ $\qquad U_o = (-76.36V + 0.995U_a - 7.12 \times 10^{-6}U_a^2)$ $\qquad$ (3-101)

实现式（3-100）和式（3-101）的方法与 K 型热电偶相似，读者可自行分析。

3.6　热电阻传感器

利用电阻随温度变化的特性制成的传感器称为热电阻传感器。热电阻传感器按其制造材料来分，可分为金属热电阻及半导体热电阻两大类；按其结构来分，有普通型热电阻、铠装热电阻及薄膜热电阻；按其用途来分，有工业用热电阻、精密的和标准的热电阻。热电阻传感器主要用于对温度和温度有关的参量（如压力、流速等）进行测量。

3.6.1　金属热电阻及其特性

3.6.1.1　铂电阻

铂热电阻是用高纯铂丝制成的，在 $-200 ~ 0$℃之间，其电阻数值和温度的关系为

$$R_t = R_0[1 + At + Bt^2 + Ct^3(t - 100)]$$ $\qquad$ (3-102)

式中，R_t 和 R_0 为 t（℃）和 0℃时铂电阻的阻值。

温度在 $0 ~ 650$℃之间，其温度特性为

$$R_t = R_0(1 + At + Bt^2)$$ $\qquad$ (3-103)

式（3-102）和式（3-103）中，A、B、C 为铂的电阻温度系数，其值为

$$A = 3.9687 \times 10^{-3}℃^{-1}$$

$$B = -5.84 \times 10^{-7}℃^{-2}$$

$$C = -4.22 \times 10^{-12} ℃^{-4}$$

国家统一规定用 100℃ 的阻值 R_{100} 和 0℃ 的阻值 R_0 之比 $W_{100} = R_{100}/R_0$ 表示铂的纯度，W_{100} 必须达到一定数值才能做热电阻，见表 3-3 热电阻的技术特性。铂电阻已经标准化，已制成了统一的分度表，见附录 D。由于铂电阻具有精度高、稳定性好、性能可靠和复现性好等特点，国际温标规定，从 $-259.34 \sim 630.74℃$ 温域内以铂电阻温度计作为基准器制定其他温度标准。

表 3-3　热电阻的技术特性

名称 （代号）	温度范围/℃	分度号	R_0		准确度 等级	W_{100} (R_{100}/R_0)	最大允许误差/℃
			名义值/Ω	允许误差 （%）			
铂热电阻 （WZP）	$-200 \sim 650$	Pt46 （BA$_1$）[①]	46.00	±0.05	I	1.3910 ± 0.0007	I级：$-200 \sim 0℃$，$\pm(0.15 + 4.5 \times 10^{-3}t)$
				±0.1	II	1.391 ± 0.001	$0 \sim 650℃$，$\pm(10.15 + 3 \times 10^{-3}t)$
		Pt100 （BA$_2$）	100.00	±0.05	I	1.3910 ± 0.0007	II级：$-200 \sim 0℃$，$\pm(0.3 + 6.0 \times 10^{-3}t)$
				±0.1	II	1.391 ± 0.001	
		Pt300 （BA$_3$）	300.0	±0.1	II	1.391 ± 0.001	$0 \sim 650℃$，$\pm(0.3 + 4.5 \times 10^{-3}t)$
铜热电阻 （WZC）	$-50 \sim 150$	C	53.0	±0.1	II	1.425 ± 0.001	$\pm(0.3 + 3.5 \times 10^{-3}t)$
		Cu50	50.0				
		Cu100	100.0	±0.1	II	1.425 ± 0.002	$\pm(0.3 + 6.0 \times 10^{-3}t)$
镍热电阻 （WZN）	$-60 \sim 180$	Ni100	100.0	±0.0	—	1.617 ± 0.003	$-60 \sim 0℃$ $\pm(0.2 + 2 \times 10^{-2}t)$
		Ni300	300.0				$0 \sim 180℃$
		Ni500	500.0				$\pm(0.2 + 1 \times 10^{-2}t)$

① 括号内的分度号是老分度号。

目前，我国常用的工业铂电阻有：分度号 Pt$_{46}$，$R_0 = 46.00Ω$；分度号 Pt$_{100}$，$R_0 = 100.00Ω$。标准铂电阻或实验室用铂电阻的 R_0 为 $10.00Ω$ 或 $30.00Ω$。

3.6.1.2　铜电阻

工业用铜电阻的测温范围为：$-50 \sim 150℃$，其电阻与温度的关系为

$$R_t = R_0(1 + At + Bt^2 + Ct^3) \tag{3-104}$$

式中，R_0、R_t 的意义同上；A、B、C 为电阻温度系数，分别为

$$A = 4.28899 \times 10^{-3} ℃^{-1}$$

$$B = -2.133 \times 10^{-7} ℃^{-2}$$

$$C = 1.233 \times 10^{-9} ℃^{-3}$$

对于铜电阻，我国也有标准化的统一规定，见表 3-3。铜电阻也制成了标准化分度表，见附录 E。

铜电阻的电阻温度系数高，铜容易提纯，价格便宜。其缺点是铜电阻率小，与铂相比，制成相同阻值的铜电阻，其体积大；铜在高温下容易氧化，其测温上限一般不超过 150℃。

3.6.1.3 镍热电阻

由于镍热电阻温度系数较大，故其灵敏度高。我国虽已定其为标准化热电阻，但还未制定出相应的标准化分度表，故目前多用于温度变化范围小，灵敏度要求高的场合，如精密恒温等。

3.6.2 测量电路

热电阻将温度的变化转换成电阻的变化量，常用平衡电桥或不平衡电桥作为其测量电路。为了减小热电阻的引线电阻和引线电阻随温度的变化而变化引起的测量误差，工业测量用热电阻用三线制接入桥路，见图 3-87a。图中，R_t 为热电阻；$R_{L1} = R_{L2} = R_{L3}$ 为三根引线的等效电阻；电位器 RP（阻值为 R_P）是为适合不同分度号的热电阻而设置的，例如，$R_3 = 100\Omega$，若 R_t 为 Pt_{100}，$R_0 = 100\Omega$，则 $R_P = 0$；若 R_t 为 Pt_{46}，$R_0 = 46\Omega$，则 $R_P = 54\Omega$。

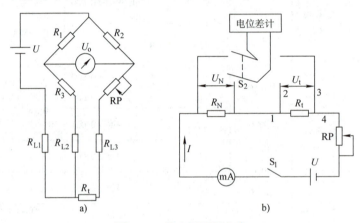

图 3-87　热电阻测量电路

a) 三线制接入桥路　b) 四线制测量电路

为了减小热电阻的引线电阻及引线电阻随减度变化而变化和由于接触电阻及接触电势引起的测量误差，在实验室精密测量时，热电阻用四线制接入测量电路，见图 3-87b。图中，R_t 为热电阻；R_N 为标准电阻；RP 的作用是调整工作电流 I 至适当值。测量时，开关 S_2 先后切换至测量 R_t 和 R_N 上的压降 U_t 和 U_N，则

$$R_t = \frac{U_t}{U_N} R_N \qquad (3-105)$$

由于电位差计在平衡时读数，它不向被测电路吸取电流，热电阻的引线 2 和 3 无电流，故可克服引线电阻和引线电阻随温度变化的影响。此外，U_t 和 U_N 中均含有接触电动势，由式（3-105）可见，接触电动势的影响是相互抵消的。因此，可提高测量准确度。

必须指出，热电阻用于测温时，流过热电阻的电流不应超过其额定值（工业测温为 4～5mA），否则，由于热电阻自身发热而引起温度附加误差。

例 3-13　在较窄温域内铂电阻与温度关系可视为线性 $R_t = R_0 (1 + \alpha t)$。Pt_{100} 的 $R_0 = 100\Omega$，$\alpha = 0.00394/℃$。图 3-88 是铂电阻两线制接入桥路，已知 $R_1 = R_2 = 1000\Omega$，$R_3 = 100\Omega$，引线电阻 $r = 5\Omega$，被测温度 $t = 300℃$。求两线制接法引起的测量误差。

解　$t = 300\,℃$ 时，热电阻的阻值为

$$R_t = R_0(1 + \alpha t) = 100(1 + 0.00394 \times 300)\,\Omega = 218.2\,\Omega$$

按图 3-87a 三线制接法，引线电阻不会引起误差，$(R_P = 0)$，其输出电压为

$$U_{o1} = \left(\frac{R_t + r}{R_2 + R_t + r} - \frac{R_3 + r}{R_1 + R_3 + r}\right)U$$

$$= \left(\frac{218.2 + 5}{1000 + 218.2 + 5} - \frac{100 + 5}{1000 + 100 + 5}\right) \times 10\text{V} = 875\text{mV}$$

按图 3-88 二线制接法，输出电压为

$$U_{o2} = \left(\frac{R_t + 2r}{R_2 + R_t + 2r} - \frac{R_3}{R_1 + R_3}\right)U$$

$$= \left(\frac{218.2 + 10}{1000 + 218.2 + 10} - \frac{100}{1000 + 100}\right) \times 10\text{V}$$

$$= 949\text{mV}$$

因此引起的相对误差为

$$\gamma = \frac{U_{o2} - U_{o1}}{U_{o1}} \times 100\% = \frac{949 - 875}{875} \times 100\%$$

$$= 8.46\%$$

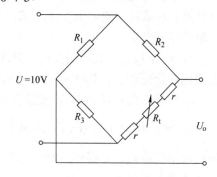

图 3-88　热电阻 R_t 两线制接入桥路

由此可见，两线制接法引线电阻引起的误差是相当大的。使用时必须引起足够重视。

3.6.3　热电阻应用实例

热电阻传感器主要用于测量温度以及与温度有关的物理量，例如，压力（真空度）、流量、气体和液体的成分分析等。此外，可作温度补偿、过负荷保护、火灾报警以及温度控制等。其应用是十分广泛的。但是，热电阻的特性是非线性的，利用热电阻测温时，必须进行线性化，线性化方法很多，详见第 5 章。这里介绍两种简易的线性化方法。

1. 利用桥路线性化的数字测温仪　图 3-89 为线性桥路，A - D 转换器的参考电压 V_{REF} 取自电阻 R_3 与 R_1 的电位差，即

$$V_{\text{REF}} = \left(\frac{R_3}{R_3 + R_4 + R_0} - \frac{R_1}{R_1 + R_2 + R_t}\right)U$$

式中，R_t 为热电阻。

桥路的输出电压 U_o 取自 R_t 与 R_0 的电位差，即

$$U_o = \left(\frac{R_t}{R_1 + R_2 + R_t} - \frac{R_0}{R_3 + R_4 + R_0}\right)U$$

令 $R_1 + R_2 = R_3 + R_4 = R$，则

$$V_{\text{REF}} = \frac{R_3(R + R_t) - R_1(R + R_0)}{(R + R_t)(R + R_0)}U$$

$$U_o = \frac{R(R_t - R_0)}{(R + R_t)(R + R_0)}U$$

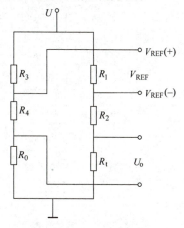

图 3-89　线性化桥路

$3\frac{1}{2}$ 位 A–D 转换器 ICL7106 的参考电压 V_{REF} 为 200mV 或 2.000V 时，若其输入满度电压 U_{om} 为 200mV 或 2.000V，则计数值 $N_m = 1999 \approx 2000$，则

$$N = \frac{U_o}{V_{REF}} \times 2000 = \frac{R(R_t - R_0)}{R_3(R + R_t) - R_1(R + R_0)} \times 2000$$

上式中分母的第一项是非线性校正项，可大大减小非线性误差。

由上式可见，仪表的显示精度与供桥电压和电源电压无关，电压的波动不会影响测量准确度，仅取决于电阻 R_0、R_1、R_2、R_3 和 R_4 的精度，因此这几个电阻应使用锰铜导线绕制的精密电阻。

设 R_t 为 Pt_{100}，若不经线性化处理，在 $0 \sim 200$℃ 范围内，非线性误差可达 ± 2℃；经上述线性化处理后，其准确度可达 ± 0.1℃。

具有线性化桥路的数字测温仪见图 3-90。测量范围为 $0 \sim 200$℃，ICL7106 是具有 A–D转换和 BCD 七段译码、驱动 LCD 显示的 $3\frac{1}{2}$ 位多功能转换器，满度显示为 1999，所以取一位小数点。图中，RP_1 的作用是调满度值；RP_2 的作用是调零；RP_1 和 RP_2 应选择精密多圈电位器。

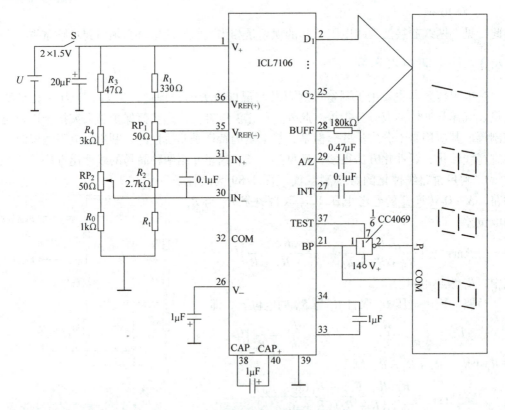

图 3-90　具有线性化桥路的数字测温仪

2. 利用运放进行非线性校正的数字测温和控制仪　利用运放进行非线性校正的电路见图 3-91a，它是一个电阻—电压转换器。热电阻 R_t 是负反馈电阻，运放同相端由限流电

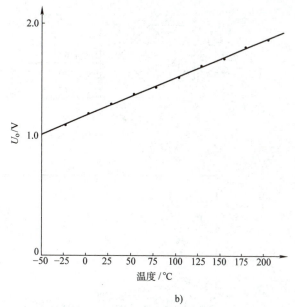

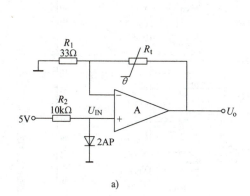

a)

b)

图 3-91　非线性校正电路及其特性

a）非线性校正电路　b）输出电压 U_o 与 t 的关系

阻 R_2 和锗二极管的正向压降 $U_{IN} = 0.3V$ 为输入电压。运放的输出电压 U_o 为

$$U_o = \left(1 + \frac{R_t}{R_1}\right)U_{IN} \tag{3-106}$$

设 R_t 为 Pt_{100}，当 $t = -50℃$ 时，查附录 D 得 $R_t = 80.31\Omega$，代入式（3-106）得

$$U_{o1} = \left(1 + \frac{80.31}{33}\right) \times 0.3V = 1.03V$$

当 $t = 0℃$ 时，查附录 D 得 $R_t = 100\Omega$，则得

$$U_{o2} = \left(1 + \frac{100}{33}\right) \times 0.3V = 1.21V$$

同理，$t = 100℃$ 时，$U_{o3} = \left(1 + \dfrac{138.50}{33}\right) \times 0.3V = 1.56V$

$t = 200℃$ 时，$U_{o4} = \left(1 + \dfrac{175.84}{33}\right) \times 0.3V = 1.90V$

利用上述方法算出各点温度对应的输出电压，并画出 U_o 与温度 t 的关系曲线，见图 3-91b。由图可见，其线性度很好，具有较好的非线性校正作用。

利用运放进行非线性校正的数字测温/控制仪原理电路见图 3-92。图中，A_1 为 R/U 转换电路；A_2 是电压跟随器，用于提高带负载能力；A_3 是电压比较器，RP_3 给定控制温度。当温度高于给定值时，A_3 输出低电平，继电器 K 的触点断开，停止加温；当温度低于给定值时，A_3 输出高电平，继电器 K 线圈带电，其触点闭合，炉子加温。二极管 VD 的作用是消除继电器线圈通断时产生的反电动势，以保护运放免于损坏。

ICL7107 是具有 A－D 转换、BCD 七段译码和驱动 LED 显示的 $3\frac{1}{2}$ 位双积分多功能转

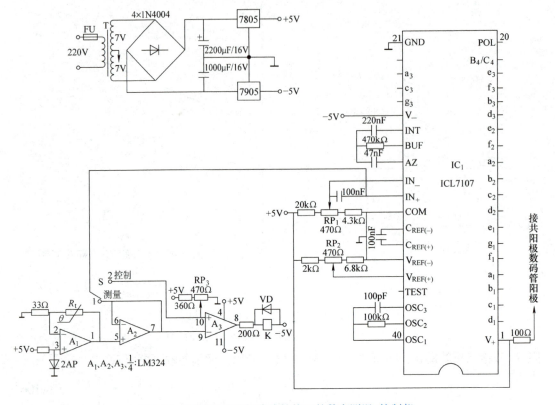

图 3-92　利用运放进行非线性校正的数字测温/控制仪

换器，测量范围 $-50\sim200℃$。当 $V_{REF}=1.9V$ 时，若 $U_{om}=1.9V$，将显示 $1999\approx2000$，因此应取一位小数点。RP_1 的作用是量程下限调整；RP_2 的作用是满度调整。其调试方法如下：

1）将标准电阻箱调到 80.31Ω，接到图 3-92 运放 A 的 R_t 位置，调 RP_1 使显示为 -50.0。

2）将标准电阻箱调到 175.84Ω，调 RP_2 使显示为 200.0。

反复调整 RP_1 和 RP_2，使误差为最小。

开关 S 在"1"位置时，显示测量值；S 在"2"位置时，显示给定值。

3.7　压电式传感器

压电传感器是基于某些材料的压电效应工作的。当沿一定方向对某些材料（如石英晶体）施加外力使之变形时，在一定表面上产生电荷，当外力消失后，电荷随之消失，这一现象称为压电效应。具有压电效应的材料称为压电材料。压电材料的压电效应是可逆的。在压电材料的极化方向施加一电场，压电材料将产生机械变形，外加电场消失，机械变形也随之消失，这一现象称为逆压电效应。

3.7.1　压电材料的特性

石英晶体是最常用的压电材料，下面以石英晶体为例说明压电材料的特性。天然石英晶体的理想外形是正六面体，见图 3-93a。石英晶体的特性与晶轴方向有关，因此定义三条晶轴：垂直于石英晶体的棱柱并平分两棱边的夹角的轴称为 X 轴，由于在垂直于 X 轴的晶面产生电荷，所以 X 轴又称为电轴。垂直于六边形的棱边的轴称为 Y 轴，在电场作用下，Y 轴方向的机械变形最明显，所以 Y 轴又称为机械轴。垂直于 X、Y 轴的纵轴称为 Z 轴，Z 轴没有压电效应，所以 Z 轴又称为中性轴或光轴。X、Y、Z 轴的方向见图 3-93a。

压电材料特性

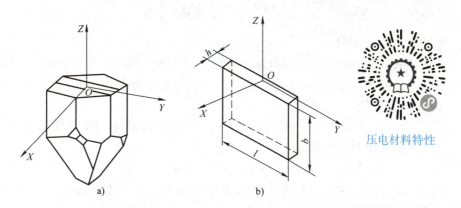

图 3-93　石英晶体的晶轴及其切片

a）石英晶体的晶轴　b）石英晶体切片

若从石英晶体上切下一片长度为 l、宽度为 b 和厚度为 h 的平行六面体，其晶面分别垂直于 X、Y、Z 轴，见图 3-93b。

当沿电轴（X 轴）方向施加压缩力 F_x 时，在与电轴垂直的平面上产生电荷为

$$q_x = d_{11}F_x \tag{3-107}$$

式中，d_{11} 为压电系数（C/N）。

可见，q_x 正比于 F_x，与晶片的几何尺寸无关，电荷极性见图 3-94a。

若在 X 轴方向施加同样大小的拉力 F_x，仍然在垂直于 X 轴平面上产生电荷，其值为

$$q_x = -d_{11}F_x \tag{3-108}$$

式中，"–"号表示产生的电荷极性与压缩力产生的电荷极性相反，见图 3-94b。

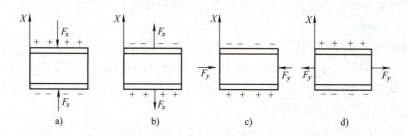

图 3-94　受力方向与电荷极性的关系

若在 Y 轴方向施加压缩力 F_y，仍然在垂直于 X 轴的平面上产生电荷，其值为

$$q_y = d_{12}\frac{l}{h}F_y \tag{3-109}$$

式中，d_{12} 为 Y 轴压电系数（C/N）。

在石英晶体的晶轴对称条件下，$d_{12} = -d_{11}$，故式（3-109）可写成：

$$q_y = -d_{11} \frac{l}{h} F_y \tag{3-110}$$

"－"号表示沿 Y 轴施加压缩力与沿 X 轴施加压缩力产生电荷的极性相反，见图 3-94c。

同理，沿 Y 轴施加拉力 F_y，产生电荷为

$$q_y = d_{11} \frac{l}{h} F_y \tag{3-111}$$

电荷极性见图 3-94d。

由式（3-110）和式（3-111）可见，沿 Y 轴方向施加作用力时，产生的电荷值与晶片的几何尺寸有关，由于 $l > h$，所以在 Y 轴施加外力产生的电荷量更大。但 l 与 h 随温度变化会引起温度附加误差。

压电陶瓷具有非常灵敏的压电效应，当它受到沿极化方向的作用力时，将在垂直于极化方向的平面上产生电荷：

$$q = d_{33} F \tag{3-112}$$

式中，d_{33} 为压电系数（C/N）；厚度变形时为 d_{33}，长度变形时为 d_{31}。压电陶瓷的压电系数是石英晶体压电系数的几十倍到几百倍。

3.7.2　常用压电材料

具有压电效应的材料很多，可将它们分为压电晶体和压电陶瓷两大类。

3.7.2.1　压电晶体

1. 石英晶体　具有良好的压电效应，压电系数 $d_{11} = 2.1 \times 10^{-12}$ C/N；其压电系数和介电常数温度稳定性相当良好；机械强度高，绝缘性能好。但是天然石英晶体资源较少，价格昂贵，常在标准传感器中使用。

2. 水溶性压电晶体　最早发现的是酒石酸钾钠，压电系数 $d_{11} = 3 \times 10^{-9}$ C/N，灵敏度较高，但易受潮，机械强度较低，绝缘性能稍差。故只限于在室温和较干燥场合使用。

由于压电晶体的天然资源较少，通常使用压电陶瓷。

3.7.2.2　压电陶瓷

压电陶瓷是人造陶瓷，将各组分按照一定的比例混合均匀后在高温中烧结而成压电陶瓷。然后在 $100 \sim 170℃$ 下，对两根电极的极化面加以高电压（$1 \sim 4kV/mm$）进行极化，使单晶排列整齐，才具有压电特性。对压电陶瓷，垂直于极化面的轴称为 X 轴，而垂直于 X 轴的轴为 Y 轴，它没有 Z 轴。

压电陶瓷的种类繁多，常用的有钛酸钡和锆钛酸铅压电陶瓷。

1. 钛酸钡　$d_{33} = 107 \times 10^{-12}$ C/N，可见压电系数是石英晶体的数十倍。有较强的机械强度，介电常数较高，绝缘性能良好，性能稳定。因此得到广泛使用。

2. 锆钛酸铅　其压电系数 $d_{33} = (200 \sim 500) \times 10^{-12}$ C/N，其机电参数随温度和时间等外界因素的变化很小，性能稳定，工作温度可达 $200℃$，也是常用的压电陶瓷。

此外，还有铌酸盐系列和铌镁酸铝系列压电陶瓷等。

3.7.3　压电传感器的等效电路和测量电路

3.7.3.1　等效电路

压电元件受力作用时产生电荷，它相当于一个电荷发生器，可将压电元件看作一个电容器，见图 3-95a，其电容量为

$$C_a = \frac{\varepsilon_0 \varepsilon_r A}{h} = \frac{\varepsilon A}{h}$$

式中，ε_0 为真空介电常数（$\varepsilon_0 = 8.85 \times 10^{-12} F/m$）；$\varepsilon_r$ 为压电材料的相对介电常数；A 为压电片的面积（m^2）；h 为压电片的厚度（m）；C_a 为压电元件的等效电容（F）；ε 为压电片的介电常数。

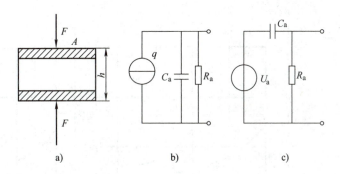

图 3-95　压电元件的等效电路

a）结构图　b）等效电荷源　c）等效电压源

由于压电元件本身具有绝缘电阻 R_a，因此，可将压电元件等效成一个电荷源 q 与电容 C_a 和电阻 R_a 并联，见图 3-95b；也可以等效成一个电压源 U_a 与电容 C_a 串联电路，见图 3-95c，图中，电压源 U_a 为

$$U_a = \frac{q}{C_a}$$

压电元件必须与测量电路连接，必须考虑连接电缆的分布电容 C_c 和放大器的输入电容 C_i 及输入电阻 R_i，因此压电传感器的电荷源等效电路见图 3-96a。令 $C = C_a + C_c + C_i$ 和 $R = R_a /\!/ R_i$，图 3-96a 可进一步简化成图 3-96b。

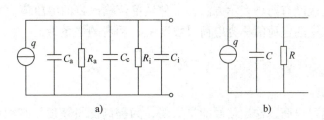

图 3-96　压电传感器的电荷源等效电路

a）等效电路　b）简化等效电路

同理，可得压电传感器的电压源等效电路，见图 3-97。

由压电传感器的等效电路可见，其时间常数为 $\tau = RC$，压电元件的电荷或电压要通过

RC 放电。当被测量为直流或极其缓变的静态物理量时，经过时间 *t* 后压电元件表面的电荷或电压将会下降至零，见图 3-98a。若被测量是交变物理量，压电元件表面的电荷或电压得到不断的补充，因此在一个周期内的平均电荷或电压不为零，见图 3-98b、c。其中，图 b 为被测量的频率较低的情况，其平均电荷或电压较小；图 c

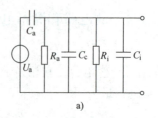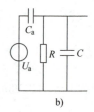

图 3-97　压电传感器的电压源等效电路

a）等效电路　b）简化等效电路，$C = C_c + C_i$

为高频被测量，其平均电荷或电压较大。而且被测量的频率越高，压电元件的平均电荷或电压的幅值越大。

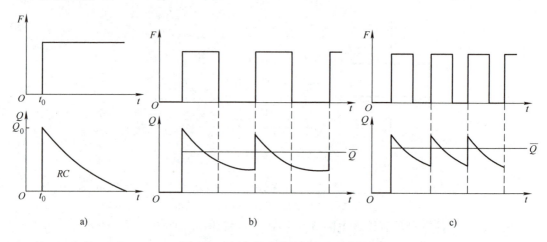

图 3-98　压电传感器的频率响应曲线

a）直流或静态被测量　b）低频被测量　c）高频被测量

由此可见，压电传感器不能测量直流或静态的物理量，只能测量具有一定频率的物理量，这说明压电传感器的低频响应较差，而高频响应相当好，适用于测量高频物理量。提高测量电路的时间常数 τ，可提高压电元件表面的平均电荷或电压，从而提高测量精度。由于增加电容 C 会使压电传感器的灵敏度下降，提高 τ 的唯一方法是提高放大器的输入电阻 R_i，一般 $R_a \geq 10^{10}\Omega$，故要求 $R_i \geq 1000\mathrm{M}\Omega$。

压电元件的灵敏度有两种表示方法，一种是单位输入量的电压值称为电压灵敏度 k_u；另一种是单位输入量的电荷值称为电荷灵敏度 k_q；两者的关系为

$$k_u = \frac{k_q}{C_a} \tag{3-113}$$

3.7.3.2　测量电路

压电元件的内阻很高，输出信号能量微弱，为提高测量精度，必须设置前置放大器。前置放大器的作用是阻抗变换和信号放大。根据等效电路，前置放大器有电压放大器和电荷放大器两种。

1. 电压放大器（阻抗变换器）　压电元件与电压放大器连接的等效电路见图 3-99。设压电元件为压电陶瓷，在交变力 $F = F_m \sin\omega t$ 作用下，产生的电荷为

$$q = d_{33}F = d_{33}F_m\sin\omega t$$

或

$$\dot{U}_a = \frac{d_{33}F_m}{C_a}\sin\omega t$$

放大器输入电压 $\dot{U}_i$ 为

$$\dot{U}_i = d_{33}F_m\frac{j\omega R}{1 + j\omega R(C_a + C)}$$

输入电压 $\dot{U}_i$ 的幅值为

$$U_{im} = \frac{d_{33}F_m\omega R}{\sqrt{1 + \omega^2 R^2(C_a + C)^2}} \quad (3\text{-}114)$$

输入电压 $\dot{U}_i$ 与作用力 F 的相位差为

$$\varphi = \frac{\pi}{2} - \arctan\omega R(C_a + C) \quad (3\text{-}115)$$

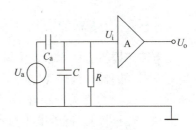

图 3-99　压电元件与电压放大器连接等效电路

由式（3-114）可得传感器的电压灵敏度为

$$k_u = \frac{U_{im}}{F_m} = \frac{d_{33}}{\sqrt{\frac{1}{(\omega R)^2} + (C_a + C)^2}}$$

若被测信号的频率足够高，即 $\omega R \gg 1$，则传感器的灵敏度为

$$k_u = \frac{d_{33}}{C_a + C} = \frac{d_{33}}{C_a + C_c + C_i} \quad (3\text{-}116)$$

式（3-116）表明，由于电缆分布电容 C_c 及放大器输入电容 C_i 的存在，使灵敏度减小。如果更换连接电缆，则必须重新校正灵敏度，以保证其测量准确度。

2. 电荷放大器（又称冲击测量放大器）　由上可见，电压放大器更换测试电缆时须重新校正，若采用电荷放大器，则可免此麻烦。电荷放大器的等效电路见图 3-100。实际上，它是具有深度电容负反馈的高增益运算放大器。

若忽略压电元件的绝缘电阻 R_a 和放大器的输入电阻 R_i，根据密勒效应将 C_f 折合到放大器输入端，得

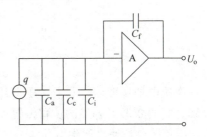

图 3-100　电荷放大器等效电路

$$C'_f = (1 + k)C_f$$

式中，k 为放大器的开环放大倍数。

这样，C_a、C_i、C_c 和 C'_f 并联，输出电压为

$$U_o = \frac{kq}{C_a + C_i + C_c + (1 + k)C_f}$$

只要开环放大倍数足够高，满足 $(1 + k)C_f \gg (C_a + C_i + C_c)$，则上式可简化为

$$U_o = -\frac{q}{C_f} \quad (3\text{-}117)$$

式中，"–"表示输出信号与输入信号反相。

式（3-117）可见，输出电压 U_o 正比于输入电荷 q，传感器的灵敏度与分布电容无关，因此连接电缆可长达数百米，甚至千米，灵敏度却无明显下降，显示了电荷放大器的突出优点。

3.7.4 压电传感器的应用

压电传感器具有体积小，重量轻，结构简单，工作可靠，高频特性好，灵敏度和信噪比高等特点。因此，被广泛应用于电子、通信、航空、运输、工农业以及医学等部门，用于测量力以及与力有关的物理量（例如，压力、物位、流量、应力、速度、加速度、扭矩、振动、位移等）。随着电子技术的发展，微型化、集成化和智能化等新型的压电式传感器正在被开发出来。

3.7.4.1 压电式加速度传感器

压电式加速度传感器由于具有良好的频率特性，量程大（能测 $0 \sim 10^5 g$ 的加速度）。在振动和冲击测试技术中占主导地位，约占各种振动、冲击传感器总数的 80% 以上。目前世界各国用作为加速量值传递标准的高、中频标准加速度传感器均为压电式传感器。

压电加速度传感器有圆片式、双晶片式、音叉式和膜盒式多种结构，但其基本工作原理相同，是典型的惯性式传感器，其结构原理及等效作用系统见图 3-101。

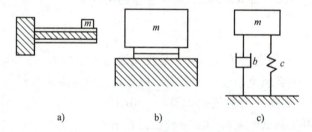

图 3-101　压电式加速度传感器结构原理图

a）梁式　b）压缩式　c）等效原理图

在压电加速度传感器中，压电片可等效为刚度为 c 的弹簧。工作时，质量块 m 的位移即弹簧的变形（弹簧的位移振幅 A），弹簧力 $F = cA$，它与被测加速度的关系为 $F = ma$，F 作用在压电片使之产生电荷为

$$q = d_{33}F = d_{33}ma$$

可见，压电片表面电荷与加速度成正比。其电荷灵敏度为

$$k_q = \frac{q}{a} = d_{33}m$$

其电压灵敏度为

$$k_u = \frac{d_{33}m}{C_a} = \frac{k_q}{C_a}$$

这就是压电式加速度传感器的测量原理。

图 3-102 为微振动测量仪电原理图。图中，压电加速度传感器选用 PV – 96 型，其灵敏度为 $k_q = 10000\text{pC}/g$（$1g = 9.8\text{m/s}^2$）；即在 $1g$ 加速度作用下产生 10000pC 的电荷；静

电容 $C_a = 6000\mathrm{pF}$；测量振动频率 $0.1 \sim 100\mathrm{Hz}$。

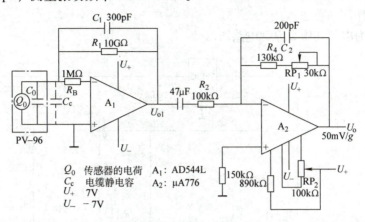

图 3-102　微振动测量仪电原理图

A_1 为电荷放大器，C_c 为引线电容。由式（3-117）可知，A_1 的输出电压为

$$U_{o1} = -\frac{10000 \times 10^{-12}C}{300 \times 10^{-12}F} = -33\mathrm{V}$$

所以电荷放大器的灵敏度为

$$k_{o1} = \frac{U_{o1}}{g} = -\frac{33\mathrm{V}}{\mathrm{gal}} = -33.7\mathrm{mV/(gal)}$$

式中，$1\mathrm{gal} = \dfrac{1}{980}g = 1\mathrm{cm/s^2}$。

电荷放大器的频率响应由 R_1、C_1 决定

$$f_0 = \frac{1}{2\pi R_1 C_1} = 0.053\mathrm{Hz} \approx 0.1\mathrm{Hz}$$

图中 R_B 为运放 A_1 的保护电阻，避免因输入电压过高而损坏 A_1，且起到提高 A_1 输入阻抗的作用。

A_2 是反相放大器，其闭环增益为

$$K_2 = -\frac{R_4 + R_{P1}}{R_2} = -1.48$$

调整 R_{P1} 可实现 $K_2 = 1.48$，是满度调整电位器，因此可求得测试仪的整体灵敏度为

$$K_U = (-1.48) \times \frac{-33.7\mathrm{mV}}{\mathrm{gal}} = 50\mathrm{mV/(gal)} = 48.8\mathrm{V}/g$$

本电路输出最大为 $6\mathrm{V}$，则测量上限为

$$a_{max} = \frac{6\mathrm{V}}{48.8\mathrm{V}} = 0.12\mathrm{gal}$$

A_2 中电位器 R_{P2} 的作用是调零。

A_1 和 A_2 的选择应注意选择低噪声运放，而且具有低输入电压、低偏置和低失调漂移等特性。电容 C_1 和 C_2 的选择容量尽可能小和漏电流小。A_1 级应该用聚四氟乙烯支架绝缘子进行绝缘。

3.7.4.2　压电式力传感器

压电式力传感器具有频带宽、灵敏度高、线性度好、动态误差小等特点，特别适用测

量动态力。它可以用来测量发动机内部燃烧压力、真空度等动态和均布压力，缺点是不适于测量长时间作用的静态力。

图 3-103 为电子气压表原理电路图。

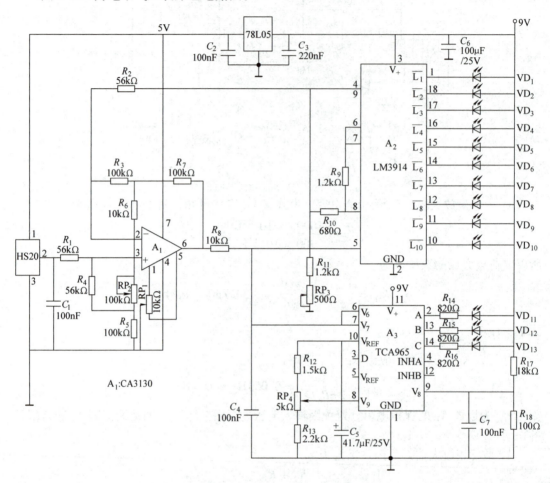

图 3-103　压电式电子气压表电原理图

天气变化与气压的变化密切相关，气压升高预示天气变晴；气压下降预示天气变阴或下雨。该电子气压表用 10 只 LED 指示气压值从 96 ~ 105kPa，另用三只 LED 指示气压变化的趋势。克服了传统玻璃管式指针气压表的许多缺点。

该电子气压表选用 Bosch 公司生产的 HS20 型压电式压力传感器。该传感器内含高阻抗前置放大器。当气压从 96kPa 变化到 105kPa 时，传感器输出电压从 2.125 ~ 2.400V，且具有很好的线性度。该传感器是三端元件：1 脚接 DC 5V 电源；3 脚参考地；2 脚输出电压。该传感器的满度值为 200kPa。

78L05 为集成稳压块，输出高稳定度 5V 电压给 HS20，以克服因电压不稳定引起的测量误差。

A_1 为高输入阻抗放大器，RP_1 为调零，RP_2 为调整放大倍数。A_1 输出一路送给 A_2 显示气压值；另一路送给 A_3 显示气压变化趋势。

A$_2$ 是 LED 闪烁驱动器 LM3914，其输出端 L$_1$ ~ L$_{10}$ 分别接二极管 VD$_1$ ~ VD$_{10}$，以指示气压值。VD$_1$ ~ VD$_{10}$ 旁边分别刻度 96 ~ 105kPa（标准气压为 101.3kPa）。A$_2$ 根据输入电平的高低仅驱动一只发光二极管发光，便可读出气压值。LM3914 内部有精密基准电压，并通过 R$_2$ 输出以稳定 A$_1$ 反相输入端的基准电压。L$_1$ ~ L$_{10}$ 是恒流源驱动 LED，故不需限流电阻。调节 RP$_3$ 可校准气压刻度盘的读数。

A$_3$ 是窗口鉴别器。RP$_4$ 用来调节窗口的中心电平，即气压稳定时（101.3kPa），调节 RP$_4$ 使发光二极管 VD$_{12}$ 刚好点亮。当气压升高时，VD$_{11}$ 点亮；当气压下降时，VD$_{13}$ 点亮。

3.8　超声波式传感器

3.8.1　超声波的种类及其特性

由物理学可知，介质中的一切质点均以弹性力互相联系着，某一质点在介质中振动，能激起它周围的质点振动，振动在弹性介质内的传递过程，称为机械波。声波是一种机械波，它能在气体、液体和固体中传播。人耳能听闻的声波频率在 20Hz ~ 20kHz 之间。频率超过 20kHz，人耳就不能听闻，这种声波称为超声波。根据机械波的振源施力方向与波在介质中传播的方向不同，超声波可分为下列几种。

1）纵波　是指质点的振动方向与传播方向一致的波。它能在固体、液体和气体中传播。

2）横波　是指质点的振动方向垂直于传播方向的波。它只能在固体中传播。

3）表面波　是指质点的振动介于纵波和横波之间，沿着表面传播，它是振动幅度随深度的增大而迅速衰减的波。表面波只在固体的表面传播。

4）蓝姆波　蓝姆波沿着板的两个表面及中部传播。板两表面的质点振动是纵波与横波成分之和。它分为对称型和非对称型两种。

超声波在传播中通过两种不同介质时，会产生折射和反射现象，其频率越高，反射和折射的特性越与光波的特性相似。

超声波在同一介质内传播时，随着传播距离的增加，其强度会减弱。这是由于介质吸收能量，引起能量损耗的缘故。介质吸收能量的程度与波的频率和介质密度有关。例如，气体的密度很小，超声波在气体中传播时很快衰减。因此，超声波主要用于固体和液体中有关参数的检测。

3.8.2　超声波发生器原理

压电晶体除了具有压电效应外，还具有逆压电效应。在压电晶片的两个电极面上施加交流电压，压电晶片就产生机械振动，即压电晶片在两个电极方向有伸缩现象，这种现象称为逆压电效应，也称为"电致伸缩效应"。

利用压电晶体的电致伸缩效应，在电极上施加频率高于 20kHz 的交流电压，压电晶体就会产生超声机械振动，从而发出超声波，见图 3-104a。压电材料的固有频率 f_0 与压

电材料的弹性模量 E、密度 ρ 和厚度 d 有关，即

$$f_0 = \frac{n}{2d}\sqrt{\frac{E}{\rho}}$$

式中，n 为谐波的次数。

若外加的交变电压的频率 f 等于晶片的固有频率 f_0，则晶片产生共振，从而获得最强振幅的超声波。超声波的强度可达数十 $\mathrm{W/cm^2}$，频率可从数十 kHz 到数十 MHz。

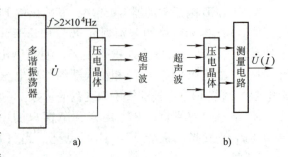

图 3-104　超声波发生器和接收器原理

a）超声波发生器原理　b）超声波接收器原理

3.8.3　超声波接收器原理

超声波接收器的工作原理是利用压电晶体的压电效应原理工作的，见图 3-104b。在压电晶体的电轴或机械轴的两端面施加一定频率的超声波，则在其电轴的两个端面出现频率与外加超声波频率相同的交变电荷。交变电荷的幅值与所施加超声波的强度成正比。通过测量电路将交变电荷转换成电压或电流输出。

3.8.4　超声波传感器的应用

超声波具有穿透能力大，方向性好和定向传播等特点。因此，超声波传感器广泛应用于深海探测、机械探伤和振动、位移、速度、加速度、厚度、流量、物位以及化学成分等的精确测量。超声波清洗机广泛应用于微电子工业、医学、宾馆、饭店乃至家庭中。

由于篇幅所限，仅介绍超声波流量测量仪的工作原理，见图 3-105。

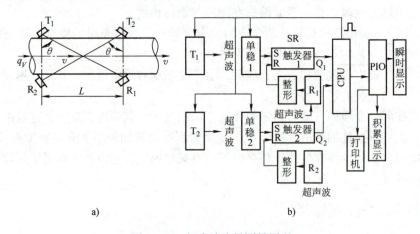

图 3-105　超声波流量测量原理

a）发射器与接收器的安装位置　b）电路组成框图

由图 3-105a 可见，流体静止时，超声波发生器 T_1 和 T_2 的声波速度的水平分量为 $c\sin\theta$，其中 c 为超声波在介质中传播的速度。若流体的流速为 v，T_1 发出的声波的水平速度为 $(v + c\sin\theta)$，那么在长度为 L 的管道内传播时间 t_1 为

$$t_1 = \frac{L}{v + c\sin\theta} \tag{3-118}$$

同理，T_2 发出的声波水平速度分量为 $(c\sin\theta - v)$，在 L 段内传播时间 t_2 为

$$t_2 = \frac{L}{c\sin\theta - v} \tag{3-119}$$

为了消除 c 对测量准确度的影响，在 t_1、t_2 时间内分别对频率为 f_0 的脉冲进行计数，设分别计得的脉冲数为 N_1、N_2，则

$$N_1 = f_0 t_1$$
$$N_2 = f_0 t_2$$

而频率和时间互为倒数，则

$$f_1 = \frac{1}{t_1} = \frac{f_0}{N_1} = \frac{v + c\sin\theta}{L} \tag{3-120}$$

$$f_2 = \frac{1}{t_2} = \frac{f_0}{N_2} = \frac{c\sin\theta - v}{L} \tag{3-121}$$

式中，θ 为超声波波束与管道横截面的夹角。

由式（3-120）和式（3-121）得

$$\Delta f = f_1 - f_2 = \frac{v + c\sin\theta}{L} - \frac{c\sin\theta - v}{L}$$
$$= \frac{2v}{L} = \frac{f_0}{N_1} - \frac{f_0}{N_2}$$
$$= \frac{f_0(N_2 - N_1)}{N_1 N_2} \tag{3-122}$$

由式（3-122）求出 v，得

$$v = \frac{L f_0 (N_2 - N_1)}{2 N_1 N_2}$$

设管道横截面积为 S，由图 3-105a 可求得流体的体积流量 q_V 为

$$q_V = vS = \frac{S L f_0 (N_2 - N_1)}{2 N_1 N_2} = k \frac{(N_2 - N_1)}{N_1 N_2} \tag{3-123}$$

式中，k 为仪表常数，$k = S L f_0 / 2$。

式（3-123）为体积流量换算公式。

图 3-105b 为电路原理框图。图中，R_1、R_2 分别为 T_1、T_2 的接收器。由图可见，CPU 输出正脉冲，命令超声波发生器 T_1、T_2 同时产生超声波；与此同时，令单稳 1、2 同时触发 RS 触发器 1 和 2 翻转为 $Q_1 = Q_2 = 1$（高电平）；CPU 根据 Q_1、Q_2 电平令 CPU 内部的两个计数器同时对频率为 f_0 的时钟脉冲计数。

由图 3-105a 可见，T_1 的超声波速度比 T_2 的超声波速度快。T_1 的波束首先被接收器 R_1 接收，R_1 输出的信号经整形后，触发 RS 触发器 1 翻转为 $Q_1 = 0$，CPU 根据 Q_1 的 "0" 电平命令相应的计数器停止计数，该段时间内计数值为 N_1。

同理，T_2 的超声波束到达 R_2 时，CPU 命令另一计数器停止计数，设该计数器计数值为 N_2，可见 N_2 大于 N_1。

CPU 根据式（3-123）运算，求出流体瞬时体积流量供显示器显示。CPU 将瞬时流量对时间积分可得某一段时间的体积流量总量。

在 CPU 的指挥下，周而复始地重复上述测量过程，从而实现了流量的测量。

3.9 振弦式传感器

3.9.1 工作原理及测量电路

3.9.1.1 工作原理

振弦式传感器的工作原理可用图 3-106 说明。由图可见，在支点与活动支点间拉紧一根长度为 l、质量为 m 的细弦，当细弦受张力 F 作用时，其固有频率 f 为

$$f = \frac{1}{2}\sqrt{\frac{F}{ml}} \tag{3-124}$$

由物理学可知，$m = \rho l$，$F = \sigma S$，$\sigma = E\varepsilon = E\Delta l/l$，代入式（3-124），得

$$f = \frac{1}{2l}\sqrt{\frac{ES\Delta l}{\rho l}} = \frac{1}{2l}\sqrt{\frac{E\Delta l}{\rho_V l}} \tag{3-125}$$

式中，ρ 为弦的线密度；ρ_V 为弦的体积密度；S 为弦的横截面积；Δl 为受力后弦的长度增量；E 为材料的弹性模量。

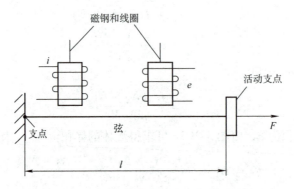

图 3-106　振弦式传感器的工作原理

由式（3-125）可见，对已定传感器，m、l、S、E 和 ρ 均为常数，故式（3-125）可表示为

$$f = \varphi(F) \tag{3-126}$$

可见，传感器的振荡频率 f 与弦所受张力成单值函数关系。只要测量弦的振荡频率 f 即可得出被测张力 F 的大小。

3.9.1.2 弦的激发方式和测量电路

弦的激发方式有间歇激发和连续激发两种。

1. 间歇激发及测量电路　间歇激发及测量电路见图 3-107a。由激发电源 E、电磁铁、振荡器、继电器、整形放大器、电压比较器 A 和频率计组成。合上电源瞬间 $U_N > U_f$，U_o 为高电平，V 导通，振荡器输出正脉冲，继电器的触点 S 闭合，E 对电磁铁激励，电磁铁

吸住振弦。这时 $U_f > U_N$，V 截止，继电器断电而使触点 S 打开，电磁铁释放振弦。由于空气的阻尼作用，振弦的振幅衰减，见图 3-107b。当 $U_f < U_N$ 时，继电器重新吸合，再次对电磁铁激励，振弦又产生幅值衰减的振荡。如此周而复始，U_f 为周期性衰减振荡波形，见图 3-107b。由式（3-126）可知，U_f 的频率与被测张力成正比。U_f 经整形、放大后用频率计来测量。

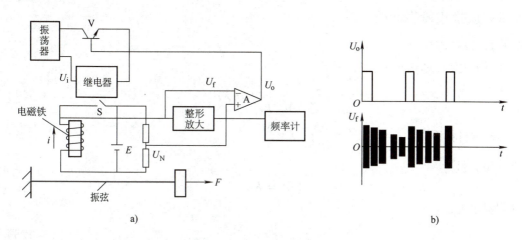

图 3-107　间歇激发及测量电路

a）间歇激发及测量电路　b）振荡信号的波形

2. 连续激发及测量电路　为了克服间歇激发振荡幅值逐渐减小的缺点，可采用连续激发方式，其原理见图 3-108。由图 a 可见，有两个完全相同的电磁铁。电磁铁 2 的作用是检测电动势 e，经运算放大器 A_1 放大后向电磁铁 1 提供励磁电流 i。若电路能满足振荡的幅值和相位条件，使能量得到及时的补充，振弦就能产生等幅的连续振动，其振动频率等于弦的固有频率 f。

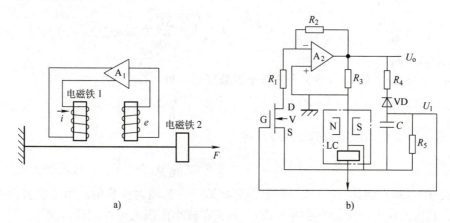

图 3-108　连续激发及测量电路

a）连续激发结构示意图　b）测量电路

图 3-108b 为测量电路。为讨论方便，可将图 a 等效为谐振频率为 f 的 LC 谐振电路，见图 3-108b 点画线框。由图可见，R_3、振弦等效电路和运算放大器 A_2 组成选频放大器，

它只放大频率 f 的信号，因此其频率是十分稳定的。R_4、VD、R_5、C、场效应晶体管 V、R_1 和 R_2 组成负反馈电路，以稳定输出电压 U_o 的幅值。其稳幅原理简述如下：设 U_o 减小，则 U_1 减小，导致 V 的漏源等效电阻 R_{DS} 减小，从而 A_2 的闭环放大倍数 $K_2 = -\dfrac{R_2}{(R_1 + R_{DS})}$ 增加，故使 U_o 回到原来的幅值。

3.9.2 振弦式传感器的特性

3.9.2.1 灵敏度

式（3-125）两边平方，得

$$f^2 = \frac{1}{4l^2} \frac{E \Delta l}{\rho_V l} = K \varepsilon \tag{3-127}$$

式中，K 为材料系数，$K = \dfrac{1}{4l^2} \dfrac{E}{\rho_V} = \dfrac{ES}{4l^2 \rho}$；$\varepsilon = \dfrac{\Delta l}{l}$。

对上式微分得

$$2f \mathrm{d}f = K \mathrm{d}\varepsilon$$

因此得灵敏度

$$k = \frac{\mathrm{d}f}{\mathrm{d}\varepsilon} = \frac{K}{2f} \tag{3-128}$$

由式（3-128）可见，灵敏度 k 与材料系数 K 成正比而与弦的振动频率成反比。材料系数 K 与材料的材质和几何尺寸有关，减小弦丝的长度和增加弦丝的横截面积是提高灵敏度行之有效的方法。但是弦丝长度 l 不能太短，一般 $l = 12 \sim 20 \mathrm{mm}$ 为宜，或 $l/d \approx 300 \sim 500$，其中 d 为弦丝的直径。

3.9.2.2 非线性误差

设被测张力为 F_0 时初始频率为 f_0，被测张力为 $F_1 = F_0 + \Delta F$ 时振动频率为 f_1，则

$$f_1 = \frac{1}{2} \sqrt{\frac{F_0 + \Delta F}{ml}} = \frac{1}{2} \sqrt{\frac{F_0}{ml}} \sqrt{1 + \frac{\Delta F}{F_0}} = f_0 \sqrt{1 + \frac{\Delta F}{F_0}} = f_0 \sqrt{1 + \varepsilon_F} = f_0 (1 + \varepsilon_F)^{\frac{1}{2}}$$

式中，$\varepsilon_F = \Delta F / F_0$。

由于 $F_0 \gg \Delta F$，即 $\varepsilon_F \ll 1$，上式按幂级数展开，得

$$f_1 = f_0 \left(1 + \frac{1}{2} \varepsilon_F - \frac{1}{8} \varepsilon_F^2 + \frac{1}{16} \varepsilon_F^3 - \cdots \right) \tag{3-129}$$

设 $F_2 = F_0 - \Delta F$，此时频率为 f_2，同理，得

$$f_2 = f_0 \left(1 - \frac{1}{2} \varepsilon_F - \frac{1}{8} \varepsilon_F^2 - \frac{1}{16} \varepsilon_F^3 - \cdots \right) \tag{3-130}$$

由式（3-129）和式（3-130）可见，只有第一、二项为线性的，而二次方以上为非线性的，其输入输出特性曲线见图3-109，只有在较小范围内可近似视为线性。其二次方非线性误差为

$$\delta_m = \frac{\left| \frac{1}{8} f_0 \varepsilon_F^2 \right|}{\frac{1}{2} f_0 \varepsilon_F} = \frac{1}{4} \varepsilon_F \tag{3-131}$$

由式（3-131）可见，ε_F 越大，δ_m 越大。为改善非线性，常采用差动振弦传感器，见图 3-110。

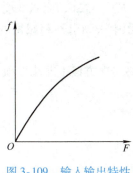

图 3-109 输入输出特性

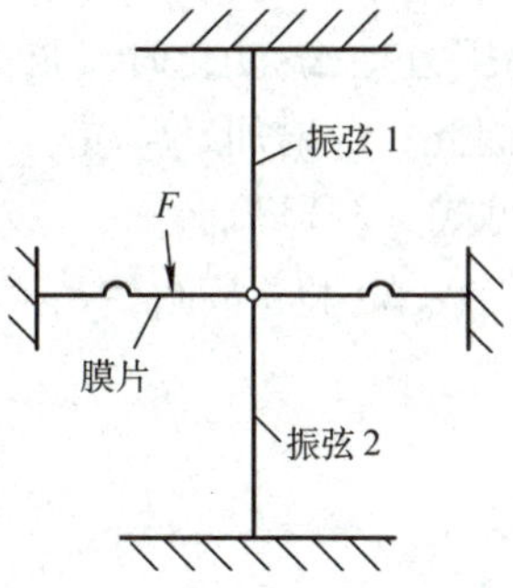

图 3-110 差动振弦传感器

由图可见，被测力 F 作用于膜片转换成膜片硬心的力分别作用于振弦 1 和振弦 2，其中振弦 1 的张力增加，振弦 2 的张力减小，于是 f_1 增大，f_2 减小。根据式（3-129）和式（3-130）得频率差 Δf 为

$$\Delta f = f_1 - f_2 = f_0\left(\varepsilon_F + \frac{1}{8}\varepsilon_F^3 + \cdots\right) \tag{3-132}$$

于是可得其三次方非线性误差为

$$\delta_m = \frac{\frac{1}{8}\varepsilon_F^3}{\varepsilon_F} = \frac{1}{8}\varepsilon_F^2 \tag{3-133}$$

比较式（3-133）和式（3-131）可知，差动振弦传感器的线性度得到极大的改善。

3.9.2.3 频率稳定性

环境温度的变化是频率稳定性的主要影响因素。由式（3-127）可知，体积密度 ρ_V 以及由 F 引起的 Δl 不随环境温度变化。对式（3-127）两边取对数再微分得

$$\gamma_f = \frac{\mathrm{d}f}{f} = \frac{\mathrm{d}E}{2}E - \frac{3}{2}\frac{\mathrm{d}l}{l}$$

由上式可见，振弦的长度 l 和材料弹性模量 E 受温度的影响直接影响传感器的频率稳定性，而两者的影响是相反的。

3.9.3 振弦式传感器的应用

除了振弦式传感器外，还有振筒式、振梁式和振膜式等传感器，统称为谐振式传感器。它们的工作原理与特性相似或相同，是 20 世纪 70 年代发展起来的。由于是频率式传感器，频率测量的精度最高（可达 10^{-13} 数量级），因此成为最有发展前途的传感技术之一。它们被广泛应用于测量机械扭矩、振动、位移、速度、加速度、力、应力、压力、流体流量以及成分分析等。由于篇幅所限，仅介绍振弦式压力传感器。

由于简单振弦式传感器非线性严重，常用差动振弦式压力传感器，其原理示意图见图 3-110。由图可见，被测压力 p 作用于膜片转换为作用力 F，即

$$F = S_a p$$

式中，S_a 为膜片的有效面积。

当被测压力 $p = 0$ 时，$F_1 = F_2 = F_0$，弦 1 和弦 2 受的张力相等，其振动频率 $f_1 = f_2 = f_0$。当被测压力有 Δp 变化时，弦 1 受力为 $F_1 = F_0 + \Delta F = F_0 + S_a \Delta p$；而弦 2 受力为 $F_2 = F_0 - \Delta F$。因此，f_1 增加，f_2 减小。f_1 和 f_2 送至减法器（图中未画出）相减得 $\Delta f = f_1 - f_2$。Δf 表达式见式（3-132）。

将 $\Delta F = S_a \Delta p$ 和 $\Delta F / F_0 = \varepsilon_F$ 代入式（3-132），并忽略三次方以上非线性项，得

$$\Delta f = f_0 \frac{S_a \Delta p}{F_0}$$

其灵敏度为

$$k_p = \frac{\Delta f}{\Delta p} = f_0 \frac{S_a}{F_0}$$

由此可见，Δf 与 Δp 成正比，增大膜片的有效面积可提高传感器的灵敏度。

3.10   光电式传感器

随着微电子技术、光导纤维技术的发展，光电传感器的应用与日俱增。它将光信号转换为电信号，其工作原理是以光电效应来工作的。

3.10.1   光电效应及其器件

光照射在某些物质上，物质的电子吸收光子的能量而释放电子的现象称为光电效应。释放的电子称为光电子。能产生光电效应的物质称为光电材料。

3.10.1.1   外光电效应及其器件

光照射在某些光电材料上时，材料表面的电子吸收光子的能量，若电子吸收的能量足够大，它能克服正离子的束缚而逸出材料的表面，进入外界空间，这种现象称为外光电效应。

根据爱因斯坦的光子理论，光子的能量为 $h\gamma$，不同频率的光子具有不同的能量。设光子的能量全部被电子吸收，电子的能量将增加，增加的能量一部分用于克服正离子的束缚，另一部分转变成电子的动能，即

$$h\gamma = \frac{1}{2}mv^2 + A \tag{3-134}$$

式中，h 为普朗克常数，$h = 6.626 \times 10^{-34} \text{J} \cdot \text{s}$；$\gamma$ 为光子的频率；m 为电子质量；v 为电子的速度；A 为电子的逸出功。

设某光子的频率为 γ_0，若 $h\gamma_0 = A$，由式（3-134）可见，电子的速度 $v = 0$，则无论光强度如何和照射的时间多长，均不能产生外光电效应。只有电子吸收的能量大于逸出功 A 才能产生外光电效应。因此，光电材料表面多数涂覆一层薄的逸出功小的化合物，例如，铯、氧化铯和锑化铯等。入射光的频率愈高（其波长越短），其光子能量越大，越容易产生外光电效应，而与光强无关。在能产生外光电效应的前提下，单位时间内逸出的电

子数量与光强成正比，因此光电流与光强成正比。

根据外光电效应制造的光电元件有光电管、充气光电管和光电倍增管等。

1. 光电管　光电管种类繁多，典型产品有真空光电管和充气光电管。由于真空光电管有稳定性好、惰性小和温度系数小等优点，故它是自动检测中常用的检测元件，其工作原理见图 3-111。

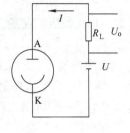

由图可见，在真空玻璃管内密封有光电阳极 A 和光电阴极 K。当光线照射在光电阴极 K 上时，电子从阴极表面逸出，并被光电阳极的正电场吸引，外电路产生光电流 I，在负载电阻 R_L 上的压降 U_o 为输出电压。

图 3-111　光电管的工作原理

2. 光电倍增管　与光电管比较，光电倍增管有光电流放大作用，这是由于有 n 个对光电流进行放大的"倍增极"的缘故。"倍增极"或称"次阴极"，它受到电子轰击后能发射更多的"次级电子"。各倍增极上顺次加上越来越高的正电压，使得前级的次电子加速轰击下一倍增极，见图 3-112。

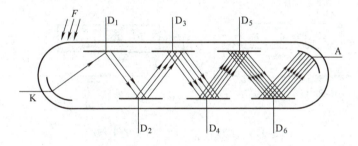

图 3-112　光电倍增管的工作原理

由于光电倍增管的放大倍数 K 相当高（对倍增极 $n=10$，K 可达 10^6），即使极微弱的光照，外电路也能提供较大电流（其灵敏度达 10A/lm）。因此，它不能受强光照射，否则容易造成永久性损坏。

3.10.1.2　内光导效应及其器件

绝大多数高电阻率的半导体受光照射时，由于吸收了光子的能量，其电阻率变化的导电现象称为光导效应。它属于内光电效应。

光照某些半导体时，若光子的能量大于半导体禁带的能级宽度，则电子从价带跃迁到导带，形成自由电子，同时，价带留下相应的空穴。电子、空穴仍留在半导体内，并参与导电，在外电场作用下形成光电流。

产生光导效应的条件是光子的能量必须大于半导体禁带的能级宽度，因此每一种半导体皆有其固有入射光频率。如果半导体是掺杂半导体，因为从杂质上释放一个电子（或空穴）所需的能量，比激发一个半导体的阶电子所需能量小，所以频率较低的光也能使它产生光导效应。根据光导效应的光电元件，主要有光电阻或称光敏电阻。

当光照射在光电阻上时，其导电性能增加，电阻值下降，光强度越强，其阻值越小；若停止光照，其阻值恢复到原始值。

除金属外，多数绝缘体和半导体都具有光导效应。但实际用来制造光敏电阻的却只有为数较少的几种，例如，锗、硅、硫化镉、硫化铅、锑化铟、硒化镉、硒化铅和锑化铅等材料。

3.10.1.3　光生伏特效应及其器件

光照射在具有 PN 结的半导体材料上，在 PN 结两边产生电动势的现象称为光生伏特效应。据此效应制造的光电元件有光电池、光敏二极管、光敏晶体管、光控晶闸管和光耦合器等。

1. 光电池　它的工作原理见图 3-113a。在 N 型半导体上扩散一个 P 区，两交界面上形成 PN 结。当光线照射于 P 区时，若光子的能量大于半导体禁带的能级宽度，在 P 区表面激发电子—空穴对。P 区表面电子—空穴对的浓度最大，越向 PN 结浓度愈小，因此，电子空穴对向 PN 结扩散。若电子空穴对到达 PN 结前来不及复合，在 PN 结势垒电场的作用下，将电子加速推向 N 区，空穴留在 P 区。因此，N 区有电子积累，P 区缺少电子，从而形成电动势。在外电路接通情况下，向负载电阻 R_L 源源不断地提供电流，R_L 上的压降 U_o 即为输出电压。

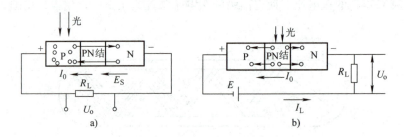

图 3-113　光电池和光敏二极管的工作原理

a）光电池　b）光敏二极管

根据材料不同，有硅光电池、硒光电池、砷化镓光电池和锗光电池。前三种得到广泛的使用。

2. 光敏二极管　其结构和工作原理与光电池相似，见图 3-113b。光敏二极管的受光点在 PN 结上。无光照时，即使有 PN 结势垒电场和外电场的作用，其电流 I_0 几乎为零；有光照时，在 PN 结产生电子空穴对，在 PN 结势垒电场作用下，将电子拉向 N 区，而空穴推向 P 区，从而形成电流 I_L，其方向与光电流 I_0 一致。I_L 于负载电阻 R_L 上的压降即为输出电压 U_o。

光敏二极管的型号有 2CU 和 2DU 系列，前者多为两根引出脚；后者多为三根引出脚，使用时，将称为环极的引出脚接地，以提高其抗干扰能力。

3. 光敏晶体管　光敏晶体管的电符号及工作原理见图 3-114c 和 b。与光敏二极管比较，光敏晶体管有两个 PN 结，见图 3-114a。当光照射在基—集的 PN 结上时，则产生电子—空穴对。在 PN 结势垒电场的作用下，电子向 N 区（集电极）移动，空穴向 P 区（基极）移动，从而形成光电流 I_b。空穴在基区的积累，提高了基—射结的偏置，发射极的多数载流子穿过很薄的基区向集电极移动，在外电场作用下形成集电极电流 I_c，$I_c = \beta I_b$，其中 β 为光敏晶体管的电流放大倍数。可见，光敏晶体管的灵敏度较光敏二极管的高。

4. 光控晶体闸流管　光控晶体闸流管是近几年来发展的光电半导体元件，代号为 GSCR，其结构和工作原理见图 3-115。

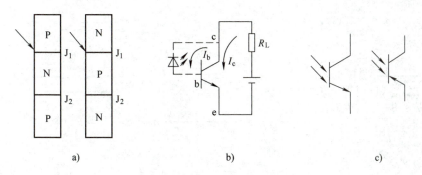

图 3-114　光敏晶体管的工作原理

a）结构　b）工作原理　c）电符号

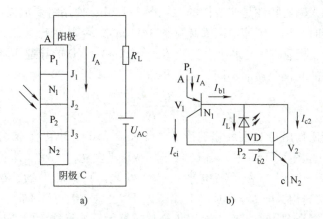

图 3-115　光控晶体闸流管结构及其工作原理

由图可见，光控晶体闸流管是 PNPN 四层元件。阳极加正电压，阴极加负电压时，J_2 结处于反向偏置。N_1P_2 可视为反偏光敏二极管 VD；$P_1N_1P_2$ 可视为 PNP 晶体管 V_1、$N_1P_2N_2$ 可视为 NPN 晶体管 V_2。VD、V_1 和 V_2 的等效电路见图 3-115b。设 V_1 和 V_2 的电流放大倍数为 β_1 和 β_2。无光照时 VD 反偏，I_L 很小，I_{b1} 和 I_{b2} 很小，故 I_A 很小。当光照射 J_2 结时，I_L 增加，I_{b1} 增加，I_{c1} 增加；从而引起 I_{b2} 增加，I_{c2} 增加，I_{c2} 的增加引起 I_A、I_{c1} 进一步增加，形成正反馈过程。由此可见，光控晶闸管的 J_2 结一旦受到能产生光生伏特效应的光照射，光控晶体闸流管就全导通，其电流 I_A 为

$$I_A = \beta_1\beta_2 I_L$$

光控晶体闸流管一旦导通，即使撤去光源，它仍能维持导通状态，除非 U_{AC} 反向或小于光控晶体闸流管的阈值电压时，光控晶体闸流管才会截止。

5. 光耦合器　它是近几年来发展起来的新型光电半导体器件，其工作原理与输入输出特性，见图 3-116。

发光二极管具有单向导电特性。当发光二极管 VD 加上正向电压后，其 PN 结势垒电场降低，载流子的扩散运动大于漂移运动，P 区的空穴注入 N 区，N 区的电子注入 P 区。注入的电子和空穴相遇产生复合而释放能量，释放的能量主要以单色光出现。单色光被光敏三极管接收，致使 I_c 增加，I_c 在 R_L 上的压降 U_o 即为输出电压。

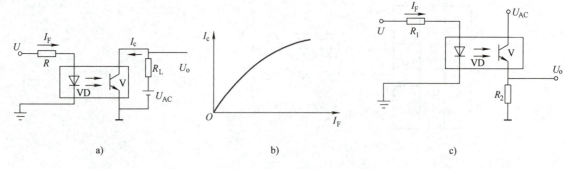

图 3-116　工作原理与输入输出特性

a) 工作原理　b) 输入输出特性　c) 同相输出

光耦合器的输入输出特性是非线性的，见图 3-116b，使用时要加以注意。

使用光耦合器时必须接限流电阻 R（见图 3-116a），否则由于 I_F 太大会造成光耦合器永久性毁坏。发光二极管 VD 的最小电流应 $I_{Fmin} > 10mA$，VD 的导通压降 $U_D = 1.6 \sim 2.4V$ 之间，视不同材料的光耦合器而不同，因此得

$$R = \frac{U - U_D}{I_F}$$

光耦合器可接成输出与输入反相的形式，见图 3-116a，也可接成输出与输入同相的形式，见图 3-116c。图 3-116a 中，当 $U = 0$ 时，VD 不发光，光敏晶体管 V 截止，$I_c = 0$，$U_o = U_{AC}$；相反，$U = 1$ 时（表示高电平），VD 发光，V 饱和导通，$U_o = 0$。同理，图 3-116c 中，U_o 与 U 同相，即 $U = 0$ 时（表示低电平），$U_o = 0$，$U = 1$ 时，$U_o = 1$。

必须指出，光耦合器用于隔离用途以提高传感器的抗干扰能力时，U 与 U_{AC} 必须是不同电源，光耦合器两边的参考"地"不能连在一起，见图 3-116a、c，否则起不到提高抗干扰能力的作用。

3.10.2　光电元件的特性

对使用者来说，了解光电元件的特性是极其重要的。光电元件的主要特性有：

1. 光照特性　光照特性是指光电元件外加电压一定时，光电流 I 与入射光的照度之间的关系。

2. 光谱特性　光谱特性是指光电元件外加电压一定时，其输出电流与入射单色光的波长之间的关系，即 $I = f(\lambda)$。

3. 伏安特性　伏安特性是指在给定光通量或照度下，光电流与外加电压之间的关系，即 $I = f(U)$。

4. 频率特性　频率特性是指外加电压和入射光强一定时，光电流与入射光的调制频率之间的关系，即 $I = \varphi(f)$。

5. 温度特性　光电元件是半导体器件其特性，受温度的影响较严重，这是由于半导体器件中多数载流子易受热激发的缘故。在使用中必须采取温度补偿或恒温措施，以保证足够的测量精度。

由于篇幅所限，仅给出了光电元件主要工作特性的定义。至于光电元件更详细的工作

特性和主要技术指标，请读者参考有关光电元件的技术手册。

3. 10. 3　光电信号的检测方法

1. 透射式　恒光源发出的光通量为 Φ_0，经被测物质后衰减为 Φ，见图 3-117a，其关系为

$$\Phi = \Phi_0 e^{-\mu d} \tag{3-135}$$

式中，μ 为被测对象的吸收系数；d 为被测对象的厚度。

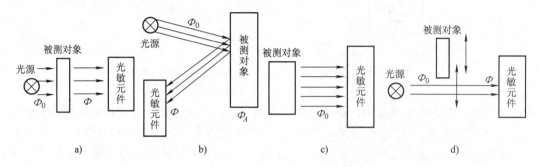

图 3-117　光电信号的检测方法

a）透射法　b）反射法　c）辐射法　d）遮挡法

光电元件将光通量 Φ 转换成光电流。此法可用于检测流体和固体的透明度、混浊度、厚度及吸收系数等。

2. 反射式　恒光源的光通量 Φ_0 经被测对象后损失了部分光通量，到达光电元件的光通量为 Φ，见图 3-117b。此法可用于测量物体表面的粗糙度、反射率及转速等。

3. 辐射式　见图 3-117c。被测对象辐射的光通量 Φ_0 投射到光电元件上，转换成光电流。此法可用于测量温度及与温度有关的参数。例如光电高温计和光电比色高温计等是根据该原理测温的。

4. 遮挡式　恒光源的光通量 Φ_0 被被测对象遮挡了一部分，到达光电元件的光通量为 Φ，见图 3-117d。此法可用于测量物体的几何尺寸、振动、位移和膨胀系数等。

5. 开关式　原理与遮挡式相似。光源的连续光被被测物体调制为脉冲光投射到光电元件上，转换成电流或电压脉冲。例如，计算机的光电输入、产品计量、转速和开关量等均用此法。

3. 10. 4　光电式传感器的应用实例

光电式传感器可用于测量机械量、热工量和成分量等，在工程上得到广泛的应用。

1. 光电测厚仪　光电测厚仪的原理见图 3-118。

由图可见，它采用透射式信号检测方法。对式（3-135）两边取对数得

$$\ln\Phi = \ln\Phi_0 - \mu d$$

故

$$d = \frac{1}{\mu}(\ln\Phi_0 - \ln\Phi) \tag{3-136}$$

式（3-136）即为光电测厚仪的测厚基本方程。

放射源辐射 α、β 或 γ 射线，其恒强度为 Φ_0，经被测物衰减为 Φ，射线经闪烁片转换

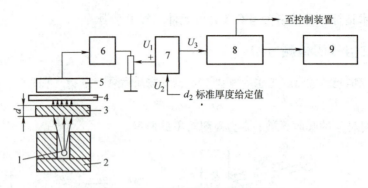

图 3-118　光电测厚仪的原理框图

1—放射源　2—保护罐　3—被测物　4—闪烁片　5—光电倍增管
6—测量电路　7—差值放大器　8—A－D 转换　9—显示器

成光子，光子在光电倍增管中转换成与之对应的光电流或光电压，经测量电路转换成电压 U_1，U_1 与代表标准厚度 d_2 的标准电压 U_2 在差值放大器中进行比较，其差值电压 U_3 与被测厚度和标准厚度之差 $\Delta d = (d_1 - d_2)$ 成正比。U_3 经 A－D 转换成数字量供显示器显示被测厚度与标准厚度之偏差值。

由式（3-136）可见，厚度 d 与射线强度间为非线性的，因此，在测量电路中应进行线性化处理。

此外，数字信号可送到计算机等控制装置对被测厚度进行自动控制。

2. 路灯自动控制器　电路原理见图 3-119。图中，VD 为光敏二极管。当夜幕降临，光线变暗时，VD 截止，V_1 饱和导通，V_2 截止，继电器 K 线圈失电，其常闭触点 K_1 闭合，路灯 HL 点亮。天亮后，当光线亮度达到预定值时，VD 导通，V_1 截止，V_2 饱和导通，继电器 K 线圈带电，其常闭触点 K_1 断开，路灯 HL 熄灭。

3. 光电自动航标灯　其原理见图 3-120。它由硅光电池组和镍镉蓄电池组分别供电。光敏晶

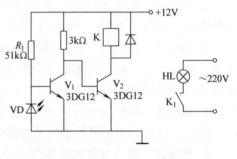

图 3-119　路灯自动控制器原理

体管 V 为控制元件。白天阳光充足时，光电池组向镍镉蓄电池组充电；此时 V 饱和导通，a 点为低电平，b 点为高电平，5G1555 和 R、C 元件组成的振荡器停振，航标灯 HL 熄灭。晚上或白天光线不足，V 截止，a 点为高电平，b 点为低电平，接通 5G1555 之电源，振荡器输出一定频率的方脉冲，经复合管 V_3 驱动 HL 闪烁。

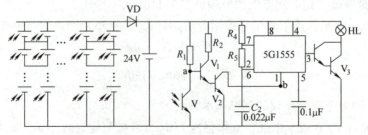

图 3-120　光电自动航标灯原理图

136

4. 光电数字转速表　光电数字转速表的工作原理见图 3-121。

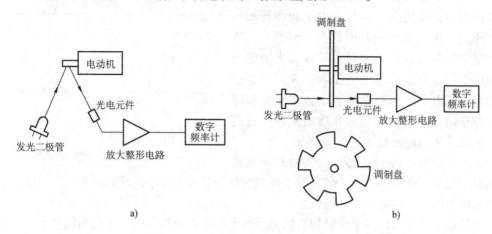

图 3-121　光电数字转速表的工作原理

图 3-121a 是在电动机的转轴上涂上 N 条黑白相间的条纹，电动机转动时，反射光与不反射光交替出现，电动机每转一周，光电元件接收 N 个反射光脉冲，并转换成 N 个电脉冲，经放大整形输出一系列方波脉冲，由数字式频率计测量出电动机的转速 n（r/min）为

$$n = \frac{f}{N} \times 60 \tag{3-137}$$

式中，f 为脉冲的频率（Hz）。

图 3-121b 是在电动机轴上固定一个调制盘，将发光二极管的恒定光调制成随转速变化的调制光。例如，在调制盘上以一定的角度留 6 个遮光齿，则在 10s 的计数值上就可读出每分钟的转速。若在调制盘上开 60 个小孔，则在 1s 内的计数值，就能直接读出每分钟的转速。

3.11　激光式传感器

激光技术是 20 世纪 60 年代迅速发展起来的新技术，在各行各业获得极为广泛的应用。

3.11.1　激光发射原理

由物理学可知，正常分布下的原子，多处于低能级 E_1，除非受外界作用，原子将长期保持这一稳定状态。若在外界光子作用下，原子吸收光子的能量 $h\gamma$，只要吸收的能量足够大，原子就从低能级 E_1 跃迁到高能级 E_2，这一过程称为激发，见图 3-122a。激发过程应满足：

$$E = h\gamma = E_2 - E_1 \tag{3-138}$$

式中，E 为光子能量。

处于高能级 E_2 的原子，在外界光子的诱发下，会从高能级 E_2 跃迁到低能级 E_1，释放能量而发射与外界诱发的光子性质完全相同的光子，简单地说，入射一个光子放大为两个光子，这一过程称为光子的受激辐射，见图 3-122b。

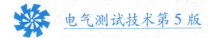
当然，不是所有外来光都能产生受激辐射的，因为一束光进入介质后，由于光和物质的相互作用，在介质中同时引起两个过程——吸收和受激辐射过程。若因介质吸收而失去的光子数多于因受激而补充的光子数，光强度会逐渐变弱；若由受激而补充的光子数多于介质吸收而减小的光子数，则进入介质的光越传递越强，形成受激辐射光源。

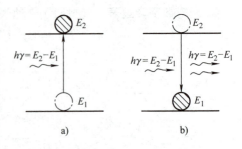

图 3-122　激发与受激辐射

a）受激过程　b）受激辐射过程

为了形成受激辐射，必须设法使某一高能级的原子数多于低能级的原子数。原子数的这种分布称为粒子的反转分布。能形成粒子反转分布的工作介质称为增益介质。

光通过增益介质，由于受激辐射的光子数多于吸收而损失的光子数而使光子数不断增加，强度不断增强，这一过程称为光放大。

有了受激辐射和光放大，并不意味着就产生激光。因为受激辐射和放大的光还必须多次放大重复，以提高光的密度。光学谐振腔就是用以实现受激放大的光多次放大重复，并控制光束传播方向的装置。

综上所述，产生激光必须满足下列 4 个条件：

1）外界光子能形成受激辐射光源。

2）受激光在增益介质中多次重复放大。

3）受激光的光能密度不断增加。

4）受激光沿某一方向传播。

3.11.2　常用激光器及其原理

3.11.2.1　红宝石激光器及其原理

红宝石激光器的工作原理见图 3-123。在椭圆形聚光器 4 内密封红宝石棒 2 和脉冲氙灯 3。红宝石棒的基质为 Al_2O_3，掺入重量比约 0.05% 的铬离子 Cr^{3+}，作为增益介质，以形成受激辐射。图 3-123a 中，R 为限流电阻；$C_1 \sim C_4$ 为储能电容。

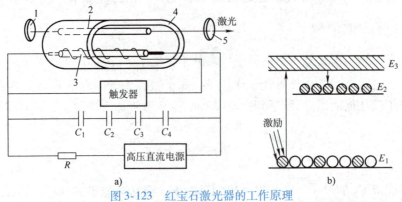

图 3-123　红宝石激光器的工作原理

a）结构图　b）能级图

1—全反射镜　2—红宝石棒　3—脉冲氙灯　4—聚光器　5—部分反射镜

触发器输出的高压脉冲点亮氙灯，发射强烈的脉冲光，照射到红宝石棒上，若满足式（3-138）条件，大量的铬离子从低能级跃迁到吸收能级 E_3，见图 3-123b。由于 E_3 能级为激发态能级寿命仅为 10^{-9}s，故 E_3 能级是不稳定的。铬离子会自发跃迁到 E_2 能级，其激发态能级寿命约为几个毫秒数量级，因此 E_2 称为亚稳态能级。由此可见，激光器增益介质实现了亚稳态能级 E_2 粒子数的反转分布，从而形成受激辐射。

受激辐射的光子沿红宝石棒轴向传播，经全反射镜 1 和部分反射镜 5 的往返多次反射，轰击红宝石棒处于激发能级的原子，使光子的数量激增，充分利用了增益介质重复放大的能力，从而形成强大的受激辐射光——激光，由部分反射镜射出。

3.11.2.2　氦氖激光器及其原理

由于氦氖激光器具有稳定性好，单色性强，功率小和寿命长等突出的优点，因此是应用最广泛的一种激光器。

氦氖激光器由放电管 V 和反射镜 M_1、M_2 组成光学谐振腔，见图 3-124a。放电管 V 内充以一定压力和一定比例的氦氖混合气体，A 和 K 分别为放电管 V 的阳极和阴极。M_1 和 M_2 镀有多层介质膜，每层介质膜厚度为激光的半个波长（$\lambda/2$）。M_2 有一定的透射率，以便激光束从 M_2 射出。

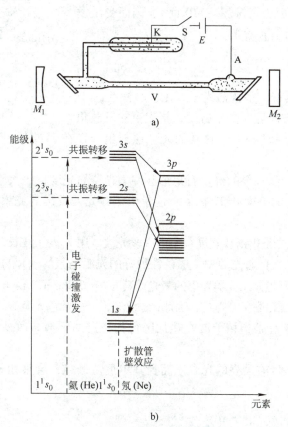

图 3-124　氦氖激光器的原理

a）结构图　b）能级图

139

两电极接通激发电源，放电管放电，氦氖混合气体在波长适当的光子撞击下，基态的氦（He）原子受电子冲击，跃迁到 2^3s_1（19.8eV）及 2^1s_0（20.6eV）的两个亚稳态能级。亚稳态能级的 He 原子和基态的氖（Ne）原子碰撞，将 Ne 原子激发到 $2s$（19.78eV）和 $3s$（20.66eV）态，亦即 Ne 的这些态被选择地激发，这一过程称为共振转移，见图 3-124b。Ne 从 $3s$ 态到 $3p$ 态和 $2s$ 态到 $2p$ 的跃迁分别发出波长为 3.39μm 和 1.15μm 的光波，可采用振荡谱线的方法抑制这两种波长的光波。从 $3s$ 态跃迁到 $2p$ 态发出波长为 0.6328μm 的光波。由于从 $3p$ 态跃迁到 $1s$ 态和 $2p$ 态跃迁到 $1s$ 态是很快的过程，寿命很短，因此，$3s$ 态和 $2p$ 态之间形成粒子数反转。波长为 0.6328μm 的光波沿谐振腔轴向传播，经反射镜多次反射得到放大，强度得到加强。激光束由反射镜 M_2 射出。

3.11.2.3 半导体激光器及其原理

半导体激光器的典型产品是以砷化镓（GaAs）为增益介质的激光器，其结构见图 3-125。它利用相同材料的 P 型和 N 型半导体构成 PN 结。当两电极施加适当高的正向电压时，靠 PN 结正向注入电流来激发增益介质，通常称这种"注入方式"为泵激方式。直接利用垂直于 GaAs 半导体 PN 结的两个端面为谐振腔（110 面），因而受激发的光子得到放大，从而发射激光。

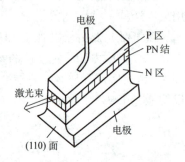

图 3-125　砷化镓半导体激光器的结构

3.11.3　激光的特点

激光器发出的光具有许多普通光不可比拟的特点。

1. 高方向性　高方向性即高平行度，指光束的发散角小。因此，通常称激光为平行光。这样的光束照射出去，在 1km 处，照射面积的直径仅有 10cm 左右。

2. 高亮度　一台较高水平的红宝石矩形脉冲激光器的亮度，比太阳表面的亮度高 200 亿倍，比高压脉冲氙灯的亮度高 37 亿倍。这是由于激光器发出的光束发散角小、光能在空间高度集中的缘故。

3. 高单色性　单色光是指谱线宽度很窄的一段光波。用 λ 表示波长，$\Delta\lambda$ 表示谱线宽度，$\Delta\lambda$ 越小，单色性越好。在普通光源中，单色性最好的光源是氪灯（K_0^{86}），其 $\lambda = 0.6057$μm，$\Delta\lambda = 4.7 \times 10^{-7}$μm；普通氦氖激光器发出的激光，其 $\lambda = 0.6328$μm，$\Delta\lambda = 10^{-12}$μm。可见，激光的谱线宽度比普通光源提高了几万倍，因此，激光是最好的单色光源。

4. 高相干性　相干性是指相干波在迭加区得到稳定的干涉条纹所表现的性质，而激光是最好的相干光源。

综上所述，激光是目前最亮的光源，而且其单色性最纯，会聚角最小，光束最准直，射得最远和相干性最好。

3.11.4　激光式传感器的应用及实例

激光式传感器可用于测量物体的几何尺寸、振动、位移、速度、加速度、转角、方向、探伤及成分分析等。由于具有精度高、量程范围宽、反应迅速、非接触、抗干扰能力强和易于数字化等一系列优点，因此应用极为广泛。

利用激光的高方向性制成的车速测量仪，是公路车辆速度监测常用的仪器，其工作原理见图 3-126。该仪器有两套完全相同的光学系统，见图 3-126a。光学系统的作用是把激光束经发射透镜、光栅和接收透镜后，准确地投射在光敏元件上。

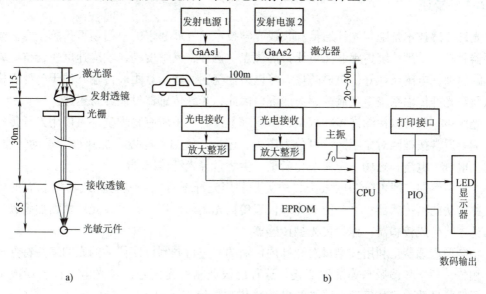

图 3-126　激光车速测量仪原理

a）光学系统　b）原理框图

图 3-126b 为原理框图。它由信号放大、整形电路、最小单片机系统（CPU EPROM）、PIO、打印接口和 LED 显示等部分组成。光电元件将激光束转变成电信号，并经放大、整形后送入 CPU 进行处理和运算，经 PIO 口送 LED 显示和打印。

设两激光束相隔 100m，车速为 v，行走时间为 t，即

$$S = vt = 100\text{m} = 10^2\text{m}$$

则

$$v = \frac{10^2\text{m}}{t}$$

汽车切割第一束激光束时，CPU 令计数器开始计数；当切割第二束激光束时，CPU 令计数器停止计数，设主振频率为 $f_0 = 100\text{kHz}$，计数器的计数值为 N，则

$$N = f_0 t = \frac{10^2 f_0}{v}$$

因此

$$v = \frac{10^2 f_0}{N} = \frac{10^7}{N}\text{m/s}$$

通常车速以 km/h 表示，则

$$v = \frac{10^7 \times 3600}{N \times 10^3}\text{km/s} = \frac{36 \times 10^6}{N}\text{km/h} \tag{3-139}$$

式（3-139）即为速度换算公式。

本仪器使用砷化镓半导体激光器，其阈值电流大于 30A。因此激发电源必须为 30 ~ 80A，电压峰值为 500 ~ 600V 的矩形脉冲。需要完全相同的两套激发电源。

3.12 光纤式传感器

3.12.1 概述

光纤传感技术是随着光纤通信和集成光学技术而发展起来的一门新型传感技术。光纤传感器具有一系列传统传感器无可比拟的优点，例如，灵敏度高，响应速度快，抗电磁干扰，耐腐蚀，电绝缘性好，防燃防爆，可以柔性绕屈，适于远距离传输，便于与计算机联接以及与光纤传输系统组成遥控、遥测等。因此，光纤传感器发展异常迅速。

光纤传感器可以检测许多物理量，从原理上讲，几乎所有物理量都可以用光纤传感器来检测。通常按被测对象不同，可分为压力、温度、流量、速度、加速度、振动、位移、转动、电压、电流、磁场、应变及化学量、生物量等光纤传感器。

光纤传感器一般可分为两大类，一类是利用光纤本身的某些特性或功能制成的传感器，称为功能型传感器；另一类是光纤仅起传输光波的作用，必须在光纤端面加装其他敏感元件才能构成传感器，称为传光型传感器。

功能型传感器是利用被测量对光纤内传输的光进行调制，使传输的光的某些特性如强度、相位、频率和偏振态等发生变化，这种已被调制的光信号，经光电元件转换成电信号，再经信号放大或处理后，以被测量的单位和数值表示出来。可见，光源、光的传输、光电变换和电信号的处理是光纤传感器的基本要素。

光纤传感器中的光源，常用发光二极管和激光器。光电转换元件常用光敏二极管、光敏晶体管、光电倍增管等。光源及光电转换的工作原理及基本特性。

3.12.2 光纤及光在其中的传输

1. 光纤的结构 光纤的结构见图 3-127，它由具有很小直径的分层玻璃或塑料圆柱体构成。中间的圆柱体称为纤芯；圆柱型套层称为包层，包层是由特性与纤芯略有不同的类玻璃或塑料制成。最外面用一层护套包覆。

光纤的导光能力取决于纤芯和包层的性能，而光纤的强度由护套维持。护套一般由塑料制成。为了减小光在光纤中传输的损耗，材料纯度要相当高，通常在 8 个 9 以上；此外，光纤的粗细要均匀，以防光在不均匀部分逸出纤芯。

2. 光纤的类型 按照光从纤芯到包层的折射率的变化规律，光纤可分为阶跃型、渐变型和单模型三种，见图 3-128。

1）阶跃型光纤的纤芯折射率和包层折射率均为常数，且纤芯折射率 n_1 略大于包层折射率 n_2，即 $n_1 > n_2$。

2）渐变型光纤的纤芯折射率是径向距离 r 的函数，即：$n = f(r)$，但不是线性的。

3）单模型光纤的折射率分布也是阶跃型的，但纤芯的光学尺寸很小，通常纤芯半径 $r < 5\mu m$，只能传输单模光波，是一种超宽带光纤。阶跃型和渐变型光纤能传输数百种模式，故也称为多模光纤。

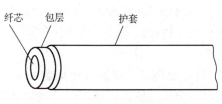

纤芯　包层　护套

图 3-127　光纤的结构

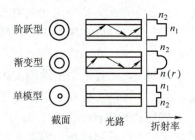

阶跃型　n_2　n_1

渐变型　n_2　$n(r)$

单模型　n_1　n_2

截面　　光路　　折射率

图 3-128　光纤的类型

3. 光在光纤中的传输　光线以各种不同入射角射到纤芯并射至纤芯与包层的交界面时，光线在该交界面处有一部分透射入包层，一部分反射见图 3-129。但光线在光纤端面的入射角 θ 小于临界入射角 θ_c 时，光线就不会透射入包层，而全部被反射。光线经无数次反射，呈锯齿状线路在纤芯内向前传播，最后从纤芯的另一端传出。为了保证全反射，要求光线的入射角小于临界入射角 θ_c，此时

$$NA = \sin\theta_c = \sqrt{n_1^2 - n_2^2} \tag{3-140}$$

由式（3-140）可见，某种光纤的临界入射角 θ_c 是由光纤的纤芯折射率 n_1 和包层折射率 n_2 决定的。

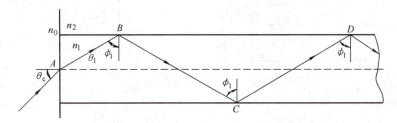

图 3-129　光线在阶跃光纤中的传输

式（3-140）中，NA 称为数值孔径，它表示向光纤入射信号光波难易程度的参数。光纤的 NA 越大，表示该光纤可以在较大入射角范围内输入全反射光，并保证此光能沿纤芯向前传输。

3.12.3　常用光纤式传感器

光纤式传感器的种类很多，工作原理各不相同，但都离不开光的调制和解调两个环节。光调制就是把某一被测信息加载到传输光波上，这种承载了被测信息的调制光再由光探测系统解调，便可获得所检测的信息。

常用的光调制有强度调制、相位调制、频率调制和偏振态调制等几种。每一种类的传感器都可利用上述的各种调制技术来实现，而每一种具体的调制技术又有很多方法来实现。因此，这是光纤传感器中非常活跃的研究领域。

3.12.3.1　光纤压力传感器

1. 强度调制　强度调制的原理是以被测参数所引起的光强度的变化来实现对被测参数的检测的。

把一根多模光纤夹持在两块具有周期性波纹的微弯板（变形器）之间，见图 3-130。由于位移、应变、温度和压力等变化的作用，施加在光纤上垂直于轴线方向上的应力，会使光纤微弯曲变形，使一部分光从纤芯进入包层，从而改变了光纤弯曲处的光的幅值，实现了强度调制。在光纤的输出端面采用适当的光电检测元件检出光强度的变化，就可以制作温度、压力、振动、位移、应变等光纤功能型传感器。

2. 光纤压力传感器 图 3-131 为基于全内反射破坏原理，实现光强度调制的一种高灵敏度光纤压力传感器结构。发送光纤与接收光纤由一个直角棱镜连接，棱镜斜面与位移膜片间的气隙约 0.3mm。在膜片的下表面镀有一层光吸收层。在被测压力作用下，膜片向下挠曲变形，改变了棱镜斜面与光吸收层之间的气隙，从而引起棱镜界面内全反射局部破坏，使部分光离开上界面而进入膜片的光吸收层并被吸收，因此到达桥式光接收器的光强度减弱，实现了光强度调制。

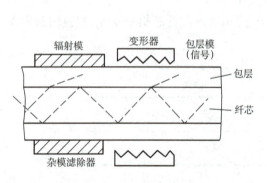

图 3-130　光纤的微弯效应

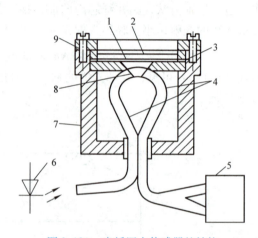

图 3-131　光纤压力传感器的结构

1—膜片　2—光吸收层　3—垫圈

4—光导纤维　5—桥式光接收器

6—发光二极管　7—壳体　8—棱镜　9—上盖

当膜片受压力作用时，膜片弯曲变形，在较小挠度（$W \leqslant 0.5h$）时，膜片中心挠度 W 与被测压力的关系为

$$W = \frac{3(1 - \mu^2)r^4}{16Eh^3}p_x = kp_x \qquad (3\text{-}141)$$

式中，h 为膜片厚度；r 为膜片的有效半径；μ 为泊松比；E 为弹性模量；k 为结构系数。

上式表明，在小载荷条件下，膜片中心位移与被测压力 p_x 成正比。

接收光纤中光强度的变化可用适当的光电探测器转变成电信号。

光纤压力传感器与其他压力传感器相比，具有不受电磁干扰，响应速度快，可测量动态压力，尺寸小，重量轻，耐热等优点，特别适合易燃易爆场合使用。

3.12.3.2　光纤温度传感器

1. 相位调制 相位调制的基本原理是通过被测量场的作用，使置于被测量场中的一段单模光纤的光波相位发生变化，再用干涉测量技术把相位变化变换为光强度的变化，从而求得被测物理量。

两束光强为 A_1、A_2 的相干光的干涉强度为

$$A^2 = A_1^2 + A_2^2 + 2A_1A_2\cos\Delta\varphi \qquad (3\text{-}142)$$

式中，$\Delta\varphi$ 为由于相位调制造成的两相干光之间的相位差。

由式（3-142）可见，检测出干涉光的强度变化，便能确定两束光的相位差 $\Delta\varphi$，从而获得被测量的大小。

实现相位调制主要是利用应变效应和热胀冷缩效应。当光纤受到轴向应力或者温度的作用时，光纤的长度 L 和纤芯的折射率 n 都要发生变化，则引起光波相位变化：

$$\Delta\varphi = k_0(\Delta nL + \Delta Ln)$$

式中，ΔL 为光纤长度变化量；Δn 为纤芯折射率的变化量；k_0 为光在真空中的传播系数。

上式写成应变形式：

$$\Delta\varphi = k_0 nL\left(\frac{\Delta L}{L} + \frac{\Delta n}{n}\right) \qquad (3\text{-}143)$$

式中，$\Delta L/L$ 为纵向应变 ε_l。

2. 光纤温度传感器　引起光纤长度和折射率变化的因素主要有：温度、压力、张力、振动，位移等物理量，因此利用相位调制也可以制造各种各样的传感器。

利用马赫—泽德干涉仪的光纤温度传感器见图 3-132。它由激光器、扩束器、分束器、两个显微物镜、两根单模光纤（一根为测量臂，另一根为参考臂）、光电探测器等组成。

干涉仪工作时，激光器发出的光束经分束器分成两束光分别送入长度基本相同的测量光纤和参考光纤。两根光纤的输出端合在一起，则两束光产生干涉，从而出现干涉条纹。当测量光纤受到温度场作用后，产生相位偏移，引起干涉条纹移动，干涉条纹移动的数量便反映出被测温度的变化。光电探测器接收到干涉条纹的变化信息，并输出到适当的数据处理系统，即可得到测量结果。

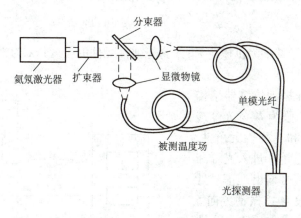

图 3-132　利用马赫—泽德干涉仪的光纤温度传感器

图 3-132 中，参考臂光纤易受环境因素的干扰而引起较大测量误差。因此，参考臂的"去敏"是这种传感器的重要问题。最好的方法是去掉参考臂，仅用一根测量光纤，这就

是法布里—珀罗光纤干涉型温度传感器,见图 3-133。

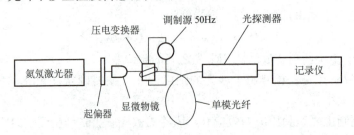

图 3-133　利用法布里—珀罗干涉仪的光纤温度传感器

这种干涉仪利用光纤内多次反射所形成的光束产生干涉。为增加反射率,光纤的两个端面均抛光并镀有多层介质。光纤的一部分绕在加有 50Hz 正弦电压的压电变换器上,因而光纤的长度受到调制。只有在产生干涉的各光束通过光纤后出现相位差 $\Delta\varphi = m\pi$(m 是整数)时,输出才达到最大,光电探测器获得周期性的连续光脉冲。当被测温度变化使光纤中的光波相位发生变化时,输出脉冲峰值的位置将发生变化,据此就可反映出温度变化的规律。

3.12.3.3　光纤振动传感器

1. 偏振调制　偏振调制的基本原理是利用某些物质的电光效应、磁致旋光效应和光弹性效应等,使经过这些物质的光的偏振态发生变化,从而反映出作用在这些物质上的电、磁及作用力等的大小,实现对各种物理量的测量。这里仅介绍利用光弹性效应对光的偏振态进行调制检测振动、速度、加速度等的原理。

2. 光纤振动传感器　该传感器是一种振动加速度测量系统,利用光弹性效应引起被调制光强度变化,通过检测被调制后光强的变化测量加速度。

由于光弹性元件具有双折射性,当一束相对于主机械应力轴成 45° 的平面偏振光通过光弹性元件时,在元件的两个本征偏振态光波之间引起相位差。如果传感器的振动体以 $A\sin\omega t$ 振动时,则两光波通过光弹性元件引起的相位差为

$$\varphi = \frac{2\pi cl\sigma}{\lambda}(1 + g\sin\omega t) \tag{3-144}$$

式中,c 为光弹性常数;σ 为机械应力;l 为光弹性元件的长度;λ 为光的波长;g 为重力加速度。

图 3-134 为光纤振动传感器结构图。光源 1 发出恒光强为 I_0 的光经透镜 8 进入起偏器 3 和光弹性元件 4,然后经检偏器 7 和透镜 8 进入光纤和光探测器 2 变成电信号输出到信号处理系统。被测加速度 g 按振动方向 5 作用于质量块 6 转换成作用于光弹性元件的力 $F = mg$,从而对光进行偏振态的调制。在相位差 $\varphi \ll 1$ 时,经检偏器输出的光强度为

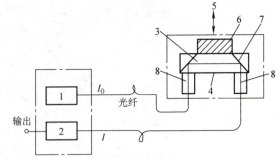

图 3-134　光纤振动传感器的结构

1—光源　2—光探测器　3—起偏器　4—光弹性元件
5—振动方向　6—质量块　7—检偏器　8—透镜

$$I \approx I_0 \left(\frac{1 + 2\pi cl\sigma}{\lambda} + \frac{2\pi clg}{\lambda \sin\omega t} \right)$$

由上式可见，用光电探测器将光强 I 转换成电信号，便可测量出振动加速度 g。

该传感器在光弹性元件上加质量块 $m = 0.025\text{kg}$ 的环氧树脂，频率在 3kHz 以下时，测量范围为 $0.01 \sim 50g$ 的振动加速度，且具有较好的线性度、频率特性及温度特性。

3.12.3.4　光纤血流传感器

1. 频率调制　前述的强度调制、相位调制和偏振调制主要应用于功能型光纤传感器中。频率调制主要应用于非功能光纤传感器中，调制环节在光纤的外面，光纤仅起传输光波的作用。

频率调制的原理是利用光学多谱勒效应，即由于观察者和目标的相对运动，观察者接受到的光波频率要发生改变。

通常，光源和观察者是相对静止的，观察者接收的是移动物体所散射的光波，总的效果相当于光源与移动物体之间，移动物体与观察者之间的双重多谱勒效应，见图3-135。图中，S 为光源，Q 为观察者，P 为以速度 v 运动的物体，其运动方向与 PS 和 PQ 之间的夹角分别为 θ_1 和 θ_2，则双重多谱勒频移方程可近似表示为：

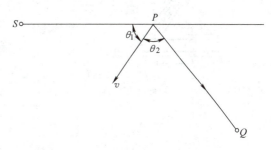

图 3-135　多谱勒效应

$$f_Q = f_P \left[\frac{v}{c(\cos\theta_1 + \cos\theta_2)} + 1 \right] \tag{3-145}$$

式中，f_P 为光源的频率；f_Q 为观察者接收到的频率；c 为真空中的光速。

采用光纤多谱勒测量系统，对微小流量范围的介质流动，如医学上血液的流动的测量是特别有效的，因为光纤探头极微小，不会对血液的流动产生扰动。

2. 光纤血流传感器　光纤血流计是根据多谱勒频移原理制成的新型光纤传感器，其原理见图 3-136a。它由一根长为 150m，直径为 $150\mu m$ 的光纤和光学系统及信号处理系统组成。

激光器发出的光波频率为 f_0（波长 $\lambda = 0.6328\mu m$），激光束由分束器分为两束：一束作为测量光束通过光纤探针进入被测血流中，经过血流的反射，一部分光按原路反回，得到多谱勒频移信号：$f + \Delta f$。根据多谱勒效应，频率为 f_0 的光波经速度为 v 的运动体反射后，与运动体成 θ 角的观察者所接收到的频率 f 要产生频移 Δf

$$\Delta f = f - f_0 = \frac{fv\cos\theta}{c} \approx \frac{f_0 v\cos\theta}{c}$$

可见，只要把多谱勒频移 Δf 测量出来，便能得出目标运动速度 v。

另一束光作为参考光进入驱动频率 $f_b = 40\text{MHz}$ 的频移器，在此得到被频移了的新参考光束频率为 $f - f_b$。将新的参考光信号与多谱勒频移信号在混频器中进行混频，混频器输出的差频信号为：

$$f + \Delta f - (f - f_b) = f_b + \Delta f = 40\text{MHz} + \Delta f$$

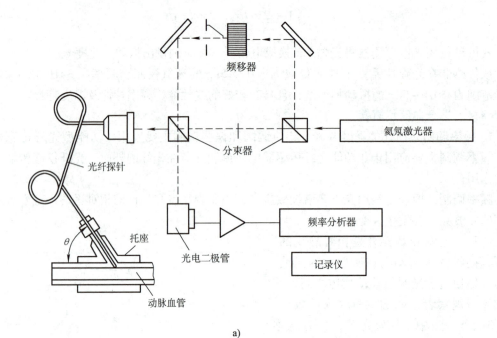

a)

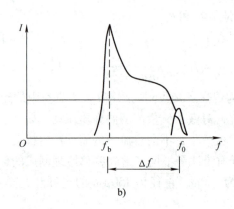

b)

图 3-136　光纤血流传感器原理

a）原理框图　b）多谱勒频移谱

此法称为光学外差法。

利用雪崩式光电二极管将该差频光信号转换成电信号，输入到频谱分析仪进行分析，最后在记录仪上得到对应于血流速度 v 的多谱勒频移谱（速度谱），见图 3-136b。

图中，f_0 表示最大频移，I 表示输出的光电流，Δf 的符号由血流方向决定：

当 $0° < \theta < 90°$ 时，Δf 为正值，即出现频率右移；当 $90° < \theta < 180°$ 时，Δf 为负值，出现频率左移。

典型的光纤血流计测量范围 $4 \sim 1000\mathrm{cm/s}$；测量精度 $\pm 5\%$；分辨率为 $1\mathrm{mm/s}$；时间分辨率为 $8\mathrm{ms}$。

光纤传感器的应用极为广泛，目前用光纤传感器测量的物理量已近 70 种。由于篇幅

148

所限，仅介绍几种，请读者参考有关文献。

3.13　红外式传感器

任何物体的温度不是热力学零度时，均不断向外辐射红外线。红外线的波长为 $0.5 \sim 10^3 \mu m$。通过检测红外线特性的变化，并转换成各种便于测量的物理量，可以测量各种非电量。目前，红外敏感元件大致可分为两类：红外热探测器和红外光电探测器。前者对整个红外波段均有响应，后者仅对长波段有响应。

3.13.1　红外检测的基本定律

1. 基尔霍夫定律　物体向周围辐射能量的同时也吸收周围物体辐射的能量。处于同一温度下各种物体的辐射本领正比于它的吸收本领，称为基尔霍夫定律，即

$$M_\lambda = dM_0 \tag{3-146}$$

式中，M_λ 为物体在单位时间内单位面积辐射的能量，即辐射本领；d 为吸收系数；M_0 为同一温度下，黑体的辐射本领。

由物理学可知，绝对黑体的辐射本领 $d = 1$（同时也是吸收本领），其余物体称为灰体，其辐射本领和吸收本领均小于 1。不同物体的辐射本领和吸收本领不同。

2. 斯忒藩—玻耳兹曼定律　物体温度越高，其辐射的能量越多。设 M（W/cm^2）为某物体在热力学温度 T 时单位面积和单位时间内辐射的总能量，由物理学可知：

$$M = \sigma \varepsilon T^4 \tag{3-147}$$

式中，σ 为斯忒藩—玻耳兹曼常数。$\sigma = 5.67032 \times 10^{-8} W/（m^2 \cdot K^4）$；$\varepsilon$ 为比辐射率。

上式称为斯忒藩—玻耳兹曼定律。由此可见，物体的红外辐射能量与 T^4 和 ε 成正比。

比辐射率 ε 是指物体的辐射本领与绝对黑体的辐射本领之比值。绝对黑体 $\varepsilon = 1$，灰体 $\varepsilon < 1$。

3. 维恩位移定律　物体热辐射的能量包括各种波长的电磁波。由物理学可知，物体的峰值辐射波长 λ_m（单位为 μm）与物体自身的热力学温度成反比，即

$$\lambda_m = 0.2897/T \tag{3-148}$$

此式称为维恩位移定律。

由式（3-148）可见，随着温度的升高，峰值辐射波长向短波方向移动，即温度越高，λ_m 越小，反之亦然。

3.13.2　红外探测器的类型

3.13.2.1　红外光电探测器

1. 红外光导探测器　根据光导效应制成的红外光敏电阻作为检测元件，其响应的波长为 λ 从 $0.8 \mu m$ 至几百微米的红外光，其工作原理与前述的光电阻相同。它将红外光能量的变化转换成电阻的变化。红外光导探测器的原理见图 3-137。

被测目标辐射的连续红外光经光学系统聚焦和调制变成脉冲光投射在红外光敏电阻上，其阻值作交变的变化，经测量电路转换成交变电压 $\dot{U}_o$ 输出。测量电路实际上是一个

交流电桥。

2. 红外光生伏特探测器 根据光生伏特效应制成的红外光电池作为检测元件，其组成原理见图 3-137。仅以红外光电池替代图 3-137 中的光敏电阻。由于红外光电池是发电式检测元件，其输出为光电流，不需测量电路，仅以前置放大器的输入电阻作为其负载电阻即可。

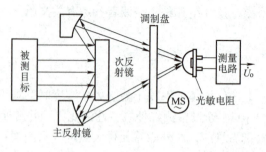

图 3-137　红外光生伏特探测器原理

3.13.2.2　红外热探测器

红外热探测器首先将红外辐射能转换成热能，使其本身的温度变化，然后将温度的变化转换成电信号。其典型产品是红外热敏电阻，其结构及测量电路见图 3-138。

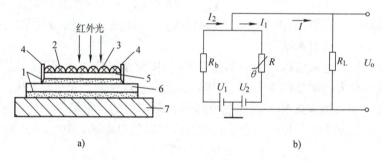

图 3-138　红外热敏电阻的结构及测量电路

a）结构　b）测量电路

1—粘结剂　2—发黑材料　3—吸光材料　4—电极引线

5—热敏薄片　6—衬底　7—导热基体

图 3-138b 中，R_b 为补偿电阻，U_1 和 U_2 为偏置电源，$|U_1| = |U_2|$。无光照时 $R_b = R_0$，$I_1 = I_2$，$I = 0$，$U_o = 0$。受红外光照射时，红外热敏电阻阻值变化 $R = R_0 (1 + \alpha \Delta T)$，$\alpha$ 为电阻温度系数。由图 3-138b 可见

$$
\begin{cases}
I_2 = I + I_1 \\
I_2 R_b + I_1 R = 2U_1 \\
I_2 R_b + I R_L = U_1
\end{cases}
$$

解上述联立方程，得

$$
I = \frac{U_1 \Delta R}{R(R_b + R_L) + R_b R_L}
$$

式中，$\Delta R = R_0 \alpha \Delta T$。

因此可求得 U_o 为

$$
U_o = I R_L = \frac{U_1 R_L \Delta R}{R(R_b + R_L) + R_b R_L} \approx \frac{U_1 R_L \alpha \Delta T}{R_b + 2R_L} \tag{3-149}
$$

由式（3-147）可知：

$$\Delta T = \sqrt[4]{\frac{\Delta M}{\sigma \varepsilon}}$$

代入式（3-149）得

$$U_{o} = \frac{U_1 R_{L} \alpha}{R_{b} + 2R_{L}} \sqrt[4]{\frac{\Delta M}{\sigma \varepsilon}} \qquad (3\text{-}150)$$

可见输出电压 U_{o} 与辐射能量 $\sqrt[4]{\Delta M}$ 成正比。

3.13.3　红外探测器的应用及实例

红外探测器可用于热工量、机械量、成分量以及开关量的检测，其应用日益广泛。

HW-4 红外测温仪是一种便携式对远距离小目标进行快速非接触式表面温度测量的仪器，量程 0~400℃。精度 ±1.0%，分辨率为 ±1℃。它由光学系统及电子线路组成，见图 3-139。光学系统由次镜、主镜、滤光片、分划板和目镜组成。通过目镜可观察被测目标是否成像于热敏电阻 3 上，否则，可调节次镜使被测目标恰好成像于热敏电阻 3 上，以提高系统的灵敏度。图 3-139b 为电子线路框图。入射的红外光经调制盘调制成脉冲光，交变地照射到热敏电阻 R 上转变成交变的电信号，经电容 C 耦合到高阻变换器和选频放大器，最后解调为直流电压，由 $3\frac{1}{2}$ 位数字电压板转换成数字信号，供 LED 显示被测温度。

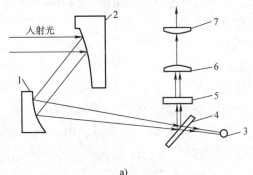

a)

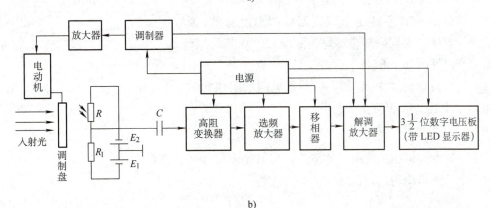

b)

图 3-139　HW-4 红外测温仪原理

a）光学系统　b）电子线路框图

1—次镜　2—主镜　3—热敏电阻　4—滤光片　5—分划板　6—目镜1　7—目镜2

3.14　热敏传感器

尽管热敏传感器的种类繁多，但就其转换过程而言，可分为两个阶段：首先，将热传递给敏感元件，引起敏感元件自身温度的变化；其次，将自身温度的变化转换成电信号。所有热敏传感器第一阶段的转换过程均相同，仅第二阶段有差异。在热敏传感器中，以半导体热敏传感器的应用尤为广泛。本节主要介绍半导体热敏电阻及其应用。

3.14.1　半导体热敏电阻及其特性

3.14.1.1　半导体热敏电阻的类型

按热敏电阻的热电特性（阻值与温度的关系）可分为负温度系数热敏电阻（NTC）、正温度系数的热敏电阻（PTC）及临界温度热敏电阻（CTR）三种类型。按形状分有片形、棒形、珠形和厚膜形。

3.14.1.2　半导体热敏电阻的主要特性

表征热敏电阻的特性的指标很多，从使用者的角度来考虑，主要有如下特性：

1. 零功率电阻值（R_0）　在某一温度下　测量热敏电阻的阻值时，测量引起该电阻的功耗与其自身的功耗相比小到可忽略时的阻值，称为零功率电阻值。25℃时的零功率电阻值称为热敏电阻的标称电阻值 R_N。

2. 热电特性　指在静止空气中测得的热敏电阻的零功率电阻值与温度之间的特性。PTC、NTC、CTR 热敏电阻的热电特性见图 3-140。

由图可见，NTC 的电阻率随温度的增加均匀地减小，可用于温度测量。当温度超过某一数值后，PTC 电阻率才随温度增加迅速增加。当温度变化到某点时，CTR 电阻率产生突变，突变的数量级为 2~4。因此，PTC 和 CTR 不能用于较宽温域的温度检测，但是，在较窄的温域内却是良好的测温元件。其测温范围较窄，见图 3-140。

设热力学温度为 T_0 和 T 时热敏电阻的阻值为 R_0 和 R_T，其阻值与温度的关系为

$$R_T = R_0 e^{B\left(\frac{1}{T} - \frac{1}{T_0}\right)}$$

(3-151)

式中，B 为材料和工艺决定的常数，与温度无关（经验常数）。

定义热敏电阻的电阻温度系数 α_T 为

$$\alpha_T = \frac{1}{R_T}\frac{dR_T}{dT}$$

由式（3-151）微分得

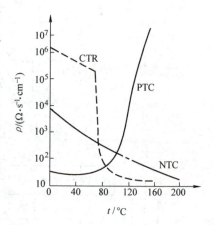

图 3-140　三种热敏电阻的
热电特性

$$\alpha_{\mathrm{T}} = -\frac{B}{T^2} \qquad\qquad (3\text{-}152)$$

由式（3-152）可见，B 为正时，热敏电阻的特性为 NTC 和 CTR；B 为负时，其特性为 PTC。α_{T} 与 T^2 成反比，说明热敏电阻在低温时的阻值很高，而且随温度的升高阻值迅速下降（对 NTC 和 CTR），其灵敏度很高。由式（3-151）可见，热敏电阻的特性是非线性的，只有在较窄的温域内才能视为线性。

3. 时间常数　时间常数定义为：在零功率状态下，从某一特定的温度突变到另一温度时，电阻体温度变化到两特定温度之差的 63.2% 所需时间。通常，两特定温度选 100℃ 和 0℃ 或 85℃ 和 25℃。

4. 静态伏安特性 $U = f(I)$　是指在 25℃ 静止空气中，已达到热平衡的热敏电阻的两端电压与稳定电流的关系。图 3-141 示出了两种热敏电阻的静态伏安特性。

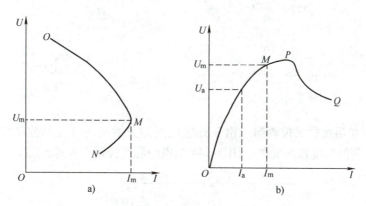

图 3-141　热敏电阻静态伏安特性

a）PTC 型　b）NTC 型

由图 3-141a 可见，PTC 元件在电压较低时，为直线段，见 *NM* 段。当电压增加到 U_{m} 后，电压再增加，电流反而减小，出现负特性，见 *MO* 段。这是由于电压增加引起元件温升致使阻值增加大于电压增加速度的缘故。图 3-141b 为 NTC 元件的伏安特性，电流较小时，曲线遵守欧姆定律，直线性较好。当电流达到 I_{m} 后，曲线出现非线性，见 *MP* 段。若电流继续增加，曲线出现负特性，见 *PQ* 段。这是由于电流过大致使元件自身发热阻值减小的缘故。

3.14.2　半导体热敏电阻的应用

半导体热敏电阻可用于测量温度及与温度有关的物理量，如热工量、机械量、成分量和状态量等。此外，也可以作为开关量的检测元件。它具有精度高，性能稳定，体积小，成本低及工作可靠等一系列优点。

1. 单相电动机起动保护　众所周知，单相电动机起动电流较大，正常运行时工作电流较小，这类电动机均装有起动绕组 w_2，见图 3-142。该绕组在起动时工作，正常运转时自动断开。在 w_2 支路中串接 PTC 元件可起自动通断的无触点开关的作用。

PTC 为冷态时，阻值远小于 w_2 的阻抗，对起动电流无影响。w_2 的起动电流对 PTC 元件加热，阻值急剧上升，当 PTC 的阻值远大于 w_2 的阻抗时，w_2 支路视同断开。

2. 电动机过载或缺相运行保护　在 U、V、W 三相绕组中分别用万能胶固定三只 NTC 元件 R_{ta}、R_{tb} 和 R_{tc}。R_{ta}、R_{tb} 和 R_{tc} 串接于晶体管 V 的基极回路中，见图 3-143。电动机正常运行时，绕组温度很低，三只 NTC 元件的阻值较大，V 截止。若电动机有某一相脱相或绕组过热超过额定温度，则该相的 NTC 元件阻值急剧减小，V 饱和导通，K 带电，断开电动机电源。根据电动机绕组的绝缘等级，调节 RP 可调整保护点的温度。

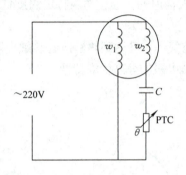

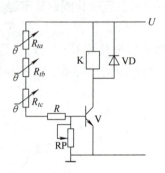

图 3-142　单相电动机起动保护　　　　　　图 3-143　电动机过热保护

3. 管式电炉温度位式控制器　由于热敏电阻的灵敏高，可提高控制精度，特别适用于作为位式控制的温度检测元件。图 3-144 为电炉温度控制电路原理图。

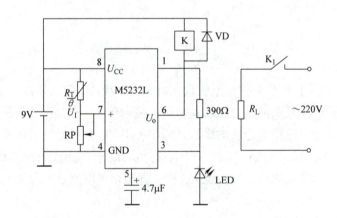

图 3-144　电炉温度控制电路原理

图中，M5232L 为内含电压比较器、基准电压源、振荡器、稳压电源和驱动电路的集成块。其中，1 脚为稳压电源输出；并接到内部电压比较器的反相输入端（图中未画出）；3 脚为内部振荡器的输出端；6 脚为电压比较器输出端；7 脚为电压比较器的同相输入端；4 和 8 脚为电源参考地和电源端。电位器 RP 用于调节设定温度。其控制原理简述如下：

当炉内温度低于设定温度时，热敏电阻的阻值较大，R_T 与 RP 的分压 U_I 小于内部基准电压 U_N，6 脚输出低电平，继电器 K 线圈带电，其触点 K_1 闭合，电阻炉 R_L 加热，同时起动内部振荡器振荡，3 脚输入方波脉冲，发光二极管 LED 闪烁，表示炉子在加热。当炉内温度大于或等于设定温度时，R_T 阻值较小，R_T 与 RP 的分压 $U_I > U_N$，6 脚输出高电平，K 的线圈失电，K_1 断开，停止加热，同时内部振荡器停振，LED 停止闪烁，表示处于恒温状态。

3.15　霍尔式传感器

3.15.1　工作原理

霍尔式传感器是基于某些半导体材料的霍尔效应原理制成的。半导体薄片的两端通以电流 I，而在垂直方向施加磁感应强度 B，在半导体的两侧会产生电动势 U_H，这一现象称为霍尔效应，见图 3-145a。产生的电动势 U_H 称为霍尔电势；半导体薄片称为霍尔元件。

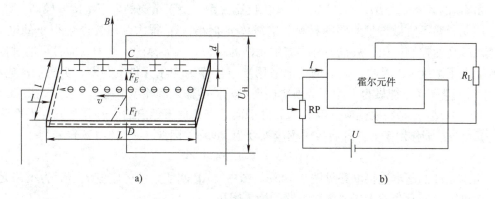

图 3-145　霍尔效应及基本电路

a）霍尔效应　b）基本电路

设霍尔元件为 N 型半导体材料制成，电子为多数载流子，施加电流 I 后，多数载流子沿着 I 相反的方向运动，电子在磁场中受到洛仑兹力 F_l 的作用，即

$$F_l = evB \tag{3-153}$$

式中，e 为电子电量；v 为电子的速度。

在 F_l 的作用下，电子向一侧偏转，见图 3-145a 的虚线所示。因此，在半导体薄片的一侧有电子积累而带负电荷，而另一侧因缺少电子而带正电荷，于是在半导体薄片两侧建立静电场 E_H。作用于运动电子的电场力 F_E 为

$$F_E = -eE_H = -e\frac{U_H}{l} \tag{3-154}$$

式中，l 为霍尔元件的宽度。

电场力 F_E 阻止电子继续偏转。当 $F_l = F_E$ 时，达到动态平衡，由式（3-153）和式（3-154）得

$$U_H = -vBl \tag{3-155}$$

155

半导体的电流密度 J 可用其电子浓度 n 来表示，即

$$J = -nev$$

因此，电流 I 为

$$I = JS = -nevS = -nevld$$

由上式求得 v 为

$$v = -\frac{I}{neld} \tag{3-156}$$

将上式代入式（3-155），得

$$U_H = \frac{IB}{ned} = k_H IB \tag{3-157}$$

式中，d 为霍尔元件的厚度；k_H 为霍尔元件的灵敏度，$k_H = 1/(ned)$，其量纲为 $[mV/(mA \cdot T)]$。

霍尔元件的灵敏度 k_H 是极为重要的参数。表示霍尔元件在单位电流、单位磁感应强度作用下，元件输出霍尔电势 U_H 的大小。一般要求 k_H 越大越好。

由 k_H 的表达式可见，k_H 与 n、e、d 成反比关系。由于金属的电子浓度 n 较高，k_H 太小，因此金属不宜做霍尔元件的材料。绝缘体 n 很小，k_H 很大，但要产生很小的电流 I 需施加极高的控制电压，故也不宜作霍尔元件的材料。半导体的 n 适中，而且可通过掺杂来控制电子浓度 n，因此，毫不例外地采用半导体作为霍尔元件的材料。此外，d 愈小，k_H 愈大，但是 d 不能做得太薄，否则增加霍尔元件的输入和输出电阻。

式（3-157）是在磁感应强度 B 与元件平面垂直条件下导出的。若 B 与元件平面法线成一角度 θ，则作用于元件的有效磁感应强度为 $B\cos\theta$，因此，式（3-157）变为

$$U_H = k_H IB\cos\theta$$

霍尔元件的基本连接电路见图 3-145b。图中，RP 调节元件的电流 I；R_L 为霍尔元件的负载电阻，通常为放大器或测量电路的输入阻抗。

3.15.2 霍尔元件的特性及其补偿

3.15.2.1 霍尔元件的特性

1. U_H—I 特性 磁感应强度 B 为常数，在一定温度下，电流 I 与 U_H 之间的关系称为元件的 U_H—I 特性，见图 3-146a。由图可见，U_H—I 曲线是线性的。曲线的斜率为电流灵敏度 k_I，k_I 可由式（3-157）求导数得到

$$k_I = \left.\frac{dU_H}{dI}\right|_{B=常数} = k_H B$$

因此，$U_H = k_I I$。

由此可见，k_I 与 k_H 成正比。k_I 大的元件，其输出 U_H 不一定高，这是由于 k_I 大的元件的厚度 d 较薄，元件的横截面积较小，不能通过较大的电流 I 的缘故。而 k_I 小的元件的横截面积较大，可通过较大的电流 I。

2. U_H—B 特性 电流 I 固定，霍尔元件开路输出 U_H 与磁感应强度 B 的关系称为元件的 U_H—B 特性，见图 3-146b。图中，纵坐标为相对灵敏度 k_B。k_B 定义为磁感强度为 B

和 B_0 时，输出 $U_H(B)$ 和 $U_H(B_0)$ 之比，即

$$k_B = \frac{U_H(B)}{U_H(B_0)}$$

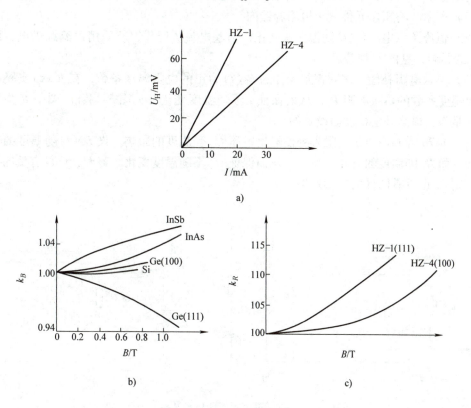

图 3-146　霍尔元件的特性

a) U_H—I 特性　b) U_H—B 特性　c) R—B 特性

由图可见，元件的 U_H—B 特性是非线性的，它与霍尔元件的材料和沿晶面的切割方向有关。应用元件的 U_H—B 特性时应进行补偿。

3. R—B 特性　霍尔元件的输入电阻或输出电阻与磁感应强度 B 的关系称为元件的 R—B 特性，见图 3-146c。图中，纵坐标为磁感应强度为 B 和 0 时，元件的内阻 $R(B)$ 与 $R(0)$ 之比的百分数，称为内阻相对灵敏度 k_R，即

$$k_R = \frac{R(B)}{R(0)} \times 100\%$$

由图可见，元件的 R—B 特性也是非线性的。这是由于电子在元件内运动的速度不一致而引起的。若某些电子的运动速度为 v，其产生的洛伦兹力 F_l 恰好等于电场力 F_E，这些电子作直线运动通过元件。若另外某些电子的运动速度大于或小于 v，这些电子将向各自的方向偏转，电流 I 方向的电流密度减小，相当于元件的内阻增加。

3.15.2.2　霍尔元件特性补偿

如前所述，霍尔元件用半导体材料制成。由于半导体的特性受环境温度的影响较严

重，故必须对霍尔元件的特性进行补偿。

1. 温度补偿 温度 t 的变化主要引起霍尔元件的输入电阻 $R_i(t)$、输出电阻 $R_o(t)$ 和霍尔电动势 $U_H(t)$ 的变化，即 R_i、R_o 和 U_H 均是温度的函数。

（1）**恒温** 将霍尔元件置于恒温容器内。

（2）**恒流源供电** $R_i(t)$ 随温度 t 变化，引起电流 I 变化，若采用恒流源供电，则消除了 t 的影响，见图 3-147a。

（3）**热敏电阻补偿** 多数霍尔元件的 $R_i(t)$ 为正的电阻温度系数，在 $R_i(t)$ 支路串接负电阻温度系数的热敏电阻 R_t，从而保证 I 不随温度变化，见图 3-147b。图中 R 为锰铜电阻，是为了提高补偿精度而设置的。

图 3-147c 为利用热敏电阻来补偿输出电压 U_o 受温度的影响。设 $R_o(t)$ 随温度的升高而增加，而 R_t 随温度的升高而减小，从而保证 U_o 不随温度变化。若 $U_H(t)$ 具有负的温度系数，则 R_t 也具有同样的补偿效果。

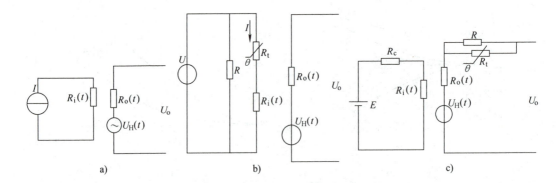

图 3-147 霍尔元件的特性补偿

a）恒流源 b）热敏电阻补偿电流 I c）热敏电阻补偿 U_o 和 R_o

（4）霍尔元件工作于小电流状态或安装散热器，减小元件自身的温升，也能取得一定的补偿效果。

2. 不等位电动势的补偿 作用于霍尔元件的磁感应强度 $B=0$，控制电流 $I \neq 0$，$U_H \neq 0$，而 $U_H = U_{H0}$，U_{H0} 称为不等位电动势。产生不等位电动势的原因有两种：其一为元件的电流极或电势极不焊接在等位面上；其二为元件的电阻率不均匀。

霍尔元件的等效电路见图 3-148a。电流极和电势极将元件分成相同的四个部分，每部分的电阻为 R_1、R_2、R_3、R_4，可等效为一个电桥。若 4 个电极均焊在等位面上，且材料电阻率均匀，$R_1 = R_2 = R_3 = R_4$，电桥平衡，不等位电动势为零。若 4 个电极不焊在等位面上或材料电阻率不均匀，$R_1 \sim R_4$ 不相等，电桥不平衡，$U_H = U_{H0}$。不等位电势的补偿电路见图 3-148b。调整电位器 RP，使电桥重新平衡即可消除不等位电势的影响。

3.15.3 霍尔集成电路

随着微电子技术的发展，目前霍尔元件与测量电路已集成化，二者融为一体。霍尔集

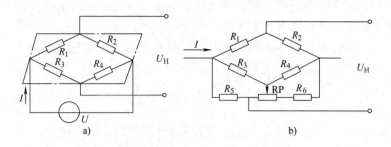

图 3-148　不等位电动势及其补偿

a）不等位电动势的产生　b）补偿电路

成块有线性集成块和开关型集成块两种。线性集成块又有内部有线性化补偿和内部无线性
化补偿两种。

1. 开关型集成电路　开关型霍尔集成电路内部组成框图见图 3-149a。由图可见，由
放大器、施密特触发电路和输出电路组成。为了提高抗共模干扰能力，放大器多为两级直
接耦合的对称输入对称输出的差分放大器。②、③脚是功能完全相同的两根输出信号引
脚，它们分别为集电极开路的晶体管的集电极，应用时二者选一，并且②或③脚到①脚间
要外接一只数千欧的上拉电阻。

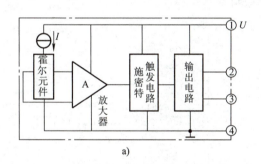

a）

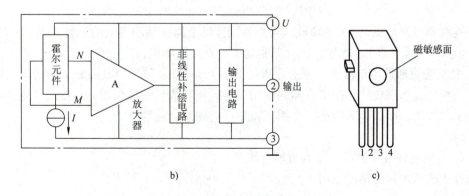

b）　　　　　　　　　　　　　　　　c）

图 3-149　霍尔集成电路框图及其外形

a）开关型集成电路框图　b）线性集成电路框图　c）外形图

2. 线性集成电路　线性霍尔集成电路的组成框图见图 3-149b。由图可见，由放大器、

非线性补偿电路和输出电路组成。放大器电路是三运算放大器的精密电桥放大器，具有较强的抗共模干扰能力，详见本书5.3.5节。

霍尔集成电路的外形见图3-149c。使用时磁敏感面应正对磁感应强度 B。

3.15.4 霍尔式传感器的应用及实例

由式（3-157）可知：

1）若 I 为常数，U_H 正比于 B。将霍尔元件置于非均匀线性磁场中，可用于测量各种机械量、热工量以及电磁量。若 B 为运动中的磁场，靠判断 B 的是否存在，可用于同步传递装置、无整流子电动机、信号发信以及产品计数等。

2）若 B 为常数，I 为变量，可用于小电流测量、隔离器及 $U—I$ 转换器等。

3）若 B 和 I 均为变量，U_H 正比于 BI。可用于做成各种运算器、功率测量以及调制、解调器等。

由此可见，霍尔式传感器得到极为广泛的应用。

1. 无触点照明控制器 该控制器电路原理见图3-150。采用永久磁钢开关和开关型集成霍尔传感器 UGN3040。GTJ3-1A 为具有高低压隔离的光电固体继电器。其工作原理很简单，当磁钢的S极靠近霍尔传感器时，传感器输出低电平，灯点亮；若S极离开传感器，则传感器输出高电平，灯熄灭。

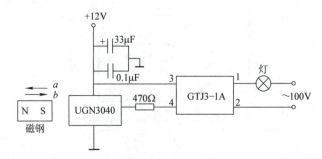

图 3-150 无触点照明控制器原理电路

该控制器可直接驱动1A的负载。若更换固体继电器可驱动更大的负载（例如GTJ3-20A，可驱动20A负载）。此外，也可以驱动交、直流电动机，应用很广泛。

2. 交直流钳形数字电流表 仪表原理见图3-151。在环形钳口式磁集束器的空气隙中放置一块线性霍尔集成片。磁集束器的作用是将载流导线与磁集束器相互作用产生的磁场集中到霍尔片上，以提高灵敏度。作用于霍尔片的磁感应强度 B 为

$$B = k_B I_x$$

式中，k_B 为电磁转换灵敏度；I_x 为被测电流。

线性集成霍尔片的输出电压 U_o 为

$$U_o = k_H IB = k_H k_B I I_x = k I_x$$

式中，k 为电流灵敏度，$k = k_H k_B I = $ 常数。

若 I_x 为直流，U_o 可供数字电压板显示；若 I_x 为交流，U_o 亦为交流，应经桥式整流、滤波后送入数字电压板。数字电压板的原理详见本书5.8节。

160

3. 转速测量仪 霍尔转速测量仪原理见图 3-152。

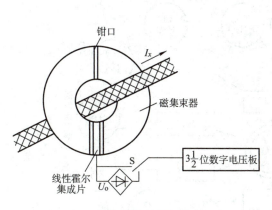

图 3-151 交直流钳形数字电流表原理

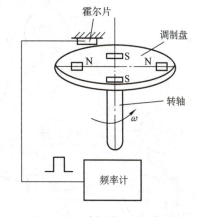

图 3-152 霍尔转速测量仪原理

采用开关型霍尔集成片作为检测元件，简化了信号处理电路。设调制盘固定有 p 对永久磁极，调制盘与转轴刚性连接，若被测转速为 n，调制盘每转过一对磁极，霍尔片产生一个方脉冲，因此霍尔片输出脉冲的频率为 $f = np$。设数字频率计采样时间为 t（单位为 s），其间计数值为 N，则

$$N = npt$$

因此可得

$$n = \frac{N}{pt}$$

设 $pt = 60000$，则 $n = 0.001N$。

可见，频率计的示值代表了被测转速。霍尔转速测量仪因具有精度高、稳定性好和非接触等一系列优点而得到广泛应用。

3.16 气敏传感器

3.16.1 概述

气敏传感器利用了气体的某些物理化学性质，将被测气体的某些特定成分转换成便于测量的电信号。气敏传感器具有测量范围宽，精度高，灵敏度高，工作可靠，体积小，成本低等一系列特点。它的应用范围已渗透到各个领域，见图 3-153。

气敏传感器大致可分为物理性和化学性两大类。物理性的气敏传感器是通过电流、电导率、光的折射等物理量的变化来实现气体成分的测定的。化学性气敏传感器是通过化学反应或电化学反应引起物理量的变化实现测量的。

气敏传感器的种类繁多，就其检测方式来分，计有：半导体式、光干涉式、红外吸收式、热导率式、氢焰离化式、隔膜离子电极式、定电位电解式和浓度差电池式等。在为数

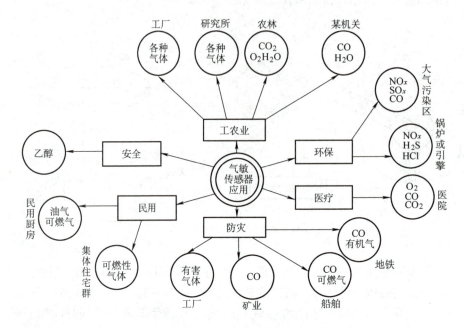

图 3-153　气敏传感器的主要应用领域

众多的气敏传感器中，半导体式气敏元件的发展最为迅速，因它便于与后继的晶体管放大器集成化，故它的应用最为广泛。由于篇幅有限，本节仅介绍半导体式和热导式气敏电阻及其应用。

3.16.2　半导体气敏电阻

3.16.2.1　工作原理

气敏电阻由非化学配比的金属氧化物按一定的比例混合，并加入粘合剂成型和高温烧结而成，其结构见图 3-154a。

气敏电阻还有薄膜型、厚膜型和场效应晶体管型等。

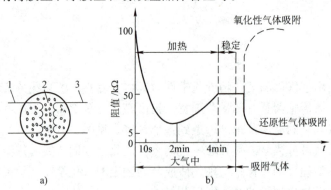

图 3-154　气敏电阻的结构及原理

a）结构　b）工作原理

1—加热电极　2—气敏材料　3—信号检测电极

工作原理见图 3-154b，通电后，元件被加热，阻值迅速下降，一般经 2～10min 后，阻值达稳定状态，这一状态称为初始稳定状态。到达初始稳定状态时间的长短与环境条件有关。必须指出，使用元件时必须预热，待元件达到初始稳定状态时，才能开始测量。

当被测气体与加热的气敏电阻接触时，首先气体分子在其表面扩散，然后被气敏电阻吸附。加热电极的作用是提高气敏电阻的吸附能力。气敏电阻对被测气体的吸附作用有两种形式，一是以阴离子形式被吸附；二是以阳离子形式被吸附。

具有阴离子吸附性质的气体称为氧化性气体。气敏电阻吸附氧化性气体时，会使载流子数量减少，从而表现出气敏电阻的阻值增加的特性，见图 3-154b 中的虚线。具有阳离子吸附性质的气体称为还原性气体（如，H_2、CO、乙醇、乙醚及轻气油等）。气敏电阻吸附还原性气体时，会使载流子数量增加，从而表现出气敏电阻的阻值减小的特性，见图 3-154b 中实线所示。

半导体气敏电阻有 N 型和 P 型两种。因为 N 型半导体气敏电阻暴露于纯净空气中时，其表面吸附空气中的氧，因此具有较高的阻值。此时一旦接触到还原性气体，其阻值迅速减小，还原性气体的浓度越高，其阻值越小，灵敏度越高，重复性好，因此其应用最为广泛。但是，其阻值—浓度特性是非线性的。当作为可燃性气体浓度定量检测元件时，必须进行线性化处理，否则非线性误差将会很大。P 型半导体气敏电阻的阻值随被测可燃性气体浓度的增加而迅速增加，其特性也是非线性的。由于其工作稳定性很差和灵敏度低，实际上很少使用。

必须指出，半导体气敏电阻的特性差别很大，单一种基质材料的半导体气敏电阻不可能检测所有气体，只能选择性地检测某种特定性质的气体。在选择时，应引起注意。

3.16.2.2　半导体气敏电阻的测量电路

由前述可知，半导体气敏电阻将被测气体浓度的变化转换成电阻值的变化，测量电路的作用是将电阻值的变化转换成电压或电流的变化。半导体气敏电阻按其加热方式有直热式和旁热式两种。直热式的加热电极与信号检测电极没有隔离，会互相影响，应用独立电源分别对加热回路和信号检测回路供电。旁热式的加热电极与信号检测电极隔离，避免信号检测回路与加热回路之间的相互影响，是目前应用最广泛的气敏电阻。图 3-155 示出了旁热式气敏电阻的测量电路。其中，1 和 2 为加热电极，3 与 4 短接、5 与 6 短接。3、4 和 5、6 之间相当一个阻值随被测气体浓度的变化而变化的电阻 R_g。由图可得输出电压 U_o 为

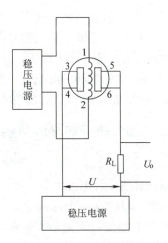

图 3-155　气敏电阻的测量电路

$$U_o = \frac{R_L}{R_g + R_L} U$$

由上式可见，当气体浓度增加时，U_g 减小，输出电压 U_o 增加。气体浓度越高，R_g 越小，U_o 越大；反之亦然。

163

3.16.2.3 半导体气敏电阻的主要特性参数

1. 固有电阻值 R_a   在常温下，气敏元件在洁净的空气中的电阻值称为气敏元件的固有电阻值。R_a 一般在数十到数百千欧范围。

2. 灵敏度   表征气敏元件的灵敏度通常有下列几个参数：

（1）电阻比灵敏度   指元件的固有电阻 R_a 与在规定气体浓度下气敏元件的电阻 R_g 之比，即

$$k = \frac{R_a}{R_g}$$

（2）气体分离度   气体浓度分别为 c_1、c_2 时，气敏元件的电阻 R_{c1}、R_{c2} 之比，即

$$\alpha = \frac{R_{c1}}{R_{c2}}$$

（3）电压灵敏度   指气敏元件在固有电阻值 R_a 时的输出电压 U_a 与在规定浓度下负载电阻的输出电压 U_g 之比，即

$$k_U = \frac{U_a}{U_g}$$

3. 分辨率   指气敏元件对被测气体的识别以及对干扰气体的抑制能力，即

$$s = \frac{U_g - U_a}{U_{gi} - U_a}$$

式中，U_{gi} 为在规定浓度下，元件在第 i 种气体中负载电阻上的电压。

4. 时间常数   从气敏元件与某一特定浓度的气体接触开始，直到元件的阻值达到此浓度下稳定阻值的 63.2% 为止，所需时间称为元件在该浓度下的时间常数 τ。

5. 恢复时间   由气敏元件脱离某一浓度的气体开始，到元件的阻值恢复到固有电阻 R_a 的 36.8% 为止所需时间称为恢复时间 t_r。

3.16.3   热导式气敏传感器

见图 3-156。图 a 为热导式气敏元件的结构。在小容器内绕有铂丝，在铂丝上烧结金属氧化物作为敏感元件，被测气体可进出小容器。此外，在相同体积的密封容器内，用相同的铂丝绕制一个标准电阻 R_1。将气敏元件 R 与 R_1、R_2、R_3 接成桥路，见图 3-156b。电源 U 提供适当大小的电流 I，给气敏元件加热。

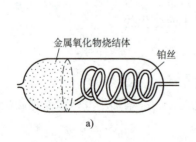

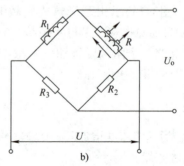

图 3-156   热导式气敏传感器

a）结构   b）测量电路

向气敏元件的容器内通入被测气体，气体浓度的变化，便引起气敏元件吸附作用变化，从而引起气敏元件的电导率、热导率和散热条件作相应的变化，导致元件的温度变化，阻值作相应的变化，即：

$$\Delta R = R_0 \alpha \Delta T = R_0 \alpha k c$$

式中，α 为元件的电阻温度系数；R_0 为常温下洁净气体时气敏元件的电阻；ΔT 为温度变化量；c 为被测气体的百分浓度；k 为浓度到温度的转换系数。

设电桥接成全桥且 c 变化时，$\Delta R \ll R_0$，则

$$U_o = \frac{U}{4}\frac{\Delta R}{R_0} = \frac{Uk\alpha}{4}c = k_c c$$

可见，U_o 与被测气体的百分浓度 c 成正比。

热导式气敏传感器广泛应用于气体的成分分析仪中。

3.16.4　气敏传感器的应用实例

1. 抽油烟机自动起动及报警　本装置（见图 3-157）利用对阳离子吸附作用的 N 型半导体气敏元件作为敏感元件，对所有还原性气体起敏感作用。检测灵敏度高于 0.1%。利用双向晶体闸流管 VT 作为控制元件。本装置除用于厨房抽油烟机外，还可用于公用场合（如舞厅、卡拉 OK 厅）、非易爆易燃场合的自动抽风、报警以及消防等。

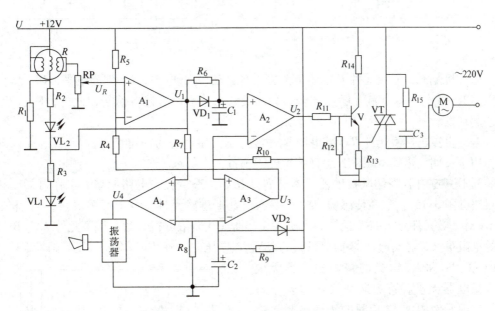

图 3-157　抽油烟机自动起动及报警器

合上电源，气敏元件预热。若被检测的气体浓度低于由电位器 RP 的设定值，U_R 电位较低，因此，$U_1 \sim U_4$ 均为低电平，VL_2 导通，V 截止，VT 关断。

若被检测气体浓度高于设定值，则气敏元件 R 的阻值迅速减小，U_R 为高电平，U_1、U_2 为高电平，V 导通，因此 VT 导通，电动机起动。与此同时，U_4 也为高电平，接通振荡器电源，蜂鸣器发出声音报警。A_1 输出的高电平，使发光二极管 VL_1（红色）导通，

实现灯光报警。

本装置利用四运放 LM324（含 $A_1 \sim A_4$），元件数量少、功耗低、工作可靠。

2. 防止司机酗酒开车控制器　酒后开车易出事故，为防止酒后开车，保障人民生命及财产安全，需设置防止酒后开车控制器，其原理见图 3-158。

本装置用 $QM-J_1$ 酒敏元件作为敏感元件。在驾驶室内合上开关 S，若司机没喝酒，气敏元件 R 的阻值很高，U_a 为高电平，U_1 为低电平，U_2 为高电平，继电器 K_2 失电，K_{2-2} 常闭触点闭合，VL_2 发绿光，K_{2-1} 闭合，能点火起动发动机。

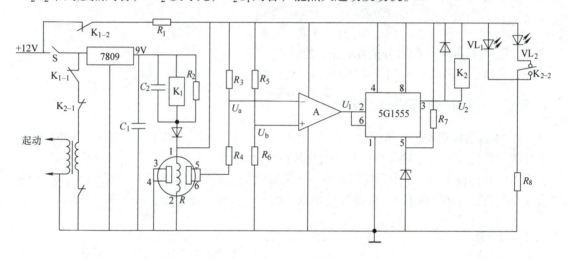

图 3-158　防止酒后开车控制器

若司机酗酒，气敏元件 R 的阻值急剧下降，U_a 为低电平，U_1 为高电平，U_2 低电平，继电器 K_2 带电，K_{2-2} 常开触点闭合，VL_1 发红光，给司机警告信号，此外，K_{2-1} 断开，无法起动发动机。

若司机拔出气敏元件 R，继电器 K_1 失电，K_{1-1} 断开，仍不能起动发动机。K_{1-2} 触点的作用是长期加热气敏元件，保证装置处于预备工作状态。

3. 便携矿井瓦斯超限报警器　本装置体积小，重量轻，电路简单，工作可靠。其电子线路见图 3-159。气敏传感器 QM-N5 为对瓦斯敏感元件。合上开关 S 后，4V 电源通过 R_1 对气敏元件 QM-N5 预热。当矿井无瓦斯或瓦斯浓度很低时，气敏元件 A 与 B 间的等效电阻很大，经与电位器 RP 分压，其动触点电压 $U_g < 0.7V$，不能触发晶闸管 VT。因此由 LC179 和 R_2 组成的警笛振荡器无电源，扬电器无声。若瓦斯浓度超过安全标准，气敏元件的 A 与 B 间的等效电阻迅速减小，至使 $U_g > 0.7V$ 而触发 VT 导通，接通警笛电路的电源，警笛电路产生振荡，扬声器发出警笛声。由电位器 RP 设定报警浓度。

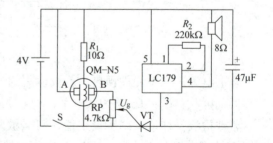

图 3-159　矿井瓦斯超限报警器

4. 空气污染程度监测仪　电路原理见

166

图3-160。图中，仪器由 7805 提供高稳定度的 5V 电源。选择对有害气体（如烟雾）敏感的气敏电阻 AF38L 作为检测元件。A_1 为电压跟随器；A_2 为差动放大器；A_3 为同相放大器；$A_4 \sim A_8$ 为电压比较器；其相应基准电压分别为 $U_{N2} \sim U_{N6}$，且 $U_{N2} > U_{N3} > \cdots > U_{N6}$；发光二极管 LED_1 为电源指示灯；$LED_2 \sim LED_6$ 用于空气污染程度指示。

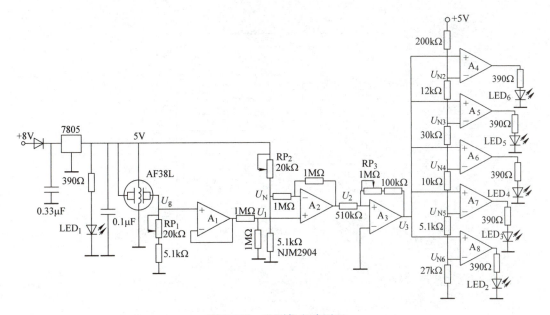

图 3-160　监测仪电路原理

其工作原理简述如下：

当无有害气体或有害气体浓度很低时，由于气敏电阻的阻值很大，U_g 很小；经 A_1 跟随，U_1 很小，此时 $U_N > U_1$，故 A_2 的输出 $U_2 = 0$，经 A_3 同相放大，$U_3 = 0$，经比较后，$A_4 \sim A_8$ 的输出全为 0V，$LED_2 \sim LED_8$ 全不发光。

随着有害气体浓度的增加，气敏电阻的阻值减小，U_g 增加。当 $U_1 > U_N$ 时，A_2 输出为正电压，经 A_3 同相放大，U_3 为正电压。当 $U_{N6} < U_3 < U_{N5}$ 时，A_8 输出 5V，点亮 LED_2，而 $LED_3 \sim LED_6$ 不发光。若有害气体浓度进一步增加，U_g、U_1、U_2 和 U_3 均进一步增加。当 $U_{N5} < U_3 < U_{N4}$ 时，LED_2 和 LED_3 点亮，而 $LED_4 \sim LED_6$ 不发光。随着有害气体浓度的进一步增加，同理，依次点亮 $LED_4 \sim LED_6$。

由此可见，$LED_2 \sim LED_6$ 发光的数目越多，说明空气污染程度越严重。

习题与思考题

3-1　用线性电位器可组成加、减、乘、除、平方、开方和比值等简单运算电路。写出图 3-161a ~ 图 3-161c 中输出输入关系式。图中，电位器最大电阻为 R_m，最大行程为 x_m。

3-2　图 3-162 为 0 ~ 1000kPa 电位器压力表的测量电路。已知 $R_1 = R_2 = 500\Omega$；电位器 $R_m = 500\Omega$，$x_m = 5cm$，$p_x = 0$ 时，B 点为电位器中间点；电流表刻度为 0 ~ 100div，灵敏度 $K_I = 1div/\mu A$，内阻 $R_I = 625.05\Omega$。在被测压力 p_x 作用下，电位器 B 点向下移动 $x = 500\mu m$，求 p_x 之值。

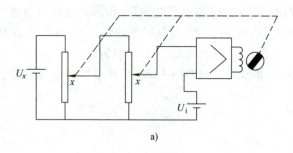

a)

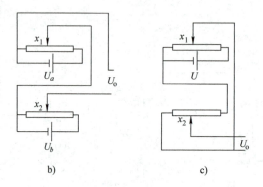

b)   c)

图 3-161　题 3-1 图

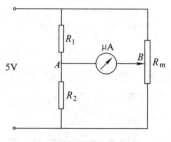

图 3-162　题 3-2 图

3-3　将图 3-163 的应变电阻 $R_1 \sim R_4$ 接成桥路。已知：$E = 2.0 \times 10^5 \text{N/mm}^2$，$b = 3\text{mm}$，$h = 1.0\text{mm}$。$R_1 \sim R_4$ 的初值均为 100Ω，$k = 2.0$，一片允许最大功耗 $p_m = 250\text{mW}$。设 $F = 10\text{N}$，求 $R_1 \sim R_4$ 的阻值各为多少？桥路的输出电压是多少？

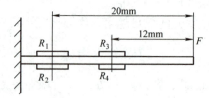

图 3-163　题 3-3 图

3-4　简单的变间隙式自感传感器有什么缺点？分析差动变间隙式自感传感器如何克服简单自感传感器的缺点？设 $\Delta\delta/\delta_0 = 0.01$，求简单自感传感器和差动自感传感器的 3 次方非线性误差各为多少？

3-5　分析差动变压器零点残余电压的产生原因及其消除的方法。

3-6　图 3-164 是力矩平衡式压力变送器原理示意图。设该表的精度为 $s = 1.0$。

(1) 简述其工作原理。

(2) 画出传递函数框图。

(3) 写出输出电流 I_o 与 P_x 的关系式。

(4) 按系统误差相同原则分配误差，各环节的误差为多少？

3-7　分析差动变气隙式电容传感器能改善单个变气隙式电容传感器的非线性和提高灵敏度的原因。设 $\Delta d/d_0 = 0.01$，分别计算它们的三次方非线性误差是多少？

3-8　某内直径为 1m 的液罐有液位高为 5m，已知电容传感器中心电极内直径为 5cm，液体的相对介电常数为 2.29，空气相对介电常数为 1。测出电容变化量为 100pF，现在液位高度是多少（$\varepsilon_0 = 8.85 \times 10^{-12}\text{F/m}$）。

3-9　图 3-165 为电容式液位表原理图，采用变压器式自动平衡桥路，当 $h = 0$ 时，$C_x = C_{x0}$，$\theta = 0$，$E = 0$。当 $h > 0$ 时，$\Delta C = k_1 h$，$\theta = k_2 E$。求 θ 与液位高度 h 的关系式。

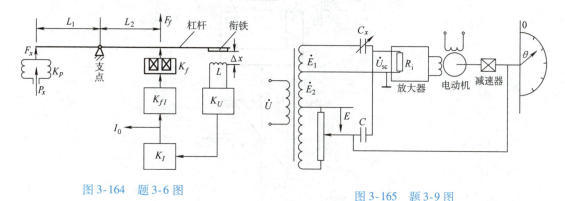

图 3-164　题 3-6 图

图 3-165　题 3-9 图

3-10　用 S 型热电偶测量 $T = 1000℃$ 的温度，热电偶冷端温度 $T_0 = 40℃$。某同志用了 K 型热电偶的补偿导线将冷端延伸到 $T_0 = 25℃$ 的仪表室。然后用计算修正法将新冷端 T_0 修正到 $0℃$ 时，求热电动势的测量误差。

3-11　用 E 型热电偶测量 $T = 700℃$ 的温度，冷端 T_0 用补偿电桥补偿。某人配了 S 型热电偶补偿电桥，设 T_0 由 $20℃$ 变化到 $40℃$，求由配错补偿电桥引起的测量误差。（补偿电桥在 $20℃$ 时平衡）

3-12　见图 3-87a。热电阻 R_t 用 Pt46，三线制接入桥路。设 $0℃$ 时桥路输出电压 $U_o = 0$，$U = 10V$，$R_1 = R_2 = 1\text{k}\Omega$，$R_3 = 100\Omega$，$R_{L1} = R_{L2} = R_{L3} = 2.5\Omega$ 为引线电阻。$0 \sim 50℃$ 时引线电阻温度系数 $\alpha = 4.28 \times 10^{-3}/℃$。求被测温度为 $400℃$ 时，R_t 用二线制接入桥路，求引线温度为 $30℃$ 的温度基本误差和附加误差（已知 $400℃$ 时，$R_t = 114.72\Omega$）。

3-13　压电式传感器能否测量静态或频率很低的力？为什么？

3-14　某压电式加速度测试仪标定时用电缆长度为 1m，$C_c = 25\text{pF}$，已知 $C_c + C_a + C_i = 100\text{pF}$，$d_{33} = 200 \times 10^{-12}\text{C/N}$，用该测试仪测试加速度示值为 $80g$。为能测试更远距离的物体加速度，配用相同电缆 2m 测量上述加速度，求此时的示值和测量误差。

3-15　设计一台测水超声波瞬时流量计，已知最大流量 $q_{Vm} = 1000\text{m}^3/\text{h}$，仪表常数 $K = 10\text{m}^3\text{MHz/h}$，最高流量 $35.3\text{m}^3/\text{s}$，$f_0 = 3.5\text{MHz}$。选取管道直径和超声波发生器的距离；求 N_1、N_2 及 θ 角（已知 $c = 1500\text{m/s}$），并验证设计的正确性。

3-16　设计一台差动振弦式压力传感器，固有频率 $f_0 = 1\text{kHz}$，被测压力 $0 \sim 0.5\text{MPa}$，灵敏度 $K_p = 2\text{kHz/MPa}$，3 次方非线性误差小于 1.0%，膜片受力面积 10cm^2。选择弦的预拉力 F_0、弦长度、直径和弦的质量。

3-17 概述各种光电信号检测方法的原理及应用场合。

3-18 某激光车速测量仪发射两激光束距离为 10cm，主振频率 $f_0 = 4MHz$。某被测汽车先后切割两激光束时间内，计数器计得脉冲数为 1×10^4。求被测汽车的车速。

3-19 光纤传感器中常用哪些光调制技术？举例说明其调制原理。

3-20 图 3-166 是霍尔式压力表原理示意图。已知测量范围为 $0 \sim 2MPa$，$k_H = 8mV/(mA \cdot 10^{-4}T)$，$I = 4mA$，测得 $U_H = 160mV$。求被测压力 p_x。

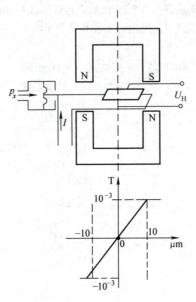

图 3-166 题 3-20 图

第4章

微型化和智能化传感器

4.1　概述

随着微电子技术、微计算机技术和网络通信技术的发展，传感器也步入了微型化和智能化的发展时代。

由于大规模和超大规模集成电路的发展，可将组成传感器的多个单元集成在一块芯片上，包括检测元件、信号的调制、解调电路、信号放大和转换电路、线性化处理、输入、输出电路和通信功能等模块集成在一块或两块芯片上，从而极大地缩小了传感器的体积，为传感器的微型化创造了条件。

利用微计算机（尤其是单片机）强大的控制与信号处理能力，通过其在传感器中的应用，传感器的功能更加强大。例如，自动零点和增益校正、非线性校正、温度自动补偿、自动消除交叉灵敏度的影响、量程自动切换、自检和自诊断等，给传感器赋予了智能化功能。

随着网络通信技术的发展，传感技术的发展已进入崭新的发展阶段。各种现场总线在传感器中的应用，目前传感器已实现了网络化。

微型化和智能化传感器是在传统传感器的基础上发展起来的，与传统传感器相比，微型化与智能化传感器具有许多特点：

1. 精度高　通过零点与增益的自动校正、非线性自动校正、求多次测量的算术平均值以消除随机误差的影响等技术措施保证传感器具有高精度。

2. 高可靠性与高稳定性 通过自动校正环境参数（如温度、湿度、大气压等）变化引起传感器特性的变化以及自检、自诊断等技术措施保证传感器具有高的可靠性与稳定性。

3. 高信噪比与高分辨率 利用各种滤波技术消除噪声和提取有用信号；通过数据融合技术消除多参数状态下交叉灵敏度的影响，从而提高信噪比和分辨率。

4. 功能更强大 具有自校零、自补偿、自校正、自标定、自检、自诊断、自选量程、数据存储、记忆、判断和双向通信等功能。

5. 自适应能力强 由于具有判断、分析与处理功能，能适应环境参数的变化。

6. 体积小 将检测元件和各种信号调理电路集成于一块或两块芯片内。

7. 性能价格比高 传统传感器技术欲获得高性能必须对各个环节进行精心设计与调试、进行"手工艺品"式的精雕细琢，因此其成本比较高。而微型化与智能化传感器是采用了廉价的集成电路工艺和芯片以及强大的软件来实现的，其功能强大，价格低廉，具有性能价格比高的特点。

微型传感器与智能传感器是当前世界传感技术发展的重要趋势。本章介绍微型传感器与智能传感器/变送器原理、特性及其应用。

4.2　微型温度传感器

4.2.1　热释电温度传感器

热释电晶体具有自发的电极化能力，电极化强度与温度有关，晶体的这种性质称为<u>热释电效应</u>。

常温下，虽然晶体也产生热释电效应，在与自发极化强度 P_s 垂直的两端面出现极性相反、密度等于 P_s 的面束缚电荷，但是该电荷被晶体内部和外部的自由电荷中和，故对外呈现中性。

由此可见，不能在静态条件下测量热释电晶体的自发极化电荷。

若热释电晶体在调制角频率为 ω 的红外光作用下，由于热释电效应，晶体的两端面产生角频率为 ω 的面束缚电荷 q_s，当 ω 足够高时，晶体内部和外部的自由电荷来不及中和面束缚电荷 q_s，两端面有电荷积累，见图 4-1a。入射的红外光强度越高，热释电晶体的温度越高，电荷积累越多。由物理学可知

$$dP_s = \lambda dT$$

式中，λ 为热释电系数；dT 为热力学温度的变化量。

极化电荷与入射光照射的面积 A 有关，即

$$q_s = \lambda A dT = A dP_s \tag{4-1}$$

热释电晶体是绝缘体，其介电常数为 ε，两端面之间的等效电阻为 R_a，电容为 C_a。因此，在调制的红外光作用下，热释电晶体的等效电路见图 4-1b。图中 R_L 为负载电阻。

由图 4-1b 可见，其等效电路与压电晶体的等效电路相同，因此对放大器的要求也与压电传感器的要求相同。

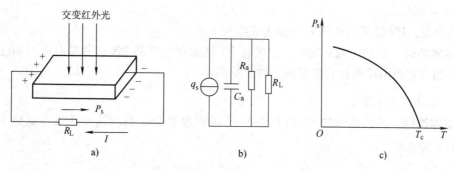

图 4-1　热释电温度传感器原理

a）热释电效应　b）等效电路　c）极化强度与温度的关系

设红外光的调制角频率为 ω，由于 $U = q_s / C_a$，若忽略 R_a、R_L 的影响，则得

$$I = \frac{U}{Z_c} = \frac{\dfrac{q_s}{c}}{\dfrac{1}{\omega C}} = q_s \omega = \omega A d P_s \qquad (4\text{-}2)$$

热释电晶体极化强度 P_s 与温度的关系见图 4-1c。随着温度的升高，晶体的热极化强度减弱，若到达某一温度时，晶体失去热释电效应，见图 4-1c 的 T_c 点，T_c 称为热释电晶体的居里点温度。不同材料的热释电晶体，其居里点温度不同。

4.2.2　PN 结温度传感器

利用 PN 结的温度特性可做成各种测温传感器。

4.2.2.1　二极管 PN 结温度传感器

1. 基本原理　如前所述，PN 结电流 I 与电压 U 的关系为

$$I = I_s A e^{qU/(kT)} \qquad (4\text{-}3)$$

式中，A 为 PN 结横截面积；q 为流过 PN 结的电荷量（$q = 1.6 \times 10^{-19}$ C）；k 为玻耳兹曼常数（$k = 1.38 \times 10^{-23}$ J/K）；T 为热力学温度。

在载流子注入情况下，流过 PN 结反向饱和电流 I_s 可表示为

$$I_s = \frac{qLn_i}{\tau} \qquad (4\text{-}4)$$

式中，L 为载流子扩散长度；n_i 为本征半导体的载流子浓度；τ 为载流子寿命。对硅单晶

$$n_i = B e^{qU_G/(2kT)} \qquad (4\text{-}5)$$

式中，$B = 3.87 \times 10^{16} T^{3/2}$；$U_G$ 为禁带宽度。

联立求解式（4-3）～式（4-5）得

$$U = U_G - 2.30 \frac{2kT}{q} \left(\lg \frac{qLBA}{\tau} - \lg I \right)$$

一般情况下，上式中括号内的两项与温度的关系可以忽略。因此

$$U = U_G - KT \qquad (4\text{-}6)$$

式中，$K = 4.60k/q$。

由此可见，PN 结两端电压 U 与温度成线性关系。

2. 基本特性　正向电流一定时，二极管 PN 结温度传感器 PN 结两端电压与温度之间的关系在相当宽的温域内具有良好的线性，见图 4-2a。

4.2.2.2　晶体管 PN 结温度传感器

1. 基本原理　硅晶体管的 U_{be} 约有 $2mV/℃$ 的温度系数。利用这一性质可制成小型的晶体管温度传感器。

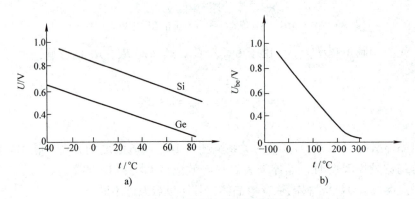

图 4-2　PN 结温度传感器的特性

a）二极管 PN 结的温度特性　b）晶体管 PN 结的温度特性

由晶体管原理可知，U_{be}、I_c 与热力学温度 T 有下列关系：

$$U_{be} = U_G - \left(\frac{kT}{q}\right)\ln\frac{\alpha T\gamma}{I_c} \tag{4-7}$$

式中，α 为与基极偏压有关的常数；γ 为由基区少数载流子特性决定的常数。

2. 基本特性　由式（4-7）可见，I_c 一定时，U_{be} 基本上与温度 T 成线性关系。但温度较高时，非线性误差较严重，见图 4-2b。

4.2.3　集成（IC）温度传感器

集成（IC）温度传感器是指把温度敏感元件与后续放大器集成于一片芯片上，组成传感与放大为一体的功能器件的传感器。

温度敏感元件的原理与晶体管 PN 结温度传感器相似。它集成了两只晶体管 V_1、V_2。V_1、V_2 的电流比 $I_{c1}/I_{c2}=$ 常数，然后根据 ΔU_{be} 与温度的依赖关系来测温，即

$$\Delta U_{be} = U_{be1} - U_{be2} = \frac{kT}{q}\ln\frac{\alpha_1 J_{e2} J_{s2}}{\alpha_2 J_{e1} J_{s1}} \tag{4-8}$$

式中，α 为电流放大系数；J_e 为发射极电流密度；J_s 为发射极饱和电流密度。

式（4-8）表明，ΔU_{be} 与热力学温度 T 成正比，选择 V_1、V_2 特性相同；$\alpha_1 = \alpha_2$，$J_{s1} = J_{s2}$，并令 $J_{e2}/J_{e1} = \gamma$，则式（4-8）可写成

$$\Delta U_{be} = \frac{kT}{q}\ln\gamma = KT \tag{4-9}$$

174

式中，$K = （k/q）\ln\gamma = $ 常数。

集成（IC）温度传感器有电压输出型和电流输出型两种。

（1）电压输出型 IC 温度传感器　其电路原理见图 4-3。图 a 中，V_1、V_2 为特性相同的两只晶体管，集电极电流分别为 I_1、I_2。由式（4-8）可知

$$\Delta U_{be} = \frac{kT}{q}\ln\frac{I_1}{I_2} = KT$$

IC 温度传感器原理图见图 4-3b。ΔU_{be} 经运算放大器放大后输出电压为 U_o，其灵敏度可达 10mV/℃。

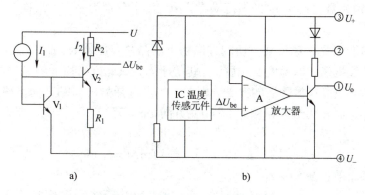

图 4-3　电压输出型 IC 温度传感器

a）温度敏感元件　b）IC 温度传感器原理

（2）电流输出型 IC 温度传感器　见图 4-4。

图 4-4a 为温度传感器内部电路。由图可见，$U_{be1} = U_{be2}$，$I_{c3} = I_{c4}$。设计时，使 V_3 的发射结面积为 V_4 的 4 倍，据式（4-9）得出数值公式为

$$U_T = \Delta U_{be} = \frac{kT}{q}\ln8 = 0.1792T$$

图中，V_3 的集电极电流 $I_{c3} \approx U_T/R$。而输出电流 $I_T = I_{c3} + I_{c4} = 2U_T/R$。若取 $R = 358\Omega$，则可获得灵敏度为 $1\mu A/K$，即

$$I_T = 2\frac{U_T}{R} = 2 \times \frac{0.1792}{358}T = T$$

应用时也可以电压为输出量，此时只需外接一电阻 R_0 即可。为限制传感器输出电流在 1.0mA 左右，在 $U = 8V$ 时，选 $R_0 = 10k\Omega$，则传感器输出电压灵敏度可达 10mV/K。

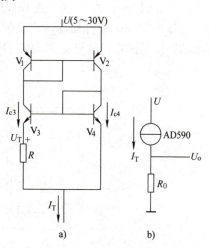

图 4-4　电流输出型 IC 温度传感器

a）内部电路　b）I–U 转换运用等效电路

4.2.4　石英振子温度传感器

利用石英晶体切片构成振子，其谐振频率 f 随温度变化而变化的特性构成测温传感器。其谐振频率 f 为

$$f = \frac{n}{2d}\sqrt{\frac{C_{ij}}{\rho}} \tag{4-10}$$

式中，n 为谐波次数；d 为晶片厚度；ρ 为晶体密度；C_{ij} 为常数。

在一般情况下，d、ρ、C_{ij} 均与温度有关，其中 d、C_{ij} 与晶片切割方向有关。

选择某一切割方向，可使 d、ρ、C_{ij} 三者的变化互相抵消，则 f 随温度 t 的变化极小；若选择另一切割方向，可使三者随温度的变化互相加强，则 f 随温度的变化就十分明显，此法可用于测温。频率与温度之间的关系为

$$f_t = f_0\left[1 + \alpha(t - t_0) + \beta(t - t_0)^2 + \gamma(t - t_0)^3\right] \tag{4-11}$$

式中，f_t、f_0 分别为温度 t、t_0 时的振荡频率；α、β、γ 分别为一次、二次、三次频率温度系数。

由式（4-11）可见，选择某一切割方向切下的晶片，能使 α、β、γ 随温度变化引起频率的变化量相互抵消，即温度变化后，f_t 仍等于 f_0，故此方向切下的晶片可作为频率基准源的振子，如石英晶体振荡器的振子。但是，也可选择另一切割方向，使 β、γ 随温度的变化几乎为零，而 α 为最大，例如 LC 切割方向，$\alpha = 353 \times 10^{-6}/℃$。那么，式（4-11）可写成

$$f_t = f_0\left[1 + \alpha(t - t_0)\right] = f_0 + f_0\alpha\Delta t = f_0 + k_f\Delta t \tag{4-12}$$

式中，k_f 为频率系数；$\Delta t = t - t_0$。

由式（4-12）可见，f_t 与 Δt 成线性关系。用于测温元件的石英振子是按 LC 方向切割的。

4.2.5 微型温度传感器应用实例

4.2.5.1 具有温度自动补偿的红外测温仪

本测温仪采用 LN – 206P 或 IRA001S 热释电传感器，该传感器在调制光的频率为 7Hz 以下工作，在 1Hz 获得最高频响灵敏度可达 1100V/W（在温度 500K 时）。因此，必须把被测物体发射的连续红外光调制成 1Hz 的脉冲光。该仪器组成框图见图 4-5。

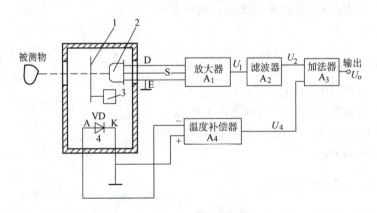

图 4-5　传感器与测温仪组成框图

1—调制盘　2—热释电传感器　3—慢速电动机　4—温度补偿二极管

传感器做成小方盒，调制盘开有一小孔，在慢速电动机 3 带动下每秒钟转一圈，因此将连续红外光调制成 1Hz 脉冲光投射到热释电传感器 2 上，并将其转变成电信号。VD 为温度补偿硅二极管，其灵敏度为 −2mV/℃。

传感器的灵敏度为 0.625mV/℃。本仪器测量范围为 0 ~ 200℃，故 A_1 的最大输入 $U_{Im} = 0.625mV/℃ \times 200℃ = 125mV$。设 A_1 的输出 $U_1 = 3V$，则其增益为 $K_1 = 3V/125mV = 24$。A_2 为截止频率为 7Hz、增益为 1 的二阶低通滤波器，因此 A_2 的输出 $U_2 = 3V$（200℃时）。A_4 为反相输入放大器，在环境温度为 25℃时，其输出 $U_4 = 1V$，故其增益 $K_4 = 1V/50mV = 20$。A_3 为增益为 1 的加法器，其输出 $U_o = U_2 + U_4 = 4V$。U_o 经 $\frac{1}{2}$ 分压后得 2V 电压，可作为 A − D 转换器 ICL7106 的输入电压，取参考电压 $U_{REF} = 2V$，则小数点定在十分位即可。

4.2.5.2　集成红外探测/报警器

本红外探测/报警器选用 SD02 型热释电传感器，该传感器内含敏感元件、滤光片和场效应晶体管，其外形见图 4-6a。其中，1 脚为漏极；2 脚为源极；3 脚为地。当采用源极输出接法时，源极电压 $U_s = 0.4 ~ 1.0V$。该传感器的峰值波长 $\lambda = 9.4\mu m$，当人体体温为 36 ~ 37℃时，发出的红外线波长为 9 ~ 10μm。因此，该传感器对移动的人体具有峰值频响，作为人体探测/报警器的传感元件极为合适。

图 4-6b 为 SD02 传感器与 TWH9511 组成人体探测/报警电路。图中，SD02 传感器接成源极输出器，D 为电源；S 为信号；G 为地。9511 的 1 脚（D）输出 4V 电压供给传感器。SD02 输出信号经高频滤波（RC）和阻抗匹配后送入 9511 的 S 端。9511 用交流 220V

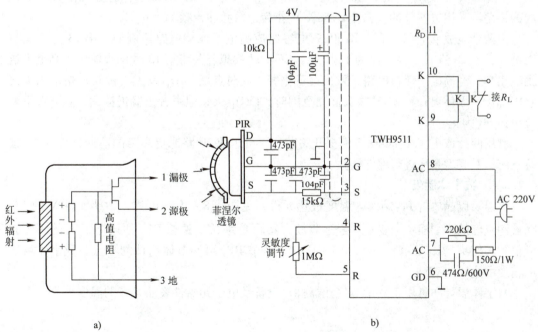

图 4-6　集成红外探测/报警器原理
a）SD02 传感器结构　b）报警器原理电路

177

作电源，合上电源后，9511 内部延时电路延迟 45s 后转入自动检测工况。当有人体进入探测区域时，9511 内部输出延时电路延迟 10s 后，由 K 脚（9 或 10）输出高电平，可直接驱动线圈电阻为 400Ω，电流为 40mA 以下的继电器，从而发出报警信号。4 和 5 脚接 1MΩ 变阻器用于调节报警灵敏度。

由此可见，该红外探测/报警器具有电路简单，调整方便，性能指标高，一致性好和可靠性高等优点。在自动防盗系统、自动门和照明灯的控制等得到广泛应用。

必须指出，SD02 与 TWH9511 之间的距离不应超过 5m，且必须用屏蔽导线，以防干扰。

4.2.5.3　15 路巡回红外探测/报警器

该巡回红外探测器可对 15 路进行人体移动探测和声光报警，适用仓库的防盗报警。

该装置选用 HN911 系列热释电集成传感器，其内部含有热释电检测元件，选频放大器，信号处理电路，延迟电路，温度补偿电路和高低电平输出电路等，其管脚排列见图 4-7a。图中，6 脚为地；3 脚为 V_{DD}；4 与 5 脚间接 100kΩ 变阻器调节传感器的灵敏度；1 与 2 脚为输出，静态时，1 脚输出低电平，2 脚输出高电平；当有移动人体进入探测区域时，1 脚由低电平变高电平，2 脚由高电平变低电平。单片 HN911 的探测距离达 15m。

由于人体体温 37℃ 时，发射红外线波长为 9～10μm，该传感器内部选频放大器的带通特性为 7～15μm。因此，可将人体和其他动物区分开来，以免误报警。

15 路巡回红外探测器电原理图见图 4-7b。图中，CC4067 为 16 选 1 模拟开关，15 个传感器分别接于 IN_1～IN_{15} 中，模拟开关的选通地址 ABCD 由加法计数器 C183 控制。当 DCBA 由 0000 变到 1111 时，依次选择 IN_1～IN_{15}（IN_0 空）。C183 加法计数器由 NE555 组成的振荡器输出方波脉冲（占空比 50%）作为计数脉冲，频率为 60Hz。

由两个运放 μA741、VD_1 和 10μF 电容组成高电平保持电路。例如，第 13 号探头有人进入，当 C183 计数器输出为 1101 时，CC4067 模拟开关将第 13 号探头输出的高电平送到输出端，经高电平保持电路，发出声音报警，同时点燃 LED_{13} 发光二极管，指示出失窃仓库部位。人体离开第 13 号探头探测范围时，LED_{13} 灭，但声音报警仍持续，直到按下复位按钮 SB 为止。

利用两片或更多片 CC4067 模拟开关芯片，可组成 30 路或更多路的巡回红外探测/报警系统，对大型仓库进行保安防盗。

4.2.5.4　数字体温表

体温表以晶体管 PN 结作为温度敏感元件，见图 4-8。由图可见，敏感元件 V 的 U_{be} 随被测温度的增加而负向变化，经运算放大器后变为 U_o。调节 RP_2 便调节了 A 的闭环放大倍数，使满足 0～50℃ 时，$U_o = 0～1.0V$。调节 RP_1 可调节体温计的零点。数字体温计的精度可达 0.05℃。

数字体温计亦可用于测量电气元器件、设备及电子元器件表面某点的温度。

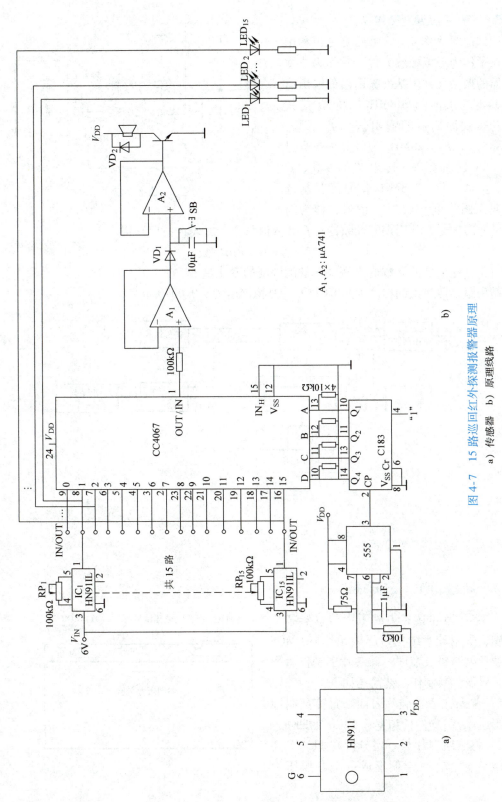

图 4-7 15 路巡回红外探测报警器原理

a) 传感器 b) 原理线路

4.2.5.5　高精度温度测量仪

原理框图见图4-9。由图可见，利用石英振子作为温度敏感元件，它作为热敏振荡器的振荡元件。基准振荡器的输出信号为稳定度极高的2.8MHz，经10倍频后，与热敏振荡器的输出信号f_x混频，其差频为f_t。$f_{x0}=28\text{MHz}$为对应于被测温度$T=0℃$时的频率。随着T的变化，f_x变化，f_t也变化。2.8MHz信号经时基选择（见点画线框）后为f_0信号，作为门

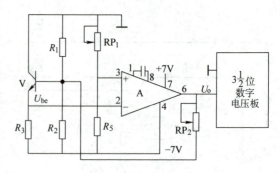

图4-8　数字体温表原理

电路的开门信号，开门期间计数器对f_t计数值为N，由式（4-12）得

$$N = f_t - f_0 = k_f \Delta t$$

可见，计数器的计数值N正比于被测温度的变化量Δt。

精密温度测量仪的精度为$±0.075℃$，月稳定度为$±0.007℃$。

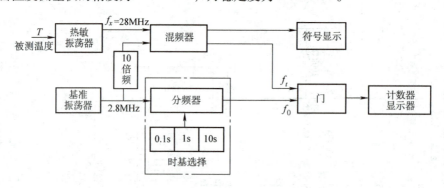

图4-9　高精度温度测量仪原理框图

4.3　硅压阻式微型压力传感器

4.3.1　硅盒制作工艺简述

图4-10为硅盒式集成压力传感器芯片剖面图，采用硅盒结构将压敏元件与CMOS信号调理电路集成在同一硅芯片上制作微型压力传感器。其制作工艺简述如下：

1）首先在下层硅片表面通过掩蔽腐蚀方法形成深$10\mu\text{m}$，长和宽各$60\mu\text{m}$的凹坑。

2）将上层硅片与下层硅片在1150℃高温下烧结键合在一起便形成一个参照压力空腔。

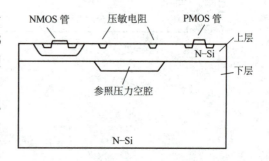

图4-10　硅盒式集成压力传感器剖面

3）将上层硅片减薄至 $30\mu m$，并将表面抛光，通过光刻对中方法在参照压力空腔上方的硅膜片上用离子注入工艺形成压敏全桥。

4）用标准 CMOS 工艺在参照压力空腔周围的上层硅片上制作具有各种功能的信号调理电路。最后将引脚引出和封装，形成单片集成微型压力传感器。

4.3.2　普通型单片集成压力传感器

整个压力传感器芯片面积为 $1.5mm^2$，其原理电路见图 4-11。图中，$R_1 \sim R_4$ 为压敏电阻组成全桥（压阻效应详见本书 3.2 节），被测压力 $p_x = 0$ 时，$R_1 = R_2 = R_3 = R_4 = R_0 = 5k\Omega$。$A_1$、$A_2$ 和 A_3 及电阻网络组成测量放大器（详见本书 5.3.5 节）。A_1 和 A_2 接成同相放大器，输入电阻和共模抑制比均很高。A_3 为差动输入、单端输出放大器，整个放大器的差模增益为

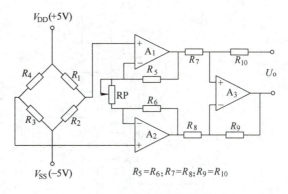

图 4-11　集成压力传感器原理

$$K_d = \left(1 + \frac{R_5 + R_6}{R_P}\right)\frac{R_9}{R_8} \tag{4-13}$$

调节电位器 RP（阻值为 R_P）可调整传感器灵敏度。要求 A_3 的外接电阻严格匹配，即 $R_{10} = R_9$，$R_7 = R_8$，这是由于 A_3 放大的是 A_1、A_2 输出之差，电路的失调电压主要由 A_3 引起的缘故。降低 A_3 的增益有利于减小输出电压的温度漂移。

4.3.3　具有温度补偿功能集成压力传感器

上述单片集成压力传感器由于没有补偿功能，零点漂移和灵敏度漂移在所难免。因此，传感器的精度和温度特性难以得到大幅度的提高。这里介绍一种具有零点漂移和灵敏度漂移补偿功能的集成压力传感器，其组成框图见图 4-12。

图中，$R_1 \sim R_4$ 为 4 个压敏电阻组成的全桥，R_P 为并联于 R_1 桥臂的零点漂移补偿电阻，其值 $R_P \gg R_{10}$，R_{10} 为被测压力为零时的阻值。设 R_P 与 R_{10} 并联后的电阻为 R，电阻温度系数为 α_P，按定义，α_P 为

$$\alpha_P = \frac{1}{R}\frac{dR}{dt} \tag{4-14}$$

欲完全补偿温度变化引起的零点漂移，则

$$\alpha_P = \frac{4\Delta U_o}{U_E} \tag{4-15}$$

式中，ΔU_o 为温度由 t_0 变化到 t_1 时由桥路输出端测得的电压变化量；U_E 为桥路两端的电压。

由于 ΔU_o、U_E 均为已知，则可由式（4-15）求得 $|\alpha_P|$，故可求得 R_P 之值。由于 α_P 的符号可正可负，应根据其符号确定 R_P 并联于哪一条桥臂。

晶体管 V 与其旁路电阻 R_A、R_B 的作用是灵敏度温漂补偿。为达到较佳补偿效果,应合理选择 V_{DD}、R_A、R_B 及 R_A/R_B 之值。为达到最佳补偿,R_A/R_B 之值应为

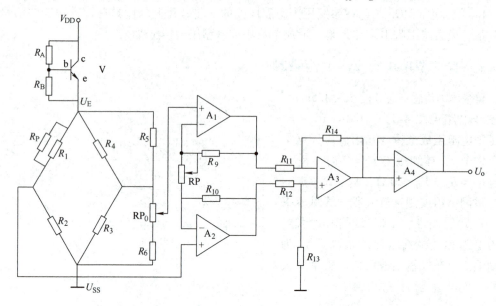

图 4-12　具有补偿功能的集成压力传感器

$$\frac{R_A}{R_B} = \frac{2}{3}V_{DD} - 1 \tag{4-16}$$

选择 R_A、R_B 的阻值时,应与桥路电阻联系起来考虑。若阻值选择得太小,晶体管 V 不能正常工作;若阻值选择得太大,会出现过补偿。具体选择时应使 R_A、R_B 满足:

$$\frac{R_B V_{DD}}{R_A + R_B + R_0} = (1 \sim 2)\ V \tag{4-17}$$

式中,R_0 为桥路等效内阻。

运放 A_1、A_2 和 A_3 组成测量放大器,其差模增益为

$$K_d = \left(1 + \frac{R_9 + R_{10}}{R_P}\right)\frac{R_{14}}{R_{11}} \tag{4-18}$$

调节电位器 RP(阻值为 R_P)便调整了传感器的增益,从而调节了传感器的灵敏度。运放 A_4 为电压跟随器,其目的是减小负载变化对输出信号的影响。

灵敏度温漂补偿电路的引入必将会影响压敏桥路零位温漂补偿的效果;而零位温漂补偿电阻 RP 的加入将会使桥路输出进入放大器的非线性区;而放大器自身的时漂和温漂,又会使传感器的精度下降。为解决这些问题,在桥路输出与放大器输入之间增加由 R_5、R_6 和 RP_0 组成的零位综合补偿,调节电位器 RP_0 便能改善补偿效果,提高传感器的精度。

该集成压力传感器压力测量范围 $0 \sim 0.1MPa$,输出电压 $0 \sim 2V$。经前述各种补偿后,零位温漂由原来的 $1.0\%\,FS/℃$ 提高到 $0.1\%\,FS/℃$;灵敏度温漂由原来的 $0.5\%\,FS/℃$ 提高到 $0.04\%\,FS/℃$。

图 4-12 所示集成压力传感器的灵敏度温漂补偿是不对称的,因此不利于提高放大器

的共模抑制比；零位温漂补偿与灵敏度温漂补偿互相影响，给调整带来不便。为克服上述缺点，采用图 4-13 所示的集成压力传感器。

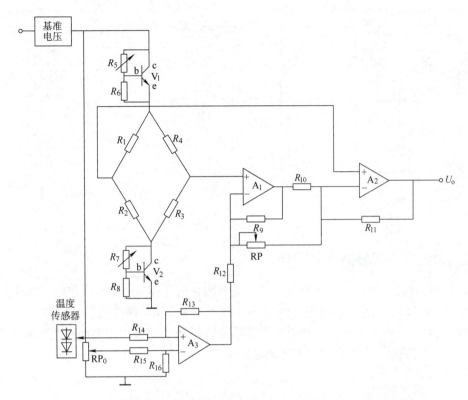

图 4-13　对称灵敏度温漂补偿与二极管零漂补偿的集成压力传感器

该传感器的供桥电压采用低温度漂移的基准电压源。晶体管 V_1 和 V_2 及其旁路电阻 R_5、R_6 和 R_7、R_8 组成对称的灵敏度温漂补偿，适当调节 R_5、R_7 可达到较好的补偿效果。电路中使用了一个可调的多二极管温度传感器，并通过 A_3 缓冲后实现零位温漂补偿。调节电位器 RP_0 可改变 A_3 的输出，以达到零点温漂补偿的目的。A_1、A_2 组成相同输入的仪用放大器，具有输入电阻高和漂移低的优点，调节电位器 RP 可调整传感器的增益。传感器输出电压 U_o 为 1～5V。

4.3.4　频率输出型压阻式集成压力传感器

电路原理见图 4-14。图中，R_1～R_4 为压阻元件组成桥路，V_1、V_2 和 R_c、R_d、R_s 组成恒流源向电桥供电可改善桥路的温漂和线性。A_1 放大桥路输出的差动信号，以提高共模抑制能力。A_2、R_t、C_t 和晶体管 V_3 组成 U/f 变换器，它将 A_1 的输出电压线性地转换成与被测压力相对应的频率。实际上 V_3 起控制 C_t 充、放电的开关作用。当 $U_c < U_N$ 时，A_2 输出高电平，V_3 截止，U_1 通过 R_t 对电容 C_t 充电。随着充电，U_c 上升，当 $U_c \geq U_N$ 时，A_2 输出低电平，V_3 导通，U_c 通过 R_t 和 A_2 输出端对地放电。由于放电，U_c 减小，U_1 又通过 R_t 对 C_t 充电，又重复上述充、放电过程，从而将电压 U_1 转换成频率。经后续 V_4、V_5、V_6 和 V_7 整

形成为方波输出。被测压力越大，U_1 越大，C_1 的充电时间越短，输出信号的频率越高。被测压力从 0 ~ 0.1MPa 变化时，该传感器输出频率变化 30kHz。

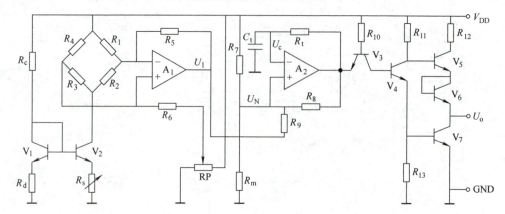

图 4-14　频率输出型压阻集成传感器

4.3.5　集成压力传感器 MPX3100

该传感器将压敏电阻、补偿电路、基准电压源和信号调理电路集成在同一芯片上，其剖面图见图 4-15a；敏感元件的符号和引脚功能见图 4-15b。该传感器的敏感元件为单个 X 形压敏电阻，它的工作原理是利用单片硅压敏电阻产生随被测压力而变化的输出电压。图 b 中，1、3 脚接激励电压；2、4 脚为输出电压。

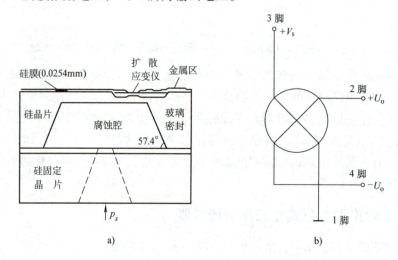

图 4-15　MPX3100 传感器的结构

a）剖面图　b）敏感元件的符号及引脚功能

该传感器的电路原理见图 4-16。图中，A_1 用于补偿压力传感器的零位温漂，并起提高输入阻抗作用。A_2 将差分输入转换成单端对地输出，并起阻抗变换作用。A_3 为精密基准电压源，其作用是校准传感器零位输出电压。A_4 是电压放大器，其增益由经激光修整的精密电阻 R_G 来校准。该传感器的测量范围为 0 ~ 0.1MPa，输出电压为 0.5 ~ 2.5V。

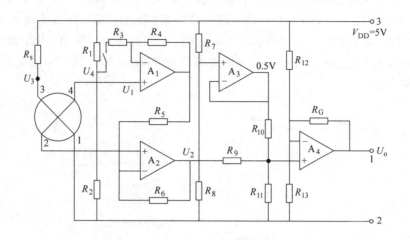

图 4-16 MPX3100 传感器电路原理

　　由于该传感器采用 X 形压敏电阻，传感器的零位温漂和满度温漂的补偿较前述 4 个压敏电阻组成的惠斯登电桥的补偿容易得多。传感器采用精加工技术制造，其零位温度漂移电压很小，仅为 $\pm 15\mu V/℃$。敏感元件的压敏电阻具有正电阻温度系数，因此电压 U_3 随温度的增加而增加，同时 U_1 也增加。U_1 随温度变化产生的漂移电压由 A_1 和电阻 $R_1 \sim R_5$ 进行补偿后送至 A_2 的反相输入端，在 A_2 中与同相端输入电压进行减法运算，只要 R_3 的阻值选择合适，A_2 的输出电压 U_2 将不随温度而变化。电阻 R_s 的作用是满度温漂补偿。该传感器的满度输出电阻随温度升高而减小，其典型系数为 $-0.19\%FS/℃$。若 X 形压敏元件的激励电压 U_3 随温度的升高而增加的话，便可达到补偿目的。为此在激励端串接一个具有负电阻温度系数的电阻 R_s。当温度升高时，R_s 阻值减小，激励电压 U_3 增加，只要 R_s 阻值选择合适，便能达到较好的补偿效果。

　　A_3 同相输入端的输入电压为 0.5V，由 R_7、R_8 对 $V_{DD} = 5V$ 进行分压决定。A_3 是电压跟随器，其输出也是 0.5V 在 A_4 同相输入端与 U_2 相加，经 A_4 放大后输出 $U_o = (0.5 \sim 2.5)$ V。

　　该压力传感器具有精度高、补偿效果好、性能可靠和使用方便等特点。

4.3.6 MPX7000 系列压力变送器

　　该系列压力变送器为 DC 4 ~ 20mA 输出的二线制变送器，传输距离达 50m 以上，负载电阻为 150 ~ 400Ω，可与 DDZ – Ⅲ 调节器组成自动控制系统。该系列变送器具有温度自动补偿、线性度好、灵敏度高、重复性好和精度高的特点。

　　该变送器采用 X 形压敏电阻作为压力检测元件，其符号及引脚功能见图 4-15b，再配接运放 A 组成。其电路原理见图 4-17。

　　图中，运放 XTR101 是测量放大器，将 10 脚、11 脚并接在一起可输出 2mA 的恒流源，作为 X 形检测元件的供电电流，10 脚和 11 脚的电压为 6.4V，由于放大器 A 为差动

185

输入，为提高其共模电压动态范围，要求 3 脚、4 脚间有 4~6V 的共模电压，为此，利用 R_2 提高共模电压为 $2\text{mA} \times 1\text{k}\Omega = 2\text{V}$，以满足要求。图中，$RP_2$ 为调零电位器，当被测压力 $p_x = 0$ 时，调节 RP_2 使输出电流为 4mA，RP_2 也可作零点迁移用。RP_1 为满量程调整电位器，即当 $p_x = p_{max}$ 时，调节 RP_1 使输出电流为 20mA。RP_1 和 RP_2 应反复调整几次，以满足精度要求。

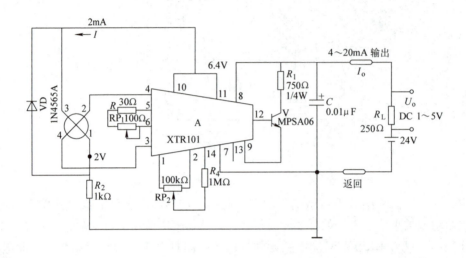

图 4-17　MPX7000 系列压力变送器原理图

晶体管 V 为功率放大管，C 为电源滤波电容，二极管 VD 为保护检测元件。在输出端接 250Ω 负载电阻可输出 DC 1~5V 标准电压并远传。

4.3.7　扩散硅差压变送器

扩散硅差压变送器检测元件的结构见图 4-18a。整个检测元件由两片研磨后胶合成（即硅杯）的硅片组成。在硅杯上制作压阻元件，利用金属丝将压阻元件引接到印制电路板上。再穿过玻璃密封引出。硅杯两面浸在硅油中，硅油与被测介质间有金属隔离膜片分开。被测差压 $\Delta p = p_1 - p_2$ 引入测量元件后，通过金属膜片和硅油传递到硅杯上，压阻元件的电阻值发生变化。

图 4-18b 为该差压变送器的电路原理图。图中 R_A、R_B、R_C 和 R_D 为利用压阻效应制成的压敏应变电阻。被测压力 p_1 和 p_2（即差压 Δp）作用在测量室内，使金属膜片产生弹性变形，其变形通过硅油传递到应变电阻上。适当安排应变电阻的位置，可使得差压 Δp 增加时，R_A、R_D 的阻值增加，而 R_B、R_C 的阻值减小。将 R_A、R_B、R_C 和 R_D 接成桥路，由恒流源对其供电，便转换成桥路的不平衡电压输出。桥路输出的不平衡电压经由运算放大器 A 进行电压放大、调制和转换，便输出与差压成正比的 DC 4~20mA 信号。

图中 R_E 和 R_F 为制作检测元件时的精密零点调整电阻，保证 $\Delta p = 0$ 时，输出电流 $I_o = 4\text{mA}$，晶体管 V 的作用为功率放大，恒流源由 A 内部电路产生。

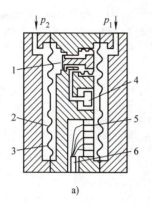

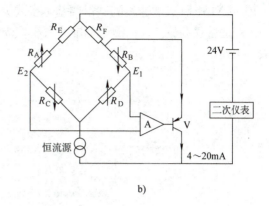

a)　　　　　　　　　　　　　　　　　　b)

图 4-18　扩散硅差压变送器原理

a) 传感器结构　b) 电路原理

1—过载保护装置　2—金属隔离膜　3—硅油　4—硅杯　5—金属丝　6—引出线

4.4　电容式微型传感器

4.4.1　集成（IC）电容式加速度传感器 ADXL50

该传感器是由 AD 公司生产的单片集成电路 ADXL50 组成。其内部集成了电容传感器、振荡器、解调器、前置放大器、缓冲放大器和基准电源等。仅需在外部接些阻容元件就能用于测量加速度。测量范围 $\pm 50g$，耐冲击可达 $2000g$。具有体积小，精度高，方向性好等特点。

ADXL50 内部框图见图 4-19。振荡器产生 1MHz 的脉冲信号供给电容传感器调制信号。传感器是在弹簧片上并联 42 个差动电容敏感元件，以便提高灵敏度。

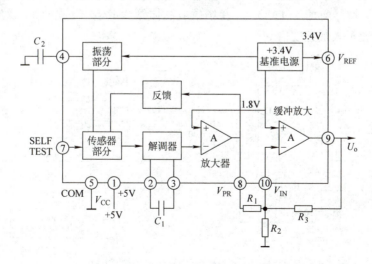

图 4-19　ADXL50 内部框图

用 ADXL50 构成加速度测试仪的基本接线见图 4-20。图中，RP_1 的作用是零点调整，RP_2 作用是量程调整。根据测量范围的大小，改变外接阻容即可，量程与外接阻容的关系见表 4-1。

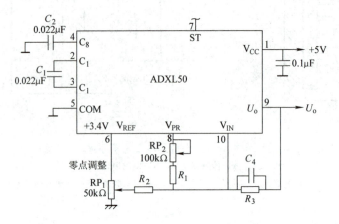

图 4-20　ADXL50 的基本接线

表 4-1　外接阻容与量程的关系

量程	灵敏度/（mV·g^{-1}）	RP_2/kΩ	R_1/kΩ	R_3/kΩ	C_4/μF
±10g	200	5	21.5	249	0.0022
±20g	100	5	23.7	137	0.0039
±40g	50	10	34	105	0.0056
±50g	40	10	43.3	105	0.0056

图 4-21 为 ±10g 加速度测试仪的实用电路。A–D 转换器采用具有译码、并可直接驱动 LCD 的 3½ 位 A–D 转换器 ICL7106。由于加速度变化非常迅速，显示器跟不上其变化，因此在 A–D 转换器前加了 TA75358 和场效应晶体管 2SK363 组成的正向峰值保持电路，这样，显示的是最大加速度值。

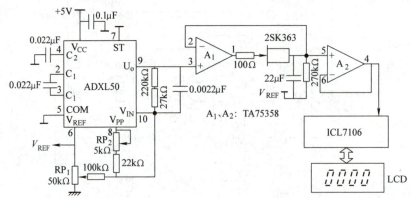

图 4-21　±10g 加速度测试仪实用电路

4.4.2　电容式数字输出压力变送器

该压力变送器是利用 CMOS 技术和机械微加工技术制作的，它由一个传感器芯片和一个数字电路集成芯片组成，然后将两个芯片经混合集成工艺封装在 28 个引脚的塑料外壳上，封装成双列直插式的芯片。其内部组成原理框图见图 4-22a。由图可见，传感器芯片由一个参考电容、一个传感器电容和两个完全相同的电容—频率（C/f）转换器组成。

数字集成芯片主要由时钟电路、定时电路、12 位计数器、零位调整、量程调整和输出电路组成。变送器的灵敏度温漂和零点温漂可在传感器芯片中进行调整，传感电容和参考电容经各自独立的 C/f 转换器转换成 f_x 和 f_0 送入 12bit 计数器进行计数，为了防止相互干扰，两个 C/f 转换器在定时电路的控制下交替地工作。

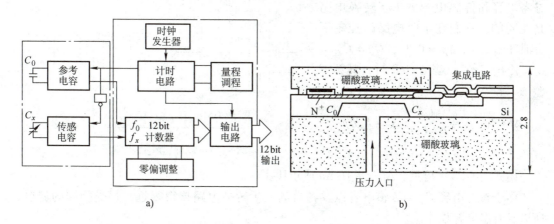

图 4-22　电容式数字输出压力变送器

a）组成框图　b）集成芯片剖面图

1. 传感器芯片　传感器芯片的横截面结构见图 4-22b。在一片尺寸为 4mm × 4mm × 2.8mm 的芯片上制作参考电容 C_0 和传感电容 C_x 以及电容/频率（C/f）转换集成电路。由图可见，被测差压 Δp（压力 p）作用于测压腔内，作为动极板的敏感膜片产生绕曲变形而有位移量 W。若位移量 W 远远小于电容传感器两极板的初始间隙 d_0，则可认为动极板的位移量 W 与被测差压 Δp（p）成正比，即

$$W = K\Delta p \qquad (4\text{-}19)$$

式中，K 为与膜片尺寸有关的常量。

由于参考电容不在敏感膜片上，其电容恒为 C_0，当被测差压 $\Delta p = 0$ 时，参考电容之值与传感器电容 C_x 之初值 C_{x0} 相等，即

$$C_0 = C_{x0} = \frac{\varepsilon A}{d_0} \qquad (4\text{-}20)$$

式中，ε 为介电常数；A 为电容器极板的有效面积。

当被测差压 $\Delta p \neq 0$ 时，传感电容之值为

$$C_x = \frac{\varepsilon A}{d_0 - W} = \frac{C_0 d_0}{d_0 - W} \qquad (4\text{-}21)$$

比较式（4-20）和式（4-21）可见，在被测差压作用下，传感电容之值大于参考电容之值。

参考电容 C_0 和传感电容 C_x 分别通过各自的 C/f 转换器转换成频率输出，即

$$f_0 = \frac{I_0}{2C_0 U_h} \tag{4-22}$$

$$f_x = \frac{I_x}{2C_x U_h} \tag{4-23}$$

式中，I_0 和 I_x 分别为参考电容和传感电容的充电电流或放电电流；U_h 为施密特触发器的迟滞电压，U_h 为常数。

C/f 转换电路的原理图见图 4-23。参考电容和传感电容的 C/f 转换电路是相同的，它们在定时电路的控制下分时工作，当 $\Delta p = 0$ 时，$C_x = C_{x0} = C_0$，$f_x = f_{x0} = f_0$。当 $\Delta p \neq 0$ 时，其频率差 Δf 为

$$\Delta f = f_0 - f_x = \frac{I_x K}{2C_0 U_h d_0}\Delta p = K_p \Delta p \tag{4-24}$$

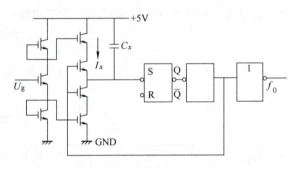

图 4-23　C/f 转换电路原理框图

由式（4-24）可见，Δf 与差压 Δp 成正比。

由于参考电容 C_0 和传感电容以及各自的 C/f 转换电路挨得很近，感受相同的温度，所以具有温度补偿作用。

2. 数字集成电路芯片　由图 4-22a 可见，参考电容输出的频率 f_0 和传感电容输出的频率 f_x 分别送到 12bit 计数器进行计数。设时钟脉冲的频率为 f_c，它不随温度变化。在定时电路控制下分时对 f_x 和 f_0 计数，对 f_0 进行递增计数，而对 f_x 进行递减计数。由式（4-24）可见，在开门时间 T_g 内计数器计数之差值 ΔN 为

$$\Delta N = T_g(f_0 - f_x) + N_0 \tag{4-25}$$

式中，N_0 为零位输出的调整值。

而计数器的开门时间与量程调整的预置初值 N_c 有关，即

$$T_g = \frac{N_c}{f_c} \tag{4-26}$$

由式（4-25）和式（4-26）可见，量程调整可利用改变计数器的开门时间 T_g 来实现，而零点调整可利用改变计数器的预置初值 N_0 来实现，是相互独立的，不受影响。

在开门时间 T_g 内计数器的计数差值 ΔN 经输出电路便可输出 12 位二进制数字信号。

4.5　智能化变送器

如前所述，由于变送器引入了微处理器，使变送器具有强大的智能化功能。本节介绍智能化变送器的组成结构，工作原理及其外特性。

4.5.1　ST–3000 系列智能变送器

ST–3000 系列智能变送器由美国霍尼韦尔（Honeywell）公司首先推出，它在 $14.7\mu m^2$ 的硅片上配置了差压 Δp、静压 p 和温度 T 三种传感元件，有效地解决了差压、静压和温度之间交叉灵敏度的影响，从而具有高精度、宽量程比和高稳定性的特点。

ST–3000 系列智能变送器的组成框图见图 4-24。

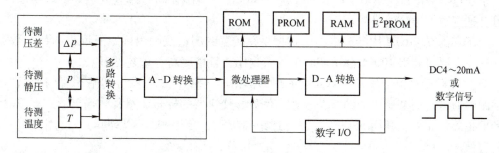

图 4-24　ST–3000 智能变送器组成框图

由图可见，该变送器由传感器和信号调理电路以及微处理器、存储器和输出信号调理电路两部分组成。该变送器的主测参数是差压 Δp，它将差压转换成 DC 4～20mA 和数字信号输出，并具有双向通信功能。为了消除被测介质的静压 p 和温度 T 对差压的交叉灵敏度的影响，设置了静压传感器和温度传感器。差压传感器、静压传感器和温度传感器将各自被测参数转换成电信号，分别经各自的信号调理电路调理成统一电平的信号，经多路开关切换至 10 位 A–D 转换器转换成数字量，送入微处理器、存储器和输出信号调理单元进行处理，最后转换成 DC 4～20mA 和数字信号输出。输出信号与被测差压 Δp 成正比关系。

1. 传感器芯片　传感器芯片是利用光刻技术和电阻注入技术在硅弹性膜片上制作电阻体，然后接成惠斯登电桥，见图 4-25，图中温度传感器为热敏电阻，三个传感器均由恒流源供电。当 Δp、p 和 T 发生变化时，便转换成电压输出。设 $U_{\Delta p}$、U_p 和 U_T 分别为三个传感器的输出电压，则

$$U_{\Delta p} = f_1(\Delta p,\ p,\ T)$$
$$U_p = f_2(\Delta p,\ p,\ T)$$
$$U_T = f_3(\Delta p,\ p,\ T)$$

由以上三式可求解出差压 Δp 的表达式为

$$\Delta p = F(U_{\Delta p}, U_p, U_T) \quad (4-27)$$

式（4-27）表明，欲精确测量被测差压 Δp，必

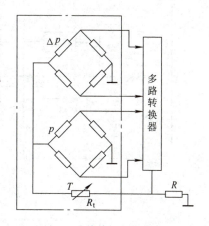

图 4-25　传感芯片原理框图

须考虑被测介质的静压 p 和温度变化对其的影响。为此，三传感器的输出信号经转换开关和 A–D 转换成数字量后，由微处理器按一定运算法则运算便可消除交叉灵敏度的影响。

2. 微处理器、存储器和调理单元 由图4-24可见，该环节由微处理器、D-A、I/O口、RAM、ROM、PROM和E^2PROM等组成。ROM的作用是存储程序；PROM存储三传感器的特征参数；掉电时E^2PROM存储永久性常数。变送器出厂前首先利用三维标定法将待测差压特性数据、静压特性数据和温度特性数据存储于PROM中。实际工作时，微处理器分别采集到三传感器的信号数据后，利用预先存储于PROM中的特征数据，通过软件进行三传感器数据融合处理，便可消除交叉灵敏度对主测参数Δp的影响。数据融合的结果通过D-A转换成DC 4~20mA统一标准信号输出，同时通过数字I/O口输出数字信号，达到数据通信的目的。

由于存储在PROM内的三维标定数据是在较宽的测量范围内标定所取得的特征数据，因此该变送器可获得100:1甚至400:1的量程比，且精度高，重复性好。

ST-3000变送器的操作工具是智能现场操作器（SFC），用户可利用SFC与变送器进行远距离通信，调节变送器的有关参数，例如，变送器的标号、量程、输出形式、阻尼时间和单位等。此外，利用SFC还可进行远距离校验、自检和故障诊断等，给用户带来极大的方便。

4.5.2 LD302智能压力变送器

通过变送器内部不同功能软件模块的组态，该变送器可用于测量差压、绝对压力、表压、液位和流量等工艺参数，是一台现场总线智能变送器。它由传感器组件板、主电路板和显示板三部分组成，见图4-26。

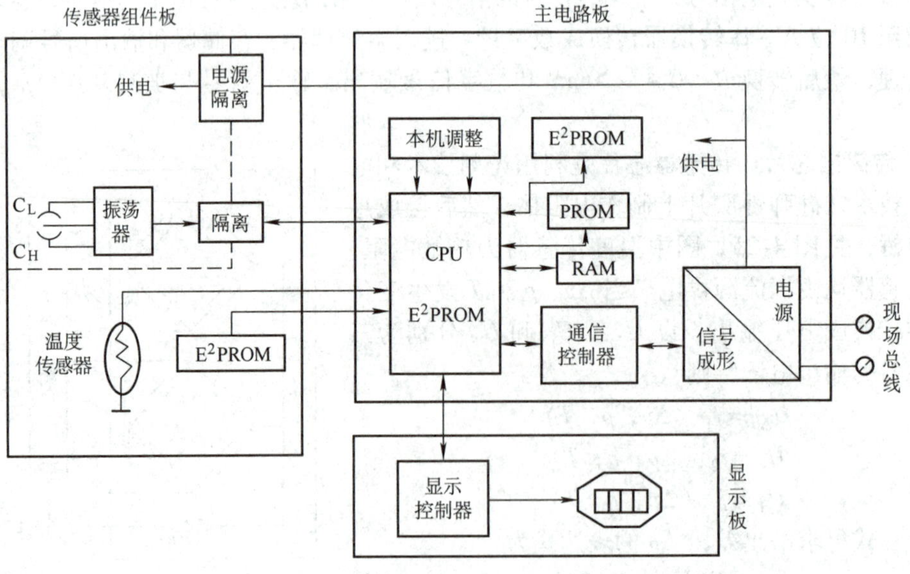

图4-26 LD302智能变送器组成框图

1. 传感器组件板 C_L和C_H组成差动电容传感器，它将被测参数转换成电容的变化量$\pm\Delta C$，经振荡器转换成频率的变化量$\pm\Delta f$，然后经光耦合器件送入CPU进行运算和处理。温度传感器监测电容传感器的工作温度，以便对电容传感器的输出—输入特性进行非线性校正和温度补偿。该组件板由主电路板进行电源隔离供电。

2. 主电路板　CPU 是该部分的核心，它控制各功能部件协调工作、温度补偿、非线性校正、控制和数据通信。PROM 为程序存储器。为避免掉电时暂存于 RAM 中的运算数据丢失，将重要数据存储于非易失存储器 E^2PROM 内，恢复供电时再读出。因此，一些重要的标定、组态和辨识等应用程序均存储于 E^2PROM 中。通信控制器的作用主要是监视现场总线的占空情况、调制和解调通信信号、引入和删除串行数字通信中的开始位和结束位。测量结果的数据经信号形成单元转换成 DC 4~20mA 统一标准信号和数字信号，通过现场总线输出以及和其他现场变送器或控制室上位机进行通信。

本机的电源由现场总线引入 9~32V 直流电源，经 DC/AC/DC 变换后作为本机直流电源。

3. 显示板　它由显示控制电路和液晶显示器（LCD）组成，可显示被测压力、液位和流量等的数字和单位。数值为 $4\frac{1}{2}$ 位和 5 位字母显示。

4. 特点

1）由于进行了非线性自校正和温度自动补偿，该变送器具有精度高、重复性好、可靠性高和便于维护的特点。

2）在 E^2PROM 中，装有模拟输入、输出选择、信号特征描述、累加、算术运算和 PID 控制等软件功能模块，用户可通过不同的软件组态，方便地组成差压、绝压、表压、液位和瞬时流量以及累积流量等变送器，也可组成上述各工艺参数的控制系统。

3）该变送器遵守 SMAR 现场总线协议，通信速率为 31.25kbit/s。

4.5.3　3051 型智能压力变送器

3051 型系列智能变送器可用于测量差压、压力、液位和流量等工艺参数。可在恶劣的环境下工作，保持高精度和良好的工作稳定性，其精度可达 ±0.075% FS，其稳定性可做到工作 5 年不需调整零点漂移和量程。其输出信号为 DC 4~20mA 和带有遵循 HART 协议的数字通信接口。

图 4-27 为 3051 系列变送器的组成框图，它由传感器部分和数据处理部分组成。

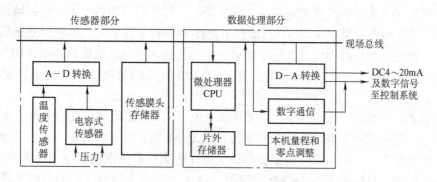

图 4-27　3051 智能变送器组成框图

1. 传感器部分　电容传感器将被测参数转换成电信号，并经信号调理电路调理到 A – D 转换器要求的统一标准电平。温度传感器用于补偿电容传感器的特性。传感膜头存储器用于保存传感器的膜片参数、传感器的修正参数和补偿参数等。A – D 输出的数字信号由总线送入数据处理部分。

2. 数据处理部分　数据处理部分的主要功能是：零点与量程设定；零点自补偿与传感器特性的自动校正；阻尼系数的设定；工程单位的选择与设定；输出方式（线性或二次方根输出）的选择与设定；确定变送器与上位机、执行器以及其他智能变送器之间的通信接口与通信方式等。

4.5.4　EJA 型差压（压力）智能变送器

EJA 型差压（压力）智能变送器由于具有体积小、重量轻、不受安装场所的限制、能有效地克服静压、温度等环境因素的影响，长期连续运行仍保持优于 ± 0.075% FS 的精度和高的可靠性与稳定性，以及具有完善的自诊断功能和通信功能的特点，自 1994 年投放市场以来，深受广大用户的好评。

图 4-28 是 EJA 智能差压（压力）变送器组成原理框图，它由膜片组件与智能转换组件两部分组成。

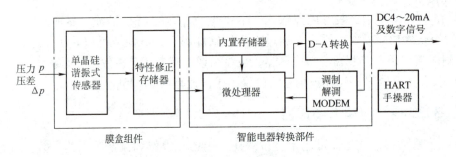

图 4-28　EJA 智能压力变送器组成框图

1. 膜片组件　膜片组件由谐振式传感器和特性参数存储器两部分组成。谐振式传感器是利用微机械加工技术制作感受被测差压（压力）的周边固支圆膜片及在膜片上制作两个特性相同的谐振梁，其中一个在膜片中心位置，另一个在膜片边缘，见图 4-29a。H 形硅谐振梁处于永久磁铁提供的磁场中，与变送器、放大器等组成一正反馈回路，让谐振梁在回路中产生振荡，见图 4-29b。当激振电流注入 H 形谐振梁时，谐振梁受磁场作用而振动，于是谐振梁切割磁力线而感应电动势，电动势的频率与梁的振动频率相同。感应电动势经放大后，一方面输出，另一方面经正反馈提供梁的激振电流，以维持梁的等幅振动。

由谐振式传感器的工作原理可知（见本书 3.9 节），当被测差压 $\Delta p = 0$ 时，谐振梁的振动频率等于谐振梁力学系统的固有频率 f_0。当 $\Delta p \neq 0$ 时，处于膜片中心位置的谐振梁由于受到压缩力作用，其振动频率减小，而处于膜片边缘位置的谐振梁由于受到张力作用，其振动频率增加，见图 4-30。两谐振梁的振动频率之差值 $\Delta f = f_1 - f_2$ 即为传感器的输出信号，Δf 与被测差压（压力）成正比。

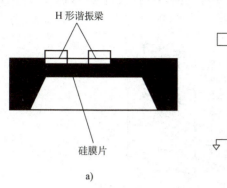

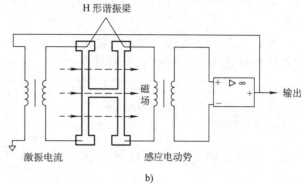

图 4-29 谐振梁的结构及其激励

特性修正存储器存储经过三维标定的传感器的差压、温度、静压以及传感器的输入、输出特性修正数据，在测量过程中，经微处理器（CPU）按照一定的规律进行运算或数据融合，从而消除了交叉灵敏度的影响，提高了变送器的精度、稳定性和可靠性。

2. 智能转换部件 该部分的核心是微处理器（CPU）。首先，CPU 在规定的时间内对 Δf 进行计数，将频率信号 Δf 转换成数字量，然后根据预先存储于特性修正存储器内的数据对传感器的输入/输出特性进行修正，从而得到代表被测差压（压力）的精确的数字量，一方面经 D－A 转换输出 DC 4～20mA 统一标准信号；另一方面经调制解调器（MO-DEM）输出一个符合 HART 协议的数字信号叠加在 DC 4～20mA 信号之上，作为数字通信之用。数字通信时，频率信号不对 DC 4～20mA 信号产生任何扰动影响。

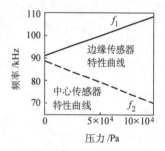

图 4-30 差压与梁振动频率的关系

EJA 差压（压力）智能变送器通过输入/输出接口与外部的 HART 手操器以数字通信方式传递数据。用户可方便地调节变送器的有关参数和故障诊断等。

4.5.5 阵列式智能气敏传感器

在生产实际或日常生活中，某种化学气体的浓度会随时间和空间位置而变化（例如，煤气管道的泄漏），显然利用前述的单个传感器已无法满足检测要求。因为单个传感器的输出信号只能反映空间某一特定点的待测信息，而不能检测气体浓度在空间和时间的分布信息。将多个单传感器连成多维阵列式便可检测气体的浓度随时间和空间分布的信息。多维阵列式传感器的输出信号经信号处理后送入显示器，便能显示化学气体浓度随时间和空间分布的实时图像，将不可见的信息显形化。这类阵列式气敏智能传感器在工业生产和日常生活中已得到了广泛应用。

图 4-31 为气体多维检测智能传感器系统原理图。图中，传感器阵列为 8×8 ＝ 64 个半导体气敏传感器组成二维面阵。气敏传感器阵列的输出信号经信号调理电路处理后，进入数字计算机进行计算和处理，将气体的空间信息送入显示器，便可形象地显示气体的空间

和时间的实时分布图形。例如，观察酒精、汽油等易挥发液体的挥发过程，既直观，又容易理解。

这种阵列式智能传感器检测方法也可用于检测其他参数，例如，检测可视物体的空间和时间分布，可用固体图像传感器阵列；检测声波的传播过程，可用声压传感器阵列等。

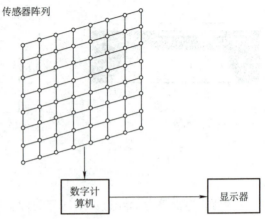

图 4-31　气体多维检测智能传感器系统原理

4.5.6　阵列式智能压力图像传感器

4.5.6.1　传感器的结构

图 4-32 为阵列式智能压力图像传感器的结构。由图 4-32a 可见，它是 32 × 32 = 1024 个压力检测单元的二维面阵。每一个压力检测单元由 4 个硅压敏电阻组成一个惠斯登电桥作为压力敏感元件。在每一压力检测单元周围制作 CMOS 模拟开关、电源开关和逻辑控制电路。单个压力检测单元的剖面图见图 4-32b。在 1024 个压力检测单

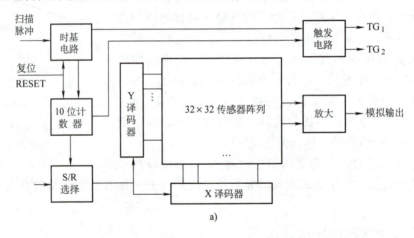

a)

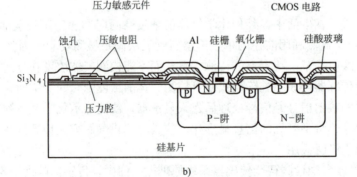

b)

图 4-32　阵列式智能压力图像传感器的结构

a）传感器芯片框图　b）压力检测单元剖面图

元的周围制作信号调理电路，它包括三个信号放大器、10 位计数器、时基电路、触发电路、S/R 选择器、X（行）译码器和 Y（列）译码器等。

4.5.6.2   信号读出系统

在行译码器和列译码器控制下，分时激励每一个压力检测单元，即在每一时刻只有一个压力检测单元被激励而投入工作。因此，传感器能耗很小（约 50mW）。图 4-33 为传感器阵面的等效电路。由图可见，1024 个检测单元排列成 32 行和 32 列。每一检测单元有两个行读出模拟开关，以第 0 行为例，模拟开关排列为 $SX_0 \sim SX_{63}$；那么第 1 行的排列为 $SX_{64} \sim SX_{127}$；其余依此类推。每一列有两个列读出模拟开关，依次排列为 $SY_0 \sim SY_{63}$。有 32 条 X 方向控制线，依次为 $X_0 \sim X_{31}$；同样有 32 条 Y 控制线 $Y_0 \sim Y_{31}$。下面介绍信号读出过程。

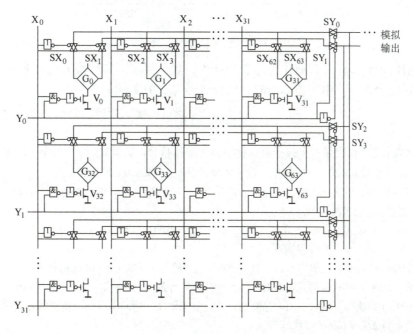

图 4-33   传感器阵面的等效电路

设某时刻 Y 译码器通过触发器输出 Y_0 选通使 V_0 导通，向 G_0 桥路提供激励电源，G_0 桥路投入检测和使模拟开关 SY_0、SY_1 闭合。同时，X 译码器通过触发器选通 X_0 线使模拟开关 SX_0、SX_1 闭合，于是 G_0 单元的检测信号输出至放大器进行放大和处理。经过 Δt 时间（Δt 约为 16μs），Y_0 线选通 V_1 向 G_1 桥路提供激励电源，G_1 单元投入检测（此时 G_0 单元退出检测）和使模拟开关 SY_0、SY_1 闭合。同时，X_1 线使模拟开关 SX_2、SX_3 闭合，于是 G_1 单元的检测信号输出至放大器进行放大和处理。依此类推，$G_2 \sim G_{1023}$ 单元的读出过程与上述读出过程相同。该阵列式压力传感器信号读出过程的时序波形见图 4-34。

本传感器时基脉冲的频率为 4MHz，扫描脉冲的频率为 60kHz，因此每一检测单元的扫描时间约为 16μs，扫描 1024 个检测单元所需时间约 17ms。

传感器输出的信号必须作进一步分析和处理才能真正显示待测压力的空间和时间分布

图像。这种具有高分辨率、高灵敏度、高精度和高可靠性的压力图像传感器可作为精密机器人的压觉传感器。

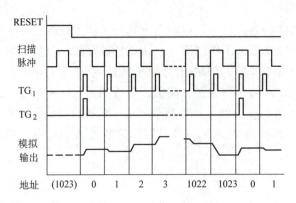

图 4-34　信号读出时序波形图

必须指出，微型化和智能化传感器的品种、规格很多，其制作工艺也千差万别。前面介绍的仅是极少部分。由于篇幅所限，请读者参考有关文献。

习题与思考题

4-1　用数字频率计测量石英振子温度传感器的输出信号，已知 0℃时石英振子的振荡频率 $f_0 = 1\text{MHz}$，频率温度系数 $\alpha = 200 \times 10^{-6}/℃$，数字频率计数值 $N = 40000$。求被测温度。

4-2　图 4-12 中，设 $R_A = 5R_B$，桥路等效内阻 $R_0 = 3\text{k}\Omega$，取式（4-17）右边等于 1.2V。为达到较佳的温度补偿效果，请合理选择 V_{DD}、R_A 和 R_B 的值。

4-3　图 4-12 中取 $V_{DD} = 10\text{V}$，$R_{14} = 2R_{12}$，$R_9 = R_{10} = 10\text{k}\Omega$，设桥路电压灵敏度 $k_U = 5\text{mV/V}$，传感器的输出 $U_o = 0 \sim 2\text{V}$。合理选择变阻器 RP。

4-4　设图 4-17 变送器的测量范围为 $0 \sim 400\text{kPa}$，求输出电流 $I_o = 16\text{mA}$ 时的被测压力 p_x。

4-5　图 4-22 所示变送器的计数器对 $\Delta f = f_0 - f_x$ 进行计数。设计时取 $C_{x0} = C_0 = 100\text{pF}$，$U_h = 5\text{V}$，利用 $I_o = I_x = 100\mu\text{A}$ 恒流源分别对 C_0 和 C_x 充电，变送器灵敏度 $k_f = 50\text{Hz/kPa}$。被测压力 p_x 作用下传感电容 C_x 的变化量为 $\Delta C_x = 100\text{pF}$。求 Δf 和 p_x。

4-6　参考图 4-33 简述 G_{32} 单元的信号读出过程。

第 5 章

数字化测量技术

5.1 概述

如前所述，利用各种传感器可将各种非电量，例如温度、压力、流量、物位、质量、力、振动、位移、速度、加速度、冲击、转矩以及各种状态量和成分量等转换成便于远传、放大和处理的电量（如电流、电压、频率及阻抗等）。电信号经过滤波、放大和处理后，可用传统的指针式仪表或数字仪表来指示或显示。后者较前者具有测量精度高、灵敏度高、速度快、读数客观、测量自动化、易于与微机系统组成自动测试系统等一系列优点。

数字化测量技术的基本内容是将连续的模拟量转换成相应量化了的断续量，然后予以数字编码，进而传输、存储、显示或打印。因此，A – D 转换器是数字化测量的核心部件。

由于微型计算机或微处理器进入测量领域，组成智能化测量控制仪器仪表，其功能和性能均起了根本性的变化（见本书 5.11.3 节），从而加速了数字化测量技术的迅猛发展，开拓了广阔的应用前景。

本章在介绍有源滤波、常用集成运放和信号处理、采样开关和采样保持器的基础上，重点介绍 A – D 转换和 D – A 转换的原理、外特性及其在数字化测量技术的典型应用。

5.2　有源滤波器的设计

传感器的输出信号多数是微弱的电信号，在信号的处理、放大、传输以及传感器的本身等各个环节中，很容易引进干扰信号。在严重情况下，这些干扰信号会淹没有用信号，以致于无法测量。在这种情况下，除了采用有效的抗干扰措施外（详见第 6 章），采用信号滤波技术是提高信噪比（S/N）的行之有效的方法。滤波器的作用是选出有用的频率信号，有用的频率信号通过滤波器时，不衰减或有放大作用（对有源滤波而言），而抑制杂散的无用频率的信号，使其最大限度地衰减，从而提高信噪比。

通常，称可以通过的频率范围为通带；不能通过的频率范围为阻带；通带与阻带的界限频率为截止频率，其频率特性用 Q 值来衡量，Q 值越高，则灵敏度越高，频率选择特性越好，通带越窄。因此，滤波器可分为低通滤波器、高通滤波器、带通滤波器和带阻滤波器。

按滤波器是否使用有源器件（放大器）来分，可分为有源滤波器和无源滤波器两大类。

一阶无源和有源低通滤波器见图 5-1。图 5-1a 是一阶无源 RC 低通滤波器，其传递函数为

$$H(s) = \frac{1}{1 + RCS} \tag{5-1}$$

图 5-1c 是一阶有源低通滤波器，其传递函数为

$$H(s) = -\frac{R_F}{R_1} \frac{1}{1 + R_F SC} \tag{5-2}$$

式中，$S = j\omega$；R_F/R_1 为增益。

图 5-1b 是 RC 网络接到正输入端的一阶有源滤波器，设 $R = R_F$，其传递函数为

$$H(s) = \left(1 + \frac{R_F}{R_1}\right)\left(\frac{1}{1 + R_F SC}\right) \tag{5-3}$$

式中，$(1 + R_F/R_1)$ 为增益。

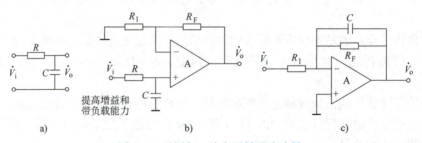

图 5-1　无源与一阶有源低通滤波器

a）无源滤波器　b）RC 接到正输入端　c）RC 接到负输入端

比较式（5-1）、式（5-2）和式（5-3）可见，只要 $R_F > R_1$，有源滤波器的增益可大于 1；而无源滤波器中的电阻 R 有一定的损耗，其增益小于 1。

例 5-1　设计一截止频率 $f_0 = 50\mathrm{Hz}$ 的一阶低通有源滤波器，增益 $H_0 = 3$。

解　设一阶有源滤波器的电路形式见图 5-1b。由式（5-3）可得截止角频率 ω_0 为

$$\omega_0 = \frac{1}{R_\mathrm{F} C} = 2\pi f_0 = 2 \times 3.14 \times 50\,\mathrm{rad/s} = 314\,\mathrm{rad/s}$$

取 $C = 0.1\mu\mathrm{F}$，且 $R = R_\mathrm{F}$，则

$$R_\mathrm{F} = \frac{1}{\omega_0 C} = \frac{1}{314 \times 0.1 \times 10^{-6}}\mathrm{k\Omega} \approx 32\mathrm{k\Omega}$$

因为

$$H_0 = 1 + \frac{R_\mathrm{F}}{R_1} = 3$$

所以

$$R_1 = \frac{R_\mathrm{F}}{2} = \frac{32\mathrm{k\Omega}}{2} = 16\mathrm{k\Omega}$$

有源滤波器在低频（$<1\mathrm{MHz}$）段使用时，具有更优越的性能。表 5-1 为无源滤波器与有源滤波器的性能比较。

表 5-1　无源滤波器与有源滤波器性能比较

比较指标	无　　　源	有　　　源
尺寸、重量和价格	受电感器的限制	无电感器
调谐	必须调整 L 或 C	只用一个电阻器进行调整
带宽	受电感器 Q 的限制	容易作到 $Q \geqslant 100$
频带性能		
次声频（$<10\mathrm{Hz}$）	不具有	极好
声频	获得不方便	极好
射频（$>100\mathrm{kHz}$）	好	好
增益	有插入损耗	增益 >1
输入和输出的阻抗匹配	必须匹配	不需要匹配
多级连接	逐级加载	没有问题
传递函数的求取	困难在于电感器的非理想特性和级间互相影响，求取既麻烦又复杂	直接，且很有效

由表 5-1 可见，有源滤波器较无源滤波器具有无法比拟的优越性能。因此目前在音频信号处理、工业测量和控制等领域已得到极为广泛的应用。

5.2.1　低通有源滤波器的设计

低通滤波器的功能是：让频率从零（直流）到指定截止频率的低频信号通过，而高频分量信号受到很大的衰减，其通带为 $0 \leqslant \omega \leqslant \omega_0$，$\omega_0$ 为截止频率。

图 5-2 为利用运放组成有限增益可控的有源二阶低通滤波器。设 $R_1 = R_2 = R$，$C_1 = C_2 = C$，利用节点电流法，则该有源滤波器的幅频特性可通过下面的联立方程求解：

$$\begin{cases} -\dfrac{1}{R}\dot{V}_\mathrm{i} + \left(\dfrac{2}{R} + CS\right)\dot{V}_1 - SC V_\mathrm{o} - \dfrac{1}{R}\dfrac{\dot{V}_\mathrm{o}}{H_0} = 0 \\[3mm] -\dfrac{1}{R}\dot{V}_1 + \left(\dfrac{1}{R} + CS\right)\dfrac{\dot{V}_\mathrm{o}}{H_0} = 0 \end{cases}$$

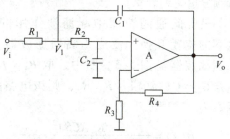

图 5-2　有限增益二阶低通滤波器

因此可求得其传递函数为

$$H(s) = \frac{H_0}{1 + (3 - H_0)RCS + (RCS)^2}$$

$$= \frac{H_0\omega_0^2}{S^2 + \dfrac{\omega_0}{Q}S + \omega_0^2} \tag{5-4}$$

式（5-4）是二阶低通滤波器的标准式。式（5-4）左右两边对比，可得

$$H_0 = \frac{R_3 + R_4}{R_3}; \quad \omega_0 = \frac{1}{RC}; \quad Q = \frac{1}{3 - H_0} \tag{5-5}$$

当已知 ω_0 和 Q 值时，则

$$RC = \frac{1}{\omega_0}, \quad H_0 = 3 - \frac{1}{Q} \tag{5-6}$$

可见，这种方法 H_0 不能任意指定。

例 5-2 设计一个截止频率 $f_0 = 50\mathrm{Hz}$ 二阶有源滤波器，$Q = 2$。

解 由式（5-6）可得

$$RC = \frac{1}{\omega_0} = \frac{1}{2\pi f_0} = \frac{1}{2 \times 3.14 \times 50}\mathrm{s} = 3.183 \times 10^{-3}\mathrm{s}$$

选 $C_1 = C_2 = 1\mu\mathrm{F}$，则

$$R_1 = R_2 = R = \frac{3.183 \times 10^{-3}}{1 \times 10^{-6}}\Omega = 3.2\mathrm{k}\Omega$$

$$H_0 = 3 - \frac{1}{Q} = 3 - \frac{1}{2} = 2.5$$

$$H_0 = 1 + \frac{R_4}{R_3} = 2.5，取 R_3 = 5.1\mathrm{k}\Omega，则 R_4 = 7.65\mathrm{k}\Omega$$

这种有限增益二阶低通有源滤波器的元件离散性小，参数调整方便。由于通过 C_1 引进正反馈，其增益受到一定的限制，由式（5-5）可见，若 $H_0 \geqslant 3$，该电路将失去稳定性。

5.2.2 高通有源滤波器的设计

高通滤波器的功能是：让高于指定频率 ω_0 的信号通过，而使直流到指定阻带频率的低频分量受到衰减。

只要低通滤波器中起滤波作用的电阻、电容的位置互换，便成为高通滤波器。二阶高通滤波器见图 5-3。图中，取 $R_1 = R_2 = R$；$C_1 = C_2 = C$；$K = 1 + R_4/R_3$，则该电路的传递函数为

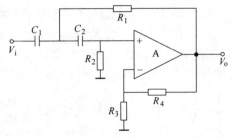

$$H(s) = \frac{K(RCS)^2}{1 + (3 - K)RCS + (RCS)^2}$$

图 5-3 二阶高通有源滤波器

$$= \frac{Ks^2}{s^2 + \frac{3-K}{RC}s + (RC)^2} = \frac{H_0 s^2}{s^2 + \frac{\omega_0}{Q}s + \omega_0^2} \tag{5-7}$$

式中，$\omega_0 = 1/(RC)$；$Q = 1/(3-K)$；$H_0 = K$。

式（5-7）是二阶高通滤波器的标准式。

例 5-3　设计一个二阶高通有源滤波器，其截止频率 $f_0 = 200\,\text{Hz}$，$H_0 = 2$（这种设计方式，Q 不能任意给定）。

解　$RC = \dfrac{1}{\omega_0} = \dfrac{1}{2\pi f_0} = 7.96 \times 10^{-4}$

若取 $C_1 = C_2 = C = 1.0\,\mu\text{F}$，则

$$R = R_1 = R_2 = \frac{7.96 \times 10^{-4}}{C} = \frac{7.96 \times 10^{-4}}{1.0 \times 10^{-6}}\Omega = 796\,\Omega$$

因 $H_0 = 1 + \dfrac{R_4}{R_3} = 2$　所以 $\dfrac{R_4}{R_3} = 1$，取 $R_3 = R_4 = 5.1\,\text{k}\Omega$。

5.2.3　带通有源滤波器的设计

其功能是：让有限带宽（$\omega_\text{L} \leqslant \omega \leqslant \omega_\text{H}$）内的频率分量通过，而让此频率范围外的其他频率分量衰减。其带宽定义为：$BW = \omega_\text{H} - \omega_\text{L}$，其中 ω_H 和 ω_L 为滤波器的上、下截止频率。

二阶有源带通滤波器见图 5-4。由节点方程可求得其传递函数为

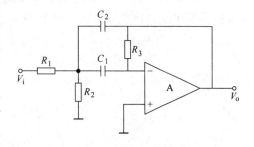

图 5-4　二阶有源带通滤波器

$$H(s) = \frac{-\dfrac{1}{R_1 C_2}s}{s^2 + \dfrac{1}{R_3}\left(\dfrac{1}{C_1} + \dfrac{1}{C_2}\right)S + \dfrac{1}{R_3 C_1 C_2}\left(\dfrac{1}{R_1} + \dfrac{1}{R_2}\right)}$$

为简化设计，常取 $C_1 = C_2 = C$，$R_1 \gg R_2$，上式经简化并化成标准形式得

$$H(s) \approx -\frac{R_3/(2R_1) \times \dfrac{2}{C}\dfrac{\sqrt{1/R_2 R_3}}{\sqrt{R_3/R_2}}s}{s^2 + \dfrac{2}{C}\dfrac{\sqrt{1/R_2 R_3}}{\sqrt{R_3/R_2}}s + \dfrac{1}{C^2 R_2 R_3}}$$

$$= \frac{H_0(\omega_0/Q)S}{s^2 + (\omega_0/Q)S + \omega_0^2} \tag{5-8}$$

对比上式可以看出

$$H_0 = R_3/(2R_1)；\quad \omega_0 = \frac{1}{C}\sqrt{1/(R_2 R_3)}；\quad Q = \frac{1}{2}\sqrt{R_3/R_2}$$

例 5-4　设计一窄带二阶有源带通滤波器，$f_0 = 100\,\text{Hz}$，$H_0 = 2$。

解　$H_0 = \dfrac{R_3}{2R_1} = 2$，若取 $R_3 = 10\mathrm{k\Omega}$，$R_1 = 2.5\mathrm{k\Omega}$

$$\omega_0 = \frac{1}{C}\sqrt{\frac{1}{R_2 R_3}} \quad \frac{1}{R_2 R_3} = (\omega_0 C)^2$$

若取 $C_1 = C_2 = C = 1.0\mathrm{\mu F}$, $R_2 = \dfrac{1}{R_3(\omega_0 C)^2} = \dfrac{1}{10 \times 10^3 \times (2\pi \times 100 \times 1.0 \times 10^{-6})^2}\Omega$

$$= 253\Omega$$

$$Q = \frac{1}{2}\sqrt{\frac{R_3}{R_2}} = \frac{1}{2}\sqrt{\frac{10 \times 10^3}{253}} = 3$$

5.2.4　有源带阻滤波器的设计

其功能是：抑制某个频率范围内的频率分量，使其衰减，而让此频带以外的频率分量通过。幅频特性对称的带阻滤波器也称为陷波器。

常用双 T 形选频网络和运放组成有源带阻滤波器，见图 5-5。为了获得抑制范围更窄的幅频特性，将双 T 形网络中 R' 接地端改接到输出端。该电路的传递函数为

$$H(s) = \frac{H_0(S^2 + \omega_0^2)}{S^2 + 2(2 - H_0)\omega_0 S + \omega_0^2} \quad (5\text{-}9)$$

由式（5-9）和图 5-5 可以看出：

$$H_0 = 1 + \frac{R_F}{R_1}; \quad \omega_0 = \frac{1}{RC}; \quad 1/Q = 4 - 2H_0$$

由上式可见，H_0 不能大于或等于 2，H_0 越接近 2，$|Q|$ 越大，即起到使阻断范围变窄的作用。

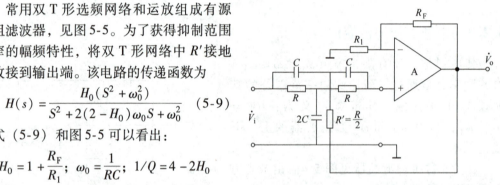

图 5-5　双 T 形有源带阻滤波器

例 5-5　设计一双 T 有源带阻滤波器，其截止频率 $f_0 = 50\mathrm{Hz}$，$H_0 = 1.8$。

解　$RC = \dfrac{1}{\omega_0} = \dfrac{1}{2\pi f_0} = \dfrac{1}{2\pi \times 50}\mathrm{s} = 3.183 \times 10^{-3}\mathrm{s}$

若取 $C = 1.0\mathrm{\mu F}$，则

$$R = \frac{3.183 \times 10^{-3}}{1.0 \times 10^{-6}}\Omega = 3.2\mathrm{k\Omega}$$

$$R' = \frac{R}{2} = 1.6\mathrm{k\Omega}$$

$$H_0 = 1 + \frac{R_F}{R_1} = 1.8 \quad R_F = 0.8R_1$$

取 $R_1 = 10\mathrm{k\Omega}$，则 $R_F = 8\mathrm{k\Omega}$

$$\frac{1}{Q} = 4 - 2H = 4 - 2 \times 1.8 = 0.4$$

$$Q = \frac{1}{0.4} = 2.5$$

在传感器输出信号的传输或其他模拟信号的处理过程中，常会串入 50Hz 的工频干扰，滤除这种干扰可用 50Hz 陷波器。图 5-6 示出了一个实用 50Hz 陷波器电路。

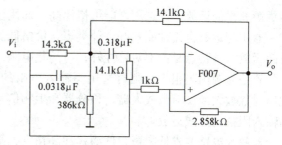

图 5-6　50Hz 陷波器实用电路

目前，已有许多集成有源滤波器投放市场，仅在外围接上少量的 R、C 元件便能组成各种有源滤波器，例如，FLT－U_2、B－LB 系列等。图 5-7 为 FLT－U_2 接成低通有源滤波器的典型接法。图中，R_1 为输入平衡电阻；RP 可调滤波器 Q 值。FLT－U_2 的电源为（$\pm 5 \sim \pm 15$）V；$R_i = 5\text{M}\Omega$，截止频率 $f_0 = (0.001 \sim 2 \times 10^5)\,\text{Hz}$；$Q = 0.1 \sim 1000$；中心截止频率精度为 $\pm 5\%$。

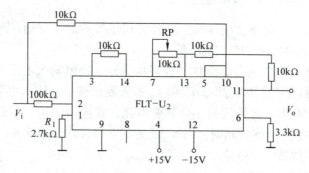

图 5-7　FLT－U_2 低通滤波器的典型接法

5.3　模拟信号放大技术

5.3.1　概述

如前所述，传感器将各种非电物理量转变成微弱的电信号（电压、电流等），由于幅值很小和含有干扰信号，必须进行信号滤波和放大处理，将信号放大到 A－D 转换可接受的幅值范围之内，此外，数－模（D－A）转换的输出信号也必须经过放大处理。可见，信号的放大技术是数字化测量技术的重要环节。

模拟信号的放大，常选用集成运算放大器（简称运放）。集成运放的种类很多，其分类方法不一，可分为通用型、高精度型、高输入阻抗型、高速型、测量运放、可程控增益型和隔离型等。

集成运放性能的优劣主要从技术指标来判断。其主要性能指标有：开环增益、差模输入阻抗（电阻）、输出电阻、输入失调电压、输入失调电流、失调电压和失调电流的温度系数、输入偏置电流、最大差模和共模输入电压范围、共模抑制比、上升率和带宽等。各种运放的技术指标详见有关线性集成运算放大器手册。

集成运放一般选择原则是：在满足所需电气特性的前提下，尽可能选择价格低廉、市场货源充足的运放，即选用性能价格比高、通用性强的运放。

通用型运放直流性能较好，种类多，价格低。电路的运放数量较多时，可选用双运放或四运放，其特点是内部对称性好，可简化电路，缩小体积和降低成本。

若信号源内阻很大，则可选用高输入电阻的运放。另外，像采样/保持、峰值检波、优质对数放大或反对数放大器、积分器和生物信号的放大及提取、测量放大器等均需选用高输入阻抗的集成运放。

若放大电路要求低噪声、低漂移和高精度，则应选择高精度、低漂移的低噪声运放。视频信号的放大、处理等场合应选择高速宽带运放。

总之，选择运放时，要视系统对放大电路的要求，进行分析和耐心挑选，避免盲目选用高档的运放。下面对一些常用的运放的特性作介绍，以便于选择时参考。

5.3.2　通用型集成运算放大器

通用型运放的品种、规格、型号很多，各公司生产的型号有别，常用的有：μA741、LM124、LM224、LM324、DG741、F007 等。

1. μA741　由于其性能完善，例如，开环增益高，差模输入电压和共模输入电压范围宽，失调电流 I_{os} 和失调电压 V_{os} 小，I_{os} 和 V_{os} 的温度漂移小，输入电阻高，共模抑制比 CMRR 的典型值达 100dB，功耗较低，负载能力强，有输出保护，因此具有较广泛的应用。图 5-8a 为 μA741 外引脚功能图，图 5-8b 为其典型接法。图 5-8b 中电位器 RP 的作用是调整零点。RP_1 调整闭环增益。

2. LM124/LM224/LM324　是一种单片高增益 4 个运放的集成芯片。单电源电压 3 ~ 30V，双电源电压（ ±1.5 ~ ±15 ）V；其电源电流很小，且与电源电压无关。其输入偏流、电阻温度自补偿，不需外接频率补偿，片内 4 个运放的特性一致性较好。可做到输出电平与数字电路兼容，因此深受广大用户欢迎。

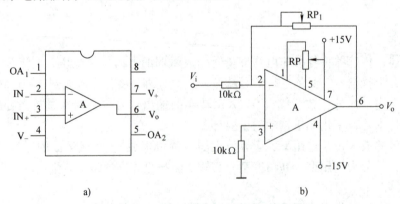

a)　　　　　　　　　　　　　　　　b)

图 5-8　μA741 的引脚及典型接法

图 5-9a 为该系列运放的外引脚图。图 5-9b 和图 5-9c 是 LM324 用基准电压源和施密特触发器的接法。图 5-9b 中 MC1403 是集成稳压块。图 5-9c 中触发器的回差电压为

$$V_H = \frac{2R_2}{R_1 + R_2} V_o$$

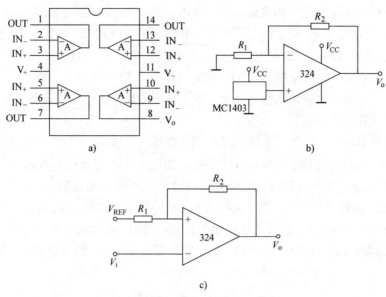

c)

图 5-9　LM124/224/324 集成运放

a）引脚功能　b）基准电压源应用　c）施密特触发器

5.3.3　高精度集成运放

该类集成运放的型号很多，常用的有：ADOP - 07、ICL7650、DG725 等。

1. ADOP - 07　其特性参数的典型值为：输入失调电压 85μV；输入失调电流 0.8nA；失调电压漂移 <0.2μV/℃；输入偏置电流 2nA；差模电压增益达 104dB；共模抑制比 CMRR 为 110dB；输入电阻 31MΩ；输出电阻 60Ω；电源电压（±3 ~ ±18）V。可见，ADOP - 07 是超低失调电压、失调电流和超低漂移的集成运放。广泛应用于稳定积分、精密加法、减法运算、比较、阈值电压检测、微弱信号精确放大等场合，是一种通用性极强的运算放大器。

图 5-10a 为 ADOP - 07 外引线图，图 5-10b 为其典型接法。图 5-10b 中 RP$_1$ 用作调零；RP$_2$ 用作调节增益。

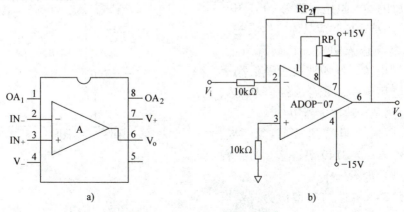

图 5-10　ADOP - 07 集成运放

a）引脚功能　b）典型接法

2. ICL7650 属斩波稳零型集成运放。利用 CMOS 工艺制成。内部有频率为 200Hz 的时钟源，用于自补偿失调电压和失调电流。ICL7650 特性的典型值为：差模电压增益 134dB，共模抑制比 130dB，失调电压 $5\mu V$，失调电流 0.5pA、失调电压温漂 $0.01\mu V/℃$；输入偏置电流 1.5pA；输入电阻 $10^6 M\Omega$，电源电压（$\pm 3 \sim \pm 8$）V。可见，该运放具有极为稳定的特性。因此，已在电桥信号放大、测量放大、生物医学工程检测、微弱信号放大等领域中广泛应用。

图 5-11a 是 ICL7650 的外引线图，图 5-11b 是其典型接法。图中，记忆电容 C_A 和 C_B 影响补偿精度，选取时应注意：①选取高品质、漏电流小的电容；②用内部时钟时，C_A、C_B 的容量取 $0.1\mu F$；用外时钟时，电容值要随时钟频率的增加而减小。图 5-11b 中 9 引脚为输出钳位，达到钳位要求：$R_3 + (R_1 // R_2) = 100k\Omega \sim 1M\Omega$。为得到较好的频响，输出负载电阻应大于 $10k\Omega$。该运放在直流和超低频时使用更能体现出其优越性。

图 5-12 为带有调零回路的另一种接法，图中 RP_1 为调零电位器、RP_2 用作增益调节。

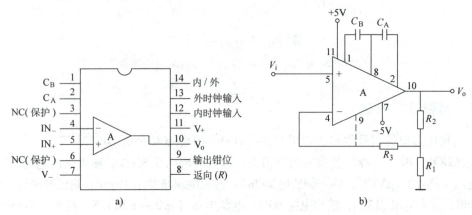

图 5-11　ICL7650 集成运放
a）引脚功能　b）典型接法

5.3.4　高输入阻抗集成运放

该类运放的输入阻抗一般为 $10^7 \sim 10^{12}$ $M\Omega$。通常采用结型场效应晶体管构成差分输入级，以提高输入阻抗，且兼有高速、宽带，低失调电流、低谐波失真及低噪声等特点。广泛用于高速积分、快速 D - A 采样/保持电路及一般放大器中。

常用的高输入阻抗运放有：LF347、LF356、CA3140、DG3140 等许多型号，各公司产品的型号也不一样。

例如，LF347 特性的典型值为：差模电压增益 100dB、输入电阻 $10^6 M\Omega$，失调

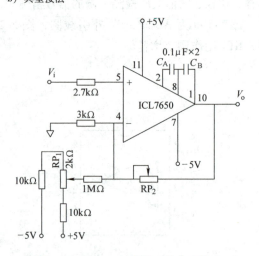

图 5-12　ICL7650 的另一种典型接法

电压 3mV、共模抑制比 100dB、转换速率 13V/μs，单位增益带宽为 4MHz，电源 ± 12V。是场效应晶体管与双极型管兼容的单片四运放，其外引线见图 5-13。

5.3.5　测量放大器

如前所述，传感器输出是微弱的电信号，信号中还可能包含有工频、静电和电磁耦合等共模干扰信号。对这种信号的放大，需要放大电路具有高输入阻抗、高增益、低噪声和高共模抑制比，习惯上称这种放大器为测量放大器、电桥放大器或仪表放大器。

图 5-14 为用三个运放组成的测量放大器原理图，经分析可得

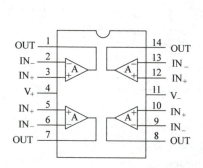

图 5-13　LF347 的引脚功能

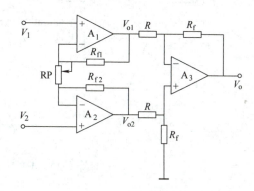

图 5-14　测量放大器原理图

$$V_{o1} = \left(1 + \frac{R_{f1}}{R_P}\right)V_1 - \frac{R_{f1}}{R_P}V_2$$

$$V_{o2} = \left(1 + \frac{R_{f2}}{R_P}\right)V_2 - \frac{R_{f2}}{R_P}V_1$$

$$V_o = \frac{R_f}{R}\left(1 + \frac{R_{f1} + R_{f2}}{R_P}\right)(V_2 - V_1)$$

其增益为

$$K = \frac{V_o}{V_2 - V_1} = \frac{R_f}{R}\left(1 + \frac{R_{f1} + R_{f2}}{R_P}\right)$$

式中，R_P 为电位器 RP 的阻值。该电路中只要运放的输入阻抗和电压增益对称，其漂移将大大减小、输入阻抗和共模抑制比很高，对微弱差模电压很灵敏。适宜于与传感器配合使用和测量远传信号。

为了提高测量放大器的性能，目前已有很多将图 5-14 电路集成于一块芯片的集成测量放大器。例如，AD521、AD522、INA101、INA102、INA104、INA105、INA110、ZF603、ZF604、ZF605、BG004 等系列集成测量放大器。

AD521 由于三个运放和电阻都集成在同一芯片内，其对称性强，受温度的影响可互相补偿，因此具有高输入阻抗，高共模干扰抑制比，很低的失调电压和失调电流，低噪声的特点。

AD521 特性参数的典型值为：失调电压 3mV，失调电压漂移 7μV/℃，失调电流

20nA，偏置电流 80nA、差模输入阻抗 $3 \times 10^9 \Omega$、共模输入阻抗 $6 \times 10^{10} \Omega$，共模抑制比：增益 $G = 1$ 时，74dB，$G = 1000$ 时 110dB；输出电流 25mA。

图 5-15 为 AD521 的引脚排列及其基本接法。图 a 中 SENSE 称为敏感端、采样端或检测端。REF 称为参考端。AD521 的增益可在 $0.1 \sim 1000$ 之间调整，增益调整不需要精密的外接电阻，增益 $G = R_S / R_G$，信号输入端 1 和 3 脚需为共模信号提供电流回路，因此与浮置式传感器配合使用时，为防止输出饱和，必须适当接地，见图 5-16。

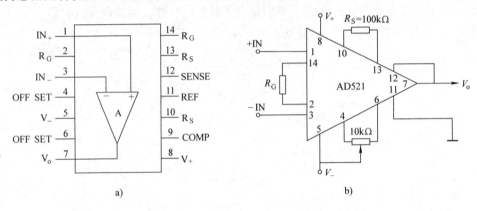

图 5-15 AD521 集成测量放大器

a）引脚功能　b）基本接法

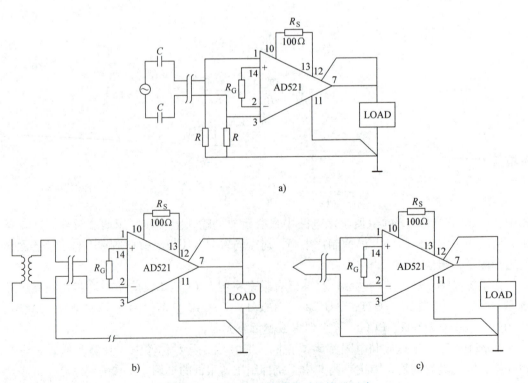

a)

图 5-16 使用浮置式传感器时的接地回路

a）电容传感器　b）变压器传感器　c）热电偶

5.3.6　程控增益放大器

连续的模拟信号经放大后（或再经滤波后）送给 A–D 转换成数字量。任何 A–D 转换都有其模拟量输入范围 $V_{min} \sim V_{max}$ 和对应的数字量输出范围 $N_{min} \sim N_{max}$，例如 12 位 A–D 转换，若输入 $0 \sim 5V$，数字量输出为 $0 \sim 4095$，其灵敏度为 819/V。因此，当输入模拟信号很小时，其输出数字量也很小，可能会引入较大的误差。为解决这一问题，常采用增益可变化的放大器，即模拟信号幅值小时，增益大，幅值大时增益小。无论放大器输入信号幅值大小，通过改变放大器的增益均使其输出幅值接近或等于 V_{max}，这样便能在小信号时提高 A–D 转换的灵敏度，从而减小误差。

在数字化测量技术中，可利用数字编码控制电子开关来选择放大器的反馈电阻实现不同的增益变换。在带微计算机或微处理器的测控系统中，采用软件控制电子开关来选择放大器的增益。具有这种功能的放大器称为程控增益放大器。

5.3.6.1　程控增益放大器原理

图 5-17 为利用改变反馈电阻实现的程控增益放大器。由图可见，当 S_1、S_2、S_3 均断开时，其增益 $G_0 = \infty$；当 S_1 闭合，S_2、S_3 断开时，$G_1 = -R_1/R$；同样，若只有 S_2 或 S_3 闭合时，其增益 $G_2 = -R_2/R$ 或 $G_3 = -R_3/R$；或 S_1 和 S_2 闭合，S_3 断开，则 $G_i = -\dfrac{R_1 /\!/ R_2}{R}$，可见，图 5-17 中，利用 $S_1 \sim S_3$ 的不同组合状态，可得到 8 种增益。

5.3.6.2　常用集成程控增益放大器

1. AD524/AD624 集成程控增益放大器　AD524 和 AD624 是程控增益测量放大器，内部有输入保护，改变增益方便。图 5-18 为 AD524 的引脚功能图。对于整数倍增益 1000、100、10 无需外接电阻，仅将 3 脚分别与 11 脚、12 脚和 13 脚用导线连接即可。在使用时用一个模拟开关控制便可达到程控增益的目的。欲得到任意大小的增益，需在 R_{G1}（16 脚）与 R_{G2}（3 脚）间接电阻 R_G，R_G 的阻值与增益 G 的关系为

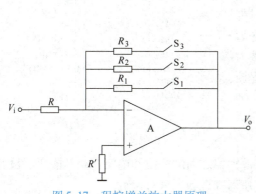

图 5-17　程控增益放大器原理

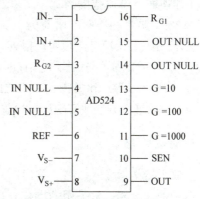

图 5-18　AD524 引脚功能图

$$R_G = \frac{40000}{G-1} \tag{5-10}$$

计算各增益所需电阻 R_G 之值后，用模拟开关选择不同的 R_G 阻值便可得到不同增益。

AD624 为性能指标较 AD524 更佳的集成程控增益测量放大器，其使用方法与 AD524 相似。有 1、100、200、500、1000 共 5 种固定增益选择功能。

2. PGA100 多输入程控增益放大器 它将多路模拟开关、精密电阻和程控增益控制集成于芯片内，特别适用于小信号多路数据采集系统中应用。其主要特性为：增益精度高，非线性小，稳定时间短，通道之间的串扰小。图5-19是 PGA100 的引脚功能图。图中，A_0、A_1 和 A_2 是输入通道选择地址；A_3、A_4 和 A_5 是增益控制选择地址。通道选择和增益控制真值表见表 5-2。

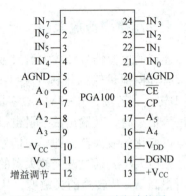

图 5-19 PGA100 引脚功能图

表 5-2 通道选择及增益控制真值表

A_5	A_4	A_3	增益	A_2	A_1	A_0	通道
0	0	0	1	0	0	0	IN_0
0	0	1	2	0	0	1	IN_1
0	1	0	4	0	1	0	IN_2
0	1	1	8	0	1	1	IN_3
1	0	0	16	1	0	0	IN_4
1	0	1	32	1	0	1	IN_5
1	1	0	64	1	1	0	IN_6
1	1	1	128	1	1	1	IN_7

3. AD612/AD614 也是一种程控增益放大器，其引脚功能图见图 5-20。程控增益是利用芯片内部的精密电阻网络实现的。当引脚 3～10 分别与引脚 1 相连时，增益范围为 2^1～2^8；当引脚 10 和引脚 11 与引脚 1 相连时，增益为 10^9；当引脚 10、引脚 11 和引脚 12 与引脚 1 相连，增益为 10^{10}；当引脚 3～12 均不与引脚 1 相连时，增益为 1。因此，只要在引脚 1 和引脚 3～12 之间加程控多路模拟开关便能很方便地实现程控增益控制。

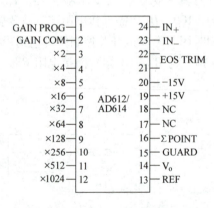

图 5-20 AD612/AD614 引脚功能

5.3.7 集成隔离放大器

隔离放大器是指输入回路、输出回路和电源回路之间的电流和电阻都相互隔离、没有公共参考地的放大器。常采用的耦合方式有变压器耦合和光耦合两种。

为了提高微弱电信号（电压或电流）和低频信号的测量精度，减小漂移，常采用调制—解调式放大器。实现方法上，直流电源首先经振荡器变成交变信号，通过变压器或光耦合器耦合到输入回路和输出回路；然后再整流和滤波、稳压作为输入回路和输出回路的直流电源；输入回路的调制开关信号和输出回路的解调开关信号也通过变压器或光耦合器耦合过来；输入回路和输出回路之间的信号联系也用变压器或光耦合器来实现。由此可见，各个回路之间只有磁或光的耦合，而没有直接的电的联系，相互间是隔离的。将各部分的元器件集成于一块芯片内就成了集成隔离运放。其典型产品有：AD284、AD289、GF289、AD293、BGF01 等以及其他公司的许多同类产品。

集成隔离运放的特点是三端口隔离，能抗高的共模电压（1500V），高共模抑制比，高输入阻抗，高精度，低漂移和低噪声等，广泛用于数字采集系统、医疗仪器、计算机及其他电子设备提供隔离保护。

图 5-21 为 GF289 隔离运放的引脚排列和其典型接法。

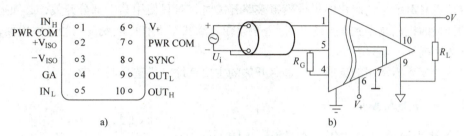

图 5-21　GF289 集成隔离运放

a）引脚功能　b）典型接法

5.4　集成模拟多路开关

5.4.1　概述

在数字化测量技术和微型计算机或带微处理器的测控系统中，常需要有多路参数的数据采集、巡回检测和控制。这类系统或装置可对几十点甚至上千点的参数进行自动的、按顺序的测量、显示或控制。若每一路都采用各自的放大器、采样/保持、A–D 转换等环节，不仅使系统的成本增加，而且由于各组件特性的分散性给校准带来极大的困难，甚至不可能。因此，通常采用公用的采样/保持、A–D 转换（有时也可将某些放大器共用）。实现这种设计，常采用集成模拟多路开关来实现。此外，程控增益放大器也常用多路开关。

模拟多路开关的种类很多，例如，机械触点多路开关、晶体管开关，光耦合开关，结型场效应晶体管开关、CMOS 场效应晶体管开关等。集成模拟多路开关常采用 CMOS 工艺制成。

多路开关的作用主要用于信号切换，即在某一时刻让某一路信号通过，而其余各路均断开。在选择多路开关时，主要考虑下列指标。

1. 通道数量　通道数量对切换开关传输被测信号的精度和切换速度有直接影响，因为通道数目越多，寄生电容和泄漏电流通常也越大，通道间的干扰也越严重。

2. 泄漏电流　如果信号源内阻很高，传输的又是电流量，此时就要考虑多路开关的泄漏电流，希望泄漏电流越小越好。

3. 切换速度　若传输的是快速变化的信号，必须考虑切换速度。通常结合采样/保持、A–D 转换的速度来综合考虑。

4. 开关电阻 包括导通电阻和断开电阻。在理想情况下，导通电阻为零，断开电阻为无穷大，其实不然，导通时有一定电阻，断开电阻也为有限值。

CMOS 工艺集成模拟开关的导通电阻、切换速度与其电源电压有关，在允许范围内，电源电压越高，其导通电阻越小，切换速度也越快，但是，相应的控制电平也应提高。例如，CD4051 在 $V_{DD} - V_{SS} = 5V$ 时，导通电阻 $R_{on} = 270\Omega$，而当 $V_{DD} - V_{SS} = 10V$ 时，$R_{on} = 120\Omega$。

由于模拟开关导通时有一定电阻，在某些情况下会影响测量精度，作为一种补救，应尽可能使负载电阻大一些，或者在负载前加缓冲器。

在使用 CMOS 工艺制作的集成模拟多路开关时，若只使用其中部分开关，必须把其余不用的开关的控制端接到 V_{DD} 或 V_{SS}，否则，在悬空状态下有可能受高压静电感应而击穿，导致永久性损坏。

本节主要介绍常用的集成模拟多路开关的主要特性，供选择时参考。

5.4.2 常用集成模拟开关

1. 单端 8 通道 AD7501、AD7503、CD4051 是 CMOS 工艺单片集成 8 选 1 多路模拟开关，每次只选中 8 个输入通道中的一路与公共端（OUT）接通，选通通道是根据地址 A_0、A_1、A_2 编码而得，其外引线见图 5-22，其真值表见表 5-3。所有数字量输入均用 TTL/DTL 或 CMOS 电平。

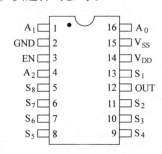

图 5-22　AD7501/AD7503 引脚功能

表 5-3　AD7501 真值表

AD7501				
A_2	A_1	A_0	EN	ON
0	0	0	1	1
0	0	1	1	2
0	1	0	1	3
0	1	1	1	4
1	0	0	1	5
1	0	1	1	6
1	1	0	1	7
1	1	1	1	8
×	×	×	0	None

AD7501 的主要参数：

1）导通电阻典型值为 170Ω（$-10V \leqslant V_s \leqslant 10V$）；导通电阻温漂 $0.5\%/℃$；路间偏差 $\pm4\%$。

2）输入电容 $G_i = 3pF$。

3）开关时间：$t_{on} = 0.8\mu s$；$t_{off} = 0.8\mu s$。

4）极限电源电压 $\pm17V$。

AD7503：其基本特性与 AD7501 相同，只是选通电平（EN）为低电平时有效。

CD4051：其他公司的同类产品有：TC4051B、MC14051B、CC4051B，其外引线见图 5-23。图中，A、B、C 为输入端选通地址，INH 为禁止端，即 INH = 0（低电平）有效。可见，工作时 INH 应接低电平。

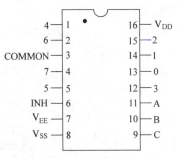

图 5-23　CD4051 引脚功能

2. 单端 16 通道　AD7506 为 CMOS 工艺单片集成 16 选 1 多路模拟开关，在某一时刻，16 路输入通道中只有一路与输出端接通，其余各路均与输出端断开，选通通道根据地址 A_0、A_1、A_2、A_3 编码而得。图 5-24a 为其外引脚图，图中 EN 为高电平有效。

AD7506 的参数典型值为

1）导通电阻 $R_{on} = 300\Omega$；导通电阻漂移 $\pm 0.5\%/℃$；路间偏差 $\pm 4\%$。

2）开关时间：$t_{on} = 0.8\mu s$；$t_{off} = 0.8\mu s$。

3）极限电源电压：$\pm 17V$。

CD4067：其他公司的同类产品有：CC4067B，其外引线见图 5-24b，图中，A、B、C、D 为通道输入的数字编码。INH 为低电平有效。

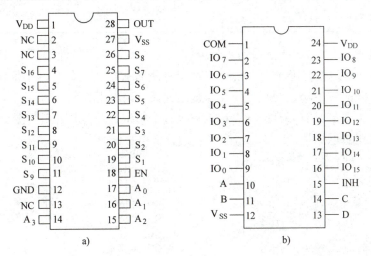

图 5-24　单端 16 通道模拟开关

a）AD7506 引线功能　b）CD4067 引线功能

3. 差动 4 通道　AD7502：是差动 4 通道多路模拟开关，其主要特性参数与 AD7501 基本相同，但是在选通地址相同情况下，有两路通道同时选通，其真值表见表 5-4。图 5-25a 为 AD7502 的外引脚图，图中，A_0、A_1 为选通地址；EN 为允许端，高电平有效。

CD4052：同类产品有 TC4052B、MC14052、CC4052。是用 2 输入的数字地址 A、B 控制的双 4 通道选 1 模拟开关。其外引脚图见图 5-25b。图中 INH 为禁止端，即 INH 为低电平有效。

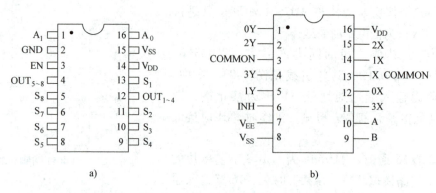

a)   b)

图 5-25   差动 4 通道模拟开关
a) AD7502 引脚功能   b) CD4052 引脚功能

表 5-4   AD7502 真值表

AD7502			
A_1	A_0	EN	ON
0	0	1	1&5
0	1	1	2&6
1	0	1	3&7
1	1	1	4&8
×	×	0	None

4. 差动 8 通道   AD7507 是差动 8 通道模拟开关,其主要特性参数与 AD7506 基本相同,但是在选通地址相同情况下,在同一时刻有两路被选通,共有两个输出端,16 个输入端。其外引脚见图 5-26a。图中,EN 为选通允许,高电平有效。

CD4097:同类产品有 CC4097B,称为双 8 选 1 模拟开关。其外引脚图见图 5-26b。图中,A、B、C 为选通地址,INH 为选通禁止端,低电平有效。

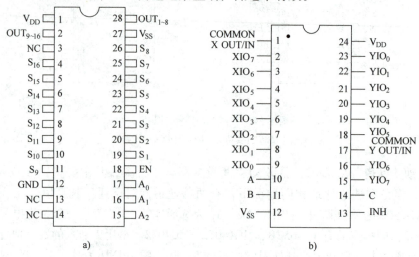

a)   b)

图 5-26   差动 8 通道模拟开关

5.4.3　多路模拟开关应用举例

图 5-27 为利用单片 CD4051 组成的 8 通道选 1 的系统，S/H 为采样/保持器。在 A－D 转换精度要求不高（8 位）时可直接用 ADC0808/0809 内部的 8 选 1 模拟开关。96 系列单片机内的 10 位 A－D 转换器也集成有 8 选 1 模拟开关。

图 5-28 为利用单片 AD7506 组成的 16 选 1 系统。当输入通道很多时，例如 64 路、128 路或更多路输入时，只能使用多个多路模拟开关组合方式。图 5-29 为利用两片 CD4051 组成的 16 选 1 系统。更多的通道，可参考这种组合方法来实现，例如用两片 CD4067 组成 32 选 1 应用系统。

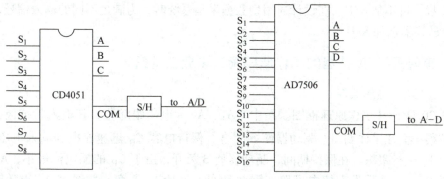

图 5-27　单 8 通道选 1 应用系统　　　图 5-28　单通道 16 选 1 应用系统

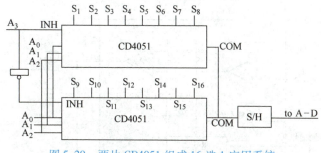

图 5-29　两片 CD4051 组成 16 选 1 应用系统

在有些情况下，模拟量输入往往需双端输入，例如后接测量放大器或从热电偶获取信号等，此时可选取差动 4 通道或差动 8 通道模拟开关，也可用多片差动 4 通道或 8 通道模拟开关组合而成。

5.5　集成采样/保持器（S/H）

5.5.1　概述

在对模拟信号进行 A－D 转换时，从启动 A－D 开始转换到完成转换输出数字量需要一定时间，这段时间称为转换时间或孔径时间。当输入信号频率较高时，由于孔径时间的存在会造成较大的转换误差，为防止这种误差，必须在 A－D 开始转换时将信号保持住，而在 A－D 转换结束后又能跟随输入信号的变化，使输入信号处于采样状态，能完成这种功能的器件称为采样/保持器（S/H）。

在模拟量输出通道，为了使输出得到一个平滑的模拟量，或者对多通道进行分时控制，也常采用 S/H。

在 A－D 转换器前是否要加入 S/H 完全取决于输入信号的频率和 A－D 转换器的孔径时间。例如，对 10Hz 信号采样，对于 12 位 A－D、孔径误差小于 1/2LSB 时，A－D 的转换速度必须为 2μs 或者更快，因此对这个频率或更高频率的信号进行采样，必须加 S/H，否则会引起较大误差。对直流或缓变信号，有意识地采用双积分型 A－D 转换器，以便消除高频干扰，可不加 S/H。在设计通用型数据采集系统时，为满足不同的输入信号，建议在 A－D 转换器前加 S/H。

5.5.2 集成采样/保持器的工作原理及其主要技术指标

5.5.2.1 S/H 的工作原理

图 5-30 是 S/H 工作原理框图。图中，A_1、A_2 为电压跟随器，其输入阻抗极大，而输出阻抗很小。在采样期间，驱动器使 S 闭合，保持电容 C_H 迅速充电到输入电压 V_x 的幅值，对 V_x 进行跟踪。在保持期间，驱动器使 S 断开，由于 C_H 的漏电流极小，A_2 的输入阻抗极大，C_H 几乎没有放电回路，因此基本上保持 V_x 不变，并通过 A_2 跟随输出到 A－D 去转换。

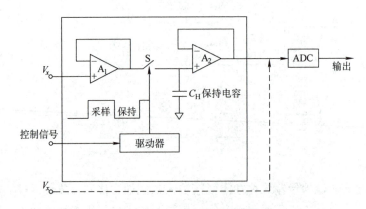

图 5-30　S/H 工作原理框图

若 V_x 不经 S/H 而直接加于 A－D，见图中虚线，并且 V_x 为正弦信号：

$$V_x = V_m \sin\omega t \tag{5-11}$$

设允许孔径误差小于 1/2LSB，即

$$\left(\frac{\mathrm{d}V_x}{\mathrm{d}t}\right)_{\max} t_c \leqslant \frac{1}{2}\mathrm{LSB} = \frac{1}{2}\frac{V_{\mathrm{FS}}}{2^n} \tag{5-12}$$

式中，V_{FS} 为 A－D 的满度值；n 为 A－D 转换的位数；t_c 为 A－D 转换的孔径时间。

对式（5-11）微分，代入式（5-12）得

$$V_m \omega \cos\omega t \big|_{t=0} t_c \leqslant \frac{V_{FS}}{2^{n+1}}$$

即

$$V_m 2\pi f_x t_c \leqslant \frac{V_{FS}}{2^{n+1}}$$

设 $V_{FS} = V_m$，则

$$f_x \leqslant \frac{1}{2^{n+2}\pi t_c} \tag{5-13}$$

例 5-6　用孔径时间分别为 $5\mu s$ 和 $2\mu s$ 的 8 位和 12 位 A–D 测量 V_x，保证孔径误差小于 $\frac{1}{2}$ LSB。求被测量 V_x 的最高频率。若转换前使用孔径时间为 $t_{AP} = 0.1\mu s$ 的 S/H，上述两种 A–D 能测量 V_x 的最高频率又是多少？

解　（1）8 位 A–D，$n = 8$，$t_c = 5\mu s$，据式（5-13）得

$$f_x \leqslant \frac{1}{2^{n+2}\pi t_c} = \frac{1}{2^{10}\pi \times 5 \times 10^{-6}} Hz = 62 Hz$$

若 A–D 转换前用 $t_{AP} = 0.1\mu s$ 的 S/H，则用 t_{AP} 代替 t_c，得

$$f_x \leqslant \frac{1}{2^{n+2}\pi t_{AP}} = \frac{1}{2^{10}\pi \times 0.1 \times 10^{-6}} Hz = 3.1 kHz$$

（2）12 位 A–D，$n = 12$，$t_c = 2\mu s$，据式（5-13）得

$$f_x \leqslant \frac{1}{2^{n+2}\pi t_c} = \frac{1}{2^{14}\pi \times 2 \times 10^{-6}} Hz = 9.7 Hz$$

若 A–D 前用 $t_{AP} = 0.1\mu s$ 的 S/H，同理得

$$f_x \leqslant \frac{1}{2^{n+2}\pi t_{AP}} = \frac{1}{2^{14}\pi \times 0.1 \times 10^{-6}} Hz = 194 Hz$$

由例 5-6 可见，在 A–D 转换前用了 S/H，由于 $t_{AP} \ll t_c$，故被测信号的频率可大大提高。

5.5.2.2　S/H 的主要技术指标

采样/保持器的技术指标很多，在选择时主要考虑下列因素：

1. 孔径时间　从发出保持命令起到开关 S 断开的时间称为孔径时间。它会导致 A–D 转换采样时间被延迟。

2. 捕捉时间　由发出采样命令时刻起，其输出电压由原来的保持值过渡到此刻输入信号值（通常为 $\pm 0.1\% V_x \sim \pm 0.01\% V_x$）所需的时间称为捕捉时间。它包括开关 S 的闭合时间和建立跟踪 V_x 的稳定时间。显然，A–D 的采样周期必须大于捕捉时间，才能保证采样阶段充分地采集到输入模拟信号。

3. 保持电压衰减率　在保持期间内，由于电容 C_H 有泄漏电流和 A_2 有输入偏置电流，因此保持电压会衰减，其变化率为

$$\frac{dV_0}{dt} = \frac{I_0}{C_H}$$

式中，I_0 包括开关 S 断开的泄漏电流、C_H 的泄漏电流和 A_2 的偏置电流。

可见，增大 C_H 的值可减小保持电压变化率，但会增加捕捉时间，通常是用减小泄漏

电流和提高 A_2 输入阻抗的方法。例如选择泄漏电流小的开关 S，选择优质电容，如聚四氟乙烯电容作 C_H，其泄漏电流小，温漂小，性能稳定。

4. 输入与输出间直接耦合　在保持阶段，虽然开关 S 已断开，但由于极间电容等的原因，输入信号的变化会引起输出信号变化，在输入信号频率较高时，耦合影响会很大。

5.5.3　常用集成采样/保持器

S/H 的种类繁多，分类方法不一，通常可分为通用型（如 LF398、AD582、AD583 等）、高速度型（如 AD364、AD585 等）和高分辨率型（如 AD389、SHA1144 等）。由于篇幅所限，这里主要介绍通用型 S/H。

1. 通用型 LF398　同类产品有 LF198、LF298。具有高速采样、保持电压变化率小和高精度的特点。采样时间小于 $6\mu s$ 时的精度可达 $\pm 0.01\%$；工作电源电压（ $\pm 5\sim\pm 18$ ）V；与 TTL、PMOS、CMOS 兼容。当保持电容 $C_H = 0.01\mu F$ 时，典型保持步长为 $0.5mV$；低输入漂移，保持状态下输入特性不变。在采样或保持状态下，具有高的电源抑制能力。图 5-31a 是其外引脚图，图 5-31b 为其典型接法。

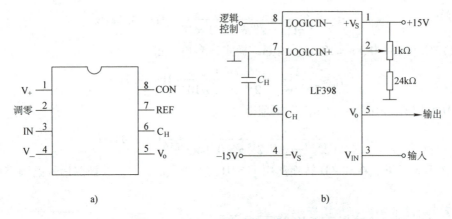

图 5-31　LF398 引脚功能和典型接法

2. 通用型 AD582　AD582 适用于与 12 位 A - D 转换器组成数据采集系统，C_H 可取 1000pF，当精度为 $\pm 0.1\%$ 时，捕捉时间小于 $6\mu s$，孔径时间为 $200\mu s$，其控制电平 IN < IN $_-$ 时，处于采样状态，采样/保持电流比率可达 10^7，采集和保持状态均具有高输入阻抗。图 5-32 为 AD582 的典型接法。

3. 通用型 AD583　AD583 的转换速率为 $5\mu s$，孔径时间为 $50\mu s$，可用于峰值保持或作模拟开关，当处于采样状态时，可外接反馈网络构成一运算放大器，其调零可用中心抽头接 V $_+$ 的 $100k\Omega$ 变阻器。图 5-33 为 AD583 的外引脚图；其典型接法可参考图 5-32。

必须指出，为使采样/保持有足够的精度，保持电容的选择很重要，C_H 的容量大小要适宜，以保证其时间常数适中，并选用泄漏电流小和泄漏电流温度系数小的电容。

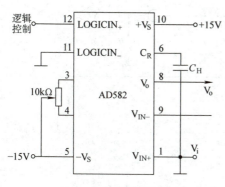

图 5-32　AD582 的典型接法

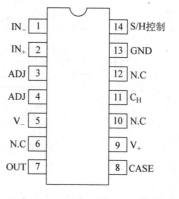

图 5-33　AD583 的引脚功能

5.6　系统误差校正技术

如前所述，系统误差不能像随机误差那样利用数理统计的方法来消除或减小其对测量结果的影响，但是，由于系统误差是有规律性的误差，可视每一具体情况通过理论分析或实验手段来建立系统误差的模型，然后加以校正，从而减小或消除系统误差。

系统误差的校正主要包括零点和满度漂移的校正和非线性校正。非线性校正可分为模拟式非线性校正和数字式非线性校正。模拟式非线性校正是根据输入信号的特性自动改变放大器和电阻网络的特性去自适应被测量的特性。实现起来比较困难和不易得到高的校正精度。在数字化测量技术中，广泛应用了微型计算机或微处理器，利用微机的强大的计算和控制功能，对系统误差的校正极为方便。

5.6.1　利用误差模型校正系统误差

误差模型的建立，必须视具体情况具体分析。图 5-34 为一种具有相当普遍意义的误差模型。图中，x 是输入的被测量，y 是带有误差的测量结果，e 为影响量（例如零点漂移或干扰），i 是偏置量（如放大器的偏置电流），k 代表影响特性（如放大器的增益变化），从 A 引一个反馈量到输入端以改善系统的稳定性。在无误差情况下，即 $e = 0$，$i = 0$，$k = 1$，于是 $y = x$。在有误差的情况下，则有

利用误差模型校正系统误差

$$x = b_1 y + b_0 \qquad (5\text{-}14)$$

如果能求出误差因子 b_1 和 b_0 之值，则可修正系统误差。

式（5-14）中有两个误差因子，需做两次校准工作，由此得出两个关系式，然后求解得出两个误差因子 b_1 和 b_0。图 5-35 为式（5-14）的校准电路。其校准步骤如下：

1）先令输入端短路（开关 S_1 闭合，S_2 和 S_3 断开），此时有 $x = 0$，其输出为 y_0，按式（5-14）可得

$$0 = b_1 y_0 + b_0 \qquad (5\text{-}15)$$

这一步骤称为"零点校准"。

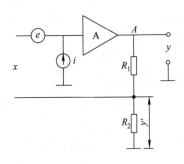

图 5-34　误差模型

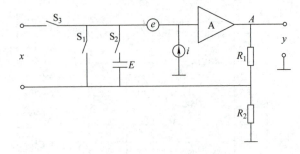

图 5-35　校准电路

2）令输入端接上一个已知的标准电压 E（开关 S_2 闭合，S_1 和 S_3 开路），此时有 $x = E$，于是有

$$E = b_1 y_1 + b_0 \tag{5-16}$$

这一步骤称为"增益校准"。

3）联立求解式（5-15）和式（5-16），即可求得两个误差因子为

$$\left.\begin{array}{l} b_1 = \dfrac{E}{y_1 - y_0} \\[3mm] b_0 = \dfrac{E}{1 - y_1/y_0} \end{array}\right\} \tag{5-17}$$

4）在进行实际测量时（开关 S_3 闭合，S_1 和 S_2 开路），得到输出为 y，于是被测量的真值为

$$x = b_1 y + b_0 = \dfrac{E(y - y_0)}{y_1 - y_0} \tag{5-18}$$

式中，y_1 和 y_0 是两次校准所测得的已知值。

由于测量过程是自动而快速进行的，故在每次实际测量前，首先进行校准，取得当时的误差因子值，然后进行近似于实时的误差校正。

5.6.2　利用校准曲线通过查表法修正系统误差

要建立适当的误差模型，必须对误差来源有充分的了解，在较复杂的仪器中，这一点未必能做得到。这时可通过实验，即通过实际校准求得测量的校准曲线，然后将曲线上各个校准点的数据存入存储器的校准表格中，在以后的测量中，通过查表求得修正了的测量结果。

获得校准曲线的过程为：在仪器的输入端逐次加入一已知量（如电压）x_1、x_2、…、x_n，并得到实际测出的结果 y_1、y_2、…、y_n，于是可作出校准曲线，见图 5-36a。将实际测量得到的这些 y_n 值作为存储器中的一个地址，把对应的诸 x_n 值作为内容存入其中，这就建立一张校准表格。然后，在实际测量时测得一个 y_n 值，就令单片机去访问这个地址 y_n，读出其内容 x_n，此 x_n 即为被测量经过修正了的值。对于 y 值介于某两校准点 y_n 和 y_{n+1} 之间时，可按最邻近的一个值 y_n 或 y_{n+1} 去查找对应的 x_n 或 x_{n+1} 值作为最后结果，那么这个结果将会带有一定的残余误差。

在任意两个校准点之间的校准曲线段，可以近似地看成是一段直线段，设这段直线段

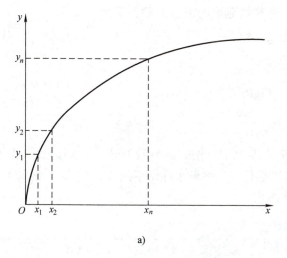
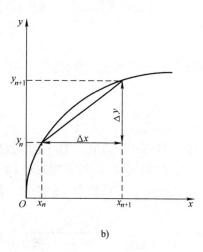

a)　　　　　　　　　　　　b)

图 5-36　校准曲线

的斜率为 $s = \mathrm{d}x/\mathrm{d}y$（注意：校准时 y 是自变量，x 是函数值），校准曲线的最大斜率为 s_m，由图 5-36b 可见，可能引起的最大残余误差为

$$\Delta x = s_\mathrm{m}\Delta y$$

式中，$\Delta y = y_{n+1} - y_n$。

若取双向误差，残余误差的绝对值可减小一半，即为

$$\pm\Delta x = \pm\Delta s_\mathrm{m}\Delta y/2$$

设 Y 为 y 的量程，校准时取恒等间隔的 N 个校准点，即

$$\Delta y = y_{n+1} - y_n = Y/N$$

于是得

$$\pm\Delta x = \pm s_\mathrm{m}Y/(2N)$$

此外，还应考虑到数据字长度有限引起的误差，设字长为 B 位二进制数，由此造成的误差将为数据字长度的最低位的一半，即

$$\frac{1}{2}\mathrm{LSB} = \frac{1}{2}\frac{X}{2^B} = \frac{X}{2^{B+1}}$$

式中，X 是 x 的量程，于是实际总误差的绝对值应为

$$\Delta x = \frac{s_\mathrm{m}Y}{2N} + \frac{X}{2^{B+1}} \tag{5-19}$$

校准点所占的存储空间为

$$M = NB \tag{5-20}$$

显然，应使 M 值尽可能小，以节约存储器，由式（5-20）得校准点数 N 为

$$N = \frac{M}{B}$$

代入式（5-19）得

$$M = \frac{s_\mathrm{m}B(Y/X)}{2(\Delta x/X - 1/2^B)} \tag{5-21}$$

令 $dM/dB = 0$，可求得对应于最小存储空间 M 所应取的字长 B 的关系为

$$\frac{2\Delta x}{X} = \frac{1 + B\ln2}{2^B} \qquad (5-22)$$

从而求得最小存储空间为

$$M = \frac{(s_m/s)2^B}{\ln2} \qquad (5-23)$$

式中，$s = X/Y$。

现举具体数据为例，在一定的数据字长 B 之下，按式（5-22）求出对应的残余误差 $\Delta x/X$ 之值列于表 5-5 中，再按式（5-23）求得对应的最小存储空间 M，代入式（5-20）求得对应的所需校准点数 N，取整列入表 5-5 中。

表 5-5　字长、点数和存储空间与残差的关系

字长 B/位	误差 $\Delta x/X$（%）	标准点数 N（个）	存储器空间/位
4	12	6	24
5	7	10	50
6	4	16	96
7	2.3	27	189
8	1.3	47	376
9	0.7	83	747
10	0.4	148	1480
11	0.2	269	2959
12	0.1	493	5916
13	0.06	910	11830
14	0.03	1689	23646
15	0.017	3152	47280
16	0.009	5910	94560

由表 5-5 可见，若要求残差为 0.1% 左右时，需 12 位字长，约 500 个校准点，至少需 6K 位的存储空间。若要求残差为 0.01%，需 6000 个校准点，字长 16 位，占用近 100K 位的存储空间，显然，这是不切合实际的。因此必须取较少的校准点，以减小存储空间，然后采用内插法减小残余误差。

在两校准点之间进行内插，最简单的方法是作线性内插，当 $y_n < y < y_{n+1}$ 时，取

$$x = x_n + \frac{(x_{n+1} - x)}{(y_{n+1} - y)}(y - y_n) \qquad (5-24)$$

根据式（5-24）可画出查表内插程序框图，见图 5-37。程序由一些简单的加、减、乘、除子程序组成。关于更精确的内插方法，可参阅计算方法的有关文献。

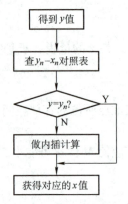

图 5-37　查表法内插计算流程图

5.6.3 折线逼近法非线性校正

可用 n 段折线逼近实际的非线性曲线，见图 5-38，图中，用三段折线拟合实际非线性曲线，其中 y 为被测量，x 是测量数据。

折线段可由下列直线方程来描述

$$y = ax + b \qquad (5\text{-}25)$$

式中，a、b 为系数。

每一条折线段有两个点是已知的，例如图 5-38 中 II 段的（y_1、x_1）和（y_2、x_2）点是已知的，因此，通过解下列方程

$$\left. \begin{array}{l} y_{i-1} = a_i x_{i-1} + b_i \\ y_i = a_i x_i + b_i \end{array} \right\} \qquad (5\text{-}26)$$

就可求得折线段 i 的系数 a_i 和 b_i：

$$\left. \begin{array}{l} a_i = \dfrac{y_i - y_{i-1}}{x_i - x_{i-1}} \\[2mm] b_i = \dfrac{y_i x_{i-1} - x_i y_{i-1}}{x_{i-1} - x_i} \end{array} \right\} \qquad (5\text{-}27)$$

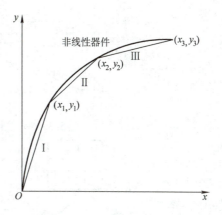

图 5-38 折线逼近法非线性校正

在实际应用中，预先把每一段直线方程的系数及测量数据 x_0、x_1、$x_2 \cdots$、x_n 存于内存储器中，进行校准时，首先根据测量值的大小，找到合适的校正直线段，从存储器中取出该直线段的系数，然后计算直线方程式（5-25），就可求出实际的 y 值。

5.6.4 平方插值法非线性校正

平方插值法实质上也是一种分段校正法，它与分段折线法的主要区别是，在每一段中不是采用线性拟合，而是采用二阶抛物线拟合，这样拟合的结果显然比直线拟合更精确。平方插值法校准曲线的分段拟合见图 5-39。图示曲线可以划分为 a、b、c、d 等 4 段，每段可用一个二阶抛物线方程来描绘。

$$\left. \begin{array}{ll} x \leqslant x_1, & y = a_0 + a_1 x + a_2 x^2 \\ x_1 \leqslant x \leqslant x_2, & y = b_0 + b_1 x + b_2 x^2 \\ x_2 \leqslant x \leqslant x_3, & y = c_0 + c_1 x + c_2 x^2 \\ x_3 \leqslant x \leqslant x_4, & y = d_0 + d_1 x + d_2 x^2 \end{array} \right\} \qquad (5\text{-}28)$$

式（5-28）中，每段的系数 a_i、b_i、c_i、d_i 可通过下述办法获得。即在每段中可以找出任意三点，如图 5-39 中的 x_0、x_{01}、x_1，其对应的 y 值为 y_0、y_{01}、y_1，然后解联立方程

$$\left. \begin{array}{l} y_0 = a_0 + a_1 x_0 + a_2 x_0^2 \\ y_{01} = a_0 + a_1 x_{01} + a_2 x_{01}^2 \\ y_1 = a_0 + a_1 x_1 + a_2 x_1^2 \end{array} \right\} \qquad (5\text{-}29)$$

则可求得系数 a_0、a_1、a_2，同理可求得 b_0、b_1、b_2，…，然后将这些系数和 x_0、x_1、…等数值预先存入微处理机相应非线性校正程序的数据表区域，于是得平方插值法非线性校正

程序的流程图，如图 5-40 所示。

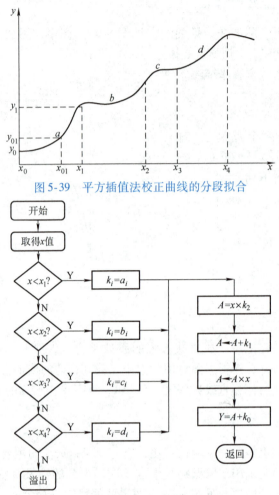

图 5-39　平方插值法校正曲线的分段拟合

图 5-40　平方插值法非线性校正程序流程图

上面介绍了多种非线性校正的方法，在实际应用中，究竟应采用哪一种校正方法，取决于系统误差和非线性特性的具体情况以及所要求的校正精度。在保证校正精度的前提下，应选用尽可能简单的校正模型。

5.7　量程自动切换与标度变换

5.7.1　量程自动切换

大多数数字仪表均具有多个测量量程。多个量程中，有一个是基本量程。为了提高精度，应能自动切换量程。量程自动切换通常由输入电路来实现，通过不同的衰减系数和前置放大器不同放大倍数的组合来实现量程自动切换。例如，某数字电压表有 5 个量程：40mV、400mV、4V、40V 和 400V，其中 4V 为基本量程。为此，40mV 和 400mV 量程不经过衰减，而分别放大 100 倍和 10 倍，统一到 4V 基本量程；对于 40V 和 400V 量程，放大器的放大倍数为 1，而分别经过 1/10 和 1/100 的衰减统一到 4V 基本量程。因此，可得量程自动切换控制流程图见图 5-41。

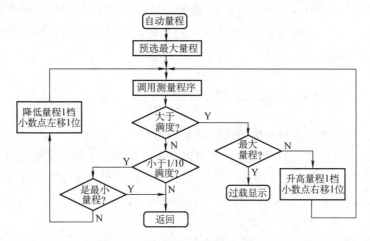

图 5-41　量程自动切换程序流程图

如果传感器和显示器的分辨率一定，而仪表的测量范围较宽时，为了提高精度，量程也应能自动切换。由于传感器的输出信号是微弱电信号，一般不经过衰减，仅用程控增益放大器就能实现量程自动切换。即：对幅值小的信号采用大增益；对幅值大的信号采用小增益，使进入 A－D 转换器的信号满量程达到均一化即可。程控增益放大器的工作原理及其特性详见本书 5.3.6 节。

5.7.2　标度变换

传感器的输出信号经放大和 A－D 转换后得到的是离散的数字量，该数字量仅代表了被测参数的大小，而不是被测参数的真正值。被测参数的真正值是含有数值和量纲的。为此必须将数字量乘或除某一系数才能转换成被测参数的真正值。这一转换过程称为标度变换。乘或除的某一系数称为标度变换系数。例如，设被测温度范围为 0～1000℃，经放大和 12 位 A－D 转换得数字量为 0～4095。1000℃对应数字量 4095，因此标度变换系数 $k = 4095/1000 = 4.095$，可见，所测得的数字量除以 4.095 才得到被测温度之值，量纲为℃。

标度变换方法有模拟式和数字式两种。模拟式通常是利用程控衰减器和程控增益放大器组合来实现，也可以利用逻辑电路和计数器组成具有 ＋、－、×、÷ 功能的电路来实现。这里主要介绍数字式标度变换的原理。

设测量范围为 $Y_{min} \sim Y_{max}$；经 A－D 转换的数字量为 $N_{min} \sim N_{max}$；Y 为测量值，N 为 Y 对应的 A－D 转换的数据，则

$$Y = \left[(Y_{max} - Y_{min})(X - N_{min})/(N_{max} - N_{min}) \right] + Y_{min} \qquad (5\text{-}30)$$

例如，温度测量范围为 －60～340℃，$N_{min} \sim N_{max} = 0 \sim 2000$；按式（5-30）可求得

$$Y = \frac{340 - (-60)}{2000 - 0} \times (X - 0) + (-60) = 0.2X - 60$$

一般情况下，$Y_{min} \sim Y_{max}$ 和 $N_{min} \sim N_{max}$ 为已知值，因此式（5-30）可写成

$$Y = a_1 X + a_0 \tag{5-31}$$

式中，a_0 取决于零点值；a_1 为比例系数；a_0 和 a_1 均由式（5-30）计算而得。

在单片机测量系统中，若允许 a_0、a_1 改变，应存放于具有掉电保护功能的 RAM 中；若 a_0 和 a_1 不可改变，可固化于 EPROM 中。进行标度变换时，根据测得数据 X，单片机仅按式（5-31）进行计算即可。

5.8 A－D 转换原理、器件及应用

如前所述，传感器将各种非电量转换成微弱电信号，经滤波、放大和采样/保持等得到具有一定幅值的连续变化的模拟量，必须转换成数字量，才能与微机或数字仪表组成测控系统。此外，微机或数字仪表输出的数字量必须转换成模拟量输出，才能送给模拟执行机构去实现控制。完成模拟量到数字量的转换器件称为模－数转换器，简称 A－D 转换器。

根据转换原理，A－D 转换可分为两大类：直接变换型和间接变换型。直接变换型将输入的模拟电压直接转换成数字代码；间接变换型将输入模拟电压转换成中间变量（如时间、频率、脉冲宽度等），然后，把中间变量转换成数字代码。

5.8.1 双积分式 A－D 转换原理、器件及应用

5.8.1.1 双积分式 A－D 转换原理

双积分式 A－D 转换采用间接转换技术，其原理框图见图 5-42。其转换过程简述如下：

1）首先，逻辑控制器发出 t_0 脉冲，清零计数器和寄存器，同时断开 $S_1 \sim S_3$ 和 S_4、S_5 闭合，积分电容 C 放电至零电荷。

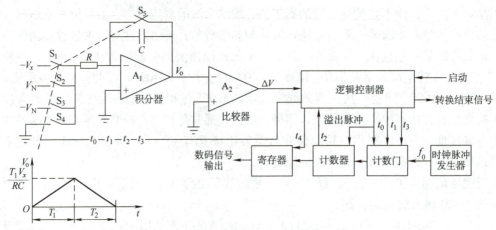

图 5-42 双积分式 A－D 转换原理框图

2）逻辑控制器发出 t_1 脉冲，$S_2 \sim S_5$ 断开，S_1 闭合，对被测电压 V_x 进行积分。同时令计器开始对 f_0 定时计数。积分器输出电压 V_0 为

$$V_o(T_1) = -\frac{1}{RC}\int_0^{T_1} V_x \mathrm{d}t = -\frac{T_1}{RC}\overline{V}_x \qquad (5\text{-}32)$$

当计数器溢出时，积分时间为 T_1，T_1 为定值。此称为采样阶段，见图 5-42。

3）逻辑控制器发出 t_2 脉冲令计数器和寄存器清零，S_1 及 $S_3 \sim S_5$ 断开。积分器对基准电压 V_N 积分。同时令计数器又开始计数。积分器输出电压为

$$V_o(T_2) = -\frac{1}{RC}\int_0^{T_2} V_N \mathrm{d}t = -\frac{T_2}{RC}V_N \qquad (5\text{-}33)$$

当积分器输出过零时，逻辑控制器令计数器停止计数。此段为测量阶段。此阶段时间为 T_2，见图 5-42。

由于积分器由零开始积分又回到零，因此 $V(T_1) = V(T_2)$。由式（5-32）和式（5-33）得

$$\frac{T_1}{RC}\overline{V}_x = \frac{T_2}{RC}V_N \qquad (5\text{-}34)$$

设 T_1 期间计数器计数值为 N_1；T_2 期间计数值为 N_2；时钟脉冲频率为 f_0，则 $N_1 = T_1 f_0$，$N_2 = T_2 f_0$，代入式（5-34）得

$$N_2 = \frac{N_1}{V_N}\overline{V}_x \qquad (5\text{-}35)$$

由此可见，N_2 正比于被测电压 V_x 在一个周期内的平均值 $\overline{V}_x$。

由式（5-35）可见，若采样时间 T_1 是交流干扰信号周期的整数倍，双积分 A – D 转换器对干扰信号具有无穷大的抗干扰能力。这是双积分式 A – D 的突出优点。其缺点是转换时间较长，一般大于 40ms，不适用于被测信号频率较高的场合，而对于直流或缓变信号，得到广泛应用。

5.8.1.2 双积分式 A – D 转换器件及应用

双积分式 A – D 转换芯片的品种很多。BCD 码输出的常用芯片有：$3\frac{1}{2}$ 位有 MC14433（CC14433、5G14433）；$4\frac{1}{2}$ 位有 ICL7135（CH7135、TSC7135、5G7135）和 CH295；$5\frac{1}{2}$ 位有 CC7555 等。二进制码输出的常用芯片有：ICL7109（12 位）和 ICL7104（16 位）等。以上芯片能方便地与单片机接口组成智能化仪表。此外，还有许多带 BCD-七段译码、驱动功能的芯片，其输出可直接驱动 LED 或 LCD 显示，简化了硬件电路，其中，$3\frac{1}{2}$ 位的有 ICL7106/7107/7136；$4\frac{1}{2}$ 位的有 ICL7129 等。这类芯片不便与微机接口，但是，与 LED 或 LCD 组成数字电压表却具有线路简单、工作可靠的突出优点。

上述双积分式 A – D 转换芯片均是 CMOS 电路，其功耗很小。

1. MC14433 A – D 转换器 国产型号为 5G14433。是广泛使用的最典型双积分 A – D 转换器。具有抗干扰能力强，精度高（相当于 11 位二进制数），自动校零，自动极性输出，自动量程控制信号输出，动态字位扫描 BCD 码输出，单基准电压，外接元件少，价格低廉等特点。MC14433 为 24 脚双列直插式，其引脚功能图，见图 5-43。

V_{AG}（引脚 1）：模拟地。被测电压 V_X 和基准电压 V_R 的接地端。

V_R（引脚 2）：外接输入基准电压（2V 或 200mV）。

V_X（引脚 3）：被测电压输入。电压输入量程为 199.9mV 或 1.999V 两种。

R_I、R_I/C_0、C_I（引脚 4、引脚 5、引脚 6）：外接积分电阻 R_I 和积分电容 C_I 元件端。R_I、C_I 的典型值为：当量程为 1.999V 时，$C_I = 0.1 \mu F$，$R_I = 470k\Omega$；当量程为 199.9mV 时，$C_I = 0.1 \mu F$，$R_I = 27k\Omega$。

C_{01}、C_{02}（引脚 7、引脚 8）：外接失调电压、电流补偿电容 C_0，其典型值为 $C_0 = 0.1 \mu F$。

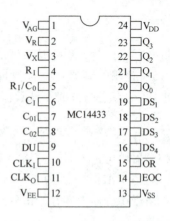

图 5-43　MC14433 引脚功能图

DU（引脚 9）：更新输出的 A - D 转换数据结果输入端。当 DU 与 EOC（引脚 14）连接时，每次 A - D 转换结果均被更新。

CLK_I 和 CLK_O（引脚 10、引脚 11）：时钟振荡器外接电阻 R_C 端。R_C 的典型值为 470kΩ，时钟频率随着 R_C 的增加而下降。

V_{EE}（引脚 12）：模拟部分负电源端，接 -5V 或 0V。

V_{SS}（引脚 13）：数字地，即所有输出的低电平基准。当 V_{SS} 与 V_{AG} 连接时，输出电压幅值为 $V_{AG} \sim V_{DD}$（0 ~ 5V）；当 V_{SS} 与 V_{EE}（-5V）连接时，输出幅值为 $V_{EE} \sim V_{DD}$（-5 ~5V），10V 的幅值。实际应用时，一般 V_{SS} 接 V_{AG}，即数字地与模拟地相连。

EOC（引脚 14）：转换结束标志输出。每当完成一次 A - D 转换，EOC 输出一个宽度为时钟周期二分之一宽度的正脉冲。

$\overline{OR}$（引脚 15）：过量程标志输出，平时为高电平。当 $|V_X| > |V_R|$ 时，$\overline{OR}$ 端输出低电平。

$DS_1 \sim DS_4$（引脚 19 ~ 引脚 16）：多路选通脉冲输出端。DS_1 对应千位，DS_4 对应个位。每个选通脉冲宽度为 18 个时钟周期，两个相邻选通脉冲之间间隔两个时钟周期。

$Q_0 \sim Q_3$（引脚 20 ~ 引脚 23）：BCD 码数据输出线。其中，Q_0 为最低位，Q_3 为最高位。当 DS_2、DS_3 和 DS_4 选通期间，输出三位完整的 BCD 码，即 0 ~ 9 十个数字中的任一个。但是，在 DS_1 选通期间，数据输出线 $Q_0 \sim Q_3$ 除了表示千位的 0 或 1 外，还表示了转换值的正、负极性和欠量程、过量程，其含义见表 5-6。

表 5-6　DS_1 选通时 $Q_3 \sim Q_0$ 表示的输出结果

DS_1	Q_3	Q_2	Q_1	Q_0	输出结果状态
1	1	×	×	0	千位数为 0
1	0	×	×	0	千位数为 1
1	×	1	×	0	输出结果为正值
1	×	0	×	0	输出结果为负值
1	0	×	×	1	输入信号过量程
1	1	×	×	1	输入信号欠量程

由表 5-6 可见：

1）Q_3 表示千位（1/2 位）数的内容，$Q_3 =$ "0" 时千位为 1；$Q_3 = 1$ 时，千位为 0。

2）Q_2 表示被测电压的极性，$Q_2 = 1$，表示正极性；$Q_2 = 0$，表示负极性。

3）Q_0 与 Q_3 结合表示是否过量程或欠量程。$Q_3 = 0$，$Q_0 = 1$ 时，表示过量程；$Q_3 = 1$，$Q_0 = 1$ 时，表示欠量程。

V_{DD}（引脚 24）：正电源端，接 +5V。

综上所述，可得 MC14433 的外部电路典型连接图见图 5-44。图中，$0.047\mu F$ 和 $0.02\mu F$ 电容的作用是去耦滤波，提高抗干扰能力。积分电阻 R_I 和积分电容 C_I 的选取如下：

$$R_I = \frac{V_{x\max}}{C_I}\frac{T}{\Delta V}$$

式中，$V_{x\max}$ 为输入电压满度值；ΔV 为积分电容上充电电压幅值，$\Delta V = V_{DD} - V_{x\max} - 0.5V$；$T$ 为常数，$T = 4000 \times \dfrac{1}{f_{CLK}}$；$f_{CLK}$ 为时钟频率。

例如，$V_{DD} = 5V$，$C_I = 0.1\mu F$，$f_{CLK} = 66kHz$ 时，若 $V_{x\max} = 1.999V$，则 $R_I = 480k\Omega$（取 $470k\Omega$）；若 $V_{x\max} = 200mV$，则 $R_I = 28k\Omega$（取 $27k\Omega$）。

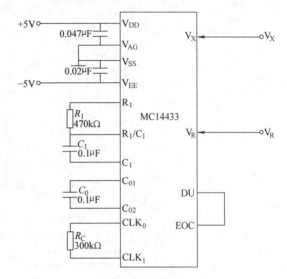

图 5-44　MC14433 外部电路典型连接图

外接失调补偿电容固定为 $C_0 = 0.1\mu F$；外接时钟频率电阻 $R_C = 470k\Omega$ 时，$f_{CLK} = 66kHz$；当 $R_C = 200k\Omega$ 时，$f_{CLK} = 140kHz$；一般取 $R_C = 300k\Omega$。

利用 MC14433 组成 $3\frac{1}{2}$ 位数字电压表的原理电路见图 5-45。图中，$Q_0 \sim Q_3$ 输出的 BCD 码经具有译码、锁存、驱动功能的 BCD—七段码的 MC14511 作为段控信号：$DS_1 \sim DS_4$ 作为动态扫描显示信号，经 1413 反相驱动器后作为位选信号。例如，$DS_4 = 1$（$DS_1 \sim DS_3 = 0$），经反相后选通最低位 LED，即显示个位。5G1403 是高稳定度稳压电源，其输出 $2.5V \pm 0.1V$。利用多圈电位器调节输出 $1.999V$ 或 $199.9mV$ 作为基准参考电压 V_R。

图 5-46 是 MC14433 与 8031 单片机的接口电路。

由于 MC14433 的 A－D 转换结果是动态分时输出的 BCD 码，$Q_0 \sim Q_3$ 和 $DS_1 \sim DS_4$ 都不是总线式的。因此，MCS－51 单片机只能通过并行 I/O 口或扩展 I/O 口与其连接。图中，$Q_0 \sim Q_3$ 和 $DS_1 \sim DS_4$ 接到 8031 的 P_1 口；EOC 和 DU 连接后经反相接到 8031 的 $\overline{INT_1}$ 作为中断申请信号，读取数据在中断服务程序中完成。设转换结果存入内部 RAM 的 20H 和 21H 单元，存放格式为

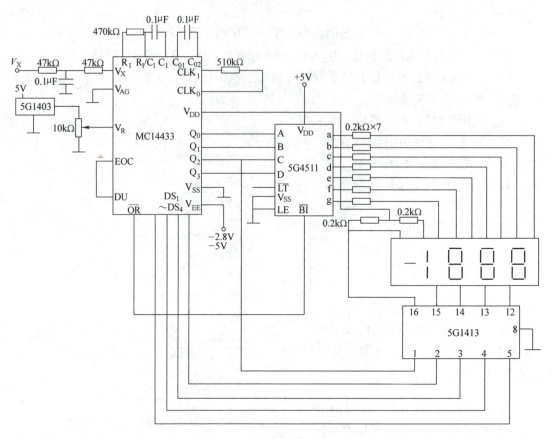

图 5-45　$3\frac{1}{2}$ 位数字电压表原理电路

	D$_7$			D$_0$
20H	符号	××	千位	百位
21H	十位		个位	

初始化程序 INTT 和中断服务程序 AINT 如下：

INTT：	SETB IT1；	置 INT$_1$ 为边沿触发
	SETB EA；	开中断
	SETB EX1；	允许外部中断 1 中断
AINT：	MOV A，P$_1$；	输入 P$_1$ 口的内容到 A 累加器中
	JNB ACC.4，AINT；	DS$_1$ = "1" 时向下执行否则转到 AINT 中执行
	JB ACC.0，AER；	被测电压在量程范围之外转 AER
	JB ACC.2，AI1；	极性为正转 AI1
	SETB 07H；	极性为负时，20H 单元的 D$_7$ 置 1
	AJMP AI2	
AI1：	CLR 07H；	20H 单元的 D$_7$ 清零

232

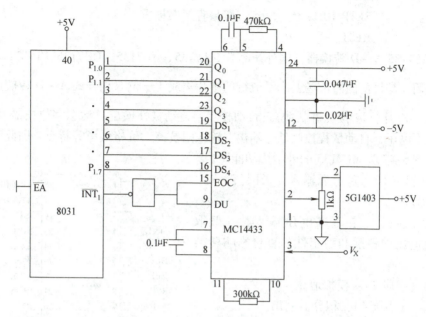

图 5-46　MC14433 与 8031 接口电路

AI2：	JB ACC.3，AI3；	千位为 1 转 AI3
	SETB 04H；	千位为 0 时，20H 单位的 D_4 置 1
	AJMP AI4；	
AI3：	CLR 04H；	20 单元的 D_4 清零
AI4：	MOV R_0，#20H；	
	ANL A，#0F0H；	千位和符号数据并送入 20H 单元的高位
	MOV @R_0，A；	
AI5：	MOV A，P_1；	
	JNB ACC.5，AI5；	DS_2 = "1" 时向下执行否则转 AI5
	ANL A，#0FH；	要百位数据并送入 20H 单元的 $D_0 \sim D_3$ 位
	XCHD @R_0，A；	
AI6：	MOV A，P_1；	
	JNB ACC.6，AI6；	DS_3 = "1" 时向下执行否则转 AI6
	ANL A，#0FH；	十位数据并送入 21H 单元的 $D_4 \sim D_7$ 位
	SWAP A；	
	INC R_0	
	MOV @R_0，A；	
AIT：	MOV A，P_1；	
	JNB ACC.7，AIT；	
	XCH A，@R_0；	

```
                  RETI
AER:              SETB 10H;              置量程错误标志
                  RETI
```

2. MC7135 A‑D 转换器　国外产品有 ICL7135、AD7135、CH7135、TSC7135 等，可以互换使用，是目前国内市场上广泛流行的单片集成 $4\frac{1}{2}$ 位双积分式 A‑D 转换器。具有准确度高（相当于 14 位二进制数），自动校零，自动极性输出，动态字位扫描 BCD 码输出，单基准电压，自动量程控制信号输出，输入阻抗高，价格低廉等特点。因此得到广泛的应用。图 5-47 为 MC7135 的外引脚功能图。

V_-（引脚 1）：负电源输入。极限值 −7V，通常取 −5V。

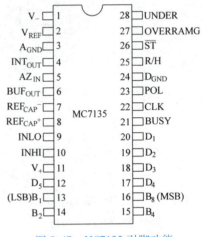

图 5-47　MC7135 引脚功能

V_{REF}（引脚 2）：基准电压输入。一般取 1V。基准电压的精度和稳定性，直接影响转换精度。

A_{GND}（引脚 3）：模拟地。

INT_{OUT}（引脚 4）：积分器输出。

AZ_{IN}（引脚 5）：自动调零输入端。

BUF_{OUT}（引脚 6）：缓冲放大器输出端。

$REF_{CAP}-$（引脚 7）：
$REF_{CAP}+$（引脚 8）：｝外接基准电容。

INLO（引脚 9）：信号输入（低端）。

INHI（引脚 10）：信号输入（高端）。

V_+（引脚 11）：正电源输入端。极限值为 +6V；通常取 +5V。

$D_5 \sim D_1$：BCD 码数据的位选通信号输出端，分别选通万、千、百、十、个位。

B_1、B_2、B_4、B_8：BCD 码数据输出线，B_1 为低位，B_8 为高位。

BUSY（引脚 21）：转换状态标志输出端。在正、反积分过程中，BUSY 输出高电平，反向积分过零后输出低电平。

CLK（引脚 22）：时钟输入端。单极性转换时，时钟频率可达 1MHz；转换速度 25 次/s；双极性转换时，时钟频率最高 125kHz，转换速度 3 次/s 左右。

POL（引脚 23）：极性输出端。POL=1，正极性；POL=0，负极性。

D_{GND}（引脚 24）：数字地。

R/H（引脚 25）：启动转换/保持控制端。该端接高电平时，自动连续转换。该端为低电平时，保持 A‑D 转换器的转换结果。输入一个大于 30ns 的正脉冲。重新启动，开始另一次转换。

$\overline{ST}$（引脚 26）：数据输出选通脉冲输出端。该脉冲宽度为时钟脉冲宽度的 1/2。一次转换结束后，该端输出 5 个负脉冲，分别选通高位到低位的 BCD 码数据输出，可利用该信号把数据打入到并行接口中供 CPU 读取，这一点在和单片机接口时非常重要。

OVERRAMG（引脚 27）：过量程标志输出端。当输入信号读数超过转换器计数范围

20000 时，该脚输出高电平。

UNDER（引脚 28）：欠量程标志输出端。当输入信号读数小于计数范围（20000）的 9% 或更小时，该端输出高电平。

综合上述可得 MC7135 外部电路连接，见图 5-48。

为了使 MC7135 工作于最佳状态，获得最好的性能，必须注意外部元器件的选择。图中，基准电源 V_{REF} 由 5V 经电位器 RP_1 分压得到，V_{REF} 应为满量程电压值的 1/2。对于精度要求高的应用场合，必须采用高稳定度的稳压块 5G1403 分压得到 V_{REF}，才能满足要求。

MC7135 的时钟输入根据不同应用场合有不同连接。在单片机应用系统中，常利用单片机系统的时钟经分频或定时得到。在实际应用系统中，经常采用外接 RC 振荡器的方法，见图 5-49。时钟频率的选择应使其对 50Hz 的干扰具有很强的抑制能力，即使积分时间是 50Hz 干扰周期的整数倍。当时钟频率为 125kHz 时，转换速度为 3 次/s。

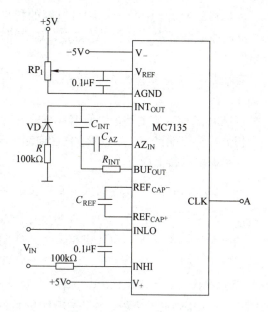

图 5-48　MC7135 外部电路连接

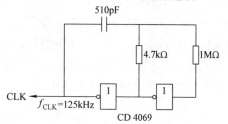

图 5-49　MC7135 外接时钟电路

积分电阻 R_{INT} 和积分电容 C_{INT} 的选择是至关重要的。R_{INT} 应选择精密电阻，其阻值由量程上限 $V_{x\max}$ 和对积分电容充电的内部缓冲放大器的输出电流来决定。C_{INT} 充电电流的常规值为 $20\mu A$，因此

$$R_{INT} = \frac{V_{x\max}}{20\mu A}$$

MC7135 最常用测量范围为 $-2 \sim 2V$，$V_{REF} = 1V$，因此常取 $R_{INT} = 100k\Omega$。

C_{INT} 积分电容的计算公式为

$$C_{INT} = \frac{10000 \times \dfrac{1}{f_{CLK}} \times 20\mu A}{\Delta V}$$

式中，ΔV 为积分器输出电压的摆动幅值。

当电源电压为 $\pm 5V$ 时，ΔV 在（$\pm 3.5 \sim \pm 4$）V 之间。若取 $f_{CLK} = 125kHz$，$\Delta V = \pm 4V$，则

$$C_{INT} = \frac{10000 \times \dfrac{1}{125} \times 10^{-3} \times 20 \times 10^{-6}}{4}F = 0.4\mu F$$

取标称值 $C_{INT}=0.47\mu F$。积分电容的特性对转换精度有较大的影响，要求泄漏电流和介质吸收系数要小，温度特性稳定，因此常选用聚丙烯电容器或聚碳酸酯电容器作为积分电容。

自动调零电容 C_{AZ} 的大小对系统噪声有影响，容量较大可减小噪声，其典型值为 $1\mu F$。

基准电容 C_{REF} 应大到足以使节点对地的寄生电容可以被忽略为止，典型值为 $0.1\mu F$。

积分器输出端接一个二极管 VD 和电阻 $R=100k\Omega$，是为了消除过滚动（ROLLOVER）误差，根据要求接上即可。

图 5-50 为利用 MC7135 组成的 $4\frac{1}{2}$ 位数字电压表的原理图。图中，MC4511 为 BCD—七段译码、锁存、驱动器，5G1413 为反相驱动器作为位选通，LED 接成共阴极形式。

图 5-51 为 MC7135 与单片机 8031 的接口电路。MC7135 的数据位选通线 $D_1\sim D_4$ 和数据输出线 B_1、B_2、B_4、B_8 接 8155 的 PA 口。D_5 接 PB_0，欠量程（UNDR）、过量程（OVER）和极性（POL）接 $PB_1\sim PB_3$。MC7135 的数据输出选通脉冲$\overline{STB}$直接连到 8031 的$\overline{INT_1}$，A–D 转换结束后，$\overline{STB}$输出的负脉冲向 CPU 申请中断。由于 R/$\overline{H}$为高电平时，A–D 处于连续自动转换状态，故完成一次转换后选通脉冲的产生和 8031 中断开放是异步的。为了保证所采集的数据的完整性，只对最高位（万位）中断请求作处理，低位数据输入采用查询方式。当 8031 用 12MHz 晶振时，8031 的 ALE 输出 2MHz 的脉冲，经 8155 定时器 16 分频后，T_0 输出 125kHz 的脉冲作为 7135 的时钟脉冲。

设转换结果存放 20H、21H 和 22H 单元，存放格式如下：

	D_7		...		D_0
20H	POL	OR	UR		万位
21H		千位		百位	
22H		十位		个位	

按图 5-51 接线，初始化程序 INTT 和中断服务程序 AINT 如下：

```
INIT:    MOV DPTR, #7F04H;
         MOV A, #10H;
         MOVX @DPTR, A;        10H 送入 8155 计数器低位，把 T₁ 脉冲作十六
                              分频后作为 T₀ 输出
         INC DPTR;
         MOV A, #40H;          把 40H 送入 8155 计数器高位
         MOVX @DPTR, A         选择连续方波输出方式
         MOV DPTR, #7F00H;
         MOV A, #0C0H;         设置 A 口 B 口为基本输入方式
         MOVX @DPTR, A;        启动定时计数器
         SETB IT1;
         MOV IE, #84H;         开放外部中断 1
```

236

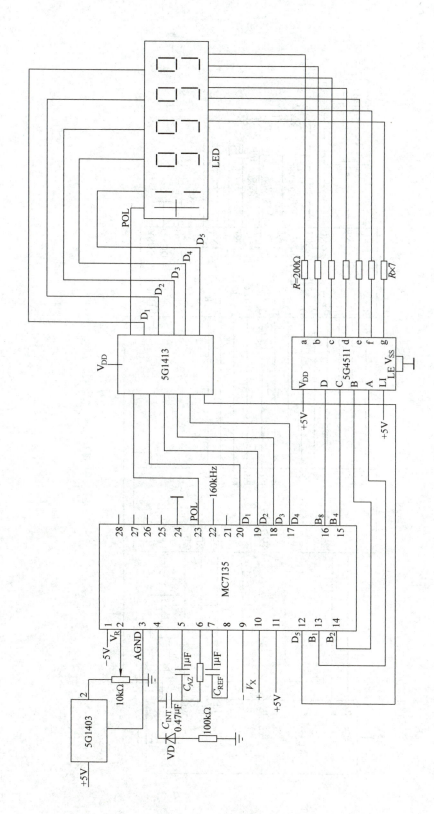

图 5-50　$4\frac{1}{2}$ 位数字电压表原理图

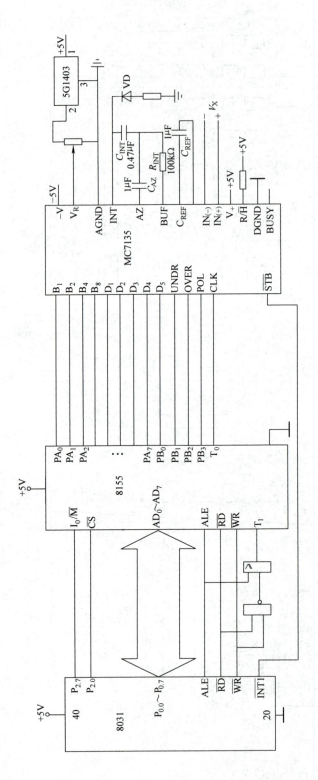

图 5-51 MC7135 单片机与 8031 的接口电路

```
        ……
AINT：      MOV DPTR，#7F02H；
            MOVX A @ DPTR              读 8155B 口内容
            JNB ACC.0，AI5；            判断 D₅，若 D₅ =0 则返回
            MOV R₀，#20H；
            ANL A，#0EH；               取 POL、OR、UNDR OVER，并移至 A 的高位
                                        后存入 20H 单元第 5 ～ 7 位

            SWAP A；
            MOV @ R₀，A；
            DEC DPTR；
            MOVX A，@ DPTR；            读 8155A 口内容
            ANL A，#01H；
            ORL A，@ R₀；               取万位，送入 20H 低 4 位
            MOV @ R₀；A；
            INC R₀；
AI1：        MOVX A，@ DPTR；           读千位
            JNB ACC.7，AI1；           判 D₄
            SWAP A；
            MOV@ R₀，A；               千位寄存入 21H 单元的第 4 ～ 7 位
AI2：        MOVX A，@ DPTR；           读百位
            JNB ACC.6，AI2；           判 D₃
            XCHD A，@ R₀；             百位存入 21H 单元的第 0 ～ 3 位
            INC R₀
AI3：        MOVX A，@ DPTR；           读十位
            JNB ACC.5，AI3；           判 D₂
            SWAP A；
            MOV @ R₀，A；              十位存入 22H 单元的第 4 ～ 7 位
AI4：        MOVX A，@ DPTR；           读个位
            JNB ACC.4，AI4；           判 D₁
            XCHD A，@ R₀               个位存 22H 单元的第 0 ～ 3 位
AI5：        RETI                       返回
```

3. ICL7106 A－D 转换器　ICL7106 是美国哈里斯（Harris）公司生产的双积分式 $3\frac{1}{2}$ 位 A－D 转换器，与其他公司生产的 7106 产品可以互换使用。7106 内含 $3\frac{1}{2}$ 位 A－D 转换器、BCD－七段译码器、时钟电路、参考电压和 LCD 驱动电路，因此可直接和液晶显示器相连。

7106 的量程为 2.000V 或 200mV，可根据需要选择。7106 是 40 脚双列直插式封装，其引脚功能见图 5-52a。

V_{DD}（引脚 1）：正电源。

引脚 2 ~ 引脚 20：

引脚 22 ~ 引脚 25 LCD 驱动端。与 LCD 的连接见图 5-52b。

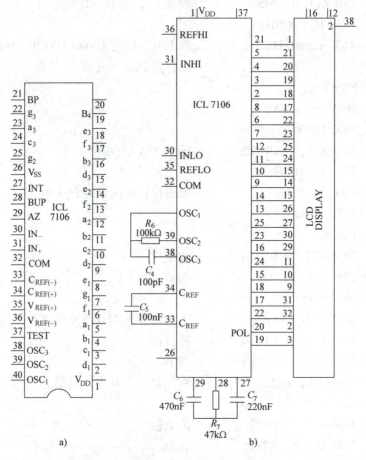

图 5-52　ICL7106 引脚功能及与 LCD 接法

a）引脚功能　b）与 LCD 的接法

BP（引脚 21）：小数点驱动。可根据小数点的位置分别接在十分位、百分位或千分位。

V_{SS}（引脚 26）：负电源。单电源使用时接地。

INT（引脚 27）：接积分电容。典型值 $C_{INT} = 0.22\mu F$。

BUP（引脚 28）：接积分电阻 R_{INT}，典型值为 47kΩ。

AZ（引脚 29）：接零点校正电容 C_{AZ}，典型值为 0.47μF。

IN_-（引脚 30）：输入电压低端。

IN_+（引脚 31）：输入电压高端。

COM（引脚 32）：公共端。常与参考电源低端相连。

$V_{REF(+)}$（引脚 35）：参考电压 V_{REF} 高端。

240

$V_{REF(-)}$（引脚 36）：参考电压低端。通常该引脚与 COM 相连。

$C_{REF(-)}$ 和 $C_{REF(+)}$（引脚 33、引脚 34）：接基准电容 C_N。其典型值为 $C_N = 0.1 \mu F$。

OSC_1、OSC_2、OSC_3：（引脚 40 ~ 引脚 38）外接振荡电阻和电容。振荡频率与外接阻容大小有关，由下式确定：$f = 0.45/(RC)$。若取 $R = 100k\Omega$，$C = 100pF$，则 $f = 45kHz$，采样时间为 3 次/s。

TEST（引脚 37）：测试端。

本书第 3 章介绍了许多 ICL7106 具体的应用实例，供读者参考，在此不再赘述。

4. ICL7107 A – D 转换器　ICL7107 也是双积分型 $3\frac{1}{2}$ 位 A – D 转换器，它具有 A – D 转换、BCD – 七段译码和驱动、锁存功能。它与 ICL7106 基本相同。不同之处如下：

1）7106 一般用单电源（+9V），7107 一般用双电源（多为 ±5V）。

2）7106 输出级为异或门结构，适合于驱动 LCD 显示器；7107 输出级为大电流反相器，适合于驱动 LED 显示器。

5.8.2　逐位逼近式 A – D 转换原理、器件及应用

5.8.2.1　逐位逼近式 A – D 转换原理

逐位逼近式 A – D 转换器是反馈—比较式转换器，采用零位测量方式，即用已知标准量逐步逼近被测量，最后两者之差趋向于零。其原理框图见图 5-53。它由逻辑控制器，D – A 转换器、高速电压比较器、输出寄存器及时钟等部分组成。工作过程如下：

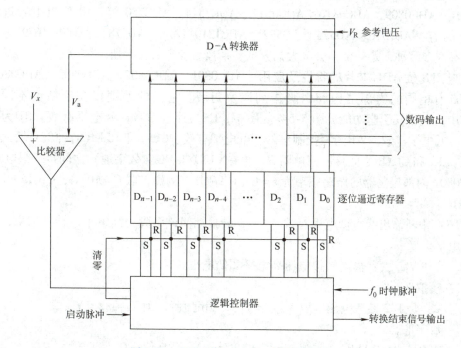

图 5-53　逐位逼近式 A – D 转换原理框图

1）在启动脉冲作用下，逻辑控制器发指令对寄存器和 D – A 转换器清零。

2）紧接着对寄存器最高位 D_{n-1} 位置 "1"，经 D – A 转换成模拟电压 V_a。V_a 与被测电压 V_x 比较，若 $V_x > V_a$，比较器输出高电平，逻辑控制器输出保留 D_{n-1} 位的 "1"；若 $V_x < V_a$，则逻辑控制器输出使 D_{n-1} 位复零。

3）逻辑控制器输出令 D_{n-2} 位置 "1"，让 D_{n-1} 和 D_{n-2} 位一起进行 D – A 转换成 V_a。若 $V_x > V_a$，逻辑控制器输出保留 D_{n-2} 位的 "1"，若 $D_{n-1} = 1$，则 $D_{n-1}D_{n-2} = 11$；若 D_{n-1} 已复零，则 $D_{n-1}D_{n-2} = 01$。若 $V_x < V_a$，逻辑控制器输出令 D_{n-2} 位复零，若 $D_{n-1} = 1$，则 $D_{n-1}D_{n-2} = 10$；若 $D_{n-1} = 0$，则 $D_{n-1}D_{n-2} = 00$。

4）逻辑控制器输出令 D_{n-3} 位置 "1"，按上述方法比较，一直到 D_0 位比较完毕，并决定是保留 D_0 的 "1" 或复位 D_0 位为止，一次转换完毕。

比较完毕后，N 位输出寄存器中的数字量即为 V_x 的数字量，此时 $V_x \approx V_a$，仍有微小的差值，该微差即为 A – D 转换器的分辨率。

转换结束后，逻辑控制器发出转换结束信号。

由上述可见，逐位比较型 A – D 转换器的比较过程是从最高位开始，逐位地向最低位进行比较，直到最低位比较完毕。因此，对同一个 V_x，位数越高，其分辨率也愈高，在相同时钟条件下，其转换时间越长。

逐位比较型 A – D 转换器的优点是转换速度快，由于它是对瞬时值进行比较的，因此其抗干扰能力较差。

5.8.2.2　逐位逼近式 A – D 转换器件及应用

逐位逼近式 A – D 转换器的品种规格繁多，其中 8 位二进制数据输出的有：ADC0801 ~ ADC0809，ADC0816、ADC0817、ADC7574、ADC750 等。10 位以上二进制数据输出的有：AD7570、AD574、AD572、ADC1210/1211、AD578、AD679/1679 等。此外，还有许多品种，是一个十分庞大的家族，请读者参考有关手册。

1. 常用 8 位 ADC 芯片的特性及应用　ADC0801、ADC0802、ADC0803、ADC0804 和 ADC0805 有相同的内部结构和引脚排列以及封装。它们的差别仅在于精度不同。以 ADC0801 为例，其引脚功能见图 5-54a。图中，$\overline{CS}$ 为片选信号，低电平有效。$\overline{RD}$ 为读控制信号，低电平有效。$\overline{WR}$ 为写控制信号，低电平有效。CLKI 和 CLKR 时钟信号输入和输出。在 CLKI 和 CLKR 之间接一只电阻 R，再在 CLKI 与 DG（数字地）之间接一只电容 C，则 ADC0801 内部振荡器的振荡频率为 $f = 1/(1.1RC)$。例如，取 $R = 10\text{k}\Omega$，$C = 150\text{pF}$，则 $f = 640\text{kHz}$。

$\overline{INTR}$：中断输出线，低电平有效。A – D 转换期间该引脚为高电平，转换结束，该引脚为低电平。

$V_{IN(+)}$ 和 $V_{IN(-)}$：输入模拟电压高电平和低电平。

AG：模拟地。

$V_{REF}/2$：是 1/2 参考电压，取 $V_{REF} = V_{FS}$（满度值），则 $V_{REF}/2 = V_{FS}/2$。

DG：数字地。

D_7（MSB）~ D_0（LSB）：二进制数字输出线，D_7 最高位；D_0 最低位。

V_{CC}：电源端。单电源 +5V。

ADC0801 与单片机 8031 的接口电路见图 5-54b。

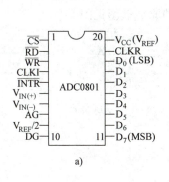

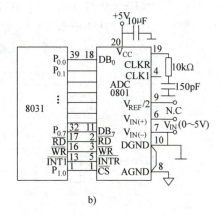

图 5-54　ADC0801 ~ ADC0805 引脚功能和与 8031 接口电路

a）引脚功能　b）与 8031 接口电路

ADC0808 和 ADC0809 的外部封装、引脚排列和功能、内部结构和工作原理均相同，除精度不同外，其他参数也相同。其引脚排列见图 5-55。

IN$_0$ ~ IN$_7$：8 路模拟量输入通道，每一通道可输入 0 ~ 5V 待转换模拟电压。

ADDA、ADDB 和 ADDC（A、B、C）：通道地址选择端。

ALE：地址锁存信号输入。

在 ALE、A、B、C 的控制下，可选择 IN$_0$ ~ IN$_7$8 路输入通道中的一路进行转换，其真值表见表 5-7。

CLOCK：时钟输入端。时钟频率上限 $f_{max} = 640$kHz。

START：启动脉冲输入端。输入脉冲宽度应不小于 100 ~ 200ns。

V$_{CC}$：电源。单电源 +5V。

GND：地。

REF（+）和 REF（-）：基准电源高电平端和低电平端。必须满足：V$_{CC} \geq$ REF（+）> REF（-）> 0 以及 [REF（+）+ REF（-）] = V$_{CC}$ 两条件。

EOC：转换结束信号。在 A-D 转换期间 EOC = 0（低电平）；转换结束，EOC = 1（高电平）。

OE：允许输出端。OE 控制输出锁存器的三态门。当 OE = 1 时，转换所得数据出现

图 5-55　ADC0808/0809 的引脚功能

表 5-7　ADC0809 真值表

ALE	C B A	接通信号
1	0 0 0	IN$_0$
1	0 0 1	IN$_1$
1	0 1 0	IN$_2$
1	0 1 1	IN$_3$
1	1 0 0	IN$_4$
1	1 0 1	IN$_5$
1	1 1 0	IN$_6$
1	1 1 1	IN$_7$
0	× × ×	均不通

说明："×"表示任意值。

在 $D_7 \sim D_0$ 引脚上；当 OE $= 0$ 时，$D_7 \sim D_0$ 引脚对外为高阻抗。

$D_7 \sim D_0$（$2^{-1} \sim 2^{-8}$）：转换所得 8 位二进制数据。D_7 是最高位；D_0 是最低位。

ADC0809 与单片机 8031 组成 8 路数据采集系统的原理框图见图 5-56。

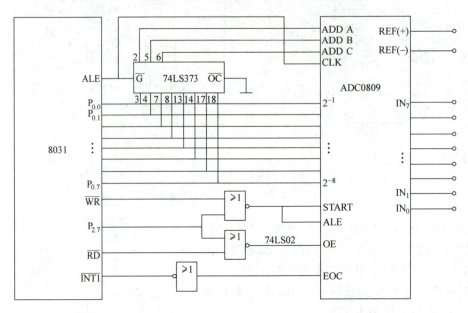

图 5-56　ADC0809 与单片机 8031 组成 8 路数据采集系统原理框图

8031 的 ALE 输出脉冲经 74LS74（图中未画出）二分频后作为 0809 的时钟脉冲。8031 P_0 口输出低 3 位地址信号经 74LS373 锁存后作为 A、B、C 地址选通信号。由 $\overline{WR} + P_{2.7}$ 启动 A – D 开始转换；由 $\overline{RD} + P_{2.7}$ 读取 0809 的数据 $D_7 \sim D_0$ 送入 8031。转换结束信号 EOC 经反相后向 8031 提出中断申请。在中断服务程序中读入 0809 数据存入 8031 的 40H 单元。因此，数据采集程序如下：

```
ADCB:       MOV A OOH               设置外设（A – D）口地址
            MOV DPTR, #7FF8H;       及通道
            MOV R0, #40H
            MOV R1 A                设置数据指针
            MOV IE, #84H;           允许外部中断 1 中断，设边沿触发方
                                    式，开中断
            SETB IT1;
            MOVX @ DPTR, A;         启动 A – D
LOOP        CJNE R0, #48H, LOOP;    判 8 个通道是否完毕
            RET                     完毕，返回主程序
AINT：（中断） MOVX A, @ DPTR;       输入转换结果数据
            MOV @ R0 A
            INC DPTR;               修改通道号
```

INC R$_0$;　　　　　　修改数据指针

INC R$_1$;

MOV A，R$_1$;

MOVX @ DPTR，A;　　启动 A－D

RET1;　　　　　　　返回

2. 10 位以上逐位逼近型 ADC 芯片的特性及应用　10 位以上逐位逼近型 ADC 芯片的品种很多。下面以 AD574 系列为例介绍 10 位以上芯片的性能及与单片机的接口方法。

AD574 系列 ADC 的引脚功能。

AD574 系列的各型号均为 28 引脚 DIP 封装，各引脚功能见图 5-57。

V$_L$（引脚 1）：逻辑电平（+5V）。

12/$\overline{8}$（引脚 2）：数据模式选择输入。当该引脚为高电平时，12 位数据并行输出；当为低电平时，与引脚 A$_0$（引脚 4）配合，把 12 位数据分两次输出，见表 5-8。注意：此脚不与 TTL 兼容。

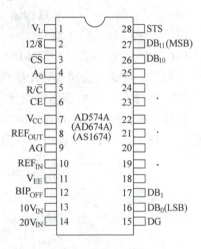

图 5-57　AD574 系列 ADC 引脚功能

表 5-8　AD574 系列各控制输入脚功能

CE	$\overline{CS}$	R/$\overline{C}$	12/$\overline{8}$	A$_0$	功　　能
0	×	×	×	×	不起作用
×	1	×	×	×	不起作用
1	0	0	×	0	启动 12 位转换
1	0	0	×	1	启动 8 位转换
1	0	1	接引脚 1	×	12 位数据并行输出
1	0	1	接引脚 15	0	高 8 位数据输出
1	0	1	接引脚 15	1	低 4 位数据尾接 4 位 0 输出

$\overline{CS}$（引脚 3）：芯片选择信号输入。当 $\overline{CS}$ = 0 时，本片 AD574 被选用，否则不进行任何操作。

A$_0$（引脚 4）：此引脚有两个功能，见表 5-8。

R/$\overline{C}$（引脚 5）：读/转换选择。当 R/$\overline{C}$ = 1 时，允许读取转换结果；当 R/$\overline{C}$ = 0 时，允许 A－D 转换。

CE（引脚 6）：启动芯片。CE = 1，允许转换或读取结果，到底是转换或读取结果与 R/$\overline{C}$ 有关。

V$_{CC}$（引脚 7）：正电源。V$_{CC}$ = 12～15V。

REF$_{OUT}$（引脚 8）：+10V 基准电压输出。

AG（引脚 9）：模拟地。

REF_{IN}（引脚 10）：基准电压输入。把 REF_{OUT} 输出的基准电压引入 AD574 内部。

V_{EE}（引脚 11）：负电源。$-12 \sim -15V$。

BIP_{OFF}（引脚 12）：双极性补偿。此脚适当连接可实现单极性或双极性输入。

$10V_{IN}$（引脚 13）：10V 量程模拟电压输入。单极性为 10V 量程；对双极性为 $\pm 5V$ 量程。

$20V_{IN}$（引脚 14）：20V 量程输入。对单极性为 20V 量程；对双极性为 $\pm 10V$ 量程。

DG（引脚 15）：数字地。

$DB_{11} \sim DB_0$（引脚 27 ~ 引脚 16）：12 位数据输出。DB_{11} 为最高位；DB_0 为最低位。由逻辑控制决定是输出数据或对外呈高阻抗。

STS（引脚 28）：状态信号输出。STS = 1 正在进行 A – D 转换；STS = 0 表示转换完毕。根据上述引脚功能，可得 AD574 系列 A – D 转换的模拟输入电路的接法，见图 5-58。其中图 5-58a 为单极性转换电路；图 5-58b 为双极性转换电路。

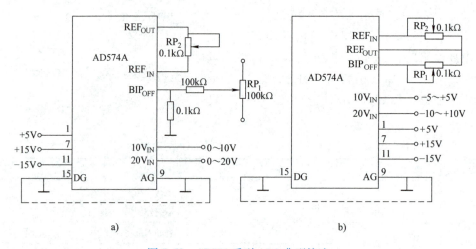

图 5-58　AD574 系列 ADC 典型接法

AD574 系列与单片机 8031 的接口电路见图 5-59。该电路采用双极性输入方式。由于 AD574 输出 12 位数据，需分两次读数，先高 8 位，后低 4 位，由 $A_0 = 0$ 或 $A_0 = 1$ 来分别控制读取高 8 位或低 4 位。

单片机可以采用中断、查询、延时方式读取 AD574 的转换结果数据。本例采用查询方式，故 STS 接至 $P_{1.0}$。当 STS = 0 时，表示转换结束。此时，CE = 1，$\overline{CS} = 0$，$R/\overline{C} = 1$，$A_0 = 0$，读取高 8 位；CE = 1，$\overline{CS} = 0$，$R/\overline{C} = 1$，$A_0 = 1$，读取低 4 位。当 8031 执行对外部数据存储器的写指令，使 CE = 1，$\overline{CS} = 0$，$R/\overline{C} = 0$，$A_0 = 0$ 时，便启动 A – D 转换。

由图 5-59 可见，74LS373 为地址锁存器，只要 $P_{0.7}$、$P_{0.1}$、$P_{0.0}$3 位地址为 0 便能启动 A – D，因此，启动 AD574 的端口地址为 XX00H，其余位应视总体设计中对地址空间的安排而定。

读写 AD574 的程序段如下：

```
AD574:        MOV DPTR, #XX00H        ；启动 A – D
              MOVX @ DPTR, A
```

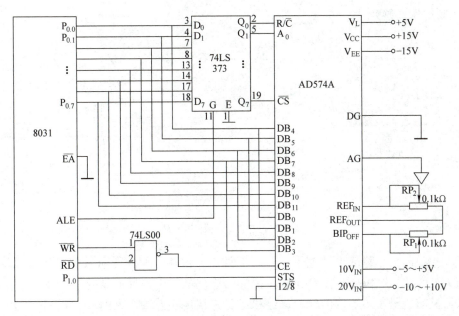

图 5-59 AD574 系列与单片机 8031 的接口电路

	SETB $P_{1.0}$	；$P_{1.0}$ 为输入
LOOP：	JB $P_{1.0}$，LOOP	；检测 $P_{1.0}$ 口
	INC DPTR	；使 $R/\overline{C}$ 为 1
	MOVX A，@DPTR	；读高 8 位
	MOV 41H，A	；存入 41H 单元
	INC DPTR	；$R/\overline{C}$、A_0 均为 1
	INC DPTR	
	MOVX A，@DPTR	；读低 4 位
	ANL A，#0FH	；屏蔽高 4 位
	MOV 40H，A	；存入 40H 单元
	……	

5.8.3 V/F 转换原理及常用器件

V/F 转换器是把电压转换为频率信号的器件。它具有精度高，线性度好，应用电路简单，对外围器件性能要求不严格，价格便宜，便于与微机接口等优点，因此应用广泛。

V/F 转换器的品种繁多，例如，ADVF32、AD537、AD458、AD650、AD651、AD654、LM131/231/331、VFC32/42/52/62、VFC100 和 VFC320 等。

5.8.3.1 V/F 转换原理

实现 V/F 转换的方法很多，在 V/F 转换集成芯片中，目前多数采用电荷平衡转换原理，见图 5-60。图 5-60a 为原理框图；图 5-60b 为输出波形。由图可见，它由积分器、零比较器、恒流源、单稳定时器和模拟开关组成。它可被看作是一个振荡频率 f_0 受被测电

压 V_i 控制的振荡器。

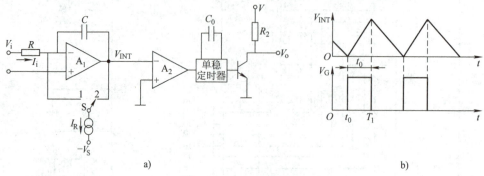

图 5-60　V/F 转换原理

a）原理框图　b）输出波形图

设在某一时刻单稳输出低电平，开关 S 处于 2 位置，积分器对被测电压 V_i 积分，积分电流 $I_i = V_i/R$，对积分电容 C 充电。积分器输出电压 V_{INT} 反向变化，当 V_{INT} 过零瞬间，零比较器翻转，触发单稳输出幅值一定和宽度为 t_0 的正脉冲，见图 b。此脉冲使开关 S 处于 1 位置，恒流源 I_R 对积分电容 C 反向充电，V_{INT} 线性上升，到 T_1 结束，开关 S 又处于 2 位置，V_i 又开始对 C 充电，V_{INT} 线性下降，当 V_{INT} 过零的瞬间，单稳又产生 t_0 正脉冲，如此周而复始地进行，便产生频率为 f_0 的一系列脉冲。由图 b 可见，根据电荷平衡原理，得

$$I_R t_0 = \frac{V_i}{R} T_1$$

所以，$T_1 = \dfrac{I_R t_0 R}{V_i}$。

由于 $T = T_1 + t_0$，因为 $t_0 \ll T_1$，故 $T \approx T_1$ 因此输出频率 f_0 为

$$f_0 = \frac{1}{T} = \frac{V_i}{I_R R t_0} = k_f V_i$$

式中，k_f 为频率系数，$k_f = 1/(I_R R t_0)$。

可见，输出频率 f_0 与被测电压 V_i 成正比。当 R、C 的精度较高，且性能稳定时，V/F 转换器也具有较高精度和性能稳定。

5.8.3.2　V/F 转换器件及其典型接法

下面介绍几种常用的 V/F 转换器的特性及其典型接法。

1. VFC32 转换器的特性及其典型接法

主要特性：输入电压：0 ~ 10V；输出频率：0 ~ 500kHz；非线性误差；$f_{max} = 10kHz$，±0.01% FS；$f_{max} = 100kHz$，±0.05% FS。输出与 TTL/COMS 电平兼容。电压或电流输入。

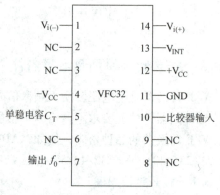

图 5-61　VFC32 的引脚功能

VFC32 的引脚功能见图 5-61。使用时需接电阻 R_{IN} 和电容 C_1、C_2，其典型值见表5-9。

表 5-9 VFC32 外接元件典型值

V_{IN}/V	f_{OUTmax}/kHz	C_1/pF	R_{IN}/kΩ	C_2
1	10	3650	4.0	0.01μF
10	10	3650	40	0.01μF
1	100	330	4.0	1000pF
10	100	330	40	1000pF

图 5-62 为 VFC32 的外部接线图。VFC32 可作为双极性输入，此时，引脚 1 接的电阻 R_{IN} 为单极性输入的 2 倍。例如，当最大输入电压为 10V 时，R_{IN} 可取 80kΩ，就允许双极性输入，输入电压范围为 ±5V。

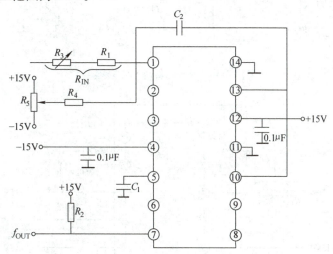

图 5-62 VFC32 的典型接法

2. LMX31 系列 V/F 转换器及其典型接法 LMX31 系列 V/F 转换器 包括 LM131、LM231、LM331 通用型 V/F 转换器。主要特性：频率范围：1Hz～100kHz；非线性误差：±0.01%FS；单电源或双电源供电，单电源可低至 +5V。

LMX31 系列 V/F 转换器的引脚功能见图 5-63a。其典型接法见图 5-63b。图中，R_S 的作用是满度调节；R_L 的作用是非线性调节；R_t 和 C_t 是外接积分电阻。R_S、R_L、R_t 和 C_t 的取值取决于最高输出频率，其关系为

$$f_{0max} = \frac{V_{IN}}{2.09} \times \frac{R_S}{R_L} \times \frac{1}{R_t C_t}$$

若 $R_S = 36$kΩ，$R_t = 10$kΩ，$C_t = 470$pF，在 0～10V 输入时，$f_{0max} = 100$kHz。

3. AD650 V/F 转换器的特性及其典型接法 主要特性：最高输出频率 1MHz；电源 $\pm V_S = \pm 15$V；最大输入电压 $V_{IN} = \pm 15$V；典型非线性误差：$f_{max} = 10$kHz，$\pm 0.002\%$FS；$f_{max} = 100$kHz，$\pm 0.05\%$FS；$f_{max} = 500$kHz，$\pm 0.02\%$FS；$f_{max} = 1$MHz，$\pm 0.07\%$FS。输入偏置调零；单极性、双极性或差分输入，差分输入电压：± 10V；可进行 V/F 或 F/V 转换；输出与 TTL/CMOS 兼容。

AD650 的典型接法见图 5-64，图 5-64a 为单极性接法；图 5-64b 为双极性接法。图中，R_{IN} 为输入阻尼电阻；C_{os} 为定时电容；R_2 为上拉电阻；C_{INT} 为积分电阻。AD650 外围元件的参数见表 5-10。

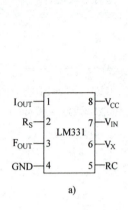

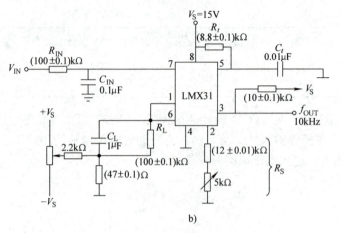

图 5-63　LMX31 系列 V/F 转换器

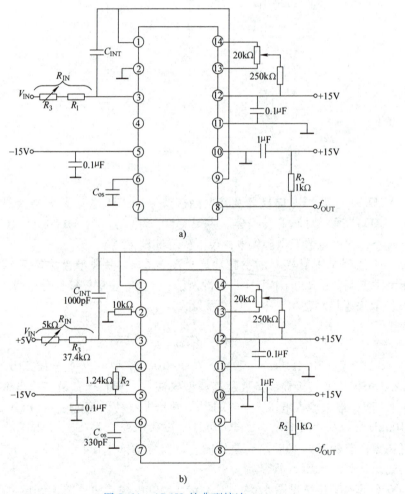

图 5-64　AD650 的典型接法

a）单极性接法　b）双极性接法

表 5-10　AD650 外围元件典型参数值

f_{OUTmax}	V_{IN}/V	R_1/kΩ	R_3/kΩ	C_{os}/pF	C_{INT}/pF
100kHz	1	5	37.4	330	1000
500kHz	10	5	18	100	1000
1MHz	1	5	14.3	51	1000

5.8.3.3　V/F 转换器件与单片机接口技术

V/F 转换器与单片机之间常用直接连接和利用光耦合器隔离连接方法，见图 5-65。图 5-65a 为直接连接，比较简单。图 5-65b 为采用光电隔离方法连接，适用电源干扰大、模拟部分容易产生电气干扰的场合。

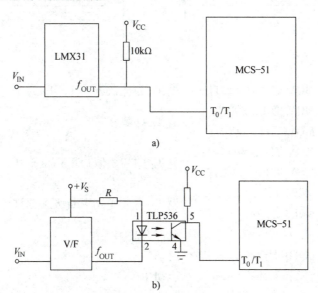

图 5-65　V/F 转换器与单片机常用接口方法

图 5-66 为 VFC32 与 8031 实用接口电路。

设 $V_i = 0 \sim 10V$，$f_0 = 0 \sim 100kHz$，时钟脉冲为 6MHz，T_0 为 16 位计数器，则 T_0 的初始值为

$$x = 2^{16} - \frac{T_0 f_0}{12} = 65536 - \frac{100 \times 10^{-3} \times 6 \times 10^6}{12} = 15536$$

$$= 3CBOH$$

计数值存入 30H、31H，其程序如下：

```
ORG 2000H
AJMP MAIN
ORG 000BH          T_0 溢出中断入口
AJMP INTIN
ORG 2100H
```

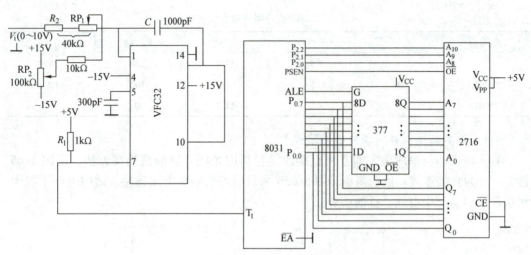

图 5-66　VFC32 与 8031 实用接口电路

MAIN：	MOV TMOD，#51H；	设 T_1 为计数方式 1，T_0 为定时方式 1
	MOV TL1，#00H；	清 T_1 计数器零
	MOV TH1，#00H；	
	MOV TL0，#0B0H；	置 T_0 的初始值每 100ms 产生一次中断
	MOV TH0，#3CH；	
	SETB PT0；	设 T_0 为最优先中断级，允许 T_0 中断
	SETB ET0；	
	SETB EA；	允许 CPU 中断
	SETB TR0；	启动 T_0
	SETB TR1；	启动 T_1
	……	
INTIN：	CLR TR1；	关 T_1
	CLR TR0；	关 T_0
	MOV 30H，TL1；	计数值送入 31H、30H 单元
	MOV 31H，TH1；	
	MOV TH1，#00H；	重新清零 T_1
	MOV TL1，#00H；	
	MOV TL0，#0B0H；	重新装入 T_0 初始值
	MOV TH0，#3CH；	
	SETB TR1	重新启动 T_1，T_0
	SETB TR0	
	RETI	中断返回

当 V/F 转换器的输出频率较低时，为保证精度，可用测周期法，见图 5-67。图中，V/F 输出的频率经 D 触发器 2 分频后接至 INT0，作为 T_0 计数器的控制信号。T_0 计数器置定时器状态取方式 1，将 TMOD.3（GATE）置 1，这样就由 INT0 和 TR0 来决定计数器是否

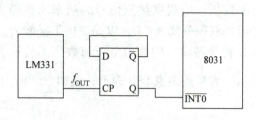

图 5-67   LM331 与 8031 接口电路

工作。这种接法只能测量小于 65535 个机器周期的信号周期。程序清单如下：

BEGIN：	NOP	
	MOV	TMOD，#09H	；初始化
	MOV	TL0，#00H	
	MOV	TH0，#00H	
LOOP1：	NOP	
	JB	P3. 2，LOOP1
	SETB	TR0
LOOP2：	NOP	
	JNB	P3. 2，LOOP2
LOOP3：	NOP	
	JB	P3. 2，LOOP3
	CLR	TR0
	MOV	B，TH0	；高位进 B 寄存器
	MOV	A，TL0	；低位进 A 寄存器
	MOV	TL0，#00H
	MOV	TH0，#00H
	AJMP	LOOP1

5.8.4   A – D 转换器的一般选择原则

A – D 转换器的技术指标很多，在选择时必须考虑以下几个指标。

1. 分辨率   指输出数字量变化一个相邻数码所需输入模拟电压的变化量。对已定的输入模拟电压，A – D 转换器的位数越多，分辨率越高。但分辨率太高，容易受干扰信号的影响。因此，必须根据实际测试的需要决定 A – D 转换的位数和分辨率。

2. 转换精确度   在转换过程中，任何数码所对应的实际模拟电压与理想模拟电压值之最大偏差与满刻度模拟电压之比的百分数，或以二进制分数来表示相应的数字量。它包括了所有的误差。通常以最低有效位或百分数满度值来表示，例如，±1LSB、±2LSB 或 ±0.1%FS，±0.01%FS 等。转换精确度也与 A – D 转换器的位数有关，在满足测试精度要求前提下，避免选择太高精度的转换器。

3. 转换速率   指在单位时间内完成转换的次数。逐位比较式 A – D 的转换速率较高，

253

双积分式 A – D 的转换速率较低。应根据被测信号的频率来选择 A – D 转换器的转换速率。若为直流或缓变信号可选双积分式 A – D，以提高抗干扰能力。

4. 线性度 是指 A – D 转换器实际的模拟电压与数字的转换关系与理想直线之间之差，或用非线性误差来表示。通常用多少 LSB 表示，例如 $\frac{1}{2}$ LSB，也可以用相对满度误差表示。

5. 偏移误差 是指输入电压为零时，输出数字量不为零之值。它是由放大器或比较器的偏移电压或偏移电流引起的。常用多少 LSB 表示，或用相对满度误差表示。

5.9 D – A 转换原理及常用器件的应用

D – A 转换器是一种把数字量转换成模拟量的器件。它是数字化特别是单片机测控系统的典型接口技术。本节主要介绍 D – A 转换原理、常用 D – A 转换器芯片及其与单片机的接口技术。

5.9.1 D – A 转换原理

D – A 转换器用来将数字量转换成模拟量。其基本要求是输出电压 V_o 应该和输入数字量 D 成正比，即

$$V_o = DV_R \tag{5-36}$$

式中，V_R 为参考电压。

数字量 D 可表示为

$$D = a_{n-1}2^{n-1} + a_{n-2}2^{n-2} + \cdots + a_1 2^1 + a_0 2^0$$

实现式（5-36）运算的方法有很多，在集成 D – A 转换器芯片中常采用 $R – 2R$ T 形解码网络来实现。因为电阻类型少，制作容易，并能达到较高精度。图 5-68 为 $R – 2R$ T 形网络 D – A 转换原理图。

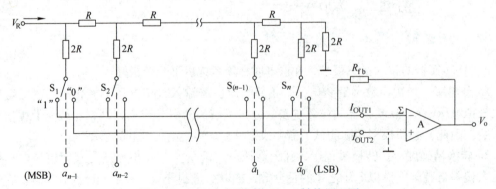

图 5-68 $R – 2R$ T 形网络 D – A 转换原理图

由图可见，由若干个相同支路组成，每一支路有两个电阻 R 和 $2R$ 以及一个开关 S_i 组成。开关 S_i 受二进制"位"码 a_i 控制。由于运放输入端求和点"Σ"为虚地，所以不管

S_i 接向地或是接向 "Σ" 点，电阻都是接 "地"。因此，保证各支路电流不变，总电流 $I = V_R/R$ 也不变。可见，a_i 只是控制支路电流流入 "Σ" 点或是流入地而已。当 $a_i = 1$ 时，支路电流流入 "Σ" 点，反之，$a_i = 0$ 时，支路电流流入地。

由上可知，流过每个权电阻 R_i 的电流依次为

$$I_1 = \frac{1}{2^1}I, \quad I_2 = \frac{1}{2^2}I \cdots, \quad I_{n-1} = \frac{1}{2^{n-1}}I, \quad I_n = \frac{1}{2^n}I$$

当 $a_{n-1} = a_{n-2} = \cdots = a_1 = a_0 = 1$ 时，即输入数据 D 全为 1 时，流入 "Σ" 点的电流 ΣI 为

$$\Sigma I = I\left(\frac{1}{2} + \frac{1}{2^2} + \cdots + \frac{1}{2^{n-1}} + \frac{1}{2^n}\right)$$

放大器输出模拟电压 V_o 为

$$V_o = R_{fb}\Sigma I = \frac{V_R R_{fb}}{R}\left(\frac{1}{2^1} + \frac{1}{2^2} + \cdots + \frac{1}{2^{n-1}} + \frac{1}{2^n}\right)$$

对于任意二进制数码 D，放大器输出模拟电压 V_o 为

$$\begin{aligned}
V_o &= \frac{V_R R_{fb}}{R}\left(\frac{1}{2}a_{n-1} + \frac{1}{2^2}a_{n-2} + \cdots + \frac{1}{2^{n-1}}a_1 + \frac{1}{2^n}a_0\right)\\
&= \frac{V_R R_{fb}}{2^n R}\left(2^{n-1}a_{n-1} + 2^{n-2}a_{n-2} + \cdots + 2^1 a_1 + 2^0 a_0\right)\\
&= KV_R D
\end{aligned}$$

$$\tag{5-37}$$

式中，$K = R_{fb}/(2^n R)$；n 为二进制位数；D 为输入的二进制数码。

比较式（5-36）和式（5-37）可知，输出模拟电压 V_o 与输入数据 D 成正比。

5.9.2　主要技术指标

1. 转换精度　在给定数据转换输出的模拟电压与理论输出电压的接近程度称为转换精度。它是增益误差、零位误差和非线性误差的合理综合。在产品说明书中只给出各项误差而不给出综合误差。

2. 分辨率　指输入数字量变化一个最小单位时，输出模拟量的变化量与满度输出量之比。位数越多，输出电压增量越小，分辨率越高。例如，8 位 D－A 分辨率为 $1/(2^8-1) = 0.004$；而 12 位 D－A 的分辨率为 $1/(2^{12}-1) = 0.00024$。

3. 线性度　指 D－A 转换的实际输入输出曲线与理论输入输出曲线之最大偏差与满度输出值之比的百分数。例如 AD7541 的非线性误差为 $\pm 0.02\%$ FS。

4. 转换时间　从输入产生满度输出的数字量起，到输出达到满度值所需时间。

5. 温度系数　在满度输出条件下，温度每升高 1℃ 引起输出电压变化的百分数。

6. 电源抑制比　电源电压变化时，满量程电压变化的百分数与电源电压变化的百分数之比，称为电源抑制比。

此外，还有输出电平、输入数据电平、输入数码形式及工作温度等许多指标，在此不再赘述。

5.9.3　D－A 转换器与单片机接口电路

D－A 转换集成芯片品种繁多，大体上可分为带输入数据锁存器和无带输入数据锁存

器两大类。带输入数据锁存器的有：8 位分辨率 DAC0830、DAC0831、DAC0832；10 位分辨率 DAC7522；12 位分辨率 DAC1208、DAC1209、DAC1210、DAC1230、DAC1231、DAC1232；14 位分辨率 AD7535；16 位分辨率 AD1147、AD1148、AD1145 等。无带输入锁存器的有：8 位分辨率 AD558、DAC0801、DAC0802、DAC0803；10 位分辨率 AD7520、AD7530、AD7533；12 位分辨率 DAC1020、DAC1220、AD7521、AD7542 等。AD7543 是串行 12 位 D – A 转换器。

带输入数据锁存器和无带输入数据锁存器的 D – A 转换器与单片机的接口技术不同，下面分别介绍。

1. DAC0830/0831/0832 与单片机接口 该系列 DAC 是 8 位分辨率带双输入数据寄存器品种，它能直接与 MCS – 51 单片机接口。其引脚功能见图5-69。

图中：

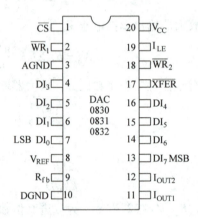

图 5-69 DAC0830/0831/0832 引脚功能

- DI$_0 \sim$ DI$_7$：数据输入线；
- I$_{LE}$：数据允许锁存信号，高电平有效。
- $\overline{CS}$：输入寄存器选择信号，低电平有效；
- $\overline{WR_1}$：写输入锁存器 1 信号，低电平有效。当 I$_{LE}$ = 1，$\overline{CS}$ = 0 时，$\overline{WR_1}$ 负跳变将 DI$_0 \sim$ DI$_7$ 的输入数据锁存入输入锁存器 1。
- $\overline{XFER}$：数据传送信号，低电平有效。
- $\overline{WR_2}$：寄存器写选通信号，低电平有效。当 $\overline{XFER}$ = 0，$\overline{WR_2}$ 为负跳变时，将输入数据锁存器的输出信号送入 DAC 进行转换。
- V$_{REF}$：基准电源输入；
- R$_{fb}$：反馈信号输入，反馈电阻在芯片内部。
- I$_{OUT1}$、I$_{OUT2}$：电流输出引脚。
- V$_{CC}$：电源，单电源 + 5 ～ + 15V。
- AGND：模拟信号地。
- DGND：数字信号地。

图 5-70 为 8031 单片机与 DAC0830 系列 D – A 转换器的接口。由于是单极性输出，故将 I$_{OUT2}$ 接地。输出电压 U_o 为

$$U_o = -V_{REF}\frac{D}{256}$$

式中，V_{REF} 为参考电源；D 为输入数据。

由图可见，DAC0830 系列输入寄存器和 DAC 寄存器的地址为 0FEFFH 和 7FFFH。设待转换数据存于 R$_2$，则程序为

```
DAC:        MOV DPTR, #0FEFFH          ;
            MOV A, R₂                  ;
            MOVX @DPTR, A              ;
```

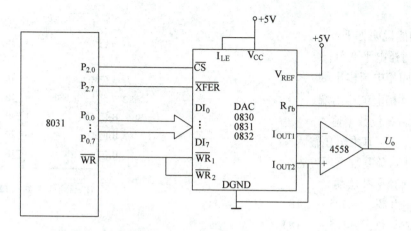

图 5-70　DAC0830 系列 DAC 与单片机接口（单极性输出）

```
MOV DPTR，#7FFFH          ;
MOVX @ DPTR，A            ;
```

图 5-71 为 DAC0830 系列组成双极性输出原理图。图中，利用运放 A_2 将运放 A_1 的单极性输出转变成双极性输出，由图可见：

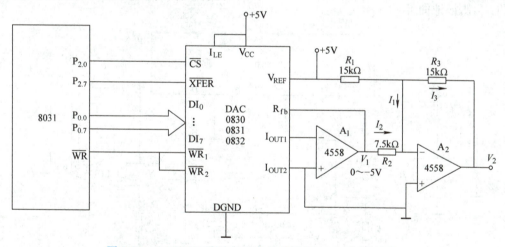

图 5-71　DAC0830 系列 ADC 与单片机接口（双极性输出）

$$V_2 = -I_3R_3 = -(I_1+I_2)R_3 = -\left(\frac{V_{REF}}{R_1}+\frac{V_1}{R_2}\right)R_3$$

$$= -(2V_1+V_{REF}) = \frac{2DV_{REF}}{256} - V_{REF} = \left(\frac{D}{128}-1\right)V_{REF}$$

式中，D 为输入数据；V_{REF} 为参考电压。

设 $V_{REF}=5V$，D 为全 0 时，$V_2=-5V$；当 D 为全 1 时，$V_2=+5V$。其程序与单极输出相同。

2. DAC0800 系列与 8031 单片机的接口　DAC0800 系列包括 DAC0800、DAC0801、DAC0802 和 DAC0803 等，是 8 位分辨率无带输入数据锁存器产品。其外引脚功能见

图5-72。

引脚功能说明如下：

V_{LC}：门槛电平调节；

I_{OUT}：同相电流输出端

$\overline{I_{OUT}}$：反相电流输出端

$B_1 \sim B_8$：8 位数据输入

$V_{REF(+)}$：正基准电压输入

$V_{REF(-)}$：负基准电压输入

COMP：频率补偿端

V_+：正电源，$+4.5 \sim +18V$

V_-：负电源，$-4.5 \sim -18V$

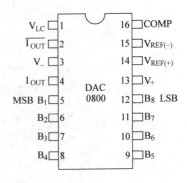

图 5-72 DAC0800 系列引脚功能

可见，DAC0800 系列是无输入数据锁存器的双极性 DAC，其最大输出电压范围为 $-10 \sim +18V$。根据引脚功能可得 DAC0800 系列 DAC 与 8031 单片机的接口电路见图 5-73。由于 DAC0800 系列无输入数据锁存器，故其数据输入要与并行口相连，图中接到 P_1 口。欲与 8031 的 P_0 口相连，必须扩展数据锁存器，如 74LS377。图中采用双极性输出，当数据 D = 00H 时，$V_o = -10V$；当数据 D = FFH 时，$V_o = 10V$。欲得到单极性输出，可将 $\overline{I_{OUT}}$ 脚接地即可。

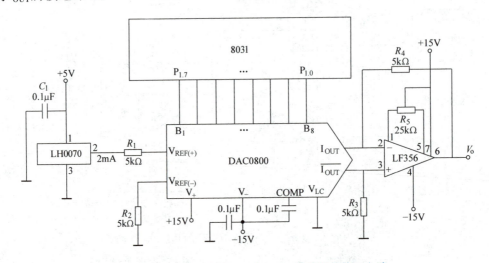

图 5-73 DAC0800 系列 DAC 与 8031 单片机的接口电路

3. 10 位以上 DAC 与 8031 单片机接口电路 10 位以上分辨率的 D – A 芯片与 8 位单片机接口，由于一次数据传送操作只能送 8 位数据，因此 8031 必须进行两次操作才能把完整的 10 位以上数据送入 D – A 转换器，为使 10 位以上数据能够同时开始转换，以避免输出电压波形出现毛刺现象，必须采用双缓冲器接口方式。这是 10 位以上分辨率 D – A 芯片与 8 位单片机接口的共同特点。下面以 DAC1208 作介绍。

DAC1208 系列 D – A 芯片包括 DAC1208、DAC1209 和 DAC1210 三种类型，是 12 位分辨率、内部有双输入数据锁存器的 D – A 芯片。DAC1230（含 DAC1231、DAC1232）系列

D－A 芯片与 DAC1208 系列芯片功能相类似。DAC1208 系列芯片引脚功能见图 5-74。
其引脚功能如下：

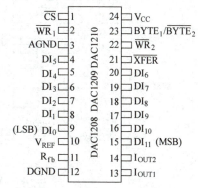

- $DI_0 \sim DI_{11}$：12 位数据输入
- I_{OUT1}、I_{OUT2}：电流输出端
- R_{fb}：反馈电阻输入端
- V_{REF}：参考电压输入；$-10 \sim 10V$
- $\overline{CS}$：片选信号，低电平有效
- $\overline{WR_1}$：写信号，低电平有效
- $BYTE_1/\overline{BYTE_2}$：字节顺序控制信号。该引脚为高电平时，打开 8 位和 4 位两个锁存器，将 12 位数据全部打入 12 位数据锁存器；该引脚为低电平时，只打开 4 位数据锁存器。

图 5-74　DAC1208 系列芯片引脚功能

- $\overline{WR_2}$：辅助写信号，低电平有效。该信号与$\overline{XFER}$信号结合使用
- $\overline{XFER}$：传送控制信号，低电平有效。当$\overline{WR_2} = \overline{XFER} = 0$ 时，将 8 位和 4 位寄存器中的全部 12 位数据打入 12 位锁存器，当$\overline{WR_2}$由 0 变 1 时将数据锁存，并进行转换
- V_{CC}：电源电压，单电源$+5 \sim +15V$
- DGND：数字地
- AGND：模拟地

DAC1208 系列与 8031 单片机的接口与 DAC0830 系列基本相同，主要是控制线的连接。$\overline{CS}$和$\overline{WR_1}$控制输入寄存器，$\overline{XFER}$和$\overline{WR_2}$控制 DAC 寄存器。当 $BYTE_1/\overline{BYTE_2} = 1$ 时，选中 8 位输入寄存器；$BYTE_1/\overline{BYTE_2} = 0$ 时，选中 4 位输入寄存器。实际上，在 $BYTE_1/\overline{BYTE_2} = 1$ 时，由于 4 位输入寄存器是开放的，所以两个输入寄存器均被选中，可以用一条地址线 A_0 来控制 $BYTE_1/\overline{BYTE_2}$，而用两条地址线来控制$\overline{CS}$和$\overline{XFER}$。DAC1208 与 8031 的接口见图 5-75。

由图可见，DAC1208 的高 8 位输入寄存器地址为 4001H，低 4 位寄存器地址为 4000H，DAC 寄存器的地址为 6000H。由于 8031 单片机的 P_0 口为地址/数据分时复用线，故 $P_{0.0}$ 与 $BYTE_1/\overline{BYTE_2}$ 相连时要锁存。

设 12 位数据存放在内部 RAM 的两个单元，高 8 位存于 DIGIT 单元，低 4 位存于 DIGIT＋1 单元，执行下列指令便完成 D－A 转换。

```
MOV     DPTR, #4001H        ; 8 位输入寄存器地址
MOV     R1, #DIGIT          ; 高 8 位数据地址
MOV     A, @R1              ; 取出高 8 位数据
MOVX    @DPTR, A            ; 高 8 位数据送 DAC1208
DEC     DPTR                ; 4 位输入寄存器地址
INC     R1                  ; 低 4 位数据地址
MOV     A, @R1              ; 取出低 4 位数据
MOVX    @DPTR, A            ; 低 4 位数据送 DAC1208
```

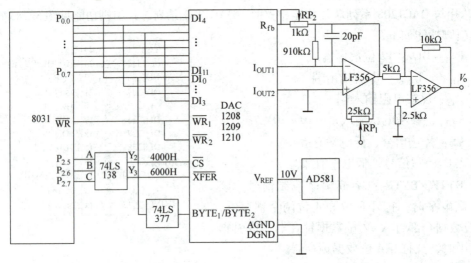

图 5-75　DAC1208 系列 DAC 与 8031 接口电路

```
MOV        DPTR, #6000H        ；DAC 寄存器地址
MOVX       @DPTR, A            ；完成 12 位 D－A 转换
```

必须指出，由于将高 8 位数据写入 8 位输入寄存器时，低 4 位输入寄存器是打开的，所以向 DAC1208 传送数据时，必须首先传送高 8 位，然后传送低 4 位；否则，若首先传送低 4 位，后送高 8 位，结果会不正确。

5.10　LED 和 LCD 显示技术

数字显示技术是数字化仪器仪表必不可少的组成环节。显示器的品种繁多，目前，常用发光二极管显示器（Light Emitting Diode），简称 LED 和液晶显示器（Liquid Crystal Display），简称 LCD。LED 和 LCD 显示器又可分为七段字型显示器和矩阵式显示器。

5.10.1　七段 LED 显示器及其接口技术

LED 是近似于恒压的元件，导电（即发光）时的正向压降一般约为 1.6～2.4V 之间，工作电流在 10～20mA 左右，故电路中需串联适当的限流电阻。发光强度基本上与正向电流成正比。

最常用的显示器是由七段条形 LED 组成，见图 5-76。点亮适当的字段，就可显示出不同的数字。此外，不少七段显示器在右下角带有一个圆形的 LED 作为小数点用，这样一共有 8 段，恰好用于 8 位的并行系统。

七段 LED 可接成共阴极或共阳极形式，见图 5-76。图 5-76a 为共阴极接法，公共阴极接地，当各段阳极上的电平为"1"时，该段点亮，电平为"0"时，该段熄灭。图 5-76b 为共阳极接法，公共阳极接 +5V，当各段阴极上的电平为"0"时，该段就点亮，电平为"1"时，该段就熄灭。图中 R 是限流电阻。图 c 为七段 LED 内段的排列。为了显示不同的数字，首先要把数字或字符转换成相应的段码，加于 LED 上。由于电路接法不同，七段 LED 显示器形成的段码也不同，见表 5-11。

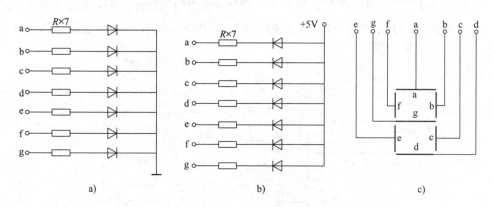

图 5-76　七段 LED 显示器

a）共阴极接法　b）共阳极接法　c）字段排列

表 5-11　七段 LED 段码表

存储器中地址	数　字	共阴极接法七段状态 g f e d c b a							共阴极接法 段码（十六进制）	共阳极接法 段码（十六进制）
SEG	0	0	1	1	1	1	1	1	3F	40
SEG－1	1	0	0	0	0	1	1	0	06	79
SEG－2	2	1	0	1	1	0	1	1	5B	24
SEG－3	3	1	0	0	1	1	1	1	4F	30
SEG－4	4	1	1	0	0	1	1	0	66	19
SEG－5	5	1	1	0	1	1	0	1	6D	12
SEG－6	6	1	1	1	1	1	0	1	7D	02
SEG－7	7	0	0	0	0	1	1	1	07	78
SEG－8	8	1	1	1	1	1	1	1	7F	00
SEG－9	9	1	1	0	0	1	1	1	67	18
SEG－10	A	1	1	1	0	1	1	1	77	08
SEG－11	B	1	1	1	1	1	0	0	7C	03
SEG－12	C	0	1	1	1	0	0	1	39	46
SEG－13	D	1	0	1	1	1	1	0	5E	21
SEG－14	E	1	1	1	1	0	0	1	79	06
SEG－15	F	1	1	1	0	0	0	1	71	0E

　　LED 显示器的驱动（点亮）形式有两种。一种是静态驱动法，即给欲点亮的 LED 通以恒定的电流。这种驱动法需要有寄存器、译码器、驱动电路等逻辑部件。当需要显示的位数增加时，所需逻辑部件及连线也相应增加，成本也增加。另一种是动态驱动法，该法是给欲点亮的 LED 通以脉冲电流，此时 LED 的亮度是通断的平均亮度。为保证亮度，通过 LED 的脉冲电流应数倍于其额定电流值。利用动态驱动法可以减少需要的逻辑部件和连线，在智能化测控仪表中常采用动态驱动法。

5.10.1.1　静态驱动法及其与 8031 接口电路

图 5-77 为 LED 与 8031 单片机组成 4 位静态显示接口电路。图中显示电路接于 P_1 口，$P_{1.0} \sim P_{1.3}$ 输出 BCD 码，$P_{1.4} \sim P_{1.7}$ 为位控信号。MC14513 具有 BCD—七段译码、锁存和驱动功能。

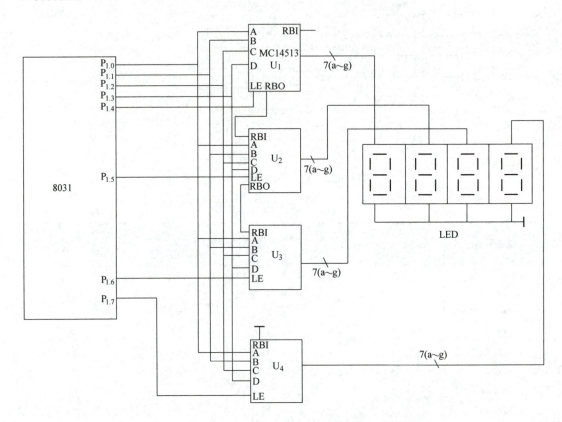

图 5-77　LED 与 8031 单片机组成的 4 位静态显示接口电路

设欲显示数据存放于 30H 为首址的 4 个单元，30H 单元存放高位数据，显示子程序为：

```
DLAY:   MOV     R0, #30H     ;
        MOV     R7, #04H     ;
        MOV     R1, #10H     ;
INB:    MOV     A, @R0       ;
        ANL     A, #0FH      ;
        ORL     A, R1        ;
        MOV     P1, A        ;
        MOV     A, R1        ;
        CLR     C            ;
        RLC     A            ;
```

```
MOV     R₁，A          ;
INC     R₀            ;
DJNZ    R₇，INB        ;
RET                   ;
```

图 5-77 为利用 MC14513 作为译码、锁存和驱动与 8031 组成的接口电路，称为硬件译码。当然也可以不用硬件译码器件，而采用软件译码方式，后者与前者不同之处，只要把译码驱动器改为锁存驱动器即可，利用软件将待显示的 BCD 码，通过查表方法转换成待显示的段码。软件译码 4 位静态显示接口见图 5-78。

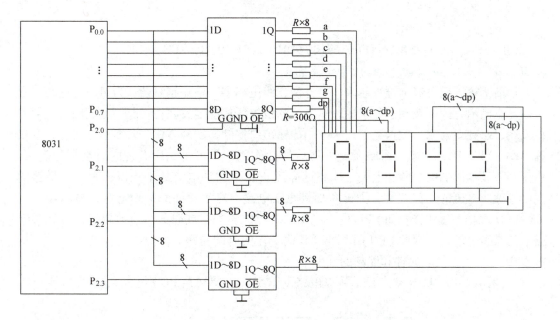

图 5-78 软件译码 4 位静态 LED 显示接口电路

设待显示的 BCD 码存放于 30H 为首址的 4 个单元，0 ~ 9 对应的段码以表格形式存放于 2000H 为首址的单元内，则用软件译码显示子程序如下：

```
DLAY:   MOV     R₀，#30H       ;
        MOV     R₇，#04H       ;
        MOV     R₂，#01H       ;
DIN:    MOV     DPTR，#2000H   ;
        MOV     A，@R₀         ;
        MOVC    A，@A+DPTR     ;
        MOV     R₃，A          ;
        MOV     DPTR，#0000H   ;
        MOV     A，DPH         ;
        ORL     A，R₂          ;
        MOV     DPH，A         ;
```

```
MOV      A, R₃            ;
MOVX     @DPTR, A         ;
CLR      C                ;
MOV      A, R₂            ;
RLC      A                ;
MOV      R₂, A            ;
INC      R₀               ;
DJNZ     R₇, DIN          ;
RET                       ;
         2000H
```

DB：3FH，06H；5BH；4FH；66H；6DH，7DH，07H；7FH，67H。

5.10.1.2　动态驱动法及其与8031接口电路

如前所述，静态显示位数越多，硬件和连线也越多，电路越复杂。为了简化电路，常采用动态显示方式。在动态显示中，所有位的段控线相应地并联在一起，形成段控线的多位复用，而究竟是哪一位点亮，由一个扫描输出口控制，实现各位分时显示方式。只要扫描频率大于25Hz，由于人眼睛对光的滞后惯性作用，就可得到所有位同时点亮的效果。由于动态显示所加的是脉冲电流，LED的亮度正比于脉冲电流的平均值，为保证足够的亮度，脉冲电流的幅值较大，因此需加接驱动电路。对于相同的驱动电流，显示频率越高，LED发光亮度越强，而CPU用于显示的时间也越长；同时显示位数越多，CPU用于显示的时间也越长，因此CPU用于处理其他工作的时间越短。由此可见，动态显示是牺牲CPU的时间去换取元件和能耗的减少。

硬件译码8位LED动态显示接口电路见图5-79。待转换BCD码由$P_{1.0} \sim P_{1.3}$传送到

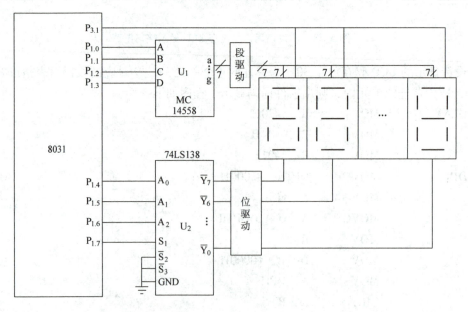

图5-79　硬件译码8位LED动态显示接口电路

MC14558 译成 a ~ g 七段码，位选通信号由 $P_{1.4}$ ~ $P_{1.7}$输出经3 ~ 8 译码器 74LS138 后，输出 $\overline{Y_0}$ ~ $\overline{Y_7}$ 共 8 条位控线选择对应的显示位。$P_{3.1}$用于选择小数点的位置。LED 选用共阴接法。因此显示程序流程图见图 5-80。程序清单从略。

图 5-81 为软件译码动态显示的 LED 接口电路。图中，扩展了 8155I/O 口作为锁存器，8155 的 PB 口作为段码输出口，其 PA 口作为位选输出口。段码输出口和位码输出口均加接驱动器。8155 的口地址为7F00H ~ 7F05H。设待显示数据存放于 RAM 区中的7AH ~ 7FH 单元，LED 用共阴接法。单片机执行下列指令完成显示：

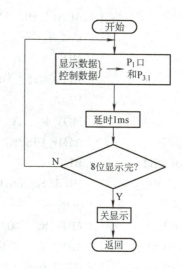

图 5-80　显示程序流程图

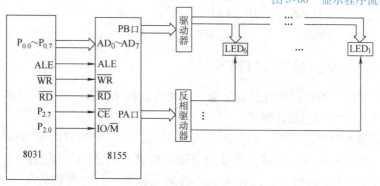

图 5-81　软件译码动态 LED 显示接口电路

```
DISPB:      MOV DPTR, #7F00H
            MOV A, #03H
            MOVX @ DPTR, A        ; 置 8155 的 PA 口、PB 口为输
                                    出方式
            MOV R0, #7AH          ; 置显示缓冲器指针初值
            MOV R3, #01H          ; 置扫描模式初值
            MOV A, R3
DISPB1:     MOV DPTR, #7F01H
            MOVX @ DPTR, A        ; 扫描模式→8155PA 口
            INC DPTR
            MOV A,    @ R0        ; 取显示数据
            ADD A,    #0DH        ; 加偏移量
            MOVC A, @ A + PC      ; 查表取段码
            MOVX @ DPTR, A        ; 段码→8155PB 口
```

```
              ACALL DELAY                    ；延时
              INC R0
              MOV A，R3
              JB ACC.5，DISPB2               ；判 6 位 LED 显示完否
              RL A                           ；扫描模式左移 1 位
              MOV R3，A
              AJMP DISPB1
DISPB2：       RET
SEGPT2：       DB 3FH，06H，5BH，4FH，66H，；段码表
              6DH…
DELAY：        MOV R5，#02H                   ；延时子程序（1ms）
DELAY1：       MOV R4，#0FFH
DELAY2：       DJNZ R4，DELAY2
              DJNZ R5，DELAY1
              RET
```

5.10.2　LCD 显示器及其接口技术

LCD 显示器是一种极低功耗的显示器，在便携式数字仪表中得到广泛的应用。

5.10.2.1　LCD 显示器的工作原理

LCD 显示器本身并不发光，只是调节光的亮度。在一定的温度范围内，液晶具有流动性、连续性和各向异性的特性。夹在两块导电玻璃电极之间的液晶，经过一定的处理后，其内部分子呈 90°的扭曲，这种液晶具有旋光特性。当外部线性偏振光通过液晶层时，偏振面会旋转 90°，即原来垂直方向，现在变为水平方向。当玻璃电极加上电压后，在电场作用下，液晶的旋光作用消失，偏振光可直接通过。电场消失后，液晶又恢复旋光作用。把这样的液晶放在两片偏振片之间，在玻璃电极上加以适当的电平（高电平或低电平），就可得到黑底白字或白底黑字的显示形式，从而显示出所需的字符。

5.10.2.2　LCD 显示器的驱动方式

LCD 显示器的驱动方式有静态驱动和动态驱动两种。其驱动方式由 LCD 的电极引线的选择方式确定，因此 LCD 的型号确定以后，用户无法改变其驱动方式，在选择 LCD 显示器时必须引起注意。

由于直流电压驱动 LCD 会引起液晶电解和电极老化，大大地降低使用寿命，因此常采用交流电压驱动。

1. 静态驱动方式　静态驱动 LCD 的每一字段均要引出电极，所有公共电极 BP（COM）连在一起引出，见图 5-82。由图可见，在 LCD 的公共电极（一般为背极 BP）加恒幅值交变电压，通过控制前极（a、b、c、d、e、f、g）的电压变化（零电压或 2 倍幅值电压）控制 LCD 某段亮或灭。目前，已有许多 LCD 驱动集成芯片，已将多个 LCD 驱动电路集成在一起，使用起来十分方便。

图 5-83 为 4 位 BCD – 七段译码、锁存、驱动 LCD 显示集成芯片 ICM7211 系列引脚功

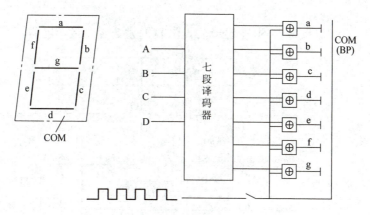

图 5-82　七段 LCD 显示电路

能，它能方便地与单片机接口。图中，$B_0B_1B_2B_3$ 为 BCD 码输入；A_i、B_i、C_i、D_i、E_i、F_i、G_i（$i=1\sim4$）为译码驱动七段码输出；DS_1、DS_2 为位选信号，它们有效时，将对应位数据锁存、译码输出，其真值表见表 5-12。

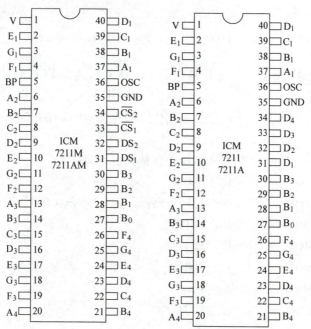

图 5-83　ICM7211 系列引脚功能

表 5-12　DS_1、DS_2 位选真值表

DS_2	DS_1	选择的位	DS_2	DS_1	选择的位
0	0	最低位（1）	1	0	次高位（3）
0	1	次低位（2）	1	1	最高位（4）

$\overline{CS_1}$、$\overline{CS_2}$ 为片选信号。

BP 为背电极（COM）最大交变频率为 125Hz；OSC 为脉冲输入，最大工作频率 16kHz。

图 5-84 为 ICM7211AM 与 8031 组成的 8 位 LCD 静态显示接口电路。

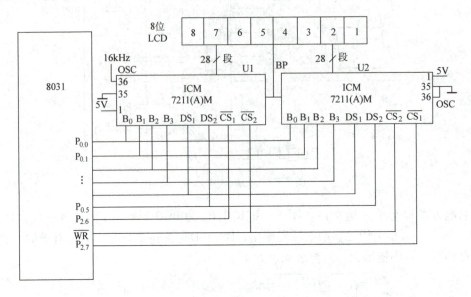

图 5-84 8 位 LCD 静态显示接口电路

图中，用了两片 ICM7211，各片输出的七段信号对应接 LCD 的七段输入端，两片背极接在一起接到 LCD 的 BP 端，各片 $\overline{CS_1}$ 作为本芯片的片选端；$\overline{CS_2}$ 接到 8031 的写信号 $\overline{WR}$；$B_0 \sim B_3$、DS_1、DS_2 都接到 P_0 口。高位 ICM7211AM 的 OSC 接 16kHz 振荡源的输出，以产生 125Hz 的 BP 信号，低二位的 OSC 接地（多于两片 7211 亦可参照此接法）。

设待显示的 8 位 BCD 码存放于 30H 为首地址的 RAM 中，显示子程序如下：

DLAY:	MOV	R_0, #30H	;
	MOV	DPTR, #7FFFH	; 显示低 4 位
	MOV	R_2, #01H	;
DPUT2:	MOV	R_7, #04H	;
	MOV	R_3, #00H	;
DPUT1:	MOV	A, @R_0	;
	ANL	A, #0FH	;
	MOV	R_4, A	;
	MOV	A, R_3	;
	SWAP	A	;
	ANL	A, #F0H	;
	ORL	A, R_4	; 位选信号与段码合并
	MOVX	@DPTR, A	;
	INC	R_3	;
	INC	R_0	;

268

DJNZ	R_7，DPUT1	；低 4 位显示完，然后显示
INC	DPH	；高 4 位
DJNZ	R_2，DPT2	；
RET		；

2. 动态驱动方式　静态驱动硬件电路和引线较多，成本相应增加，仅适用于显示位数较少的场合。动态驱动可克服静态驱动的缺点，适用于显示位数较多的场合。

LCD 的动态驱动常用专门集成芯片来实现、MC145000 和 MC145001 为常用的一种。MC145000 是主驱动器，MC145001 是从驱动器。主、从驱动器均采用串行数据输入，一片主驱动器可带多片从驱动器。主驱动器可驱动 48 个显示字段或点阵，每增加一片从驱动器可增加驱动 44 个显示字段或点阵。MC145000 内部显示寄存器各位与显示矩阵的对应关系见表 5-13。MC145001 与 MC145000 的区别只是少了 F_{12} 端对应的一列，其余对应关系均相同。

表 5-13　MC145000 显示寄存器与显示矩阵的对应关系

	F_1	F_2	F_3	F_4	F_5	F_6	F_7	F_8	F_9	F_{10}	F_{11}	F_{12}
B_1	4	8	12	16	20	24	28	32	36	40	44	48
B_2	3	7	11	15	19	23	27	31	35	39	43	47
B_3	2	6	10	14	18	22	26	30	34	38	42	46
B_4	1	5	9	13	17	21	25	29	33	37	41	45

图 5-85 为 MC145000 和 MC145001 与单片机 8031 组成动态驱动 LCD 接口电路。

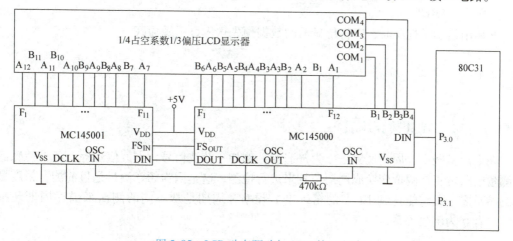

图 5-85　LCD 动态驱动与 8031 接口电路

图中，$B_1 \sim B_4$ 分别接 LCD 的背电极，即 $COM_1 \sim COM_4$；MC145000 的 $F_1 \sim F_{12}$ 和 MC145001 的 $F_1 \sim F_{11}$ 分别接 LCD 的正驱动电极 $B_6 \sim A_6$、$B_1 \sim A_1$ 和 A_{12}、$B_{11} \sim B_7$、A_7。MC145000 的 DIN 是串行数据输入端，接单片机 8031 的串行输出口线 $P_{3.0}$。MC145001 的 DIN 接 145000 的数据输出线 DOUT。MC145000 的帧同步输出线 FS_{OUT} 接至 MC145001 的 FS_{IN}。主驱动器 OSC_{IN} 和 OSC_{OUT} 之间接电阻 470kΩ，时钟频率约为 50Hz。该电阻越大，时钟频率越低。主、从驱动器的主时钟 16kHz 由 8031 的 $P_{3.1}$ 提供，经内部 256 分频后作

为显示时钟，用于控制驱动器的输出电平和极性，该时钟也作为动态扫描的定时信号，每一个周期扫描 4 个背电极中的一个。在 DIN 数据有效期间，主时钟脉冲 DCLK 端的一个负跳变，可以把数据移入数据寄存器的最高位，即 MC145000 的第 48 位或 MC145001 的第 44 位，并且使移位寄存器原来的数据向低序号移一位，MC145000 的最低位移入 MC145001 的最高位。首先送出 MC145000 的第一位数据，最后送出 MC145000 的第 48 位数据。数据为"1"使对应的字段显示，数据为"0"不显示。设 12 字节数据存于 30H 为首址的显示缓冲区，显示子程序如下：

```
DIS：     MOV      R0，#30H          ；
          MOV      R2，#0CH          ；显示缓冲区长度
DIS1：    MOV      A，@R0            ；
          MOV      R7，#08H          ；一个字节有 8 个位
DIS2：    CLR      P3.1             ；置主时钟为低电平
          RLC      A                ；A 的最高位移入 CY
          MOV      P3.0，C          ；CY 送 P3.0 输出
          SETB     P3.1             ；置主时钟为高电平
          DJNZ     R7，DIS2         ；一字节未送完，循环
          CLR      P3.1             ；
          INC      R0               ；
          DJNZ     R2，DIS1         ；未送完 12 字节，继续
          RET
```

在调用显示子程序时，应将待显示的数据预先送入显示缓冲区。

5.11 数字化测量仪表分析

5.11.1 数字式计数频率计

在生产实践中，周期现象是极为普遍的，例如正弦波信号，方波信号等。各种传感器和测量电路常将被测量变换成周期信号来进行检测，这是因为频率测量是目前测量精度最高的参量之一，它能达到 10^{-13} 的精确度。频率和周期是从不同的侧面来描述周期现象的，二者互为倒数关系，即

$$f = \frac{1}{T} \tag{5-38}$$

可见，只要测得一个量就可以换算出另一个量。

相位和时间也是密切相关的，二者也可以互相转换，例如 50Hz 交流电源，一个周期为 20ms，对应相位为 360°，如果测出时间间隔为 5ms，则知相位为 90°。可见，可以利用测量时间的方法来测量相位的变化。

综上所述，频率、时间和相位三个参数是相互关联的，测量出某一个参数就可换算出另一个参数。在电子测量中，频率与时间的测量更为重要一些。

5.11.1.1　电子计数频率计测频原理

1. 时间基准的产生　频率是每秒内信号变化的次数，欲准确地测量频率，必须要确定一个准确的时间间隔。由于稳定度良好的石英晶体振荡器产生的信号的频率稳定度可达 10^{-9} 量级，所以利用石英晶体振荡器产生周期为 T_0 的脉冲，经过一系列分频可得到几种标准的时间基准，例如，10ms，0.1s，1s，10s 等几种。见图 5-86。

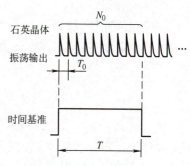

图 5-86　时间基准的产生

由图 5-86 可见，

$$T = N_0 T_0 \qquad (5\text{-}39)$$

式中，N_0 为分频系数；T_0 为晶体振荡器产生脉冲信号的周期。

可见，只要 T_0 稳定，T 就是个十分稳定的值。

2. 计数式频率计的测频原理　计数式频率计的测频原理框图见图 5-87。由晶振产生的信号经分频及门控电路得到具有固定宽度 T 的方波脉冲作为门控信号，时间基准一般又称为闸门时间，控制主门（与门）的一个输入端。被测信号经放大整形后变成一列窄脉冲加于主门的另一输入端。开始测频时，首先令计数器清零，门控信号到来时，主门开启，计数器开始对被测信号脉冲计数，直至门控信号结束，主门关闭，停止计数。若取闸门时间 T 内通过主门的脉冲个数为 N，则被测信号的频率为

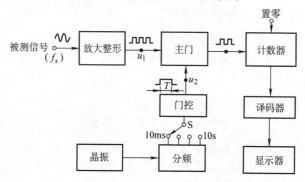

图 5-87　计数式频率计的测频原理框图

$$f_x = \frac{N}{T} = kNf_0 \qquad (5\text{-}40)$$

式中，k 为分频系数。

可见，计数式频率计测频原理是按频率的定义进行的。若取 $T=1$s，信号重复出现的次数为 N，则 $f_x = N$Hz；若取 $T=0.1$s，重复出现的次数仍为 N，则 $f_x = (N/0.1)$Hz $= 10N$Hz。

闸门时间是可变的。例如一台可显示 8 位数的计数式频率计，取单位为 kHz，设 $f_x =$ 10MHz，若取 $T=1$s，显示值为 10000.000kHz；若取 $T=0.1$s，显示值为 010000.00kHz；若取 $T=10$ms，显示值为 0010000.0kHz。可见，选择 T 大一些，数据的有效位数多，因而测量的准确度高。

3. 计数式频率计的测频误差　由式（5-40）可见，分频系数 k 为常数，若 N 和 f_0 变

化，f_x 就产生误差。对式（5-40）微分得测频误差 γ_f 为

$$\gamma_f = \frac{df_x}{f_x} = \frac{dN}{N} + \frac{df_0}{f_0}$$

式中，dN 是开门时间与 f_x 不同步引入的量化误差，其大小不会大于 ±1 个字。df_0/f_0 是晶振频率的稳定度引起的误差，晶振频率的稳定度是很高的，因此 df_0/f_0 可以忽略不计。所以

$$\gamma_f \approx \frac{dN}{N} = \pm \frac{1}{Tf_x} \tag{5-41}$$

由式（5-41）可见，在闸门时间一定情况下，被测频率 f_x 越高，测频误差越小；在 f_x 一定和计数器不溢出条件下，闸门时间 T 越大，测频误差也越小。

5.11.1.2 脉冲累计的测量

在工业检测中常需对脉冲进行长时间的累计测量，例如，对每班生产的产品进行累计，可将产品变换成脉冲列，然后用计数式频率计进行计数测量。其测量原理与测频原理相似，仅仅是闸门时间较长而已。其原理框图见图 5-88。被测信号经放大整形后加于主门的一端，门控电路的输入端改为人工控制，当控下 SB_1（起）时，门控电路使主门开放，被测信号进入计数器计数和显示。待

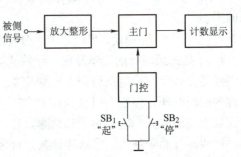

图 5-88　脉冲累计测量原理框图

按下 SB_2（停）时，门控电路使主门关闭，停止计数。在起、停这段时间内被测信号变化的次数通过计数后显示出来。

5.11.1.3 计数式频率计测量频率比

在调试数字电路（如计数器、分频器、倍频器等）时，往往需要测量输入信号和输出信号之间的频率的相对关系。设一个信号的频率为 f_A，而另一个为 f_B，且 $f_A > f_B$，测量 f_A/f_B 的原理框图见图 5-89。将频率较高的信号 f_A（其周期为 T_A）的信号 u_A 接入 A 端，经放大整形后作为计数脉冲加于主门的一个输入端；而频率较低的信号 f_B（其周期为 T_B）的信号 u_B 接入 B 端，经放大整形后控制门控电路从而控制主门的开启时间，即用 T_B 代替测频时门控信号控制主门的开闭时间。若在 T_B 时间内通过主门的 u_A 信号的频率为 f_A，计数器计得的脉冲个数为 N，则两信号频率的比值为

$$\frac{f_A}{f_B} = \frac{T_B}{T_A} = N \tag{5-42}$$

为了提高测量精度，可将 f_B 的周期扩大，通过若干级 10 分频电路（即图中的周期倍乘），产生 $10T_B$、$100T_B$、$1000T_B$ 等门控信号，使主门开启时间扩大 10、100、1000 倍，计数器所得的脉冲个数也增加同样的倍数。通过仪器内部电路使小数点的位置自动随之移动，使显示的频率比值不变，从而增加了小数点后的有效数字位数，以减小量化误差。周期倍乘数可通过开关 S 进行选择，倍乘数取得越高，测量准确度越高。

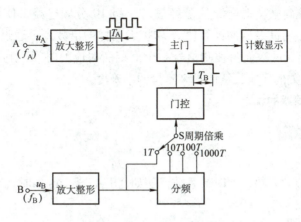

图 5-89　测量 f_A/f_B 的原理框图

5.11.1.4　计数式频率计测量周期

1. 计数式测量周期原理　周期是信号变化一次所需时间，周期与频率互为倒数关系，因此可用测频法测得 f_x 后，再按 $T_x = 1/f_x$ 求得周期 T_x。此外，也可用被测交变信号作为门控电路的触发信号去控制主门的开闭，取信号一个周期，在此时间内填充由晶振产生的时钟脉冲，通过计数、显示即可测出信号的周期。其原理框图见图 5-90。

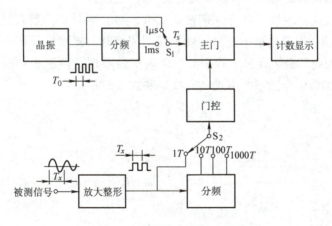

图 5-90　计数式测量周期原理框图

被测信号经放大整形后变成方波脉冲，设开关 S_2 置于 $1T$ 位置，此方波信号直接控制门控电路，使主门的开放时间等于信号周期 T_x，由晶振（或经分频）输出时标为 T_0 的脉冲，在主门开放时间进入计数器。显然，该方法是将被测周期 T_x 与时标 T_0 进行比较，若在 T_x 时间内脉冲计数值为 N，则

$$T_x = NT_0 \tag{5-43}$$

273

例如，S_1 选定时标 $T_0 = 1\mu s$，计数值 $N = 10000$，则被测周期 $T_x = 10000 \times 1\mu s = 10ms$。

为了提高测量准确度，把被测信号经过若干级 10 分频电路，使周期扩大 10、100、1000 等倍，主门开放时间及脉冲计算值 N 均扩大同样的倍数，再通过内部电路自动移动小数点的位置，使显示的数值为被测信号一个周期所对应的时间，利用 "周期倍乘" 法可以减小 ± 1 量化误差的影响，从而提高测量的准确度。

2. 计数式测量周期的误差

式（5-43）可写成：

$$T_x = NT_0 = N\frac{k}{f_0}$$

式中，k 为对 T_0 的分频系数，即时标系数，例如，S_1 置于 $1\mu s$ 档时，$k = 1$；置于 $1ms$ 档，$k = 1000$，见图 5-90。

对上式两边取对数，然后再微分得

$$\gamma_T \approx \frac{\mathrm{d}N}{N} - \frac{\mathrm{d}f_0}{f_0} = \frac{k}{T_x f_0} - \frac{\mathrm{d}f_0}{f_0}$$

式中，$\mathrm{d}f_0/f_0$ 为晶振频率的稳定度，通常可以忽略不计，因此

$$\gamma_T \approx \pm \frac{k}{T_x f_0} \tag{5-44}$$

由式（5-44）可见，在 f_0 和 k 一定时，被测周期 T_x 越大，测量误差越小，反之，T_x 越小，测量误差越大，即测周期法适用于被测信号频率较低的场合。

5.11.1.5 直接测频和测周期中介频率的确定

从测频误差公式（5-41）和测周期误差式（5-44）可见，计数式频率计测频时，被测信号频率 f_x 越高，误差越小，反之亦然；而测周期时，被测信号频率 f_x 越低，误差越小，反之亦然。因此，必然有一个频率 f_c，该频率为 f_c 时，测频法和测周期法的测量误差相等，频率 f_c 称为中介频率。由式（5-41）和式（5-44）得

$$\frac{1}{Tf_x} = \frac{k}{T_x f_0} = \frac{kf_x}{f_0}$$

经变换，并考虑式（5-39）得

$$f_x = \sqrt{\frac{1}{N_0 k}} f_0 = f_c \tag{5-45}$$

式中，N_0 为分频系数，k 为时标系数。

由式（5-45）可见，当被测信号频率 f_x 大于 f_c 时，用测频法测量误差较小；反之，f_x 小于 f_c 时，用测周期法测量误差较小。

5.11.1.6 脉冲沿时间及脉冲宽度的测量

脉冲计数法测量脉冲沿时间和脉冲宽度的原理与计数式测频原理相似，其原理框图见图 5-91。图中有三个比较器，A_1 和 RP_4 用于给出脉冲幅值 V_m 的参考值，调节 RP_4 使 $V_4 = V_m$ 时，A_1 输出一阶跃电压经放大和微分至显示器。

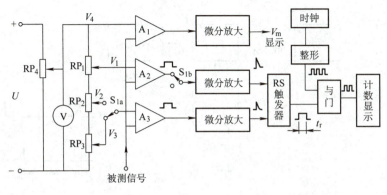

图 5-91　计数法测量脉冲沿时间 t_r 和脉宽 t_w 原理框图

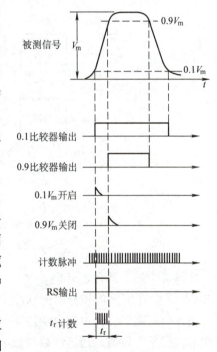

图 5-92　计数法测量 t_r 各点波形

调节 RP_1 使比较电平 $V_1 = 0.9V_m$，调节 RP_3 使 $V_3 = 0.1V_m$，分别由 A_2 和 A_3 给出对应于 $0.9V_m$ 和 $0.1V_m$ 的两个矩形波，经微分后分别取得两个正向尖脉冲，分别去开启和关闭 RS 触发器，从而得到宽度等于脉冲沿时间 t_r 的矩形脉冲，以该矩形脉冲去控制主门（与门）的启闭时间，在主门开启时间 t_r 内，用周期远远小于 t_r 的时钟去填充，经计数和显示，便可给出 t_r 之值。各点波形见图 5-92。同理，可以测量脉冲下降沿时间 t_d。

测量脉冲宽度 t_w 时，只要将开关 S_{1a} 置于 RP_2 一侧（同时 S_{1b} 与 A_2 脱开），调节 RP_2 使比较电平 $V_2 = 0.5V_m$，当被测脉冲输入时，对应前后沿有两次 $0.5V_m$ 通过比较器 A_3，使 A_3 输出一个与脉冲宽度 t_w 相等的方波。同上道理，在 t_w 时间内填充时钟脉冲，便可显示出 t_w 的值。

为了提高准确度，$RP_1 \sim RP_4$ 用精密多圈电位器，比较器、放大器、与门和触发器等必须选用响应速度快的组件，而且时钟频率也要高些，因此均需由高速电路组成。

5.11.1.7　时间间隔和长时间的测量

计数法测量时间间隔的原理与测周期原理相同，但是控制主门开放时间的不是被测信号的周期，而是由被测信号产生的两个脉冲的时间间隔所决定。原理框图见图 5-93。

图中，将两个脉冲信号 u_1 和 u_2 分别加到门控电路的两个输入端，领先的脉冲首先触发门控电路使主门开启，滞后的脉冲将门控电路翻转使主门关闭。主门开放时间恰好等于两个被测脉冲的时间间隔 t_d。在此时间 t_d 内填充时钟脉冲，便可计数和显示 t_d 之值。这种方法分辨率高，准确度高。

长时间的测量也称为外控时间间隔测量，其原理见图 5-94a。按下 SB_1 使主门开启，时

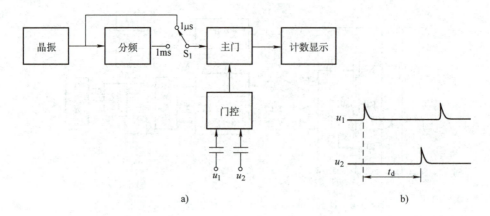

a)   b)

图 5-93   计数法测量时间间隔

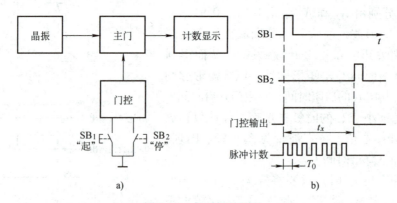

a)   b)

图 5-94   长时间的测量

a）原理框图   b）波形图

钟脉冲通过主门，计数器计数。过一段时间后按 SB_2 使主门关闭，计数器停止计数，见图 5-94b，在 t_x 时间内填充时钟脉冲。例如，对短跑运动员进行自动计时就可采用这种方法，当发令起跑时，由声控自动接通 SB_1；当运动员跑到终点撞线时，可由光电转换或电磁感应，使 SB_2 接通，通过计数和显示出运动员的成绩，此即为电子秒表的原理。在电子秒表中取时钟脉冲周期为 10ms 就可以了。

5.11.1.8   脉冲计数式相位测量原理

用计数法测量相位具有快速、直读和精度高的优点。其原理框图见图 5-95。

被测信号 u_1、u_2 分别经过零比较器 1 和 2，当信号由负向至正向过零点时产生一个尖脉冲，加到 RS 触发器的输入端。设 u_1 领先于 u_2，前者作开启信号，后者作关闭信号，RS 触发器产生一个脉冲宽度对应于两个信号相位差的矩形脉冲，使与门开放，填充时钟脉冲，并通过计数和显示出对应相位差的数值，其波形见图 5-95b。其测量原理与测量时间间隔的原理相同。

$$t_\varphi = NT_0 \tag{5-46}$$

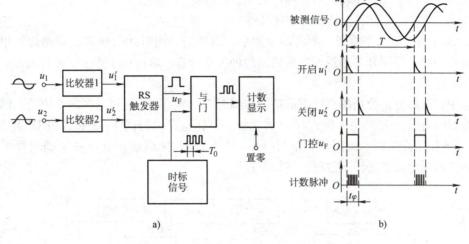

图 5-95　计数测量相位原理

a）原理框图　b）波形图

式中，N 为 t_φ 时间内的计数值；T_0 为时钟脉冲的周期。

设 u_1 和 u_2 的周期为 T，将 t_φ 化成度为

$$\varphi = \frac{t_\varphi}{T} \times 360°$$

将式（5-46）代入上式

$$\varphi = \frac{NT_0}{T} \times 360° = \frac{f}{f_0} N \times 360° \qquad (5\text{-}47)$$

若让计数器在 1s 内连续计数，即在 1s 内有 f 个门控信号，其累计数为

$$N_1 = Nf \qquad (5\text{-}48)$$

由式（5-47）可知

$$N = \frac{\varphi}{360°} \times \frac{f_0}{f}$$

将上式代入式（5-48）得

$$N_1 = Nf = \frac{\varphi}{360°} \times f_0$$

因此可求得 φ 值为

$$\varphi = \frac{360°}{f_0} \times N_1 \qquad (5\text{-}49)$$

若取时标频率 $f_0 = 360\text{Hz}$，则

$$\varphi = \frac{360°}{360} N_1 = N_1$$

可见，计数器在 1s 内的累计数就是以度为单位的两个被测信号的相位差。若取 $f_0 = 3600\text{Hz}$，则每个计数脉冲表示 $0.1°$，可见，f_0 的频率越高，±1 量化误差的影响越小，测量准确度越高。

原理图中各单元电路均应由高速电路组成，以提高准确度。

5.11.1.9 数字频率计总体框图及工作特性

1. 总体框图及工作原理 把前面测频率、测周期、测时间间隔和测频率比等单元电路组合在一起，并用开关和逻辑电路转换各种工作状态，就构成了数字频率计的总体原理框图，见图 5-96。

图中，上部分是公用的。中部的功能选择开关（S_{3a}、S_{3b}）可选择测频率 f_x、测周期 T_x、测时间间隔 t_d 和测频率比 f_A/f_B 4 种功能。时标电路由与门 1～5 和或门 12 组成，由开关 S_2 选择所需时标。闸门时间由与门 8～11 和或门 14 组成，由开关 S_1 选择所需的闸门时间。各测量功能的转换过程简述如下：

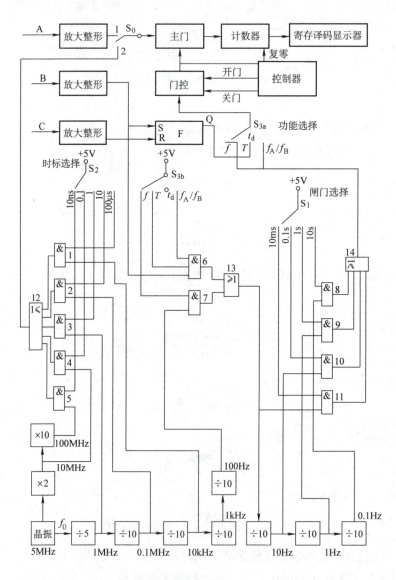

图 5-96 数字频率计总体原理框图

（1）测量频率 f_x　将开关 S_0 置于"1"位置，将功能选择开关 S_3 置于 f 位置，则与门 7 的一个输入端接高电平（5V），与门 7 打开。由 S_1 选择闸门时间，例如 S_1 置于 10ms 处，则与门 11 的一个输入端接高电平，与门 11 打开。此时 5MHz 晶振信号经 5 分频和 4 个 10 分频后输出 100Hz 信号通过与门 7 和 11 及或门 14，再经 S_{3a} 到达门控电路，于是得到 10ms 的方波控制主门开放。被测信号由 A 输入经放大整形后为一系列被测脉冲通过主门进入计数器计数，经译码显示出被测信号的频率，从而实现了频率测量。

（2）测量周期 T_x　将开关 S_0 置于"2"位置，将开关 S_3 置于 T 位置，这样与门 6 的一个输入端接高电平（ +5V），与门 6 打开。时标信号由开关 S_2 选择，例如 S_2 置于 0.1ms，与门 1 的一个输入端接高电平，与门 1 打开。5MHz 晶振经 5 分频和两个 10 分频得 10kHz 脉冲（即 $T_0 = 0.1ms$），通过与门 1 和或门 12 送到主门的一个输入端作为时标信号。设闸门时间选择开关 S_1 置于 0.1s 位置（即 ×10 位置），与门 10 的一个输入端接高电平，与门 10 打开。被测信号由 B 端输入，经放大整形后得到一系列方波脉冲，通过与门 6 和或门 13，再经一个 10 分频使周期扩大 10 倍，通过与门 10 和或门 14 及 S_{3a} 送到门控电路加到主门的另一输入端，控制主门的开放时间，在此时间内计数器对时标信号进行计数，从而实现周期测量。

（3）测量时间间隔 t_d　时标信号由开关 S_2 选择，原理同周期测量。将开关 S_{3a} 置于 t_d 位置，将 S_0 置于"2"位置。被测的两个信号分别接入 B 端和 C 端，分别经放大整形后先、后触发 RS 触发器，其 Q 端输出的方波通过门控电路控制主门的开放时间。在主门开放时间内计数器对时标信号计数，从而实现时间间隔的测量。

（4）测量频率比 f_A/f_B（设 $f_A > f_B$）　将 S_0 置于"1"位置，将 S_3 置于 f_A/f_B 位置，此时与门 6 打开。把 f_A 信号接入 A 端经放大整形后加于主门的一个输入端。闸门时间选择的原理同周期测量。f_B 信号接入 B 端，经放大整形后通过与门 6 和或门 13 进入闸门时间选择电路、门控电路，控制主门的开放时间。在主门开放时间内，计数器对 f_A 信号计数，从而实现频率比的测量。

（5）自检功能　将 S_0 置于"2"位置，S_3 置于 f 位置，与门 7 打开。闸门时间由 S_1 选择，其原理同测量频率；时标信号由 S_2 选择，其原理同测量周期。晶振信号经过分频系数为 N_0 的分频后作为时间标准控制主门的开放时间；晶振信号经过倍频系数为 k 的倍频后作为时标信号通过主门进入计数器计数。由于闸门信号和时标信号均为已知的标准信号，故若频率计工作正常，计数器的计数值应显示为 N_0/k。

2. 数字频率计主要工作特性及使用

（1）主要工作特性　数字频率计的主要技术性能有下列几项：

1）测量范围：包括频率、周期、时间间隔、频率比、脉冲累计等诸项上下限值的范围。

2）输入电压幅值：指各通道能够使电路产生正常逻辑关系的下限值、以及不得超过的上限值。

3）闸门时间：指测频时门控电路输出的脉冲宽度，一般有 10ms、0.1s、1s、10s；对应测周期时的倍乘系数为 $1T$、$10T$、$100T$、$1000T$ 4 种。

4）计数时标：指测周期或时间间隔以及自检时用的时标信号，常有 10ns、0.1μs、

$1\mu s$、$10\mu s$、$100\mu s$ 5 种,并作为时标信号输出。

5)测量单位:测频率时常用 Hz、kHz、MHz,测时间时常用 μs、ms,小数点自动定位。

6)输入阻抗:有的为高阻抗级($k\Omega \sim M\Omega$)有的为低阻抗级(如 50Ω),而且各通道的阻抗也不尽相同,这在选用时必须注意。

7)显示方式:包括数字显示的位数、定位方式,以及最大计数容量等。

(2)使用要点

1)使用时先预热到仪器规定的预热时间才能着手进行测量,否则会引起误差。

2)通过"自检"来检查仪表本身各部分工作是否正常,如发现不正常,应排除故障后再使用。

3)输入信号幅值要适当,以保证脉冲整形电路的正常工作,否则会使计数器读数不稳定或不准确。但输入信号的幅值过大的话,又会损坏仪器。在输入信号幅值大小不明的情况下,最好先测量其幅值,再作适当处理后,再送入仪表的输入端。

4)注意选择好闸门时间或时标信号的大小从而使显示位数尽量多而又不产生溢出,以提高测量的准确度。

5)注意仪器输入阻抗对被测信号源的影响。

5.11.2 数字多用表

现在,对直流电压、电流、交流电压、电流和电阻的测量,广泛使用数字多用表。它具有线性、精度高和量程广等优点。

数字多用表在直流数字电压表的基础上,利用各种转换电路将被测量转变成直流电压,然后进行测量,见图 5-97。本节主要介绍各种转换电路的工作原理。

5.11.2.1 AC – DC 转换电路

指针式多用表中二极管检波电路的特性是非线性的,因为二极管的伏安特性是二次方关系所致。同时由于二极管有死区,不能测量微弱的信号电压,所以不能做成小于 $1.0V$ 量程的均匀标尺。数字电压表是线性显示仪表,必须将被测交流电压线性地转换成直流电压,因此要用线性检波电路。图 5-98 为线性检波电路原理框图。

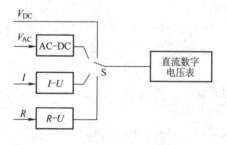

图 5-97 数字多用表原理框图

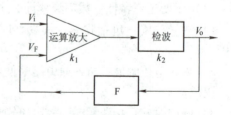

图 5-98 线性检波电路原理框图

设放大器是理想的，即它的开环放大倍数和输入电阻为无穷大，满足 $k_1k_2F >> 1$，
$\Delta V = V_i - V_F \approx 0$，$V_i \approx V_F$，则

$$V_o = \frac{k_1k_2}{1+k_1k_2F}V_i \approx \frac{V_i}{F} \tag{5-50}$$

式中，k_1 为放大器的放大倍数；k_2 为检波电路的传输系数；F 为反馈系数。

可见，V_o 与 V_i 的关系仅取决于反馈系数，与检波电路的特性无关，只要 F 为线性关系，便能实现了线性检波。

1. 半波线性检波电路　半波线性检波电路见
图 5-99。检波二极管在运算放大器的输出端，检
波后的半波脉动电压经电阻 R_2 反馈到运算放大器
的反相输入端，将二极管包括在正向通道内，因
而是线性检波电路。而且克服了二极管的死区
电压。

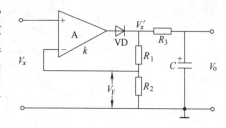

图 5-99　半波线性检波电路

由图可见，被测电压 V_x 经运算放大器检波
后，其输出电压 V'_x 为

$$V'_x = kV_x$$

当 k 足够大时

$$V_x = \frac{V'_x}{k} \approx 0$$

可见，被测电压可以很小就能使二极管 VD 导通。若忽略二极管的正向压降，检波器
的输出电压 V'_x 为

$$V'_x = k\ (V_x - V_F)$$

而 $V_F = k_F V'_x$，由于 k 足够大，$V_x \approx V_F$，所以

$$V_x = k_F V'_x$$

即

$$V'_x = \frac{V_x}{k_F}$$

式中，k_F 为反馈系数，$k_F = R_2/\ (R_1 + R_2)$。
此即为线性检波的工作原理。

V'_x 是半波脉动电压，经 R_3、C 滤波后变成平滑的直流电压 V_o。

2. 全波均值线性检波电路　全波均值线性检波电路见图 5-100。其工作原理叙述
如下：

被测信号 V_x 为正半周时，运算放大器 A_1 的输出 V_1 为负，二极管 VD_1 导通，VD_2 截
止。这时，V_x 通过接成跟随器的 A_2 加到输出端 p 点，所以 $V_p = V_x$，见图 5-101 中 $t_0 \sim t_1$
段的波形。

当被测信号 V_x 为负半周时，A_1 输出 V_1 为正，VD_2 和 VD_3 导通。通过电阻 R_3 的负反
馈实现线性检波。如果精确选择 $R_1 = R_3$，运算放大器 A_1 的闭环放大倍数为 1，故

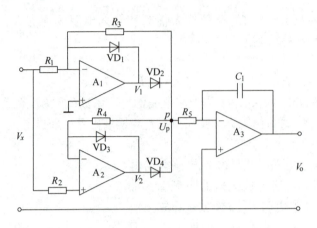

图 5-100　全波均值线性检波电路

$$V_p = -\frac{R_3}{R_1}\ (-V_x)\ = V_x$$

图 5-101 中 $t_1 \sim t_2$ 的波形，构成全波检波器。

此时 A_2 不会影响输出端 p 点的电压，因为二极管 VD_4 处于截止状态起隔离作用。而 VD_3 导通避免 A_2 进入饱和状态，从而保证了 A_2 的动态响应。图中选择电阻 $R_2 = R_4$，使同相跟随器 A_2 的输入电阻平衡。

p 点的电压经 A_3 和 C_1、R_5 组成的有源滤波器变成平滑的直流电压 V_o 送至数字电压表。

此电路是精密的平均值线性检波电路，有效值与平均值的关系为

$$V_o = 1.11 V_x \tag{5-51}$$

3. 电子式有效值线性 AC – DC 转换器　利用加、减、乘、积分等运算组件组成的有效值转换器，见图 5-102。

图中，若选择电阻 $R_1 \sim R_8$ 均相等，使 $A_1 \sim A_3$ 的传输系数 $k_1 \sim k_3$ 均为 1。由图可见：

反相器 A_3 的输出　$V_3 = -V_o$

加法器 A_1 的输出　$u_1 = -(u_x - V_o)$

加法器 A_2 的输出　$u_2 = -(u_x + V_o)$

乘法器 M 的输出

$$u_3 = u_1 u_2 = (u_x - V_o)(u_x + V_o) = u_x^2 - V_o^2$$

u_3 经由 A_4、R 和 C 组成的有源积分器积分

$$V_o = -\frac{1}{RC}\int_0^t u_3\,\mathrm{d}t$$

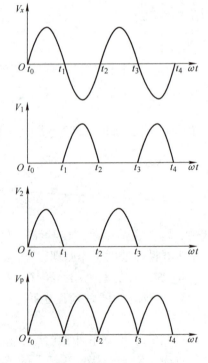

图 5-101　全波均值线性检波电路的波形

$$= -\frac{1}{RC}\int_0^t (u_x^2 - V_o^2)\, \mathrm{d}t$$

$$= -\frac{1}{RC}\int_0^t u_x^2\, \mathrm{d}t + \frac{t}{RC}V_o^2 \tag{5-52}$$

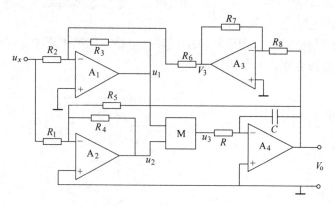

图 5-102　电子式有效值转换器原理

设 $u_x = V_m \sin\omega t$，代入上式第一项，则

$$-\frac{1}{RC}\int_0^t u_x^2\, \mathrm{d}t$$

$$= -\frac{1}{RC}\int_0^t V_m^2 \sin^2\omega t\, \mathrm{d}t$$

$$= \frac{V_m^2}{2\omega}(\omega t - \sin\omega t \cos\omega t)$$

上式中交流分量在积分器中滤除，即上式第二项为零，并代入式（5-52）得

$$V_o = -\frac{t}{RC}\left(\frac{V_m^2}{2} - V_o^2\right)$$

若使 $t \gg RC$，则 $\dfrac{V_m^2}{2} - V_o^2 = \dfrac{V_o}{t}RC \approx 0$，得

$$V_o^2 \approx \frac{V_m^2}{2}$$

即

$$V_o \approx \frac{V_m}{\sqrt{2}} = V_{xrms} \tag{5-53}$$

可见，输出直流电压 V_o 等于被测交流电压的有效值。

5.11.2.2　$I - V$ 转换电路

使被测电流流经已知的标准电阻转换成直流电压，再用数字电压表来测量，其转换原理见图 5-103。

图 a 中，$R_{N1} \sim R_{N4}$ 是不同量程的标准电阻，S 是量程选择开关。设运算放大器 A 是理想放大器，A 的输入电流 $I_i = 0$，则

$$V_o = kV_i = kI_x R_{Ni} \tag{5-54}$$

式中，k 为放大器的闭环放大倍数；$i = 1 \sim 4$。

V_o 统一到数字电压表的量程如 $V_o = 5V$，选择不同的 R_N，则可选择了 I_x 的量程。图 5-103a 电路的缺点是，当 I_x 较小时，R_{Ni} 较大，不能忽略运放输入电流对转换精度的影响，故图 5-103a 适合于 I_x 较大情况。

当被测电流较小时，可采用图 5-103b 的转换电路。标准电阻 $R_{N1} \sim R_{N4}$ 放在负反馈回路中。仍设 A 是理想运放，Σ 点是虚地，则

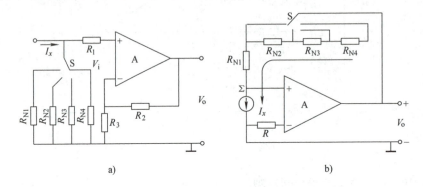

图 5-103　$I - V$ 转换原理图

a）并联式　b）串联式

$$V_o = I_x R_{Ni} \tag{5-55}$$

仍设 $V_o = 5V$，$I_x = 5mA$ 档，反馈电阻 $R_{N1} = V_o/I_x = (5/5) k\Omega = 1k\Omega$；若 $I_x = 0.5mA$ 档，$R_{N2} = V_o/I_x - R_{N1} = (5/0.5 - 1)k\Omega = 9k\Omega$。

其余档类推。

5.11.2.3　$R - V$ 转换电路

电阻到直流电压的转换电路见图 5-104。图 5-104a 中，S 为量程转换开关；V_N 为标准电源；$R_{N1} \sim R_{N4}$ 为标准电阻；图 5-104a 中接在负反馈回路的电阻 R_x 为被测电阻。设 A 为理想运算放大器，Σ 点为虚地，则

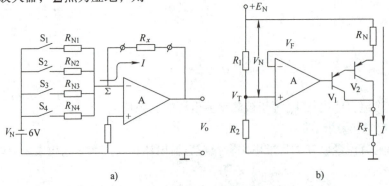

图 5-104　$R - V$ 转换原理图

a）适合 R_x 阻值较大　b）适合 R_x 阻值较小

$$I = \frac{V_{\mathrm{N}}}{R_{\mathrm{N}}}$$

$$V_{\mathrm{o}} = -IR_x = -\frac{V_{\mathrm{N}}}{R_{\mathrm{N}}}R_x \qquad\qquad (5\text{-}56)$$

电流 I 是由标准电压 V_{N} 和标准电阻 R_{N} 决定的较精确而稳定的电流，从而保证了测量精度。V_{o} 正比于 R_x，实现了 $R\text{-}V$ 转换。

设 $V_{\mathrm{N}} = -6\mathrm{V}$，$R_{\mathrm{N}} = 6\Omega$，则

$$I = -\frac{-6\mathrm{V}}{6\Omega} = 1\mathrm{A}$$

可见，在标准电阻 R_{N} 和 R_x 支路中流过这么大的电流是不合理的，所以图 5-104a 不适于测量小电阻。

测量小电阻可用图 5-104b 的转换电路。由图可见：

$$V_{\mathrm{N}} = \frac{R_2}{R_1 + R_2}E$$

设 A 为理想运算放大器，$V_{\mathrm{F}} = V_{\mathrm{T}}$，则流过被测电阻的电流为

$$I = \frac{V_{\mathrm{N}}}{R_{\mathrm{N}}} = \frac{R_2}{R_1 + R_2}E\frac{1}{R_{\mathrm{N}}}$$

I 是个恒定的电流。因此输出电压 V_{o} 为

$$V_{\mathrm{o}} = \frac{R_2E}{(R_1 + R_2)\,R}R_x \qquad\qquad (5\text{-}57)$$

V_{o} 与 R_x 成正比，并可测量小电阻。

5.11.2.4　数字多用表的原理

图 5-105 为双积分式 A-D 转换组成的数字多用表的原理框图。该表测量的基本参数是直流电压 V_{DC}、I_{DC}、V_{AC} 和 R，需通过上述各种转换电路转换成直流电压 V_{DC}。衰减器

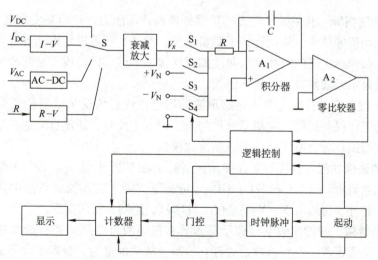

图 5-105　双积分式数字多用表原理框图

285

和前置放大器是为了转换量程，使积分器的输入电压规范化。余下的部分是双积分式数字电压表。

在启动脉冲的作用下，逻辑控制部分控制积分器对被测电压 V_x 和基准电压 $\pm V_N$ 进行正反两个阶段的积分。在正向积分阶段打开计数门让计数器对时钟脉冲进行计数，在反向积分（即对 $\pm V_N$ 积分）阶段，计数器计得的脉冲个数经译码送显示器显示被测量的量值。只要转换系数合适，显示被测量的量值时，同时显示出相应的单位，就构成了数字式多用表。

关于双积分式 A - D 转换器的原理，在本章 5.8.1 节有详细的论述。

数字式多用表发展很快，目前智能化数字式多用表已得到广泛的应用。它具有许多无可比拟的优点。

5.11.3　智能化数字存储示波器

5.11.3.1　概述

微型计算机技术进入了仪器仪表的设计与制造领域，使仪器仪表的原理、功能和精度都发生了根本的变化。不但简化、甚至淘汰了传统仪器仪表设计中某些难于实现和突破的关键问题，而且赋予这一代仪器仪表以识别（判断）、记忆、分析、计算和可程控等功能。人们称这些微机化的仪器仪表为"智能化仪器仪表"。智能化已成为仪器仪表发展的主要方向。

与传统的示波器相比，智能化数字存储示波器具有许多特点：

1. 功能强　智能化数字存储示波器除了具有传统示波器的功能外，由于利用微机强大的数据处理和计算能力，还对被测信号的各种参数，如幅值、有效值、平均值、峰值、频率、前后沿时间、占空系数、电压摆动率和数理统计（平均值、方差、均方差、方均根值）等进行测量和计数，并显示在 CRT 上。除作示波器用外，也可作为智能数字电压表使用。

2. 提高性能指标　利用微机强大的数据处理和计算能力，很容易实现各种自动校正、多次测量取平均值等技术，从而提高了测量精度。此外，还可进行内插计算，即在显示取样点数据时，每两点之间用内插函数曲线加以连接。不但可以构成连续的波形，而且避免了单纯的光点显示经观测带来的视觉误差。

3. 自动化程度高　智能化数字存储示波器用键盘代替传统示波器的开关和旋钮，操作时，要做的工作仅是按键，省却了繁琐的人工调节。此外，还能自动选择量程、自动校准、自动调整测试点等，所以也称为自动测试仪器。

4. 强大的通信功能　智能数字存储示波器除了在 CRT 上显示波形和参数外，大多数都带有通用的通信接口（RS - 232C，GP - IB），便于接入自动测试系统中接受遥控，实现自动测试。此外，可接入 X - Y 记录仪、打印机，绘制和打印图形。

5. 自诊断故障　智能化数字存储示波器具有很强的自动测试和自诊断功能。它能自身测试其功能是否正常，自行诊断是否存在故障及故障的部位，提高了仪器的可靠性，简化和加快了仪器的维修工作。

由于智能化数字存储示波器具有传统示波器无可比拟的特点，因此，自其问世以来就深受用户的欢迎。

5.11.3.2　智能示波器的组成原理及工作方式

图 5-106 示出了具有代表性的智能化数字存储示波器的组成原理框图。由图可见，垂直偏转部分、水平偏转部分和 CRT 显示部分与传统示波器的原理基本相似，所不同的是微机控制与存储部分。各部分电路之间通过总线结构连接，操作者对仪器的控制是利用面板的键盘通过总线向 CPU 传送控制信号来实现的。整机的工作在程序控制下进行。

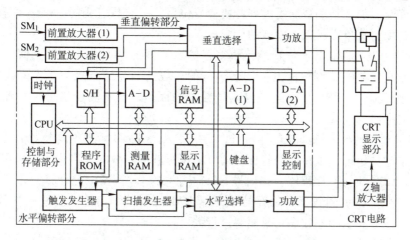

图 5-106　智能化数字存储示波器原理框图

1. 基本工作方式　有模拟工作方式和数字存储工作方式两种。操作者可用键盘来选择。

（1）模拟工作方式　若选择该方式，CPU 控制将 D-A（1）和 D-A（2）与功率放大器断开，把来自前置放大器（1）或（2）的被测信号直接接入功放电路和触发发生器电路。其工作原理与传统的示波器没有两样。

智能化数字存储示波器保留模拟工作方式的原因有二：其一是充分利用仪器的硬、软件的潜力；其二是在模拟方式下，工作带宽不受 A-D 转换速度的影响，可观测更高频率的信号。一般地说，存储方式的上限频率 $f_{max} = 20 \sim 40MHz$ 时，其模拟方式的工作频率可达 100MHz，这样就弥补了工作带宽的不足。

必须指出，数字存储示波器在模拟方式所显示的是实时波形，较存储方式显示的波形具有更高的保真度。

（2）存储工作方式　在该方式下，CPU 控制将被测信号接入 S/H、A-D 和触发发生器，将 A-D 转换的数据按一定方式存入信号 RAM 中，此时 D-A 转换器并不工作。当触发形成时，向 CPU 发出触发信号，CPU 接到触发信号后，命令 S/H 和 A-D 继续转换的同时，启动 D-A 对信号 RAM 中的数据逐一变换，复现成模拟信号送到功放。在水平扫描作用下，在 CRT 上显示由采样点组成的波形。

由此可见，在存储方式下，CRT 所显示的是非实时波形，是由采样点数据经 D-A 复现的波形，采样点数据越多，复现的波形的保真度越高。

2. 控制与数字存储电路　该部分是数字存储示波器的核心，与传统的示波器是完全不同的。由图 5-106 可见，CPU、程序存储器 ROM、信号 RAM、测量 RAM 和显示 RAM 等构成微机系统，而 S/H、A－D、D－A、键盘和显示控制等均作为微机系统的外围设备挂靠在总线上。该部分电路主要完成工作模式设定、信号变换与存储、测量和显示控制 4 种功能。下面分别叙述。

（1）工作模式设定　包括模拟或存储方式选择、触发方式选择、单通道或双通道输入选择、测量项目选择和显示方式选择。所有这些选择都可利用键盘在观测前预先设定，或在观测时临时添加。某些智能示波器开机或复位后，在 CRT 上显示一份工作模式菜单，使用者可通过填写菜单进行工作模式的设定。

（2）信号变换与存储　这是智能化数字存储示波器的基本功能。被测信号的数字化和存储过程是在仪器的工作程序的控制下进行的。数据的存储方式与工作方式的设置有关，当无测量选择时，CPU 仅安排被测信号数据的存储，当有测量项目时，将包括测量计算的数据的存储与变换。

（3）数字测量功能　该部分包括 S/H、A－D、测量 RAM 等器件均是对电压进行数字化测量的基本硬件，再辅以相应的软件，即可实现对波形参数的数字化测量和存储。测量项目设定后，CPU 执行工作程序，将信号 RAM 中的数据进行预定的计算，计算的中间结果或最终结果和待显示的数据，都存储于测量 RAM 和显示 RAM 中。波形参数的测量、计算、存储、波形显示和参数显示是同时进行的。

（4）显示控制电路　智能化数字存储示波器的显示远比模拟示波器复杂。这部分包括显示 RAM 和显示控制电路，在 CPU 执行屏幕编辑子程序的控制下实现。在 CRT 上显示的信息包括被测信号的波形及波形参数、量程、时基、单位、触发点的位置、波形及波形段的英文命名等。这样不但便于分析，而且在绘图输出时可作为技术档案的记录。

5.11.3.3　智能示波器的主要功能及应用

1. S/H 与 A－D 转换　该电路是示波器数字存储工作方式的基础部件。S/H 和 A－D 转换的最高工作速度直接影响数字存储示波器的工作带宽。S/H 的速度远比 A－D 转换的速度高得多，故数字存储示波器的额定工作带宽主要受 A－D 转换速度的限制。

根据采样定理，若被观测的信号 $x(t)$ 的最高频率为 f_{max}，只要采样频率大于 $2f_{max}$，就可以由采样序列 $x(k)$ 不失真地复现 $x(t)$，通常称 $2f_{max}$ 为奈奎斯特（Nyquist）极限频率。对于数字存储示波器而言，若 A－D 转换的最高频率为 $2f_{max}$，则只能不失真地复现频率低于 f_{max} 的信号。例如，日本松下 VP－5740 数字存储示波器，A－D 转换的最高频率为 $f_{max}=100MHz$，它只能不失真地复现频率小于 50MHz 的信号，为留有余地，故给出存储方式的带宽为 35MHz。但是其模拟工作方式的带宽可达 100MHz，因为它不受 A－D 转换速度的限制，而仅受前置放大器、功放及 CRT 的最高工作频率的限制。

数字存储示波器的采样方式有两种：

（1）实时采样　是最常用的采样方式。实时采样通常是等时间间隔的，采样点的顺序也与存储和显示的顺序相同。不但在技术上易于实现，而且对频率在带宽内的信号具有理想的复现能力。由于时间上的顺序性，使采样—存储—显示软件变得更简单。

（2）等阶采样　等阶采样也称等效采样。等阶采样把频率极高的周期信号分成若干段分别采样，在示波管荧光屏上显示的波形的周期也扩展了若干倍。等阶采样可将数字存储示波器在数字存储方式下的工作带宽扩展到与模拟方式下的带宽相同。

2. 触发方式　有常态触发和预置触发（延迟触发）两种方式。开机或复位后自动进入常态触发，而预置触发必须通过键盘预设定。

（1）常态触发　同模拟示波器一样，可利用面板上的旋钮设置触发电平和极性。常态触发的硬件配置和软件框图见图 5-107a 和 b。

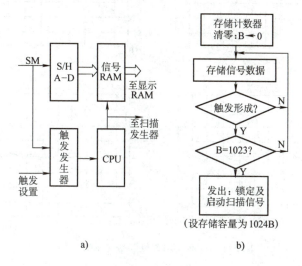

图 5-107　常态触发原理

a）硬件配置　b）软件框图

由图可见，被观测信号同时接入触发发生器和 S/H、A－D 及信号 RAM。在触发未形成前，信号经 S/H、A－D 不断存入信号 RAM 中，直到信号 RAM 存满为止。若信号 RAM 已满，触发信号仍未形成，则用最新的数据更新信号 RAM 中最早的数据。若触发已形成，但信号 RAM 仍未满，则 CPU 命令继续将数据存入信号 RAM，直到装满，才发出启动扫描信号，启动水平扫描电路产生扫描电压。

在常态触发下，触发点可选在被复现波形的左端、右端和其他任意位置上。

（2）预置触发　在示波器的键盘上设定延迟量，通常以触发点之前的分格数（记作 div）给定。延迟量不同，则触发点不同，可观测到触发点前后不同波形段的波形，用于观测非周期或单次信号特别适用。对于单次或非周期信号或者难以捕捉的信号，可以通过延迟量的正确设置，取得完整的复现波形。图 5-108 是不同预置的波形图。可见，通过预置量的正确设置，可使欲观测波形得到稳定的显示。

预置触发常用于捕捉干扰信号在被测信号上的位置。例如，在数字系统中，可将数据流接入数字存储示波器，将触发点预置于屏幕中央，干扰脉冲一出现即可形成触发，屏幕上显示干扰脉冲的波形在数据流中的位置，也可用 X－Y 记录仪记录。操作者不必担心期望的信号一闪即逝，因为数字存储示波器对单次信号的捕捉和记录能力是模拟示波器无法比拟的。

某些数字存储示波器可同时设置上、下两个触发电平，当信号的上升沿电平超过上触发电平和下降沿超过下触发电平时，可产生上、下两次触发，称为窗口触发。这种触发方

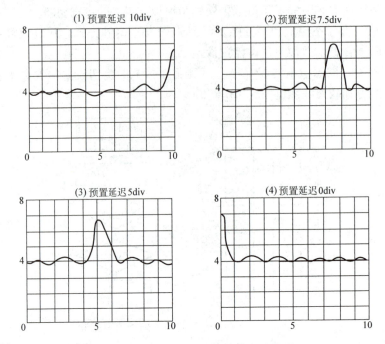

(1) 预置延迟 10div

(2) 预置延迟7.5div

(3) 预置延迟 5div

(4) 预置延迟 0div

图 5-108　不同预置量屏幕显示的波形

式用于捕捉和记录情况不明的信号是特别有效的。

3. 存储器及存储方式　智能数字存储示波器的存储器主要有三种，分述如下：

（1）信号存储器及存储方式　信号 RAM 用来存储被采样的数据。在 S/H 和 A－D 电路启动后即开始对采样的数据进行有效存储。两个输入通道的双踪示波器有单通道顺序存储和双通道交替存储。

1）单通道顺序存储。用键盘设定为单通道输入时，采样数据按采样时间先后存入信号 RAM，见图 5-109。设信号 RAM 的容量为 1KB，其地址为0000～1023，共 1024 个存储单元，单元地址即为采样数据的序号，相应单元的内容是该序号数据的值。当第 1023 号数据存入 1023 单元（已存满）后，若触发仍未形成，则冲掉第 0000 号数据，并所有数据前移一个单元，最新的采样数据存入 1023 单元，直到触发形成为止，从而保证数据系列的正确顺序。

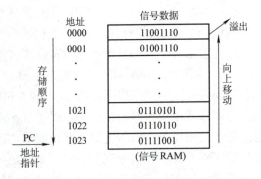

图 5-109　单通道数据顺序存储方式

2）双通道数据交替存储。其硬件配置原理见图 5-110a。用交替存储方式可在 CRT 上复现的两条信号波形保持原有的时间关系。CPU 控制使开关 S_1、S_2 交替闭合，交替接入信号 SM_1 和 SM_2 经 S/H 和 A－D 转换，并将采样数据交替存入信号 RAM，见图 5-110b。由图可见，SM_1 存于偶地址单元，SM_2 存于奇地址单元。对于 1KB 信号 RAM，信号 SM_1

和 SM_2 的数据存储最大容量各占 $1/2$，即 512B。

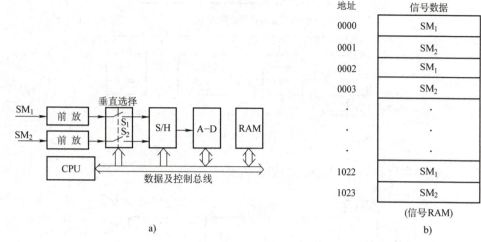

a)

地址	信号数据
0000	SM_1
0001	SM_2
0002	SM_1
0003	SM_2
·	·
·	·
1022	SM_1
1023	SM_2

（信号RAM）

b)

图 5-110　双通道数据交替存储方式

a）硬件配置　b）数字存储格式

双通道数据的奇偶存储方式，很容易实现"1/2 防护功能"（Half Protect Function）。用面板的"防护选择"开关选择，可实现对某一通道或两个通道的数据锁定，被锁定的通道的波形长时间停留在 CRT 上，便于与另一通道的变化的波形进行比较。这种防护功能能可由硬件或软件实现，智能化数字示波器通常用软件来实现。

利用 1/2 防护功能可实现两个波形之间的比较、运算（＋、－、×、÷）以及错误识别等多种用途。

（2）参考存储器　主要用于存储参考波形的数据，以便于与其他波形进行比较。例如，将数字系统中时钟振荡器信号的数据存入参考存储器中，在需要时把它显示在 CRT 上，与其他波形比较，往往可发现数字系统定时错误或其他时间配合错误。

参考存储器的内容一般是由信号 RAM 调来的。在面板上按下"参考存储"键，即可启动数据转移程序，完成参考存储。通常参考存储器用电池供电，以长期存储数据。这是智能化数字存储示波器的主要特点之一。

（3）显示缓冲存储器　在 CRT 上显示的不仅仅是实测波形，还可包括参考波形、工作状态字（量程、时基、工作方式、功能等），以及在使用波形参数测量功能时，显示测量结果的指示值等。所有这些被显示的数据均来自信号 RAM、参考 RAM、字符 ROM 及测量 RAM 等，它们与显示 RAM 的关系见图 5-111。其中测量 RAM 用于存放测量或计算的中间数据和结果。

为了使所有待显示数据按一定位置同时显示在 CRT 上，CPU 控制下将所有数据重新排列存储到显示缓冲存储器中。实际上 CRT 显示的所有信号都由显示缓冲存储器直接提供。

4. 扫描发生器　由前述可知，模拟示波器由密勒积分电路产生锯齿波扫描电压，扫描电压正程具有非线性和一定的回扫时间，CRT 上显示的波形失真。数字存储示波器利用 D－A 转换产生扫描电压，它的线性度高而且没有回扫时间，可克服上述缺点。

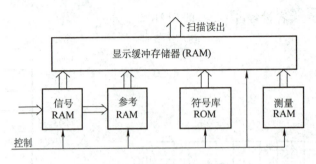

图 5-111　存储部件之间的关系

图 5-112 为由数字电路和 D－A 组成的扫描发生器框图。

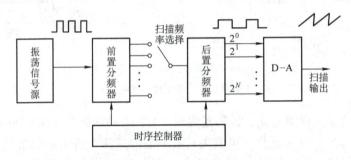

图 5-112　数字扫描发生器原理框图

（1）振荡信号源　采用 CPU 的石英晶体振荡器，具有高度的频率稳定性。

（2）前置分频器　利用非同步或同步计数器组成，按扫描时基要求进行分频。

（3）后置分频器　与前置分频器配合根据所需时基向 D－A 提供所需信号，以驱动 D－A 的开关电路，产生所需的扫描电压。

（4）时序控制器　根据时基选择开关选定的时基控制前、后分频器产生所需脉冲，从而控制 D－A 产生所需的扫描电压。

（5）D－A 转换器　按后置分频器输出的数字脉冲信号，产生所需时基的扫描电压。D－A 每累加一个脉冲，其输出的扫描电压按一定量化关系产生一阶梯波，见图 5-113。图中，ΔU 为阶梯的步进（量化）电压，若输出的扫描电压为 U_{omax}、D－A 输入数字为 N 位，则 $\Delta U = U_{omax}/2^N$。

图 5-113 中，阶梯的时间宽度 Δt 也是每两个信号数据读出的时间间隔，即阶梯的上跳沿是向信号 RAM 顺序"读"出数据的"读"命令。

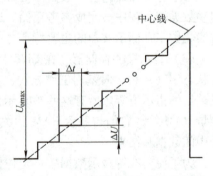

图 5-113　D－A 输出的扫描电压波形

5. 显示方式　智能化数字存储示波器由于微机的强大的控制、计算和存储能力，可实现多种灵活的显示方式，以适应不同波形的观测。

（1）存储显示　是基本的显示方式。如前所述，在一次触发形成和完成信号 RAM 的存储后，将显示缓冲存储器的数据顺序读出送到 D－A 转换，在水平扫描作用下被测信号波形稳定显示在 CRT 上，见图 5-114。CRT 上同时显示两个被测电压和两个参考电压的波形。图中"TRIG↓"表示触发点位置；0.2ms/div 和 0.1ms/div 表示不同时基，50mV/div 表示垂直灵敏度。触发点位置、时基和垂直灵敏度将随操作者的调节而改变。

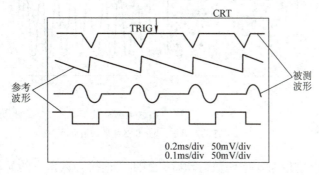

图 5-114　存储显示的一个实例

（2）卷动（ROLL）显示方式　特别适合观测一长串波形中随机出现的突发性（如干扰）信号。利用键盘设置为卷动显示时，显示波形将由 CRT 右边推出，向左移动，在左端消失。当异常（如干扰）波形出现时，按下 ROLL 按键，将此波形保持在 CRT 上或存入参考 RAM 中，作更细致的观测和分析。

（3）抹迹显示方式　适用于观测长串波形中在一定条件下才会发生的瞬态信号。

在该方式下，应按预期的瞬态信号设置触发电平和极性，仪器工作在末端触发和预置触发。当信号 RAM 已存储满，但瞬态信号未出现，实现末端触发，CRT 显示一幅画面，保持一段时间，信号 RAM 重新存入数据（全部更新），若瞬态信号仍未出现，再显示一幅画面，这样一幅画面一幅画面地更新显示下去，直到预期瞬态信号出现，立即实现预置触发，将捕捉的瞬态信号稳定地显示在 CRT 上。

利用"1/2 防护"功能也能将异常瞬态信号的波形保留在 CRT 上。

（4）插值显示　与模拟示波器不同，加于 Y 偏转板的电压是经 D-A 离散处理后的量化电压，在 CRT 上复现的波形是由一系列离散点组成的曲线。当这些点的垂直密度和水平密度差异较大时，人能正确地连接这些点，形成正确的波形识别和判断。当这些点的垂直密度和水平密度差异不大或两个方向的密度都很大时，人就很难正确连接这些点形成波形，这种现象称为视觉混淆现象，见图 5-115a。当被测信号频率为采样频率的 25 倍以上时，点显示就会造成严重的视觉混淆。

为了克服视觉混淆，又不降低带宽，数字示波器常采用插值显示技术。所谓插值显示是指用适当的直线或曲线连接两相邻的点，使在 CRT 上显示出完整的连续的信号波形，图 5-115b 是图 5-115a 的插值显示波形。常采用矢量插值、正弦插值和脉冲插值三种方式，用面板的键盘来选择。

1）矢量插值。适用于对各种波形的插值显示。矢量插值是用不同斜率的直线段连接相邻的点形成波形。当被观测的信号频率为 A-D 采样频率的 1/10 以下时，采用矢量插值显示可得到满意的效果。

2）脉冲插值。它仅在水平方向上实现点的连接，因此仅适用于开关或方脉冲信号的插值显示。

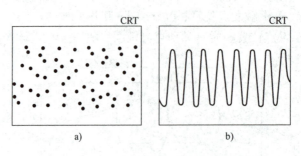

图 5-115　波形的点显示和插值显示

a）正弦波的点显示　b）正弦波的插值显示

3）正弦插值。它以 $\sin x/x$ 函数运算后，用曲线连接各数据点的显示方式，特别适用于观测正弦信号波形。被观测信号频率为 A–D 采样频率的 1/2.5 时，正弦插值显示的波形效果特别好。观测开关或方脉冲波形时，正弦插值会在脉冲前沿产生尖峰状失真。

图 5-116 是利用脉冲插值和正弦插值在 CRT 上显示同一波形的图例。

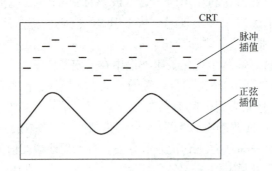

图 5-116　脉冲插值和正弦插值显示的波形

由上述可见，数字示波器的显示能力不仅包括了模拟示波器的所有显示功能，如扩展等，而且远远优于模拟示波器，其某些特殊功能（如参考比较显示、卷动显示等）具有极大的使用价值。

6. 测量与计算功能　智能化数字示波器内部有微机系统、A–D 和 D–A 等硬件，除了能在 CRT 上显示被测信号波形和波形参数外，还具备了数字化测量仪器仪表的所有功能。例如，可测量信号两点的电位差、相位差、平均值、峰峰值、有效值、周期、频率、信号前后沿的时间以及数理统计等。这是由于智能化数字存储示波器具有强大的运算和控制能力的缘故。

（1）光标测量法　这是常用的波形参数测量法。在面板键盘的设置和控制下，在 CRT 上显示两条水平光标线和两条垂直光标线，这些光标线可作步进的移动。这些光标线与显示的波形分别交于光标①和光标②，见图 5-117。由图可见，在顺序存储方式下，光标①和②对应于信号 RAM 的地址和数据分别为 dre1、dat1 和 dre2、dat2，设采样时间间隔为 Δt，则光标①和②的时间间隔 ΔT 和电位差 ΔU 可用下两式计算：

时间间隔　　　　　　　　　$\Delta T = (\mathrm{dre2} - \mathrm{dre1}) \times \Delta t$

电位差　　　　　　　　　　　　　$\Delta U = \text{dat2} - \text{dat1}$

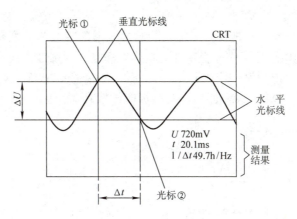

图 5-117　光标测量法

可见，由键盘设定不同的测量和计算项目，仪器就可根据光标位置进行测量和计算，并将结果以十进制数显示在 CRT 上。

（2）波形的平均值处理　对波形进行平均值处理可改善波形的信噪比，可在 CRT 上观测到淹没在噪声中的信号波形，见图 5-118。由图可见，一个频率和幅值几乎无法辨认的信号，经过 50 次平均值处理后，其波形已经可能观测到，若经过 256 次平均值处理，其波形已能完全复现出来。平均值处理次数 N 可由键盘设定。

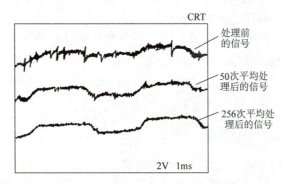

图 5-118　波形的平均值处理

必须指出，平均值处理功能对于复现带有高频噪声的信号特别有效，而对于噪声频率与信号频率相近时，效果不明显，反而会使波形完全失真。

（3）两波形的 +、−、× 运算　使用者在观测 SM_1 和 SM_2 时，对该两个信号进行 +、−、× 运算。运算后的波形自动取代 SM_1 的波形，即：$(SM_1) + (SM_2) \rightarrow (SM_1)$；$(SM_1) - (SM_2) \rightarrow (SM_1)$；$(SM_1) \times (SM_2) \rightarrow (SM_1)$ 因此，在 CRT 上显示的是运算结果的波形。例如，设 SM_1 为电流波形，SM_2 为电压波形，进行 $(SM_1) \times (SM_2)$ 运算后，SM_1 处显示的是功率波形，见图 5-119。

（4）波形参数与给定数据的运算　智能化数字存储示波器测得的各种波形参数（如前、后沿时间、脉冲宽度、占空比、频率等）能与由键盘输入的给定数据进行 +、−、

×、÷运算。运算的结果以十进制数显示在 CRT 上。此外，有些数字示波器还可进行微分和积分运算，例如松下 VP – 5740 – A 型。

（5）窗口判断功能　其典型应用是判断脉冲波形的幅值和宽度是否符合要求，或检查信号 RAM 或显示电路的工作是否正常。具体做法是，利用键盘设定水平和垂直各两条光标线，组成一个"窗口"，见图 5-120。若显示的信号波形落入窗口内，CRT 上显示"Yes"，否则，显示"No"。显示"Yes"时说明信号 RAM 中有符合窗口范围的数据。

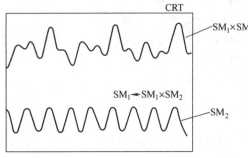

图 5-119　显示两信号乘积的波形　　　　图 5-120　窗口判断功能

由上述可见，智能化数字存储示波器是模拟示波技术、计算机技术和数字化测量技术有机结合的产物，其结构和功能是多种多样的。前面所介绍的各种功能和实现方法，仅具有一定的代表性，并不能概括其技术的全貌。

目前，智能化数字存储示波器发展很快，已广泛使用 16 位、32 位 CPU 芯片取代 8 位CPU 芯片；数字信号协处理机、高速存储器及直接存储技术和高速 A – D、D – A 转换器将大量被使用，以提高仪器的控制和计算能力。但是，带宽和价格始终是智能化数字存储示波器是否能取代模拟示波器的两个至关重要的问题。这两个问题的突破性解决，是主要研究方向之一。

5.11.4　逻辑分析仪的原理及应用

逻辑分析仪能对数字系统的硬件、软件的逻辑状态进行分析、记录和显示。它能以表格、波形、图形或汇编形式将测量结果显示于 CRT 上，从而实现对数字系统的硬件和软件的测试，对含有大量硬件和软件的数字系统的调试特别适用。

5.11.4.1　逻辑分析仪的组成

逻辑分析仪的种类很多，虽然在通道数量、采样速度、存储容量、触发方式和显示方式等有较大区别，但其组成的基本原理却是相同的，见图 5-121。

由图可见，逻辑分析仪的结构与智能化数字存储示波器是极为相似的，实际上，它是一台数字化的多线示波器，由于它分析的是数字系统的逻辑电平关系，所以也称为逻辑示波器。它的输入通道比较多，例如 8、16、32、64 通道等，所以它能同时观测多通道的信号。

输入信号经过多通道逻辑测试探极获得并行数据，送至电压比较器与外部设定的门限电平比较，大于门限电平值的信号在相应的线上输出高电平，反之输出低电平。

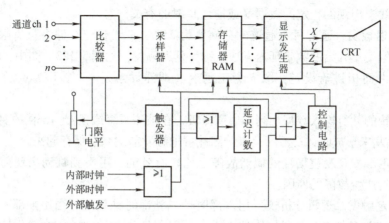

图 5-121　逻辑分析仪的组成框图

这些高、低电平的信号送至采样器，在采样脉冲控制下进行采样，并将采样数据按顺序存入存储器 RAM 中，设 RAM 的容量为 1KB（1024 单元），可以记录所有输入通道在 1024 次采样中所得到的数据。存储结束后，在控制电路的控制下，RAM 中的数据按顺序逐一读出，在显示发生器中形成 X、Y、Z 三个轴向的模拟信号，由 CRT 按设定的显示方式显示出被测量的信息。

5.11.4.2　逻辑分析仪的功能

1. 可同时存储和观测多通道信号　由于能同时存储和观测多通道并行信号，故它相当于多线数字化存储示波器，便于对数字系统正常运行的数据流的逻辑关系进行观测和分析。

2. 触发功能　逻辑分析仪有多种触发方式，可由面板上的"触发字选择"来控制。在进行数字信号观测时，如何选择触发方式是至关重要的。

（1）组合触发　逻辑分析仪具有"字识别"触发功能，把输入的数据字与使用者预设定的"触发字"相比较，若符合便产生一次触发。组合触发方式见图 5-122。

每一输入通道均可取 1　0、x 三种触发条件，"1"表示某通道为高电平时才产生触发；"0"表示为低电平时才产生触发；"x"表示不受触发条件限制。这样，在各通道电平同时满足预设定的"触发字"时，才能产生触发信号。

以图 5-122 为例，ch0（"1"），ch3（"1"）表示 0 与 3 通道组合触发条件为高电平；ch1（"0"）表示触发条件为低电平；ch2（"x"）表示 2 通道信号不影响触发条件。这样，ch0 和 ch3 信号出现高电平、而 ch1 信号出现低电平时便可产生触发信号，即满足相"与"条件下产生触发信号。

在内存中保存有由触发点开始的各通道的状态值，因此就很容易捕捉到数字系统数字总

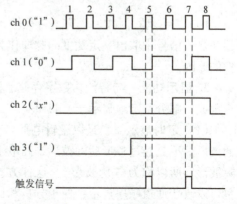

图 5-122　组合触发方式

线或地址总线上出现的特定的数据（或地址）时的有关信息。

（2）延迟触发　通常每个通道的存储量为256～1024位，存储容量有限。因此，常采用由产生触发点开始的数字延迟方法，称为延迟触发，见图5-123。图中，t_{d1} 和 t_{d2} 为延迟时间，可由面板键盘设定。图 a 为正延迟（即滞后触发），图 b 为负延迟（即超前触发）。

被测系统的并行输入数据加到多通道探极，在被测系统或仪器内部的时钟控制下存入 RAM 中，触发未形成时，都不断存入，因此可把触发前的状态保存起来。

利用延迟触发观测跳动性的偶然故障是比较有效的，可看到跳动出现前后的有关波形，便于分析产生故障的原因。

（3）限定触发　逻辑分析仪可用内部时钟或外部时钟控制。当用内部时钟时，利用限定逻辑"与"条件，从外时钟中选出满足一定条件的时钟脉冲作为触发脉冲，以达到有选择性地存储数据。例如，限定触发探极内有外时钟线、Q_0 和 Q_1 三根引线。根据需要分别接于被测电路中，其波形见图5-124。限定条件可选为 $Q_0 \cdot Q_1$（与逻辑），$Q_0 + Q_1$（或逻辑）。Q_0 和 Q_1 均可设定为 1、0，或 x 触发。图中，Q_0 设定为"1"，Q_1 为"0"，则 $Q_0 \cdot Q_1$ 时的有效时钟脉冲为图中第 3 和第 7 个脉冲。

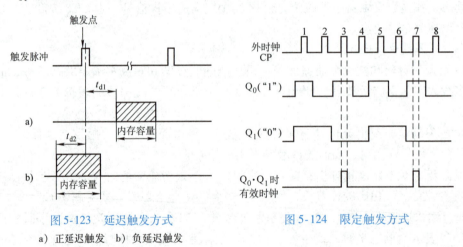

图 5-123　延迟触发方式
a）正延迟触发　b）负延迟触发

图 5-124　限定触发方式

（4）"毛刺"触发　该方式可在输入信号中检出毛刺脉冲（干扰脉冲）。它利用滤波器从输入信号中取出一定宽度的脉冲作为触发信号，以利于寻找由于外界干扰而引起误动作的原因。

3. 显示功能　与智能化数字存储示波器一样，通过键盘选择可使存于 RAM 中的数据全部或一部分稳定地显示于 CRT 上。

（1）定时显示　它是以逻辑电平与时间的关系将 RAM 中的内容显示于 CRT 上。显示的波形由于是经过整形后的波形，高电平表示 1，低电平表示 0，而不是被测点信号的实际波形，所以称为"伪波形"。这种方式可以将 RAM 的全部内容按通道顺序显示出来，也可以改变通道顺序显示，便于分析和比较，见图5-125。以这种方式显示的称为逻辑定时分析仪（或时间分析仪）。这种显示方式类似于数字化多线示波器。仪器内部设有时钟源，其频率比被测系统的信号频率高得多，所以在单位时间内可以显示更多的信息。主要用于测试数字系统硬件时总线上数据流的时序关系和寻找毛刺干扰等。

（2）状态表显示　将 RAM 的内容以各种数制（二、八、十和十六进制）显示在 CRT 上。用数字表格形式显示，图 5-126 为二进制状态显示。

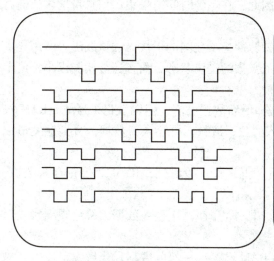

图 5-125　定时显示方式　　　　　　　图 5-126　状态表显示方式

以状态表显示构成的分析仪称为逻辑状态分析仪，显示各通道在每一个时钟脉冲作用下所处的状态。仪器内部没有时钟源，用被测系统的时钟来控制其记录速度。主要用于调试和检测软件。

现在的逻辑分析仪多数都同时具有上述两种显示功能，用于调试数字系统特别方便。

（3）数据比较式显示　仪器内有两组存储器，一组存放被测数据，另一组存放标准数据或正常操作时的数据。当用状态表显示时，两个存储器中的内容可以同时显示出来，加以比较，两者不同的数据以高亮度字显示，以利醒目，便于找出故障的原因。

5.11.4.3　逻辑分析仪的工作过程

1. 数据的采集　逻辑分析仪与被测系统通过"专用多路探极线"连接在一起，将若干个探极集中起来，其触针细小，便于探测高密度集成电路。

被测系统的电平经比较器统一为高或低电平（1 或 0 电平），比较器的阈值由面板的键盘给定。对输入数据的采样，是通过时钟控制进行的。

（1）同步采样　时钟脉冲来自被测系统（即外时钟），只有在外时钟脉冲存在时，才存储输入的数据，并用字符"0"和"1"显示。

为了采集数据，必须使输入数据在时钟脉冲的建立时间 t_s 和保持时间 t_h 内维持不变，见图 5-127。这一段时间用于检测和存储一个逻辑

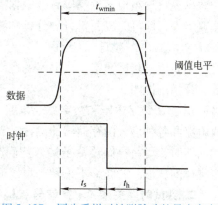

图 5-127　同步采样时被测脉冲的最小宽度

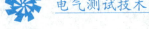

状态。用 $t_{wmin} = t_s + t_h$ 表示能测量的最小脉冲宽度，这时最高时钟脉冲频率为

$$f_{max} = \frac{1}{t_{wmin}} = \frac{1}{t_s + t_h}$$

（2）异步采样　在仪器内部的时钟脉冲控制下对被测系统的输入数据进行采样。内时钟的频率比被测系统的时钟频率高得多，因此，在单位时间内采集的信息量增多，提高了分辨率，从而显示的数据更精确。

同步采样时，由于时钟频率较低，两时钟脉冲边沿之间的干扰无法检测出来。用异步采样时，由于时钟频率较高，不仅能采集输入数据的逻辑状态，而且还能检测出小幅值干扰脉冲。当然若干扰脉冲极窄也难以检测。

2. 数据存储　通常用 RAM 存储数据，若 RAM 数据已满，但触发仍未形成，RAM 按"先进先出"的规则，自动从头开始将原存入的数据清除，再存入新数据，直到触发形成为止。触发方式与存储和显示的数据有关。

（1）始端显示方式　是指在触发形成后，再延长一段时间，RAM 才停止存入数据，故可显示触发后的输入数据。

（2）终端显示方式　是指触发一旦形成立即停止向 RAM 存入数据，故可观测触发形成前的输入状态。

（3）延迟显示方式　是指在触发形成前 RAM 已存入一部分数据，当触发形成时，借助延迟计数器再存入少量数据，与数字存储示波器中的"预置触发"原理一样。因此，可观测触发形成时附近的输入数据。

（4）自激　采用这种方式时，被测数据不断地被采样和存入 RAM，待 RAM 存满后，便自动地进入显示过程。

3. 工作过程

综上所述，将数据采集、存储、触发和显示结合起来，便是其基本工作过程。由于采用了数字存储技术，可将被测数据的采集、存储和显示过程分开进行。

在数据采集期间，在时钟脉冲作用下，根据预置的触发方式，对被测数据进行采样和存储，存储结束后自动转入显示阶段。

在显示期间，将数据从 RAM 中取出，通过显示发生器转换后在 CRT 上显示出来。被测数据逐组逐组地显示完毕后，根据需要再次产生存数指令，再次采样和存储数据，如此往复下去，即可完成逻辑量的分析和测量。

5.11.4.4　逻辑分析仪的应用

主要用于测试数字集成电路的逻辑功能、微机系统的逻辑状态和检测数字系统的故障等，现举例说明。

1. 测试数字逻辑和数字集成电路　逻辑分析仪特别适用于大规模或超大规模数字集成电路和各种型式的存储器的测试，对计算技术的研究很有帮助。例如，检查一个存储器的功能时，可将存储器片子接入逻辑分析仪，选择合适的触发显示方式，CRT 上显示一定规律的波形。若波形不正常，可以通过不正常的波形分析，找出逻辑错误的位置。

2. 测试时序关系和干扰信号　检测数字系统中各信号间时序关系、信号的延迟时间以及各种干扰脉冲等。

例如，测试某数字系统的时序关系，利用多路探极线将待测点的数据送入逻辑分析仪，采用定时显示方式，CRT 上便能显示出其时序关系图形，见图 5-125。

计算机的外部设备，例如磁带机或磁盘机等，在使用中常会出现窄干扰脉冲，利用逻辑分析仪可迅速而准确地捕捉并显示出来。

3. 检测微机系统的运行情况 在微机系统的调试或维修过程中，CPU、ROM、RAM、I/O 口及外围设备，通过地址总线、数据总线和控制信号线联系，多数是多路并行，有的达到 16 位或 32 位以上。采用图 5-128a 接法，利用多路探极线将 CP、CPU、ROM/RAM 及 I/O 等的地址总线、数据总线及 R/W 分别接入逻辑分析仪。利用"读写控制"（R/W）信号作为触发信号，于是微机系统正常运行时的脉冲源、地址总线和数据总线上的数据便可在 CRT 上显示出来，见图 5-128b。当发现故障时，可利用不同的触发显示方式，显示出故障前后的数据，从而可迅速排除故障，提高调试或维修效率。

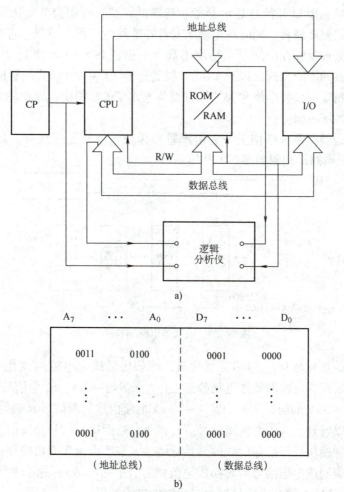

图 5-128 微机系统检测接线方法和显示

a）检测接线方法 b）显示

301

5.12 数字化测量仪表设计

5.12.1 智能温度变送器设计

80C51 系列是一个集合各种新型单片机品种的大家族，每一种产品都有其独特的优点。在进行单片机应用系统设计时，首要的任务就是选择一种合适的单片机。

在系统设计的过程中，开发语言的选择对开发周期的缩短和功能的完善有直接影响。为了拓展思路，本节介绍一个选择 C8051F017 单片机及 C51 开发语言的温度变送器实例。

5.12.1.1 智能温度变送器简介

二线制热电阻温度变送器的功能是将温度信号线性地变换成 4 ~ 20mA 直流标准输出信号，同时在现场利用 LCD 液晶显示器指示温度。模拟二线制温度变送器大都采用分立元件，存在较大的温度漂移；同时热电阻本身存在非线性，所以还要进行非线性处理。模拟元件在非线性处理上存在的问题是精度不高（一般在 0.5 ~ 1.0 级）。随着微处理器的功耗降低和新器件的不断出现，以 "A – D + 微处理器 + D – A" 模式的智能变送器，在信号的处理、测量精度、仪表维修和维护等方面与老式变送器相比，存在较大的优势，是今后变送器的主要发展方向。

智能温度变送器在系统结构上分为电源管理模块、信号处理模块、数据运算模块及 V/I 变换模块，其电路结构图如图 5-129 所示。

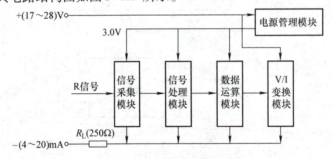

图 5-129　变送器电路结构图

当被测信号的量程从 0% ~ 100% 变化时，两根传输线上电流的变化对应 4 ~ 20mA，因此要求包括微处理器在内的整体电路静态工作电流小于 4mA。R_L 为信号采样负载电阻，在供电电源为 17 ~ 30V 的前提下，回路 4 ~ 20mA 电流由热电阻信号 R 确定。

通过框图可以看到，首先对被测信号进行采集，然后通过信号处理模块对信号进行放大，再由数据处理模块进行信号的软件线性化处理，最后由 V/I 变换模块把线性反映温度变化大小的信号调制成电压信号后转换成电流信号（0 ~ 16mA），加上系统的静态工作电流 4mA，形成 4 ~ 20mA 的电流信号通过二线制电流线输出。

5.12.1.2 硬件设计

由于采用微处理器作为核心，因此要求微处理器和外围器件必须采用低功耗器件，必须保证其整体功耗小于 4mA。

1. 电源管理模块　普通的二线制变送器采用模拟器件来实现，因此对电源的功耗要求比较低，一般采用 78 系列稳压模块，工作电流一般在 1 ~ 2mA 之间，但对于智能变送器来说相对较大。这里我们采用 Maxim 公司的高电压低功耗线性变换器 MAX1616 作为电压变换，如图 5-130 所示。该器件具有如下特点：

- 4 ~ 28V 电压输入范围；
- 最大 80μA 的静态工作电流；
- 3.3 ~ 5V 电压可选输出；
- 30mA 输出电流；
- ±2% 的电压输出精度。

采用该器件将输入的 24V 电压变换成 5V 电压，给外围 5V 的器件供电。为进一步降低微处理器的功耗和提高数据处理精度，再把 5V 电压经过 MAX619（低功耗高精度电压基准源）输出一个 3V 高精度的基准电压，对微处理器供电，并且为 A – D 转换提供参考电压，其中二极管 VD 是保护二极管，防止输入电压接反可能带来的对电路的影响和破坏。

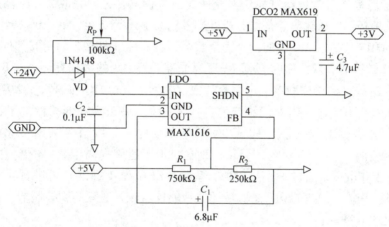

图 5-130　电源管理模块电路

2. 信号处理模块　图 5-131 所示为信号处理模块电路，采用 TI 公司的 TLC27L2 完成信号的放大，TLC27L2 是低功耗精密运算放大器，单电源供电，超低功耗（25℃，5V 时，电流为 19μA）。采用数字电位器 X9c104 和 X9c504 进行信号的调零及满量程调整。其中 X9c104 和 X9c504 分别是 10kΩ 和 50kΩ 具有 100 个抽头的低功耗数字电位器。R_9、R_{10}、R_{11}、X9c104 和 Pt1000 热电阻组成测温电桥。若 X9c104 的电阻为 W_1，热电阻温度传感器 Pt1000（假设为 R_{12}）封装在接线盒内，其接线电阻可以忽略，电桥中间两点电压作为差分运算放大器的输入信号，所以

$$V_1 = 3 \times \frac{R_9}{R_9 + R_{12}} \quad V_2 = 3 \times \frac{R_{10}}{R_{11} + W_1 + R_{10}}$$

$$\Delta V = V_1 - V_2$$

信号又经差分放大，通过微处理器对 X9c504 的控制来获取可变的放大倍数，满足不同测量范围的要求。对于热电阻的非线性补偿是通过微处理器软件实现的。

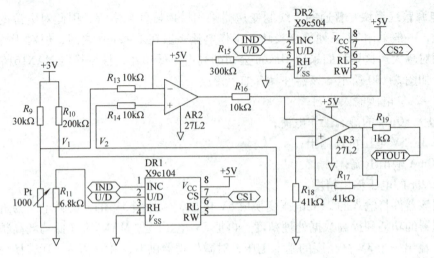

图 5-131   信号处理模块电路

3. 数据运算模块   数据运算模块是变送器的关键部件，它完成 A – D 转换、被测信号转换、键盘扫描、电压输出、信号分析处理及信息显示等功能。单片机芯片采用 Cygnal 公司的 C8051F017，它与 80C51 的指令完全兼容，具有标准 80C52 的所有部件内部带有 4 路 10 位 A – D 转换器、32K 片内 Flash 程序存储器、2304B 的数据存储器（RAM）、2 路 12 位 D – A 转换器、22 个中断源、可编程计数器阵列、支持 I²C 和 SPI 总线接口。它具有低功耗等待和停机方式及片内看门狗定时器（WDT），易于实现低功耗抗干扰设计。此外，由于它采用 CPI – 51 流水线结构，70% 的指令结构为 1 ~ 2 个系统时钟周期，与其他同类 8 位微处理器（PIC17C × × ，AduC812 等）相比速度提高了 2 ~ 8 倍。另外，采用 2.7 ~ 3.6V 的工作电压，通过 JTAG 接口（符合 IEEE1149.1 标准）可进行非侵入式、全速的系统调试。因此，C8051F017 是低功耗低智能仪器较为适宜的微控制器。图 5-132 为数据运算模块的电路。

温度信号经过信号处理模块后，送入 C8051F017 的 4 脚（片内 10 位 A/D 的输入通道 0）。25 脚（P1.4）通过 R23 接操作 "回车" 键；29 脚（P1.1）通过 R20 接操作 "设置" 键，选择调整对象；28 脚（P1.2）通过 R21 接操作 " + " 键，26 脚（P1.3）通过 R22 接操作 "—" 键，对数据进行加减操作，37/38 脚（P0.4/P0.5）双向 I/O 口线分别接 LCD 显示器的时钟与数据端口。30/31 脚（P1.0/P0.0）双向 I/O 口线分别接 X9c104 和 X9c504 数字电位器的片选信号。36/35 脚（P0.3/P0.2）双向 I/O 口线分别接 X9c104 和 X9c504 数字电位器的调整脉冲信号和电阻上升/下降信号。48 脚（DAC0）输出 1 ~ 5V 模拟电压，再通过 V/I 变换模块输出 4 ~ 20mA 电流。

由图 5-132 可见，数据运算模块的硬件电路较为简单，只设有 4 个操作键，通过软件管理，完成温度测量基准值调节、温度测量斜率值调节、基准电流值调节和满量程电流值调节等功能。

显示模块电路如图 5-133 所示。采用 SUNMAN 电子有限公司的 LCD 显示器 SMS0408，其主要技术参数如下：

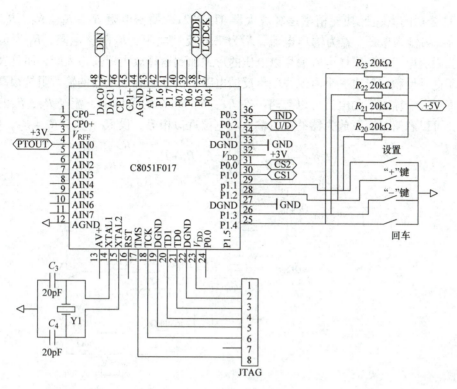

图 5-132　数据运算模块电路

- 显示容量：4 位带小数点；
- 模块电压：2.7 ~ 5.5V；
- 环境相对湿度：<85%；
- 视角：6:00；
- 字高：18.0mm；
- 工作温度：−20 ~ 60℃；

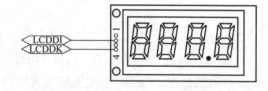

图 5-133　显示模块电路

- 接口方式：二线式串行接口；接口信号：1 为 V_{DD} 电源正极；3 为 V_{SS} 电源负极；2 为 DI 串行数据输入；4 为 CLK 串行移位脉冲输入。

其 DI 与 CPU 的引脚 38 相连，CLK 与 CPU 的引脚 37 相连。SMS0408 地址映射表如表 5-14 所示。

表 5-14　SMS0408 地址映射表

LCDBUF	D7	D6	D5	D4	D3	D2	D1	D0
0	—	—	—	—	—	—	COL	—
1	H1	C1	D1	E1	G1	B1	A1	F1
2	H2	C2	D2	E2	G2	B2	A2	F2
3	H3	C3	D3	E3	G3	B3	A3	F3
4	H4	C4	D3	E4	G4	B4	A4	F4

4. V/I 变换模块　V/I 变换模块电路如图 5-134 所示。V/I 变换部分采用负载共地方

式，由 TI 公司的高速低功耗精密运算放大器 TLE2021、精密电阻 R_3、R_4、R_5、R_6、R_f、V 组成。U_i 为输入电压，I_o 为输出电流，R_f 为采样反馈电阻，R_5 限流电阻，R_L 为负载电阻，R_8 为限流电阻。R_f 采样电流信号以电压的形式加到运算放大器的输入端，而且极性与输入电压信号反相，形成一个电流并联负反馈电路。由于运算放大器的输入阻抗很高，故流入运算放大器输入端的电流可以忽略。在 R_5、$R_8 \gg R_f$ 的条件下，流经 R_5、R_6 的电流与 I_o 相比可以忽略。运算放大器的正负输入端电位近似相等，设 $R_4 = R_3$，$R_6 = R_5$，可得

$$U_i + (I_o R_L - U_i)\frac{R_3}{R_3 + R_5} = I_o(R_f + R_L)\frac{R_3}{R_3 + R_5}$$

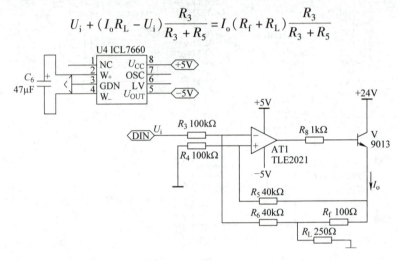

图 5-134　V/I 变换模块电路

简化得

$$I_o = U_i \frac{R_5}{R_f R_3}$$

取 $R_3 = 100\text{k}\Omega$，$R_5 = 40\text{k}\Omega$，$R_f = 100\Omega$，当 $U_i = 0 \sim 5\text{V}$ 时，$I_o = 0 \sim 20\text{mA}$。为保证足够的 V/I 转换精度，电路中各电阻应当选用精密电阻；$+24\text{V} > (R_L + R_f) I_{omax}$。$I_{omax}$ 是 I_o 的最大值。

5. 系统功耗　由于要求智能变送器系统的整体静态电流小于 4mA，所以必须保证所选器件为低功耗或超低功耗的芯片。经过实例，其中电源管理部分主要器件 MAX1616 的静态电流为 80μA、500μA；TLC2712 的静态电流为 120μA；数据运算部分主要器件 C8051F017 的静态电流约为 1mA；V/I 转换部分主要器件 TLE2021 的静态电流为 230μA；ICL7660 的静态电流近似为 200μA；其他部分散件的静态电流约为 500μA。

设系统的总体静态电流为 I_A，则

$$I_A \approx (0.8 + 0.1 + 0.5 + 0.5 + 0.12 + 1.0 + 0.23 + 0.2 + 0.5)\text{mA} = 3.23\text{mA}$$

可见系统总体静态电流 I_A 小于 4mA，采用如图 5-130 中的 R_P 进行调节，使系统在测量零点时两线系统的输出电流为 4mA，满足系统设计的要求。

5.12.1.3　软件设计

系统软件流程图如图 5-135 所示。

1. A - D 转换　为了使 A - D 转换器能满足一定的转换精度，就必须使采样电路的保持电容有足够的充电时间，因此必须正确选择 A - D 转换的时钟源。系统采用 1MHz 晶

振，A－D 转换时钟周期选择 16 个系统时钟周期。其
转换程序如下：

AD_ Change（）

{

AXM0CF = 0X00；

ADCS2 = 1；

ADCS1 = 0；

ADCS0 = 0；//A－D 转换时钟周期为 16 个系统
　　　　　　　时钟周期

AMPGN2 = 0；

AMPGN1 = 1；

AMPGN0 = 0；//增益为 4

ADM0SL = 0X00；//选择 A－D 通道 0

ADCEN = 1；

for（i = 0；i < = 100；i + +）；//启动 A－D 转换

ADCBUSY = 1；

while（ADCBUSY = = 1）；等待转换结束

Ad－result1 =（ADC0H&0X03）* 256 + ADC0L；//读转换结果

ADBUSY = 0；//清 A－D 转换标志

}

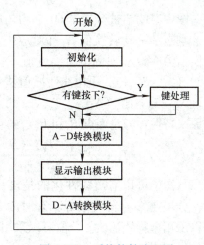

图 5-135　系统软件流程图

2. 线性化处理　在实际应用中，多数传感器的输出信号与被测参数之间均呈非线性
关系，这是造成测量精度低、误差大的主要原因。热电阻的输出电压与被测温度之间也是
非线性关系，对非线性的补偿，采用查表法和计算法结合的插值法。

首先通过精密电阻箱模拟铂电阻的分度表，每隔 5℃ 获取其 10 位 A－D 转换结果显示
在 LCD 上，从而得出关于被测温度与 A－D 转换数值对应表。

表 5-15 所示为温度在 0～300℃ 时，C8051F017 内部 10 位 A－D 转换器对应的数值。

表 5-15　温度/（A－D）值对照表

温度/℃	A－D 值	温度/℃	A－D 值	温度/℃	A－D 值
0	0	105	360	210	718
15	37	120	413	225	767
30	91	135	464	240	816
45	147	150	516	255	864
60	201	165	767	270	928
75	254	180	618	285	977
90	307	195	668	300	1023

通过表 5-15 可以建立起被测温度与 A－D 转换数值之间的对应曲线，用平滑的曲线
连接各点，可以得到如图 5-136 所示的特性曲线。

图中温度 T 被分成了 60 个均匀的区间，每个区间的端点 A – D 转换值 N_k 都对应一个 T_k。当 A – D 转换值为 N_i 时，实际测量温度值 T_i 一定会落在某个区间 (T_k, T_{k+1})，采用线性插值法进行插值，用通过 (N_k, T_k) 和 (N_{k+1}, T_{k+1}) 两点的直线近似代替原来特性。通过两点 B_k 和 B_{k+1} 的直线方程为

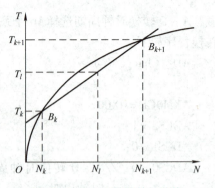

图 5-136　温度/数值特性曲线

$$T_i = T_k + \frac{(T_{k+1} - T_k)(N_i - N_k)}{N_{k+1} - N_k}$$

从图中可以看出线性化的精度由折线的段数决定，分段越多，精度越好。有时为了提高精度，也可以采用抛物线插值。分段可以采用等分也可以采用非等分，这里采用等分的方法。线性化的处理程序如下：

```
unsigned long Count – Tem（unsigned int ad – counter）
{
unsigned long js1，js2；
unsigned char js = =0；
While（1）
{
    js1 = counter［js］；
    js2 = counter［js + 1］；
    if（ad – counter > = js1&&ad – counter < = js2）//判断 Ni 是否在（Nk，Nk+1）内
    {
    temp1 = tempture［js］；
    temp2 = tempture［js + 1］；
    temp = temp1 +（ad – counter – js1）*5/（js2 – js1）；//代入公式计算结果
    return temp；//返回温度值
    }
js = js + 1；
if（js > 61）{break；}
}
}
```

3. D – A 转换　C8051F 单片机的 DAC（数 – 模转换模块），可以将 CPU 运算处理的数字量转换为模拟量。C8051F DAC 模块是 12 位、R 阶、电压输出的数 – 模转换模块。在使用的过程中可以被置成 8 位或 12 位转换模式，并能够与 DMA 控制器结合使用。当 CPU 内部有多个 DAC 模块时，CPU 可以对它们统一管理，并能够做到同步更新。为了提高输出精度，这里采用 12 位转换模式。在使用过程中应该注意的是参考电压、DAC 输入与输出的稳定时间和电流消耗的选择。参考电压是唯一影响 DAC 输出结果的模拟参量，是 DAC 转换模块的重要组成部分，这里选择内部参考源 2.5V 电压。另外，DAC 参考源的输

入与输出缓冲器的稳定时间和功耗情况，可以通过编程工作于最佳状态，考虑到功耗和速度的要求，设置3个编程选择位为111，使工作于最佳状态。其转换初始化程序如下：

```
void DAC - SET （unsigned int da - data）
{
    DAC12CTL0 = REF2 - 5 + REFON；//选择内部 2.5V 参考源
    DAC12 - 0CTL = DAC12IR + DAC12AMP - 5 + DAC12ENC；
}
```

4. LCD 显示　由于该智能温度变送器具有现场显示功能，这里采用二线式串行接口的 LCD 液晶显示器进行显示，其程序如下：

```
const unsigned char lcd [ ] = {0x81, 0xb7, 0xc2, 0x92, 0xb4, 0x98, 0x88, 0xb3,
0x80, 0x90};
// 0 ~ 9 段码
Lcd_ Serial （unsigned char play）//串行移位子程序
{
unsigned char i, j;
for （i = 0; i < = 7; i + +）
    {
    LCD_ DAT = flag_ show；
    j + +；
    j + +；
    LCD_ CLK = 0；
    j + +；
    j + +；
    LCD_ CLK = 1；//产生脉冲上升沿
    j + +；
    j + +；
    show = （show > >1）；
    }
}
void Lcd_ Show_ Temp （unsigned int temptue, unsigned char fh）//带正负的温度显示
程序
{
unsignedint temp；
unsigned char js, bw；
temp = temptue；
if （fh = =0）//温度为正
    {
```

```
    Lcd_ Serial (0xfe);
    temptue = temp;
    js = temptue%10000/1000;  //温度百位
    if (js = =0)
        {
        Lcd_Serial(0xff);
        }
        else
        {
        Lcd_Serial(lcd[js]);
        }
        temptue = temp;
        js = temptue%10;//温度小数点后 1 位
        Lcd_Serial(lcd[js]&0xff);
}
if(fh = =1)//温度为负
{
temptue = temp;
js = temptue/10000;
if(js = =0)
        {
        Lcd_Serial(0xff);
        bw =0;
        }
        else
        {
        Lcd_Serial(lcd[js]);
        bw =1;
        }
        temptue = temp;
        js = temptue%10000/1000;
        if(bw = =0&js = =0)
        {
        Lcd_Serial(0xff);
        }
        else
        {
        Lcd_Serial(lcd[js]);
```

```
    }
    js = temptue%1000/100;
    Lcd_ Serial (lcd [js] &0x7f);
    temptue = temp;
    js = temptue%100/10;
    Lcd_Serial(lcd[js]);
    temptue = temp;
    js = temptue%10;
    Lcd_Serial(lcd[js]&0xff);
    }
}
```

5. 测试结果　在温度变送器出厂之前，通过精密电阻箱模拟铂电阻的分度表，采用高精密数字电流表对电流进行测量，其温度与输出电流的对应表如表 5-16 所示。经计算可见其最大误差为 0.005mA，对应的温度为 0.1℃。

表 5-16　温度值与输出电流的对照表

温度/℃	电流/mA	温度/℃	电流/mA	温度/℃	电流/mA
0	4.000	105	9.598	210	15.200
15	4.804	120	5.1203	225	15.996
30	5.601	135	11.199	240	16.803
45	6.399	150	12.005	255	17.598
60	7.197	165	12.798	270	18.404
75	8.000	180	13.602	285	19.201
90	8.796	195	14.403	300	20.000

基于热电阻的智能式二线制温度变送器，经过单片机数据处理之后，精度可以保证在 0.1%F·S，具有现场显示变送一体化功能，同时采用数字电位器实现零点和满度的调整，操作简单、直观、准确度高。该变送器体积小、成本低、精度高、可靠性好，获得了广泛的应用。

5.12.2　单片机电子称重系统的电路设计

目前，国内相继开发出一批技术先进、功能强大的电子称重专用集成电路，典型产品有重庆中易电测技术研究所生产的 ZEM 系列、S8 和 S9 系列专用 IC，为实现电子称重系统的优化设计创造了有利条件。

5.12.2.1　由 ZEM 系列构成的单片电子称重系统

ZEM 系列包括 ZEM207、ZEM301 和 ZEM303 共 3 种型号，它们均属于多功能电子称重集成电路。其外围电路简单，成本低廉，无需配 A - D 转换器芯片。其运算精度可达 16 位以上，适合设计从最大称量为 1g（分辨力为 0.0002g）到最大称量 500t（分辨力为

311

0.1t）的全系列、几百个品种的电子称重系统，符合国际法制计量组织（OLML） No76 - 1 规范中Ⅲ级电子秤的标准。

1. ZEM207 型多量程电子称重集成电路　ZEM207 支持 6 位共阳极 LED 数显和 7 个符号位、4×4 键盘扫描、键盘标定、按键蜂鸣（即按下键时蜂鸣器发声）。具有自动清零、自动去皮（直接去皮或采用预置数的方法来去皮）、清除、累计次数、累计重量、自动零位调整、零位自动跟踪等先进功能。同时，还可以通过高级设置实现跟踪零位等功能，在特殊场合下允许内部 A - D 转换器向用户开放，这不仅拓宽了使用范围，还大大方便了用户。

ZEM207 的操作菜单如下：

首先打开设置开关 SW，进入调试状态。

显示"LLLLLL"：表示开机初始工作脉冲低于 256（空称脉冲范围应为 256 ~ 15000）。需要说明两点：①开机能正常工作的最小脉冲数为 512，若脉冲数小于 512，则显示"LLLLLL"；②只要开机脉冲不超过 15000，即可通过自检。该范围可满足各种电子秤的需要。

显示"HHHHHH"：重量超过设置的最大量程。

显示"UUUUUU"：开机初始脉冲超过 15000（在自检过程中若出现这种情况，说明初始脉冲大于 15000）。

显示"bL"：电源低电压指示。

显示"dt"：小数点位置设定：0 ~ 4。

显示"Fd"：分度值设定：1，2，5/10，20，50/100，200，500。

显示"H XXX. XX"：最大量程输入（由用户设定）。

显示"J X. XXX"：标定重量输入（标定重量必须大于 $1/2F \cdot S$）。在该菜单下输入标定重量，再放上（2/3 ~ 1）$F \cdot S$ 的标准砝码，按下累计键即可完成标定（若输入值低于 $1/2F \cdot S$，则标定无效）。

显示"XXXXXX"：脉冲数（观察脉冲数可判别电路状况及放大倍数是否合适）。

显示"OO　00（或一）"：工作状态消隐 0 的个数（可选择在工作零位时只显示一个零，以节省电能）。

显示"JF － － － －"：积分时间系数 1 ~ 5（可由软件调整积分脉冲，此功能特别有用）。

显示"tr － － － －"：显示速率系数设定。

显示"dd － － － －"：稳定时间系数设定（按下清除键可储存所有设置参数）。

工作状态　显示"P　　0.00"：预置皮重（小数点在设定位置）；

　　　　　　显示"　　　0"：累计次数（小数点在设定位置）；

　　　　　　显示"　　0.00"：累计数量；

　　　　　　显示"HHHHHH"：表示超载。

2. ZEM301 型定量称重集成电路　ZEM301 除保留 ZEM207 的功能外，还增加了定量称重的新颖功能，可满足工业现场定量测控的需求。其静态设定精度为 0.2% ~ 0.02%，适用于液体定量灌装或固体的定量包装。用户可根据控制对象的不同来设定各种控制参数，例如设定每件重量、最小分度值、上限值、下限值、快进料点和慢进料点，并可根据物料、流速、落差等因素随时修改设定值。ZEM301 能自动累计袋数（件数）和总重量。考虑到某些物料会粘附到料斗上从而影响测量精度，在每次装料前都自动减去皮重，并通过 CPU 对卸料进行模糊控制。

ZEM301 的操作步骤如下：

打开设置开关 SW，按下功能键；

依次显示：重量→上限→下限→延时 1（t_A）→延时 2（t_B）→重量→…，以此循环进行下去。用户可对各种参数进行修改；

"起停"键：启动/暂停功能，未开始前为启动，灌装过程为暂停；

"卸料"键：在停止时为"开卸料/关卸料"，运行时不起作用；

"存储"键：在定值参数设置菜单下，利用存储键可存入设定参数；

（快进）4#引脚：接低电平为开，接高电平为关；

（慢进）3#引脚：接低电平为开，接高电平为关；

（卸料）2#引脚：接低电平为关闭卸料门。接高电平为打开卸料门；

"OH"：快进（到设定下限值时停止）；

"OL"：慢进（到设定上限值时停止）；

"OP"：自动去皮；

"OJ－t_A"（延时 1）：在 OJ 状态下能自动累计称重次数和重量；

"Od－t_B"（延时 2）：Od 为卸料等待时间，等 COU 检测到料仓重量为某一设定值时即进入 t_B 延时阶段，延时结束后进入下一循环；

"O＝"：等待；

"On"：手动卸料（开门/关门）。

3. ZEM303 型计价/称重集成电路　ZEM303 增加了 7 位计价功能，金额累计可达十万元，适用于各种计价电子台秤。为便于现代化管理，ZEM303 还具有 RS－232 串行接口，本机编号为 0～99，波特率为 1200～19200bit/s（五分档），可进行连续通信或受控通信。最多可将 100 台电子秤与上位机联网，可供大型商场使用。用户通过键盘可选择称重模式或计价模式。

4. 由 ZEM 系列构成的单片电子称重系统　由 ZEM207 系列构成的单片电子称重系统电路如图 5-137 所示。电路中使用了一片模拟开关 MC4066，一片双运放 TL062，一片二输入端四与非门 MC4011，一片七达林顿驱动器 UN2003（亦可用 MC1413 代替），一片 3 线/8 线译码器 74HC138，一片 2KB 串行 E^2PROM 存储器 24C02，三端稳压器 7809、7805 各一片。系统配 7 位 LED 显示器及 4×4 键盘，显示单位可选择克，千克或吨。显示屏上有 8 支二极管 A～H，分别表示 LW（零位），PZ（皮重），ZL（置零），DJ（单价），JE（金额），LC（累计次数），LJ（累计），LZ（累计重量）。图 5-137 中的 TXD 表示串行输出，RXD 为串行输入，BT 代表低电压指示，SW 为标定开关。U_+ 表示接入 +9V 电源，U_{CC} 表示接 +5V 电源。U_{+L} 表示 +9V 电源 U_+ 经过电源退耦电路后的输出电压。

5.12.2.2　由 S8、S9 构成的单片机电子计价秤

S8、S9 是两种低价位的电子称重芯片，二者的共同特点是能直接驱动液晶显示器

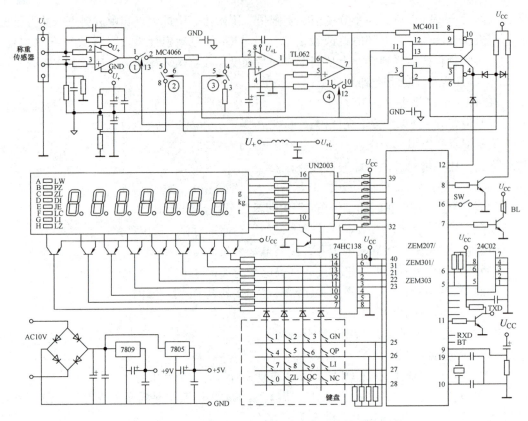

图 5-137　由 ZEM 系列构成的单片电子称重系统电路

（LCD），具有计价，称重功能，适合构成小型或微型电子秤。

由 S8 构成的单片机电子计价秤的电路如图 5-138 所示。电路中仅用 3 片集成电路：IC_1（S8），IC_2（四运放 LM324）、IC_3（2KB E^2PROM 芯片 LC56）。该电子计价秤全部采用表贴元件，测量精度为 1% ~ 0.5%，体积小，成本低，适合批量生产。其主要功能如下：计价计重，累计次数，累计金额，显示时钟，智能关机，选择 10kg、15kg、50kg、80kg 量程，设定零位调整，零位追踪，自动去皮，清除功能，出错提示，超载提示，低电压指示。

由 S9 构成单片机电子计价秤的电路如图 5-139 所示。与由 S8 构成的单片机电子计价秤相比，它增加了找钱功能，并能调节 LCD 背光源的亮度以满足夜间观察的需要。

5.12.3　单相电能计量系统设计

AD7751 是一种带故障检测功能的高精度单相电能计量 IC。

5.12.3.1　AD7751 的性能特点

1）它是用 CMOS 工艺制成的高精度电能计量专用 IC，可对 50Hz 或 60Hz 单相交流电进行电能计量。该产品完全符合国际电工委员会制定的 IEC1036 标准，它在 500∶1 的动态范围内测量误差小于 0.3%。

2）能将被测电功率转换成频率信号。其低频输出端可提供平均有功功率的信息，能

314

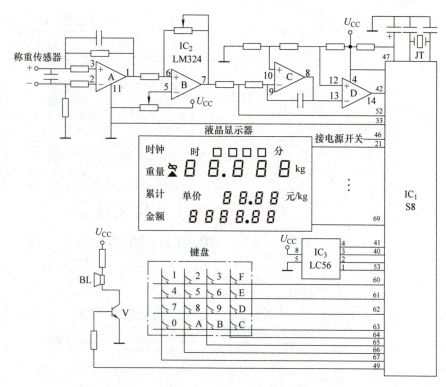

图 5-138 由 S8 构成的单片机电子计价秤的电路

直接驱动电能表中的电磁式计数器,亦可送单片机。校准频率信号则代表瞬时有功功率的信号,可作为功率校准用或接单片机,再利用单片机中的定时器计算出被测电能。

3)内部有故障检测电路,一旦发现窃电或漏电故障,立即进行报警。报警时 AD7751 照样计量电能。

4)电流通道中采用了增益可编程放大器(PGA),可满足不同电流量程对增益的需要。

5)抗干扰强。除模 – 数转换器(ADC)和基准电压源之外,信号处理工作(例如乘法运算、高通滤波及低通滤波)均由数字电路来完成,且模拟地与数字地可相互隔离,因此它能在恶劣的电磁环境下稳定地工作。

6)电流通道和电压通道的输入端专门设置了过压保护电路,可承受 ±6V 的过电压。

7)低能耗。采用 +5V 供电时典型功耗仅为 15mW。

5.12.3.2 电能计量的基本原理

对于大多数电子式电能表,测量电能的原理基本相同,主要包括对电压和电流实时采样,将采样得到的电压和电流相乘,计算出有效值、有功功率、无功功率等。采样分直流和交流采样两种。与直流采样相比,交流采样具有计算灵活、精度高、响应速度快等优点。

当采样输入信号为正弦波时,测量时域、频域信号的算法有导数算法,半周期算法等。由于这些算法计算量小,因此应用较为普遍,尤其对实时性要求很高的场合。常用的算法如下:

(1)计算电路电流有效值

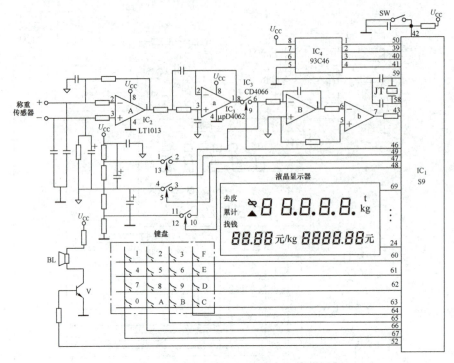

图 5-139　由 S9 构成的单片机电子计价秤的电路

$$I = \sqrt{\frac{1}{N}\sum_{j=1}^{N}i_j^2} \qquad (5\text{-}58)$$

（2）计算电路电压有效值

$$U = \sqrt{\frac{1}{N}\sum_{j=1}^{N}u_j^2} \qquad (5\text{-}59)$$

（3）计算电路有功功率

$$P = \frac{1}{N}\sum_{j=1}^{N}u_j i_j \qquad (5\text{-}60)$$

（4）计算电路功率因数

$$\cos\varphi = \frac{P}{UI} \qquad (5\text{-}61)$$

式中，N 为每个周期采样点个数；i_j 为第 j 个电流离散采样点；u_j 为第 j 个电压离散采样点。

交流采样是通过对输入波形的离散数学化后，通过一定的算法得出表征输入波形的各种参数，随后信号调理电路和 A－D 转换进入数字乘法计算。

5.12.3.3　AD7751 的工作原理

1. AD7751 的引脚功能　AD7751 采用 DIP－24 塑料封装或 SSOP－24 小型封装，其引脚排列图如图 5-140 所示。各引脚的功能如下：

U_{DD}、GND、U_{DDA}、COM——分别为数字电源端、数字地、模拟电源端、模拟地。在

316

电源与地之间需接退耦电容（退耦电容由 $10\mu F$ 电解电容和 $0.1\mu F$ 陶瓷电容并联而成）。

$\overline{AC/DC}$——高通滤波器（HPF）的选通端，固定接高电平时电流通道中的 HPE 一直被选通。

U_{1A}、U_{1B}——电流通道（CH_1）的正、负模拟信号输入端，接差分模拟输入信号 U_1，其最大值 $U_{1max}=\pm600mV$。

U_{IN}——电流通道差分输入电压的公共端，根据实际情况，此引脚可直接与 COM 短接，也可经 RC 退耦电路接 COM。

U_{2P}、U_{2N}——电压通道（CH_2）的正、负模拟信号输入端，接差分模拟输入信号 U_2，$U_{2max}=\pm600mV$。U_{2P}、U_{2N} 端相对于 COM 端的最大输入电压均为 1V。

$\overline{R}$——复位端。外接 RC 定时元件，能在上电或断电时将 AD7751 定时复位。不用时要经过上拉电阻接 U_{DD}。

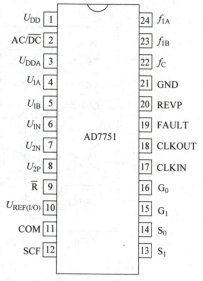

图 5-140　AD7751 的引脚排列图

$U_{REF(I/O)}$——内部 2.5V 基准电压源的输入或输出端，该端需经 $0.1\mu F$ 陶瓷电容接 COM。

SCF——校验频率选择端，配合 S_1、S_0 端来设定校验频率 f_C 的最大值。

S_1、S_0——用来设定数字/频率转换器 4 个频率中的一个。

G_1、G_0——增益设定端。当 G_1、G_0 分别置成 00、01、10、11 时，PGA 的电压增益 K 依次为 ×1、×2、×8、×16（倍）。

CLKIN、CLKOUT——分别为时钟输入、时钟输出，外接 3.579545MHz 石英晶体和两只 33pF 陶瓷电容，构成电容三点式晶振电路。

FAULT——故障输入端。当 U_{1A} 与 U_{1B} 相差 12.5% 以上时，此端输出高电平。故障排除后，该端自动复位。

REVP——当检测到负功率（即 u 与 i 之间有 180° 相位差）时，该端变为高电平；检测到正功率时又恢复成低电平。

f_{1A}、f_{1B}——分别为两个低频负脉冲信号的输出端，二者频率相同，但相位不同，该频率值代表平均有功功率的信息。

f_C——供校准用的频率信号（正脉冲）输出端，它代表瞬时有功功率的信息。

2. AD7751 的工作原理　AD7751 的内部框图如图 5-141 所示，大致可分成模拟单元、数字信号处理单元（图中带阴影区）两大部分。模拟单元包括电流通道中的两个增益可编程放大器（PGA）A_1 和 A_2，$\sum-\Delta$ 式 16 位模-数转换器 ADC_1（由于在任何一个时刻，电流通道只有一个输入端被选中用于电能计量，因此该通道实际上只需要一个模-数转换器 ADC_1），电压通道中的放大器 A_3、模-数转换器 ADC_2 和 2.5V 基准电压源。数字信号处理单元由故障检测器、相位校正电路、高通滤波器（HPE）、乘法器、低通滤波器（LPE）和数字-频率转换器所构成。

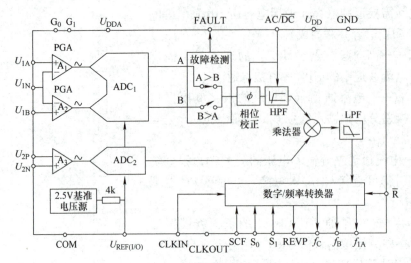

图 5-141　AD7751 的内部框图

AD7751 的基本工作原理是首先对电网电流和电压进行采样，再经过信号处理后以频率的形式输出，送给单片机测量频率，计算出瞬时有功功率，对时间进行积分后便得到电能（单位是 kWh），最后将数据送至显示电路及接口卡。

（1）电流及电压取样电路　电流通道的取样电路如图 5-142 所示。图中的 I_p 代表相线（phase wire）电流，I_N 为中性线（neutral wire）电流。TA_1、TA_2 为电流互感器，由于在相线与中性线之间存在着高压，因此 TA_1 与 TA_2 应互相绝缘，并以 COM 为参考电位。调整 TA_1、TA_2 的匝数比和负载电阻 R_b，可使 $U_{1max} = \pm 600mV/K$。R_f 和 C_f 构成电网噪声滤波器。

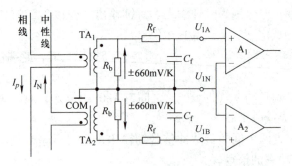

图 5-142　电流通道的取样电路

电压通道有两种典型接线方法，分别如图 5-143 所示。图 5-143a 是利用电压传感器与电网隔离，$U_{2max} = \pm 300mV$。图 5-143b 则采用给中线加偏置的方法，由 R_a、R_b 构成电阻分压器来提供一个与线电压成正比的电压信号。校准方法是调整 R_a/R_b 的比值，使 $U_{2max} = \pm 300mV$。图中，$R_f \approx R_a // R_b$。

（2）模 – 数转换器　ADC_1 和 ADC_2 均采用二阶 $\sum - \Delta$ 式 16 位模 – 数转换器，过采样频率为 900kHz。$\sum - \Delta$ 式 ADC 具有分辨率高、线性度好、抗混叠噪声和量化噪声的能力强、成本低等优点，特别适用于计量、测试系统中。

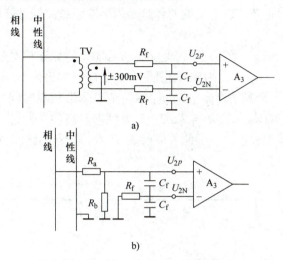

图 5-143　电压通道的两种典型接线方法
a）接线之一　b）接线之二

（3）信号处理电路　信号处理电路及工作波形如图 5-144 所示。瞬时功率 $P(t)$ 等于电流信号 $i(t)$ 与电压信号 $u(t)$ 的乘积，其直流分量就代表有功功率 P。因此，只需对 $P(t)$ 信号进行低通滤波，即可得到有功功率。对不失真正弦而言，有公式

$$P(t) = i(t)u(t) = I\cos\omega t U\cos\omega t = IU\cos^2\omega t = \frac{IU}{2}[1 + \cos(2\omega t)]$$

$$= \frac{IU}{2} + \frac{IU}{2}\cos(2\omega t) \tag{5-62}$$

$$P = \frac{IU}{2} \tag{5-63}$$

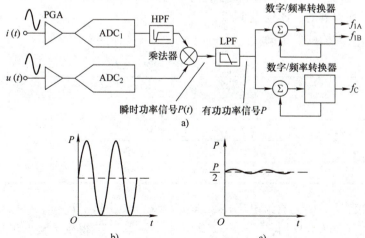

图 5-144　信号处理电路及工作波形
a）信号处理电路　b）瞬时功率 $P(t)$ 的波形　c）有功功率 P 的波形

319

用数学方法可以证明，当 $i(t)$、$u(t)$ 的相位不同时，式（5-63）仍然成立：并且上述计算有功功率的方法对正弦波也是正确的，这是因为非正弦波经过傅里叶变换，即可表示成正弦波的函数。

（4）数字/频率变换器　数字/频率变换器的功能是将数字信号变成频率信号，其输出波形如图 5-145 所示。f_{1A}、f_{1B} 为频率相同（都是 f_1）而相位不同的两个低频负脉冲，其脉冲宽度 $t_1 = 275\text{ms}$，周期为 T_1。f_{1A}、f_{1B} 的两个下降沿相隔时间 $t_2 \approx T_1/2$。特别是当 $T_1 \approx 550\text{ms}$（即 $f_1 = 1.81\text{Hz}$）时；$t_1 = T_1/2$。f_C 为频率较高的正脉冲，其频率值与电流通道、电压通道的信号乘积成正比，因此 f_1 值代表了 $P(t)$。f_C 的脉冲宽度 $T_4 \approx 90\text{ms}$，周期为 T_2。

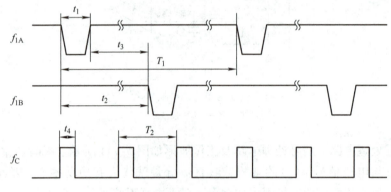

图 5-145　数字/频率转换器的输出波形

计算 f_1 的公式为

$$f_1 = \frac{5.7 U_1 U_2 K f_{1\sim4}}{U_{\text{REF}}^2} \tag{5-64}$$

式中，f_1 的单位是 Hz；U_1、U_2 分别为电流通道、电压通道的差分有效值（这里要取绝对值，单位是 V）；K 是 PGA 的电压增益。$f_{1\sim4}$ 是由 S_1、S_0 端设定的 4 个频率之一，它是对时钟频率分频后而得到的，详见表 5-17。

下面介绍计算 f_1 的两个实例。

表 5-17　$f_{1\sim4}$ 的 4 个频率设定值

S_1	S_0	$f_{1\sim4}$/Hz	时钟频率分频系数 N	时钟频率 f_0/MHz
0	0	0.85	2^{22}	
0	1	1.7	2^{21}	
1	0	3.41	2^{20}	3.579545
1	1	6.83	2^{19}	

例 5-7　假定 U_1、U_2 为直流电压，$U_1 = +660\text{mV} = 0.66\text{V}$，$U_2 = |-660\text{mV}| = 0.66\text{V}$。设定 $G_1 = G_0 = 0$ 时，$K = 1$。再令 $S_1 = S_0 = 0$ 时，查表 5-17 得到 $f_{1\sim4} = 0.85\text{Hz}$。将 U_1、U_2、K、$f_{1\sim4}$ 一并代入式（5-64）中计算出，$f_1 = 0.34\text{Hz}$。

例 5-8　假定 U_1、U_2 为交流电压，二者的峰值分别为 $U_{1P} = +660\text{mV}$，$U_{2P} =$

-660mV，即有效值 $U_1 = U_2 = 0.66\text{V}/\sqrt{2}$。同理可计算出 $f'_1 = 0.17\text{Hz}$。因 $f'_1 = f_1/2$，由此可见，交流输入时的最高输出频率等于直流输入时的一半。

f_C 是供校准用的，其频率高于 f_1，并且 $f_{1\sim4}$ 值设定得越低，f_C 值就越高。根据表 5-18 可确定 f_C 的最大值。f_C 的最大值可等于 f_1 的 128 倍，因其频率较高，故能代表瞬时功率 $P(t)$。

表 5-18　f_C 最大值的确定

SCF	S_1	S_0	$f_{1\sim4}$/Hz	f_C 频率信号的最大值/Hz
1	0	0	0.43	$128f_1 = 10.88$
0	0	0	0.43	$64f_1 = 5.44$
1	0	1	0.85	$64f_1 = 10.88$
0	0	1	0.85	$32f_1 = 5.44$
1	1	0	1.7	$32f_1 = 10.88$
0	1	0	1.7	$16f_1 = 5.44$
1	1	1	3.41	$16f_1 = 10.88$
0	1	1	3.41	$8f_1 = 5.44$

（5）故障检测电路　AD7751 还具有防止窃电（或漏电）的故障报警功能。例如，若有人首先从相线上搭一根线，然后经过负载接通大地进行非法窃电时，因负载电流未经过中性线，会导致 $I_p\uparrow$ 而 I_N 基本不变。AD7751 就通过连续比较相电流与中性线电流的大小，来确定是否故障。一旦 I_p 与 I_N 相差 12.5% 以上，FAULT 端大约经过 1s 后即输出高电平，可驱动发光二极管或讯响器进行光、声报警。同理，当负载（例如家用电器）严重漏电时，电路也会自动报警。

5.12.3.4　AD7751 的典型应用

由 AD7751 和 89C51 单片机构成的电能计量系统的简化电路如图 5-146 所示（有关电流通道及电压通道的取样电路，分别参见图 5-142、图 5-143）。$C_1 \sim C_4$ 为 +5V 电源的退耦电容。$\overline{R}$ 端经上拉电阻 R_1 接 U_{DD}，使 $\overline{R} = 1$，令复位端失效。由 3.579545MHz 的石英晶体与电容器 C_5、C_6 构成的晶振电路，向 AD7751 提供时钟。C_7 为 $U_{\text{REF(I/O)}}$ 端的消噪电容。89C51 中 P1 口的 P1.0 ～ P1.5，分别用来设定 G_0、G_1、S_0、S_1 和 SCF 端的逻辑电平。P2 口接键盘（或直拨开关）。由 AD7751 输出的 f_C 信号，同时送给 89C51 的 T0 定时器、T1 定时器的输入端。现利用 T0 定时器测量频率 f_C，T1 定时器则对 f_C 脉冲进行累加计数，再通过程序计算出有功功率（P）和在一定时间内所消耗的电能（W）。P、W 的串行数据通过 TXD 端分别发送给显示卡、接口卡（或上位机）。AD7751 一旦检测到故障，就从 FAULT 端输出报警信号，再经过限流电阻 R_2，驱动高亮度发光二极管（LED）发光，进行故障报警。接口卡或上位机可通过 TXD 访问单片机。系统可由一片 7805 型三端集成稳压器提供 +5V 电源。

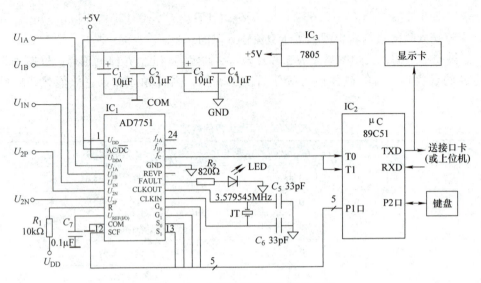

图 5-146 电能计量系统的简化电路

习题与思考题

5-1 设计有限增益有源低通滤波器，截止频率 f_0 为 3kHz，Q 为 1.5。

5-2 设计二阶有源高通滤波器，截止频率 $f_0 = 10$kHz，$H_0 = 1.5$。

5-3 设计一二阶有源带通滤波器，中心频率为 $f_0 = 1.5$kHz（通带 500Hz ~ 3kHz），$H_0 = 2$，$Q = 2$。

5-4 设某 12 位 A - D 转换器，转换时间 $t_c = 50\mu s$，要求转换误差小于等于 $\frac{1}{2}$LSB，问能测量的信号的最高频率是多少？若增加孔径时间 $t_{AP} = 20$ns 的采样保持器，能测量信号的最高频率又是多少？

5-5 有一 4 位双积分式 DVM 最大计数量 $N_m = 10000$，$f_0 = 4$MHz，$V_N = 5$V。采样阶段溢出即刻转入比较阶段，其计数 $N_2 = 8000$。已知被测电压放大 25 倍后进入 DVM，显示取一位小数点，求被测电压 V_x 和标度运算系数 K。

5-6 被测温度范围 0 ~ 1000℃，用 K 型热电偶检测，用折线逼近法进行线性化处理，每段 100℃，最大显示为 1000.0℃。求各折线段的斜率。

5-7 某数字温度表测量范围 -100 ~ 800℃，$N_{min} = 0$，$N_{max} = 4096$，求标度变换表达式。若用 12 位 A/D 转换，测量值 $x = 4000$，求被测温度是多少？

5-8 用一台 7 位数字式频率计测量 5MHz 的信号频率，分别用闸门时间 1s、0.1s 和 10ms 测量，求由于 " ±1 误差" 引起的测量误差。

5-9 已知 $f_x = 500$Hz，用数字式频率计的测频法（选闸门时间 1s）和测周期法（选时标为 0.1μs）测量，分别求由于 " ±1 误差" 引起的测量误差。

5-10 有一台 5 位数字相位计，主振频率 $f_0 = 36$MHz，共 4 档量程，最大量程为 0° ~ 360°。

（1）求各档的量程范围和各档分频系数 K_i。

（2）若有两信号相位差约 $\varphi_x = 8°$，应选哪一档量程来测量。

5-11 数字存储示波器为什么还保留模拟工作方式？

5-12 按工作原理来分，频谱分析仪有几类？并分析其工作原理和优缺点。

5-13 简述逻辑分析仪的工作原理及其应用范围。

第6章

抗干扰技术

抗干扰技术在电子测量及自动控制系统中是一个不容忽视的重要问题。因为干扰不仅会影响测量精度，严重时甚至会使仪表无法正常工作；在自动控制系统中，干扰轻则影响控制精度，降低产品质量，重则使系统控制失灵，损坏设备造成事故。因此，采取适当的抗干扰措施，消除或削弱各种干扰就显得非常必要。

为了有效地抑制和排除干扰，必须清楚地了解干扰的来源及其传输的途径，以便采取有效的措施加以防护。

6.1 干扰源与干扰耦合方式

所谓干扰，是指影响测量结果或作用于控制系统的各种无用信号。产生干扰信号的干扰源一般可分为外部干扰和内部干扰两种。

6.1.1 干扰的来源

6.1.1.1 外部干扰

外部干扰主要来自自然界的干扰以及各种电气设备运行产生的干扰。

1. 自然干扰　各种自然现象，如闪电、雷击、宇宙射线、环境（温度、湿度等）变化均可产生自然干扰。这些干扰对测量仪表及自动控制系统的运行会产生不良影响，特别是对通信、导航设备影响尤为严重。

2. 各种电气设备运行产生干扰　各种电气设备运行产生的干扰是电磁干扰。如大容量电气设备起、停可能引起电网电压波动；开关的通断会引起电火花；霓虹灯、电焊、电车的运行也会引起射频干扰；在大功率输电系统中，大电流输电线周围会产生强大的交变电磁场，因此对安装在输电线附近的仪表及与之平行的信号线会产生干扰。

6.1.1.2　内部干扰

内部干扰主要是指测量电路内部各种元器件的噪声所引起的干扰。例如，电阻中随机性的自由电子的热运动引起的热噪声；半导体、电子管内载流子的随机运动引起的散粒噪声；开关或两种导体相接时，由于接触不良会导致接触面的电导率起伏，从而产生所谓的接触噪声；由于工艺设计、布线不合理等出现寄生参数、泄漏电阻等耦合形成的干扰。

对于电子测量装置的内部干扰，可以通过装置的正确设计及零部件的合理布局加以消除或削弱；对于来自外部的干扰可以通过适当的抗干扰措施加以解决。

6.1.2　干扰的耦合方式

各种干扰源所产生的干扰，必然要经过各种耦合通道进入测量电路而影响测量结果。换句话说，就是形成干扰影响必须具备三个要素：干扰源、干扰的耦合通道、被干扰对象。因此研究和分析干扰的传输途径，对于抑制和消除干扰是至关重要的。而切断干扰传输的途径是抑制、削弱各种干扰的重要手段之一。

6.1.2.1　静电耦合（电容性耦合）

由于两个电路之间存在着分布电容，当其中一个电路的电位发生变化时，该电路的电荷会通过分布电容传送到另一个电路，称为静电耦合，其示意图见图6-1。在被干扰的电路输入端所产生的干扰为

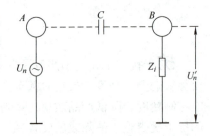

$$U'_n = \frac{j\omega C Z_i}{1 + j\omega C Z_i} U_n$$

若 $|j\omega C z_i| \ll 1$，则上式可简化为

$$U'_n = j\omega C Z_i U_n \qquad (6\text{-}1)$$

图6-1　静电耦合示意图

由式（6-1）可见，U'_n 与干扰源和被干扰对象之间的分布电容 C、干扰源的频率 ω、被干扰对象的输入阻抗 Z_i 成正比。因此，合理布线减小寄生电容，就可减小静电耦合干扰。

6.1.2.2　磁场耦合（互感性耦合）

当两个电路之间有互感存在时，一个电路中的电流产生变化会通过磁场耦合到另一个电路。例如，检测信号线处于强磁场或通过大电流电网附近时，会产生磁场耦合而出现干扰信号。电气设备中变压器线圈的漏磁是一种常见的磁场干扰。磁场耦合见图6-2，感应的干扰电压为

$$U_n = j\omega M I \qquad (6\text{-}2)$$

图6-2　磁场耦合示意图

由式（6-2）可见，U_n 与干扰源和被干扰对象之间的互感系数 M、干扰源的电流 I 和频率 ω 成正比。

当两条平行导线有电流流过时，它们之间会通过磁交链而产生互感耦合干扰。两条平行导线间的互感 M（单位 nH）为

$$M = 2L(\ln \frac{2L}{D} - 1) + 2D \tag{6-3}$$

式中，L 为两平行导线的长度（cm）；D 为两平行导线间的距离（cm）。

例6-1　设一条信号线与一条电压为 220V、负载功率为 220kV·A 的输电线的距离为 0.5m，并在 10m 长的一段区间彼此平行敷设。计算信号线上的互感干扰电压。

解　已知 $L = 10\text{m}$，$D = 0.5\text{m}$，代入式（6-3）得

$$M = 2 \times 10 \times 10^2 (\ln \frac{2 \times 10 \times 10^2}{0.5 \times 10^2} - 1) + 2 \times 0.5 \times 10^2 \text{nH} = 5.5 \mu\text{H}$$

输电线的电流为

$$I_n = \frac{220\text{kV} \cdot \text{A}}{220\text{V}} = 1000\text{A}$$

根据式（6-2），信号线的互感干扰电压为：

$$U_n = \omega M I_n = (2\pi \times 50) \times (5.5 \times 10^{-6}) \times 1000\text{V} = 1.728\text{V}$$

由上例可见，磁场耦合干扰是很严重的，应予以足够重视。

6.1.2.3　漏电流耦合

由于测量电路内部的元件支架、接线柱、印制电路板或外壳绝缘不良而存在漏电阻产生漏电流引起的干扰，称漏电流耦合，见图6-3。其干扰记为

$$U'_n = \frac{Z_i}{R + Z_i} U_n \tag{6-4}$$

式中，R 为漏电阻；Z_i 为被干扰电路的输入阻抗。

利用热电偶测量电炉温度，由于耐火材料、热电偶

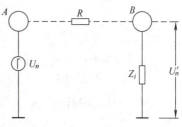

图6-3　漏电流耦合示意图

的瓷套管、绝缘子等的绝缘性能急剧下降产生的干扰属于漏电流耦合，其大小能达几伏甚至几十伏。

6.1.2.4　共阻抗耦合

共阻抗耦合干扰的产生是由于两个以上的电路有共阻抗。当一个电路中的电流流经共阻抗产生电压降时，就成为其他电路的干扰电压，其大小与共阻抗的阻值及干扰源的电流大小成正比。

1. 通过电源内阻的共阻抗耦合干扰　多级放大器或多个单元测量电路共用一个电源时，会产生共阻抗干扰。因为电源的内阻不可能为零，每一个电路工作时都需要电流，因此造成电源内阻压降变化，从而产生共阻抗干扰。解决的办法是减小电源内阻；各个电路接入去耦滤波电路，或各电路有各自的稳压电源。

2. 通过公共地线的共阻抗耦合干扰　在测量电路中，各单元电路都有各自的地线，如果这些地线不是一点接地，各级电流流经公共地线时，在地线电阻上产生电压降，该电压就成为其他单元电路的干扰电压。解决的办法是采用一点接地，即将每一单元电路接地点汇成一点，然后再将各接地点接到公共地线上去。

6.1.3 仪表内部的干扰

仪表内部的所有电子元件都存在固有噪声。最重要的固有噪声有热噪声、散粒噪声和接触噪声。当噪声电压使电路不能正常工作时，该噪声电压称为干扰电压。

1. 热噪声（电阻噪声） 任何电阻即使不与电源相接，在它的两端也有一定的电压，该电压是由于电阻中电子的热运动而形成的。电阻两端热噪声电压的有效值为

$$U_t = \sqrt{4kTR\Delta f} \tag{6-5}$$

式中，k 为玻耳兹曼常数，$k = 1.38 \times 10^{-23}$ J/K；T 为热力学温度；R 为电阻值；Δf 为噪声带宽（Hz）。

由式（6-5）可见，减小电阻值 R 和带宽 Δf 可以减小热噪声。

例 6-2 设在室温 27℃一只 500kΩ 的电阻，当带宽 $\Delta f = 1$MHz 时，求其热噪声电压。

解 $T = (273 + 27)$ K = 300K，$R = 500$kΩ，$\Delta f = 1$MHz，代入式（6-5）得

$$U_t = \sqrt{4 \times 1.38 \times 10^{-23} \times 300 \times 500 \times 10^3 \times 10^6}\,V = 91\mu V$$

由此可见，若输入信号的幅值为微伏级，将被该噪声淹没。

2. 散粒噪声 在半导体元件内，散粒噪声是通过晶体管某区的载流子的随机扩散以及电子—空穴对随机产生和复合而形成的。其均方根噪声电流 I_S 为

$$I_S = \sqrt{2eI_d\Delta f} \tag{6-6}$$

式中，e 为电子电荷，$e = 1.6 \times 10^{-19}$C；I_d 为平均直流电流（A）；Δf 为噪声带宽（Hz）。

由式（6-6）可见，减小平均电流 I_d 和带宽 Δf 可以减小噪声电流 I_S。

例 6-3 某晶体管放大器 $I_d = 20$mA，带宽为 2MHz。求噪声电流 I_S。

解 将已知数据代入式（6-6）得：

$$I_S = \sqrt{2 \times 1.6 \times 10^{-19} \times 20 \times 10^{-3} \times 2 \times 10^6}\,A = 0.113\mu A$$

3. 接触噪声 接触噪声是由于两种材料之间的不完全接触，从而形成电导率的起伏而产生的。例如，开关和继电器的接点。晶体管和二极管的不良接触以及电位器的动触点接触不良等均会产生接触噪声电压。接触噪声通常是低频电路的主要噪声源。

6.2 干扰抑制技术

工程测量中，可能会碰到各种各样的干扰，根据干扰在测量电路输入端的作用方式及其与信号电压的关系，可以将干扰信号分为差模干扰和共模干扰两种，见图 6-4。图中，U_n 为串模干扰，它是叠加被测信号电压 U_S 上的干扰。U_C 为共模干扰，它是加在仪表任一输入端与地之间的干扰。

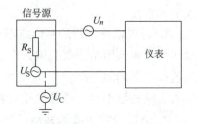

图 6-4 干扰的形式

6.2.1 串模干扰及其抑制技术

6.2.1.1 串模干扰

串模干扰又称为差模干扰、常态干扰、模向干扰，它是叠加在有用信号之上的一种干扰。这种叠加可以是电压叠加，也可以是电流叠加，见图6-5。图中，U_n 和 I_n 为干扰源的电压和电流，Z_n 为干扰源的内阻抗。

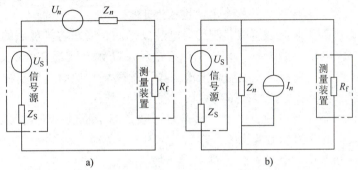

图 6-5 串模干扰的作用方式

a）电压源叠加 b）电流源叠加

前述静电耦合、磁场耦合干扰以及热噪声、散粒噪声、接触噪声等干扰均以串模干扰的形式出现。

6.2.1.2 串模干扰的抑制

由于串模干扰叠加在被测信号之上，它一旦产生，其有害作用往往不大容易消除。因此，首先应防止它的产生。

1. 信号导线扭绞 由于把信号导线扭绞在一起能使信号回路所包围的面积大为减少，而且使两根信号导线到干扰源的距离大致相等，分布电容也能大致相同，所以能使由磁场和静电耦合进入信号回路的串模干扰大为减小。若把双绞信号导线屏蔽起来并将屏蔽层接地，将起到更好的抑制串模干扰的效果，见图6-6。

2. 屏蔽技术 屏蔽技术是抑制电场、磁场耦合干扰的重要措施。根据干扰源的不同可采用不同的屏蔽措施。

（1）静电屏蔽 为防止静电耦合干扰，可用一层金属网将信号导线包围起来，这层金属网即为屏蔽层，见图6-7。图中，导线1为干扰源；导线2为被屏蔽的电路，导线2对

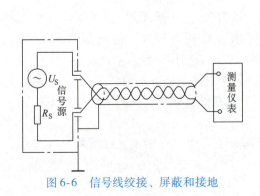

图 6-6 信号线绞接、屏蔽和接地

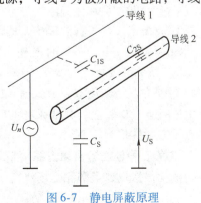

图 6-7 静电屏蔽原理

地电阻可认为是无穷大。C_{1S} 为导线 1 与屏蔽层之间的分布电容，C_S 为屏蔽层与地之间的分布电容。由图可见，若屏蔽层不接地，耦合至屏蔽层的干扰电压为

$$U_S = \frac{C_{1S}}{C_{1S} + C_S} U_n$$

由于屏蔽层与导线 2 之间有分布电容 C_{2S}，则 U_S 仍然会通过 C_{2S} 耦合至导线 2 造成干扰。由此可见，若屏蔽层不接地，对减小静电耦合干扰是没有效果的。若屏蔽层接地，则 $U_S \approx 0$，即使 C_{2S} 存在，导线 2 的耦合电压也接近于零。

（2）高频磁屏蔽　高频磁屏蔽是利用导电性良好的金属箔将被屏蔽的电路包围起来，其作用是抑制高频电磁场的干扰。其作用原理是利用高频电磁场在屏蔽导体内产生电涡流，在屏蔽导体内建立高频涡流磁场而抵消高频干扰磁场，从而达到高频磁屏蔽的目的，详见 3.3.3.1 节。若屏蔽层接地，则同时具有静电屏蔽作用。

（3）低频磁屏蔽　导电性良好的金属箔对低频磁场干扰的抑制效果很差。这是由于低频磁场具有较强的穿透能力的缘故，详见 3.3.3.2 节。对低频干扰磁场的屏蔽宜采用高磁导率的材料（如坡莫合金等）作为屏蔽层，使干扰磁力线在屏蔽层内构成回路，阻断磁力线向外扩散，从而抑制低频磁场干扰。必须指出，屏蔽层要有一定的厚度，以减小磁阻，提高屏蔽效果。

（4）驱动静电屏蔽　前述的静电屏蔽，即使屏蔽层接地，也不能完全阻断屏蔽层与被屏蔽导线 2 之间通过分布电容 C_{2S} 的静电耦合干扰（见图 6-7），这是由于屏蔽层与被屏蔽导线之间存在着电位差的缘故。为此，可采用驱动静电屏蔽（又称有源屏蔽），其原理见图 6-8。图中，N 为干扰源 U_n 的导体；B' 为被屏蔽电路 B 的屏蔽层；C_1 为 N 与 B' 之间的分布电容；C_2 为 B' 与 B 之间的分布电容；Z_i 为 B 对地的阻抗；A 为严格的 1∶1 电压跟随器。若不用电压跟随器，即使屏蔽层 B' 接地，由于 B' 与 B 之间有电位差，仍然会通过分布电容 C_2 产生静电耦合干扰。若用驱动静电屏蔽，由于 A 为 1∶1 电压跟随器，逼使 B' 对地电位等于 B 对地电位，即两者间无电位差，即使分布电容 C_2 存在，也不会产生静电耦合干扰。

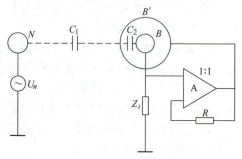

图 6-8　驱动静电屏蔽原理

3. 滤波技术　在工程测量中，串模干扰主要是 50Hz 的工频干扰。常用的 R - C 无源滤波器的内阻较大并有一定的损耗，因此并不适用。常用有源双 T 滤波器和 50Hz 陷波器，见图 5-5 和图 5-6（见 5.2.4 节），这样可将 50Hz 的串模干扰衰减至最小。

4. 对消方法　利用双积分式 A－D 转换器，因为它对输入信号的平均值 $\bar{U}_x$ 而不是瞬时值进行 A－D 转换，只要采样时间 T_1 是工频周期的整数倍，从理论上来说对工频干扰具有无穷大的抑制能力。

5. 注意信号导线远离动力线　信号导线应远离动力线，特别不允许信号导线与动力线平行敷设，从根源上消除磁场耦合干扰。

6.2.2　共模干扰及其抑制技术

6.2.2.1　共模干扰

共模干扰又称为同相干扰或纵向干扰。

共模干扰是相对于公共的电位基准地（接地点），在信号接收器的两输入端同时出现的干扰。共模干扰只有在转化为差模干扰后，才对测量电路起干扰作用。共模干扰的等效电路见图6-9。

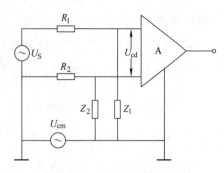

图 6-9　共模干扰的等效电路

产生共模干扰的原因很多。例如，在远距离测量中，使用长电缆时由于地电流的原因，使传感器端的地电位与测量仪表的地电位之间存在电位差引起共模干扰，又如，变压器一次侧电压，会通过一、二次侧间分布电容，以及整流器、信号电路和信号电路与地之间的分布电容形成电流回路而干扰测量仪器工作，这就是常见的所谓工频干扰；漏电流也是共模干扰的一种形式。

6.2.2.2　共模干扰抑制比及其计算

在测量电路和仪表受共模干扰作用以后，只有当共模干扰转换为差模干扰时，才会对测量电路或仪表产生有害的影响。即测量电路或仪表受共模干扰影响的大小，取决于共模干扰转换为差模干扰的转换率。为了表征测量电路或仪表对共模干扰的抑制能力，常用共模干扰抑制比 CMRR（单位 dB）表示，即

$$CMRR = 20\lg \frac{U_{cm}}{U_{cd}} \tag{6-7}$$

式中，U_{cm} 为共模干扰电压（V）；U_{cd} 为在测量电路输入端 U_{cm} 转换成的差模干扰电压（V）；见图6-9。

图6-9中，U_{cm} 为共模干扰电压；Z_1 和 Z_2 为输入导线对地的绝缘阻抗（包括绝缘电阻和对地的分布电容）；U_S 为信号源；R_1 和 R_2 为两根输入导线的等效电阻；U_{cd} 为由 U_{cm} 在放大器输入端转换成的差模电压，由图可得

$$U_{cd} = U_{cm} \left(\frac{Z_1}{R_1 + Z_1} - \frac{Z_2}{R_2 + Z_2} \right)$$

将 U_{cd} 代入式（6-7）得

$$
\begin{aligned}
CMRR &= 20\lg \frac{U_{cm}}{U_{cd}} \\
&= 20\lg \frac{(R_1 + Z_1)(R_2 + Z_2)}{R_2 Z_1 - R_1 Z_2}
\end{aligned}
$$

由上式可见，当 $R_2 Z_1 = R_1 Z_2$ 时，即测量电路差动输入完全平衡时，共模抑制比趋于无限大。但实际上，这是难以做到的。在一般情况下，有 $Z_1 Z_2 \gg R_1 R_2$。当 $Z_1 = Z_2 = Z$ 时，上式可简化为

$$CMRR \approx 20\lg \frac{Z}{R_2 - R_1} \tag{6-8}$$

由此可见，若输入导线的电阻对称（即 $R_1 = R_2$）及提高信号导线对地的绝缘阻抗 Z_1 和 Z_2，可提高测量电路的共模抑制能力。

例 6-4 设 $R_2 - R_1 = 10^3 \Omega$，$Z_1 = Z_2 = Z = 10^8 \Omega$，计算图 6-9 电路的共模干扰抑制比。若设法提高该电路的平衡度，使 $R_2 - R_1 = 100\Omega$，再计算该图的共模干扰抑制比。

解 （1）将 $R_2 - R_1 = 10^3 \Omega$ 和 $Z = 10^8 \Omega$ 代入式（6-8）得

$$\text{CMRR} = 20\lg \frac{Z}{R_2 - R_1} = 20\lg \frac{10^8}{10^3} = 100\text{dB}$$

（2）将 $R_2 - R_1 = 100\Omega$ 和 $Z = 10^8 \Omega$ 代入式（6-8）得

$$\text{CMRR} = 20\lg \frac{Z}{R_2 - R_1} = 20\lg \frac{10^8}{100} = 120\text{dB}$$

由此可见，提高输入电路的平衡度对提高共模干扰抑制比是行之有效的方法。

6.2.2.3 共模干扰抑制技术

1. 接地技术 在抗干扰措施中接地是与屏蔽紧密相关的，无论是电缆屏蔽还是屏蔽罩都必须有一个适当的接地点，才能有效地抑制干扰。如果接地点选择不当，不但不能抑制干扰，反而会引起干扰，而使系统无法正常工作。可见接地技术不容忽视。

（1）一点接地准则 如果一个测量系统分别设有信号地线（信号公共基准零电位），又有交流电源地线和安全保护线时，则需将三种地线连在一起，再通过一点接地。这就是一点接地的准则，其原理见图 6-10。

信号地线　交流电源地　保护地线

图 6-10　一点接地准则

（2）测量系统一点接地 图 6-11 为同一测量系统采用两点接地和一点接地示意图，图 a 为两点接地；图 b 为一点接地。图中，U_S 和 R_S 为信号源及其等效内阻；R_1 和 R_2 为信号导线的等效电阻；R_i 为测量系统的输入电阻；U_n 和 R_n 为 A 与 B 间的电位差和等效地电阻（U_n 即为加于测量系统输入端的共模干扰电压）；R_{GN} 为信号源对 A 点的绝缘电阻。下面以实例计算由 U_n 转换成串模干扰电压 U_{cd} 来说明图 a 与图 b 的区别。

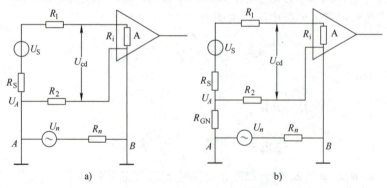

图 6-11　测量系统接地示意图

a）两点接地　b）一点接地

例 6-5 设 $U_n = 100\text{mV}$，$R_n = 0.01\Omega$，$R_1 = R_2 = 1\Omega$，$R_S = 1\text{k}\Omega$，$R_i = 10\text{k}\Omega$，$R_{GN} =$

$1\mathrm{M}\Omega$。计算图 6-9 中的串模干扰电压 U_{cd} 和共模抑制比。

解 （1）对图 6-9a，设 B 点为零电位参考点，则

$$U_{cd} = U_A \frac{R_i}{R_S + R_1 + R_i} = \frac{U_n R_2}{R_2 + R_n} \times \frac{R_i}{R_S + R_1 + R_i} \approx \frac{R_i}{R_S + R_1 + R_i} U_n$$

$$= \frac{10 \times 10^3}{1 \times 10^3 + 1 + 10 \times 10^3} \times 100\mathrm{V} = 91\mathrm{mV}$$

根据式（6-7）得图 6-9a 的共模抑制比为

$$CMRR = 20\lg\frac{U_n}{U_{cd}} = 20\lg\frac{100}{91} = 0.82\mathrm{dB}$$

（2）对图 6-9b，同理得

$$U_{cd} = \frac{R_i U_A}{R_S + R_1 + R_i + R_{GS}} = \frac{R_2 U_n}{R_2 + R_n + R_{GN}} \times \frac{R_i}{R_S + R_1 + R_i}$$

$$= \frac{100}{1 + 0.01 + 1 \times 10^6} \times \frac{10 \times 10^3}{1 \times 10^3 + 1 + 10 \times 10^3}\mathrm{V} = 91\mathrm{\mu V}$$

因此可得图 6-9b 的共模抑制比为

$$CMRR = 20\lg\frac{U_n}{U_{cd}} = 20\lg\frac{100 \times 10^{-3}}{91 \times 10^{-6}} = 61\mathrm{dB}$$

由例 6-5 可见，若测量系统两点接地，几乎 91% 的共模干扰转换成串模干扰叠加在有用信号之上，几乎没有抗共模干扰能力；而一点接地，仅 $91\mathrm{\mu V}$ 转换成串模干扰，其共模抑制比达 $61\mathrm{dB}$。当信号源远离测量仪表时，共模干扰电压 U_n 可高达 10 多伏甚至高达几百伏。对于微弱信号的测量系统，若两点接地，该系统无法正常工作，因此可得出结论，测量系统必须一点接地。

（3）信号导线屏蔽层一点接地　如前所述，信号导线必须屏蔽和屏蔽层接地，否则没有抑制串模干扰的效果，而且屏蔽层也应一点接地。那么，屏蔽层又该接到哪一点才适合呢？应该遵循下列两个原则：

1）当有一个不接地的信号源与一个接地的放大器相连接时，信号导线屏蔽层应接放大器的公共端，见图 6-12a。

2）当一个接地的信号源与不接地的放大器连接时，即使信号源接的不是大地，信号导线屏蔽层也应接至信号源的公共端，见图 6-12b。

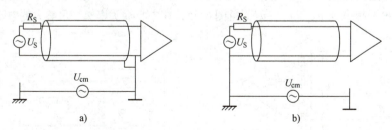

图 6-12　信号导线屏蔽层一点接地

a）信号导线屏蔽层接至放大器公共端　b）信号导线屏蔽层接至信号源公共端

由于低电平仪表放大器通常都是"浮置"的，所以测量系统中把信号导线的屏蔽层接至信号源公共端最为经常。

2. 双层屏蔽浮置技术 所谓浮置是指利用绝缘物体（如黄腊绸、云母等）将仪表内的放大器、印制电路板等与导电的外壳、底板等隔离起来。仪表内的放大器经浮置后，放大器的电位参考点（或公共地）不接外壳，也不接大地，因此浮置也称为浮地、浮空或浮接。为提高测量仪表抗共模干扰能力，最广泛应用的是双层屏蔽浮置技术，其原理见图 6-13。为安全起见，通常仪表外壳与大地相连，以外壳作为外层屏蔽。此外，在仪表内部再用一个内屏蔽罩将放大器屏蔽起来。在两屏蔽层之间、在放大器与内层屏蔽之间都不作电气上的连接。由于分布电容和漏电阻存在，故仍存在阻抗 Z_1、Z_2 和 Z_3。内层屏蔽不能与外壳相连接，否则失去浮置屏蔽的作用。应该单独引出一根线，作为保护屏蔽端 G 与信号导线的屏蔽层相连接，从而使保护屏蔽延伸至信号导线全长，而信号导线的屏蔽层在信号源处一点接地，这样使仪表的内层屏蔽与信号导线屏蔽对信号源稳定起来，处于等电位状态。这一等电位屏蔽和阻抗 Z_3 为共模电压 U_n 提供了一条通路，产生电流 i_{C1}。

由于信号导线屏蔽层的等效电阻 R_C 很小和 Z_3 很大，i_{C1} 很小，因此 i_{C1} 在 R_C 上的压降（$U_C = i_{C1}R_C$）是很小的。U_C 通过信号导线屏蔽层与信号导线间的分布电容静电耦合至信号导线上形成干扰电流 i_{C2}。i_{C2} 流经 Z_1 至外壳然后到地。但是由于 U_C 很小和 Z_1 很大，所以 i_{C2} 很小。经过图 6-13 所示的双层屏蔽浮置处理后，对 50Hz 共模干扰信号的抑制能力可达 120dB 以上，而对直流可达 160dB 以上。

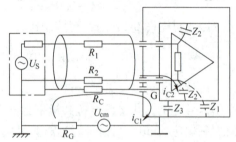

图 6-13 双层屏蔽浮置原理示意图

3. 应用平衡电路 为提高测量系统的抗共模干扰能力，采用平衡措施也是重要手段之一。一个测量系统的平衡程度取决于信号源、信号导线以及负载的平衡。

（1）负载平衡 为使负载平衡可应用平衡输入放大器，例如差放分大器、测量放大器、AD521、AD624 等（见 5.3.5 节）。图 6-14 为平衡输入放大器原理示意图。图中，若 $R_{L1} = R_{L2}$，则由共模电压 U_{cm} 转换成串模干扰电压 U_{cd} 将大为减小。在中心处串接一足够大的电阻 R 可进一步提高放大器对共模电压 U_{cm} 的输入电阻，进一步提高共模抑制能力。

若被测量是交流信号，可利用一次侧具有中心抽头的输入变压器，由共模电压 U_{cm} 在一次侧产生的干扰电压 $u_{cd} = u_1 - u_2$，见图 6-15，在中心抽头串接一足够大的电阻 R 再接地，

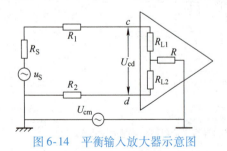

图 6-14 平衡输入放大器示意图

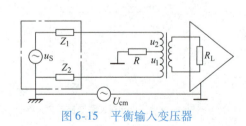

图 6-15 平衡输入变压器

是为了进一步提高共模干扰抑制能力。

（2）信号源平衡　由于共模干扰电压产生的电流将流经信号源阻抗，产生的干扰电压为 U_{cd} 将与信号源阻抗成正比。减小信号源内阻抗是提高共模干扰抑制能力的有效方法。此外，可设法使信号源的内阻抗平衡，见图 6-16，图中，Z_1 和 Z_2 为信号源内阻抗；R_1 和 R_2 为信号导线等效电阻。若使 $Z_1 = Z_2$，$R_1 = R_2$，$R_{L1} = R_{L2}$，则 $U_{cd} = 0$。

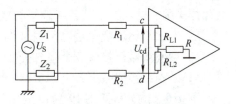

图 6-16　信号源平衡与负载平衡 $U_{cd} = 0$

在第 3 章中介绍的各种差动变换型传感器是信号源平衡的实例。

（3）信号导线平衡　一对扭绞的信号导线，它对电和磁的耦合都能起到较好的防护作用。这种扭绞线本身就是一种平衡结构，所以常用在平衡电路中，以提高共模干扰抑制能力。

6.2.3　电源引入干扰的抑制

在仪表内部，一种主要的干扰是来自小功率变压器产生的漏电流。它是由电网的相电压通过变压器一、二次侧间存在的分布电容的静电耦合进入二次绕组，进而到仪表电路中，甚至进入信号源再到地产生泄漏电流见图 6-17a。这往往产生 50Hz 且与信号电压叠加的工频干扰。

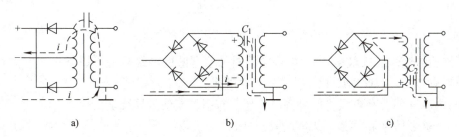

a)　　　　　　　　　　　　b)　　　　　　　　　　　　c)

图 6-17　电源变压器引入的干扰

a）无屏蔽变压器　b）、c）单层屏蔽变压器

为防止这种干扰，可将电源变压器一次侧绕组放在屏蔽层内，并将屏蔽层接地。此时，变压器一次侧的相电压通过对屏蔽层的分布电容，使漏电流直接流入地，而不再流入放大器和信号源中产生干扰。但是有了接地的屏蔽层后，变压器二次绕组对屏蔽层的分布电容显著增大。这时二次绕组的电压也会产生干扰，见图 6-17b、c。由于直流电压的负端始终处于二次绕组的最低电位，而绕组两端又通过对屏蔽层的分布电容 C_1、C_2 形成回路，使屏蔽层（即地）对直流电压负端具有正的电位差。此电位差由仪表接地处（或分布电容）进入测量电路构成回路产生漏电流，其结果产生了 100Hz 脉动的直流干扰电压。由此可见，具有一层屏蔽的电源变压器防止电源引入的干扰是不完善的。

为避免由电源引入的干扰，应将电源变压器采用双层屏蔽。除变压器一次侧屏蔽层外，给二次绕组也用一单独的屏蔽层，并将屏蔽层接至电源负端，见图 6-18。这时电源电压不会在仪表的测量电路中产生漏电流。

为了提高仪表对共模干扰的抑制能力，电源变压器往往采用三层屏蔽。其各屏蔽层的接法如下：

1）一次绕组屏蔽层接电网地（即大地）。

2）中间屏蔽层接仪表金属外壳。

3）二次绕组屏蔽层接电源负端。

例 6-6　试分析图 6-19 所示测量仪表采用了哪些抗干扰措施。图中，Z_1、Z_2 和 Z_3 分别为由漏阻和分布电容组成的绝缘阻抗。

解　图 6-19 采用了如下抗干扰措施：

1）由 Z_1、Z_2 和 Z_3 分别是前置放大器对外层屏蔽

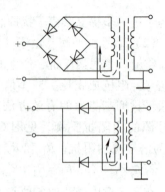

图 6-18　双层屏蔽的电源变压器

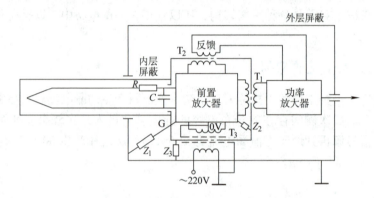

图 6-19　测温仪表及其抗干扰措施

和内层屏蔽的绝缘阻抗以及 Z_3 为内层屏蔽对外层屏蔽的绝缘阻抗可以看出，它们在电气上是没有连接的，因此采用了双层屏蔽浮置措施。

2）内层屏蔽引出 G 点将信号源屏蔽层一直引伸至信号导线全长。

3）对被测信号采用了无源 RC 滤波。

4）通过输出变压器 T_1、反馈变压器 T_2 和电源变压器 T_3 与外界相联系，由于它们的隔离作用，外部干扰不会在前置放大器产生干扰电流。

5）T_1 和 T_2 采用单层屏蔽技术，与内屏蔽层相接。

6）电源变压器 T_3 采用三层屏蔽措施。一次侧屏蔽层接电网地；二次侧屏蔽层接最低电位 0V；中间屏蔽层接内屏蔽层。

7）为安全起见，仪表外壳接大地。

6.2.4　其他抑制干扰的措施

为了切断共模干扰的电流回路，可采用各种隔离器件，如光耦合器、耦合变压器等。对于脉冲电路中的噪声抑制，可以采用稳压管或二极管组成的脉冲干扰隔离门，阻断幅值较小的干扰脉冲。对于幅值和宽度都大于正常脉冲信号的干扰，则需采取相关量法来解决。相关量法的基本思路是，找出脉冲信号相关量，相关量与脉冲信号同时作用到与门上，仅当两输入皆有信号时，才能使与门打开送出脉冲信号，这样就抑制了干扰脉冲。

在实际被测信号中，往往含有各种噪声和干扰，其振幅和相位随时间的变化是无规则的，它们影响测量结果，出现随机误差。为了消除和减小测量中的随机误差，在智能化仪表中，利用微处理器的数据处理功能，对测量数据进行软件处理，可消除测量中出现的随机误差。同时，利用软件程序的灵活性，很容易设计出低通、高通、带通等数字滤波器，使得测量的数据更为真实可靠。

对于测量电路或仪表内部元件的安排和走线布线装配等也必须给予充分的注意。在实践中经常发现，同样原理的电路，同样的元件，仅仅是由于元件的安排位置和走线布线的方式不同，结果使电路的技术特性差异很大。由此可见，电路（特别前置放大级）元件的安排和走线、布线的方式也是非常重要的，实质上它也是抗干扰措施的一个重要方面。

为了能有效地抑制干扰，在安排仪表内部元部件及设计走线布线的装配工艺时，一般应遵循以下原则：

1) 电路元件的安装位置应尽量根据信号的传输顺序排成一直线的走向，即按输入级、放大级、信号转换级、输出级的次序安排。不要相互交叉和混合安排，防止引起寄生耦合，避免造成互相干扰或产生自激振荡。

2) 对于电磁感应耦合元件（如变压器、扼流圈、振荡线圈等）的安装位置应远离输入级。它们之间也尽量安排得远一些，使其漏磁通互不影响。

3) 高输入阻抗放大器输入级的印制电路板走线应设计屏蔽保护环，防止漏电流经线路板绝缘电阻流入输入端。

4) 低电平测量电路中的电源变压器和输入变压器除相互远离外，还必须加屏蔽罩。

5) 对于电路较复杂、单元电路较多的仪表，可将有关单元电路分块装配，必要时将输入级与高频振荡级均用屏蔽层隔离。

6) 仪表内的布线原则

① 输入级的弱信号线与输出级的强信号线以及电源线应尽量远离。

② 直流信号线与交流信号线应远离。

③ 输入级与其他可能引起寄生耦合的线，严禁平行走线，彼此应尽量远离。

④ 低电平信号地线、交流电源地线和金属机壳地线应分开设置，最后集中一点接地。

⑤ 输入电缆的屏蔽层应选择适当的接地点。

以上所述只是一种基本考虑原则，实施时要根据实际情况，对具体问题进行具体分析，合理调整，切不可生搬硬套。

习题与思考题

6-1　今有一动力线负载 $10kV \cdot A$，电压 $100V$，距信号线 $D=1m$，与信号线平行敷设 $L=10m$。求信号线上的干扰电压。

6-2　用热电偶测量单相管状炉的温度。常温时热电偶与炉子的绝缘电阻 $R=\infty$。炉温为 $1000℃$ 时，$R=200M\Omega$，放大器输入电阻 $R_i=10k\Omega$，计算此时干扰电压有效值。用什么方法消除干扰信号的影响？

6-3　图 6-20 为两点接地系统，已知 $R_2-R_1=1k\Omega$，$Z_1=Z_2=10^6\Omega$，求共模拟比。

6-4　图 6-21a 为两点接地系统，图 b 为一点接地系统。已知 $U_{cm}=100mV$，$R_S=1k\Omega$，$R_{C1}=R_{C2}=1\Omega$，$R_i=10k\Omega$，$Z_m=1M\Omega$。分别求放大器输入端上的差模干扰电压。

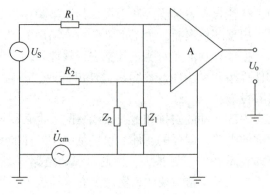

图 6-20　题 6-3 图

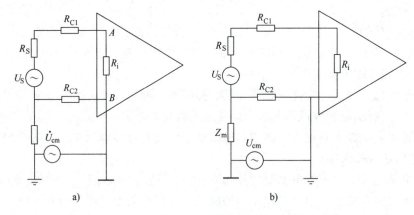

图 6-21　题 6-4 图

6-5　图 6-21b 中 Z_m 是信号源对地的分布电容 C_m 的阻抗，设 $C_m = 200\mathrm{pF}$。分别求下列共模干扰源转换成放大器输入端的差模干扰电压。

（1）50Hz，$U_{cm} = 100\mathrm{mV}$；（2）5kHz，$U_{cm} = 100\mathrm{mV}$。

6-6　图 6-22 中放大器 A_1、A_2 用以放大热电偶的低电平信号，利用开关 S 的周期性通断，把大功率感性负载接到电源 E 上，试分析噪声源、耦合通道和被干扰的电路。

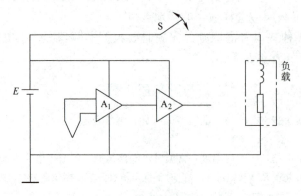

图 6-22　题 6-6 图

附录

附录 A　铂铑₁₀—铂热电偶分度表

分度号　S　　　　　　　　　　　　　　　　　　　　　　　　　　　　（单位：μV）

温度/℃	0	1	2	3	4	5	6	7	8	9
0	0	5	11	16	22	27	33	38	44	50
10	55	61	67	72	78	84	90	95	101	107
20	113	119	125	131	137	142	148	154	161	167
30	173	179	185	191	197	203	210	216	222	228
40	235	241	247	254	260	266	273	279	286	292
50	299	305	312	318	325	331	338	345	351	358
60	365	371	378	385	391	398	405	412	419	425
70	432	439	446	453	460	467	474	481	488	495
80	502	509	516	523	530	537	544	551	558	566
90	573	580	587	594	602	609	616	623	631	638
100	645	653	660	667	675	682	690	697	704	712
110	719	727	734	742	749	757	764	772	780	787
120	795	802	810	818	825	833	841	848	856	864
130	872	879	887	895	903	910	918	926	934	942
140	950	957	965	973	981	989	997	1005	1013	1021
150	1029	1037	1045	1053	1061	1069	1077	1085	1093	1101
160	1109	1117	1125	1133	1141	1149	1158	1166	1174	1182
170	1190	1198	1207	1215	1223	1231	1240	1248	1256	1264
180	1273	1281	1289	1297	1306	1314	1322	1331	1339	1347
190	1356	1364	1373	1381	1389	1398	1406	1415	1423	1432

（续）

温度/℃	0	1	2	3	4	5	6	7	8	9
200	1440	1448	1457	1465	1474	1482	1491	1499	1508	1516
210	1525	1534	1542	1551	1559	1568	1576	1585	1594	1602
220	1611	1620	1628	1637	1645	1654	1663	1671	1680	1689
230	1698	1706	1715	1724	1732	1741	1750	1759	1767	1776
240	1785	1794	1802	1811	1820	1829	1838	1846	1855	1864
250	1873	1882	1891	1899	1908	1917	1926	1935	1944	1953
260	1962	1971	1979	1988	1997	2006	2015	2024	2033	2042
270	2051	2060	2069	2078	2087	2096	2105	2114	2123	2132
280	2141	2150	2159	2168	2177	2186	2195	2204	2213	2222
290	2232	2241	2250	2259	2268	2277	2286	2295	2304	2314
300	2323	2332	2341	2350	2359	2368	2378	2387	2396	2405
310	2414	2424	2433	2442	2451	2460	2470	2479	2488	2497
320	2506	2516	2525	2534	2543	2553	2562	2571	2581	2590
330	2599	2608	2618	2627	2636	2646	2655	2664	2674	2683
340	2692	2702	2711	2720	2730	2739	2748	2758	2767	2776
350	2786	2795	2805	2814	2823	2833	2842	2852	2861	2870
360	2880	2889	2899	2908	2917	2927	2936	2946	2955	2965
370	2974	2984	2993	3003	3012	3022	3031	3041	3050	3059
380	3069	3078	3088	3097	3107	3117	3126	3136	3145	3155
390	3164	3174	3183	3193	3202	3212	3221	3231	3241	3250
400	3260	3269	3279	3288	3298	3308	3317	3327	3336	3346
410	3356	3365	3375	3384	3394	3404	3413	3423	3433	3442
420	3452	3462	3471	3481	3491	3500	3510	3520	3529	3539
430	3549	3558	3568	3578	3587	3597	3607	3616	3626	3636
440	3645	3655	3665	3675	3684	3694	3704	3714	3723	3733
450	3743	3752	3762	3772	3782	3791	3801	3811	3821	3831
460	3840	3850	3860	3870	3879	3889	3899	3909	3919	3928
470	3938	3948	3958	3968	3977	3987	3997	4007	4017	4027
480	4036	4046	4056	4066	4076	4086	4095	4105	4115	4125
490	4135	4145	4155	4164	4174	4184	4194	4204	4214	4224
500	4234	4243	4253	4263	4273	4283	4293	4303	4313	4323
510	4333	4343	4352	4362	4372	4382	4392	4402	4412	4422
520	4432	4442	4452	4462	4472	4482	4492	4502	4512	4522
530	4532	4542	4552	4562	4572	4582	4592	4602	4612	4622
540	4632	4642	4652	4662	4672	4682	4692	4702	4712	4722
550	4732	4742	4752	4762	4772	4782	4792	4802	4812	4822
560	4832	4842	4852	4862	4873	4883	4893	4903	4913	4923
570	4933	4943	4953	4963	4973	4984	4994	5004	5014	5024
580	5034	5044	5054	5065	5075	5085	5095	5105	5115	5125
590	5136	5146	5156	5166	5176	5186	5197	5207	5217	5227
600	5237	5247	5258	5268	5278	5288	5298	5309	5319	5329
610	5339	5350	5360	5370	5380	5391	5401	5411	5421	5431
620	5442	5452	5462	5473	5483	5493	5503	5514	5524	5534
630	5544	5555	5565	5575	5586	5596	5606	5617	5627	5637

（续）

温度/℃	0	1	2	3	4	5	6	7	8	9
640	5648	5658	5668	5679	5689	5700	5710	5720	5731	5741
650	5751	5762	5772	5782	5793	5803	5814	5824	5834	5845
660	5855	5866	5876	5887	5897	5907	5918	5928	5939	5949
670	5960	5970	5980	5991	6001	6012	6022	6038	6043	6054
680	6064	6075	6085	6096	6106	6117	6127	6138	6148	6195
690	6169	6180	6190	6201	6211	6222	6232	6243	6253	6264
700	6274	6285	6295	6306	6316	6327	6338	6348	6359	6369
710	6380	6390	6401	6412	6422	6433	6443	6454	6465	6475
720	6486	6496	6507	6518	6528	6539	6549	6560	6571	6581
730	6592	6603	6613	6624	6635	6645	6656	6667	6677	6688
740	6699	6709	6720	6731	6741	6752	6763	6773	6784	6795
750	6805	6816	6827	6838	6848	6859	6870	6880	6891	6902
760	6913	6923	6934	6945	6956	6966	6977	6988	6999	7009
770	7020	7031	7042	7053	7063	7074	7085	7096	7107	7117
780	7128	7139	7150	7161	7171	7182	7193	7204	7215	7225
790	7236	7247	7258	7269	7280	7291	7301	7312	7323	7334
800	7345	7356	7367	7377	7388	7399	7410	7421	7432	7443
810	7454	7465	7476	7486	7497	7508	7519	7530	7541	7552
820	7563	7574	7585	7596	7607	7618	7629	7640	7651	7661
830	7672	7683	7694	7705	7716	7727	7738	7749	7760	7771
840	7782	7793	7804	7815	7826	7837	7848	7859	7870	7881
850	7892	7904	7935	7926	7937	7948	7959	7970	7981	7992
860	8003	8014	8025	8036	8047	8058	8069	8081	8092	8103
870	8114	8125	8136	8147	8158	8169	8180	8192	8203	8214
880	8225	8236	8247	8258	8270	8281	8292	8303	8314	8325
890	8336	8348	8359	8370	8381	8392	8404	8415	8426	8437
900	8448	8460	8471	8482	8493	8504	8516	8527	8538	8549
910	8560	8572	8583	8594	8605	8617	8628	8639	8650	8662
920	8673	8684	8695	8707	8718	8729	8741	8752	8763	8774
930	8786	8797	8808	8820	8831	8842	8854	8865	8876	8888
940	8899	8910	8922	8933	8944	8956	8967	8978	8990	9001
950	9012	9024	9035	9047	9058	9069	9081	9092	9103	9115
960	9126	9138	9149	9160	9172	9183	9195	9206	9217	9229
970	9240	9252	9263	9275	9286	9298	9309	9320	9332	9343
980	9355	9366	9378	9389	9401	9412	9424	9435	9447	9458
990	9470	9481	9493	9504	9516	9527	9539	9550	9562	9573
1000	9585	9596	9608	9619	9631	9642	9654	9665	9677	9689
1010	9700	9712	9723	9735	9746	9758	9770	9781	9793	9804
1020	9816	9828	9839	9851	9862	9874	9886	9897	9909	9920
1030	9932	9944	9955	9967	9979	9990	10002	10013	10025	10037
1040	10048	10060	10072	10083	10095	10107	10118	10130	10142	10154
1050	10165	10177	10189	10200	10212	10224	10235	10247	10259	10271
1060	10282	10294	10306	10318	10329	10341	10353	10364	10376	10388
1070	10400	10411	10423	10435	10447	10459	10470	10482	10494	10506

（续）

温度/℃	0	1	2	3	4	5	6	7	8	9
1080	10517	10529	10541	10553	10565	10576	10588	10600	10612	10624
1090	10635	10647	10659	10671	10683	10694	10706	10718	10730	10742
1100	10754	10765	10777	10789	10801	10813	10825	10836	10848	10860
1110	10872	10884	10896	10908	10919	10931	10943	10955	10967	10979
1120	10991	11003	11014	11026	11038	11050	11062	11074	11086	11098
1130	11110	11121	11133	11145	11157	11169	11181	11193	11205	11217
1140	11229	11241	11252	11264	11276	11288	11300	11312	11324	11336
1150	11348	11360	11372	11384	11396	11408	11420	11432	11443	11455
1160	11467	11479	11491	11503	11515	11527	11539	11551	11563	11575
1170	11587	11599	11611	11623	11635	11647	11659	11671	11683	11695
1180	11707	11719	11731	11743	11755	11767	11779	11791	11803	11815
1190	11827	11839	11851	11863	11875	11887	11899	11911	11923	11935
1200	11947	11959	11971	11983	11995	12007	12019	12031	12043	12055
1210	12067	12079	12091	12103	12116	12128	12140	12152	12164	12176
1220	12188	12200	12212	12224	12236	12248	12260	12272	12284	12296
1230	12308	12320	12332	12345	12357	12369	12381	12393	12405	12417
1240	12429	12441	12453	12465	12477	12489	12501	12514	12526	12538
1250	12550	12562	12574	12586	12598	12610	12622	12634	12647	12659
1260	12671	12683	12695	12707	12719	12731	12743	12755	12767	12780
1270	12792	12804	12816	12828	12840	12852	12864	12876	12888	12901
1280	12913	12925	12937	12949	12961	12973	12985	12997	13010	13022
1290	13034	13046	13058	13070	13082	13094	13107	13119	13131	13143
1300	13155	13167	13179	13191	13203	13216	13228	13240	13252	13264
1310	13276	13288	13300	13313	13325	13337	13349	13361	13373	13385
1320	13397	13410	13422	13434	13446	13458	13470	13482	13495	13507
1330	13519	13531	13543	13555	13567	13579	13592	13604	13616	13628
1340	13640	13652	13664	13677	13689	13701	13713	13725	13737	13749
1350	13761	13774	13786	13798	13810	13822	13834	13846	13859	13871
1360	13883	13895	13907	13919	13931	13943	13956	13968	13980	13992
1370	14004	14016	14028	14040	14053	14065	14077	14089	14101	14113
1380	14125	14138	14150	14162	14174	14186	14198	14210	14222	14235
1390	14247	14259	14271	14283	14295	14307	14319	14332	14344	14356
1400	14368	14380	14392	14404	14416	14429	14441	14453	14465	14477
1410	14489	14501	14513	14526	14538	14550	14562	14574	14586	14598
1420	14610	14622	14635	14647	14659	14671	14683	14695	14707	14719
1430	14731	14744	14756	14768	14780	14792	14804	14816	14828	14840
1440	14852	14865	14877	14889	14901	14913	14925	14937	14949	14961
1450	14973	14985	14998	15010	15022	15034	15046	15058	15070	15082
1460	15094	15106	15118	15130	15143	15155	15167	15179	15191	15203
1470	15215	15227	15239	15251	15263	15275	15287	15299	15311	15324
1480	15336	15348	15360	15372	15384	15396	15408	15420	15432	15444
1490	15456	15468	15480	15492	15504	15516	15528	15540	15552	15564

附录 B　镍铬—铜镍热电偶分度表

分度号　E　　　　　　　　　　　　　　　　　　　　　　　　　　　　（单位：μV）

温度/℃	0	10	20	30	40	50	60	70	80	90
0	0	591	1192	1801	2419	3047	3683	4329	4983	5646
100	6317	6996	7683	8377	9078	9787	10501	11222	11949	12681
200	13419	14161	14909	15661	16417	17178	17942	18710	19481	20256
300	21033	21814	22597	23383	24171	24961	25754	26549	27345	28143
400	28943	29744	30546	31350	32155	32960	33767	34574	35382	36190
500	36999	37808	38617	39426	40236	41045	41853	42662	43470	44278
600	45085	45891	46697	47502	48306	49109	49911	50713	51513	52312
700	53110	53907	54703	55498	56291	57083	57873	58663	59451	60237
800	61022	61806	62588	63368	64147	64924	65700	66473	67245	68015
900	68783	69549	70313	71075	71835	72593	73350	74104	74857	75608
1000	76358									

附录 C　镍铬—镍硅热电偶分度表

分度号　K　　　　　　　　　　　　　　　　　　　　　　　　　　　　（单位：μV）

温度/℃	0	1	2	3	4	5	6	7	8	9
0	0	39	79	119	158	198	238	277	317	357
10	397	437	477	517	557	597	637	677	718	758
20	798	838	879	919	960	1000	1041	1081	1122	1162
30	1203	1244	1285	1325	1366	1407	1448	1489	1529	1570
40	1611	1652	1693	1734	1776	1817	1858	1899	1940	1981
50	2022	2064	2105	2146	2188	2229	2270	2312	2353	2394
60	2436	2477	2519	2560	2601	2643	2684	2726	2767	2809
70	2850	2892	2933	2975	3016	3058	3100	3141	3183	3224
80	3266	3307	3349	3390	3432	3473	3515	3556	3598	3639
90	3681	3722	3764	3805	3847	3888	3930	3971	4012	4054
100	4095	4137	4178	4219	4261	4302	4343	4384	4426	4467
110	4508	4549	4590	4632	4673	4714	4755	4796	4837	4878
120	4919	4960	5001	5042	5083	5124	5164	5205	5246	5287
130	5327	5368	5409	5450	5490	5531	5571	5612	5652	5693
140	5733	5774	5814	5855	5895	5936	5976	6016	6057	6097
150	6137	6177	6218	6258	6298	6338	6378	6419	6459	6499
160	6539	6579	6619	6659	6699	6739	6779	6819	6859	6899
170	6939	6979	7019	7059	7099	7139	7179	7219	7259	7299
180	7338	7378	7418	7458	7498	7538	7578	7618	7658	7697
190	7737	7777	7817	7857	7897	7937	7977	8017	8057	8097
200	8137	8177	8216	8256	8296	8336	8376	8416	8456	8497
210	8537	8577	8617	8657	8697	8737	8777	8817	8857	8898
220	8938	8978	9018	9058	9099	9139	9179	9220	9260	9300
230	9341	9381	9421	9462	9502	9543	9583	9624	9664	9705
240	9745	9786	9826	9867	9907	9948	9989	10029	10070	10111
250	10151	10192	10233	10274	10315	10355	10396	10437	10478	10519
260	10560	10600	10641	10682	10723	10764	10805	10846	10887	10928
270	10969	11010	11051	11093	11134	11175	11216	11257	11298	11339

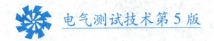

（续）

温度/℃	0	1	2	3	4	5	6	7	8	9
280	11381	11422	11463	11504	11546	11587	11628	11669	11711	11752
290	11793	11835	11876	11918	11959	12000	12042	12083	12125	12166
300	12207	12249	12290	12332	12373	12415	12456	12498	12539	12581
310	12623	12664	12706	12747	12789	12831	12872	12914	12955	12997
320	13039	13080	13122	13164	13205	13247	13289	13331	13372	13414
330	13456	13497	13539	13581	13623	13665	13706	13748	13790	13832
340	13874	13915	13957	13999	14041	14083	14125	14167	14208	14250
350	14292	14334	14376	14418	14460	14502	14544	14586	14628	14670
360	14712	14754	14796	14838	14880	14922	14964	15006	15048	15090
370	15132	15174	15216	15258	15300	15342	15384	15426	15468	15510
380	15552	15594	15636	15679	15721	15763	15805	15847	15889	15931
390	15974	16016	16058	16100	16142	16184	16227	16269	16311	16353
400	16395	16438	16480	16522	16564	16607	16649	16691	16733	16776
410	16818	16860	16902	16945	16987	17029	17072	17114	17156	17199
420	17241	17283	17326	17368	17410	17453	17495	17537	17580	17622
430	17664	17707	17749	17792	17834	17876	17919	17961	18004	18046
440	18088	18131	18173	18216	18258	18301	18343	18385	18428	18470
450	18513	18555	18598	18640	18683	18725	18768	18810	18853	18895
460	18938	18980	19023	19065	19108	19150	19193	19235	19278	19320
470	19363	19405	19448	19490	19533	19576	19618	19661	19703	19746
480	19788	19831	19873	19916	19959	20001	20044	20086	20129	20172
490	20214	20257	20299	20342	20385	20427	20470	20512	20555	20598
500	20640	20683	20725	20768	20811	20853	20896	20938	20981	21024
510	21066	21109	21152	21194	21237	21280	21322	21365	21407	21450
520	21493	21535	21578	21621	21663	21706	21749	21791	21834	21876
530	21919	21962	22004	22047	22090	22132	22175	22218	22260	22303
540	22346	22388	22431	22473	22516	22559	22601	22644	22687	22729
550	22772	22815	22857	22900	22942	22985	23028	23070	23113	23156
560	23198	23241	23284	23326	23369	23411	23454	23497	23539	23582
570	23624	23667	23710	23752	23795	23837	23880	23923	23965	24008
580	24050	24093	24136	24178	24221	24263	24306	24348	24391	24434
590	24476	24519	24561	24604	24646	24689	24731	24774	24817	24859
600	24902	24944	24987	25029	25072	25114	25157	25199	25242	25284
610	25327	25369	25412	25454	25497	25539	25582	25624	25666	25709
620	25751	25794	25836	25879	25921	25964	26006	26048	26091	26133
630	26176	26218	26260	26303	26345	26387	26430	26472	26515	26557
640	26599	26642	26684	26726	26769	26811	26853	26896	26938	26980
650	27022	27065	27107	27149	27192	27234	27276	27318	27361	27403
660	27445	27487	27529	27572	27614	27656	27698	27740	27783	27825
670	27867	27909	27951	27993	28035	28078	28120	28162	28204	28246
680	28288	28330	28372	28414	28456	28498	28540	28583	28625	28667
690	28709	28751	28793	28835	28877	28919	28961	29002	29044	29086
700	29128	29170	29212	29254	29296	29338	29380	29422	29464	29505
710	29547	29589	29631	29673	29715	29756	29798	29840	29882	29924

（续）

温度/℃	0	1	2	3	4	5	6	7	8	9
720	29965	30007	30049	30091	30132	30174	30216	30257	30299	30341
730	30383	30424	30466	30508	30549	30591	30632	30674	30716	30757
740	30799	30840	30882	30924	30965	31007	31048	31090	31131	31173
750	31214	31256	31297	31339	31380	31422	31463	31504	31546	31587
760	31629	31670	31712	31753	31794	31836	31877	31918	31960	32001
770	32042	32084	32125	32166	32207	32249	32290	32331	32372	32414
780	32455	32496	32537	32578	32619	32661	32702	32743	32784	32825
790	32866	32907	32948	32990	33031	33072	33113	33154	33195	33236
800	33277	33318	33359	33400	33441	33482	33523	33564	33604	33645
810	33686	33727	33768	33809	33850	33891	33931	33972	34013	34054
820	34095	34136	34176	34217	34258	34299	34339	34380	34421	34461
830	34502	34543	34583	34624	34665	34705	34746	34787	34827	34868
840	34909	34949	34990	35030	35071	35111	35152	35192	35233	35273
850	35314	35354	35395	35436	35476	35516	35557	35597	35637	35678
860	35718	35758	35799	35839	35880	35920	35960	36000	36041	36081
870	36121	36162	36202	36242	36282	36323	36363	36403	36443	36483
880	36524	36564	35604	36644	36684	36724	36764	36804	36844	36885
890	36925	36965	37005	37045	37085	37125	37165	37205	37245	37285
900	37325	37365	37405	37445	37484	37524	37564	37604	37644	37684
910	37724	37764	37803	37843	37883	37923	37963	38002	38042	38082
920	38122	38162	38201	38241	38281	38320	38360	38400	38439	38479
930	38519	38558	38598	38638	38677	38717	38756	38796	38836	38875
940	38915	38954	38994	39033	39073	39112	39152	39191	39231	39270
950	39310	39349	39388	39428	39487	39507	39546	39585	39625	39664
960	39763	39743	39782	39821	39881	39900	39939	39979	40018	40057
970	40096	40136	40175	40214	40253	40292	40332	40371	40410	40449
980	40488	40527	40566	40605	40645	40684	40723	40762	40801	40840
990	40879	40918	40957	40996	41035	41074	41113	41152	41191	41230
1000	41269	41308	41347	41385	41424	41463	41502	41541	41580	41619
1010	41657	41696	41735	41774	41813	41851	41890	41929	41968	42006
1020	42045	42084	42123	42161	42200	42239	42277	42316	42355	42393
1030	42432	42470	42509	42548	42586	42625	42663	42702	42740	42779
1040	42817	42856	42894	42933	42971	43010	43048	43087	43125	43164
1050	43202	43240	43279	43317	43356	43394	43482	43471	43509	43547
1060	43585	43624	43662	43700	43739	43777	43815	43853	43891	43930
1070	43968	44006	44044	44082	44121	44159	44197	44235	44273	44311
1080	44349	44387	44425	44463	44501	44539	44577	44615	44653	44691
1090	44729	44767	44805	44843	44881	44919	44957	44995	45033	45070
1100	45108	45146	45184	45222	45260	45297	45335	45373	45411	45448

附录 D　铂电阻分度表

分度号　Pt100　　　　　　　　　　　　　　　　　　　　$R_0 = 100.00\Omega$（单位：Ω）

温度/℃	0	1	2	3	4	5	6	7	8	9
−200	18.49									
−190	22.80	22.37	21.94	21.51	21.08	20.65	20.22	19.79	19.36	18.93
−180	27.08	26.65	26.23	25.80	25.37	24.94	24.52	24.09	23.66	23.23
−170	31.32	30.90	30.47	30.05	29.63	29.20	28.78	28.35	27.93	27.50
−160	35.53	35.11	34.69	34.27	33.85	33.43	33.01	32.59	32.16	31.74
−150	39.71	39.30	38.88	38.46	38.04	37.63	37.21	36.79	36.37	35.95
−140	43.87	43.45	43.04	42.63	42.21	41.79	41.38	40.96	40.55	40.13
−130	48.00	47.59	47.18	46.76	46.35	45.94	45.52	45.11	44.70	44.28
−120	52.11	51.70	51.29	50.88	50.47	50.06	49.64	49.23	48.82	48.41
−110	56.19	55.78	55.38	54.97	54.56	54.15	53.74	53.33	52.92	52.52
−100	60.25	59.85	59.44	59.04	58.63	58.22	57.82	57.41	57.00	56.60
−90	64.30	63.90	63.49	63.09	62.68	62.28	61.87	61.47	61.06	60.66
−80	68.33	67.92	67.52	67.12	66.72	66.31	65.91	65.51	65.11	64.70
−70	72.33	71.93	71.53	71.13	70.73	70.33	69.93	69.53	69.13	68.73
−60	76.33	75.93	75.53	75.13	74.73	74.33	73.93	73.53	73.13	72.73
−50	80.31	79.91	79.51	79.11	78.72	78.32	77.92	77.52	77.13	76.73
−40	84.27	83.88	83.48	83.08	82.69	82.29	81.89	81.50	81.10	80.70
−30	88.22	87.83	87.43	87.04	86.64	86.25	85.85	85.46	85.06	84.67
−20	92.16	91.77	91.37	90.98	90.59	90.19	89.80	89.40	89.01	88.62
−10	96.09	95.69	95.30	94.91	94.52	94.12	93.73	93.34	92.95	92.55
−0	100.00	99.61	99.22	98.83	98.44	98.04	97.65	97.26	96.87	96.48
0	100.00	100.39	100.78	101.17	101.56	101.95	102.34	102.73	103.13	103.51
10	103.90	104.29	104.68	105.07	105.46	105.85	106.24	106.63	107.02	107.40
20	107.79	108.18	108.57	108.96	109.35	109.73	110.12	110.51	110.90	111.28
30	111.67	112.06	112.45	112.83	113.22	113.61	113.99	114.38	114.77	115.15
40	115.54	115.93	116.31	116.70	117.08	117.47	117.85	118.24	118.62	119.01
50	119.40	119.78	120.16	120.55	120.93	121.32	121.70	122.09	122.47	122.86
60	123.24	123.62	124.01	124.39	124.77	125.16	125.54	125.92	126.31	126.69
70	127.07	127.45	127.84	128.22	128.60	128.98	129.37	129.75	130.13	130.51
80	130.89	131.27	131.66	132.04	132.42	132.80	133.18	133.56	133.94	134.32
90	134.70	135.08	135.46	135.84	136.22	136.60	136.98	137.36	137.74	138.12
100	138.50	138.88	139.26	139.64	140.02	140.39	140.77	141.15	141.53	141.91
110	142.29	142.66	143.04	143.42	143.80	144.17	144.55	144.93	145.31	145.68
120	146.06	146.44	146.81	147.19	147.57	147.94	148.32	148.70	149.07	149.45
130	149.82	150.20	150.57	150.95	151.33	151.70	152.08	152.45	152.83	153.20
140	153.58	153.95	154.32	154.70	155.07	155.45	155.82	156.19	156.57	156.94
150	157.31	157.69	158.06	158.43	158.81	159.18	159.55	159.93	160.30	160.67
160	161.04	161.42	161.79	162.16	162.53	162.90	163.27	163.65	164.02	164.39
170	164.76	165.13	165.50	165.87	166.24	166.61	166.98	167.35	167.72	168.09
180	168.46	168.83	169.20	169.57	169.94	170.31	170.68	171.05	171.42	171.79
190	172.16	172.53	172.90	173.26	173.63	174.00	174.37	174.74	175.10	175.47
200	175.84	176.21	176.57	176.94	177.31	177.68	178.04	178.41	178.78	179.14
210	179.51	179.88	180.24	180.61	180.97	181.34	181.71	182.07	182.44	182.80

（续）

温度/℃	0	1	2	3	4	5	6	7	8	9
220	183. 17	183. 53	183. 90	184. 26	184. 63	184. 99	185. 36	185. 72	186. 09	186. 45
230	186. 82	187. 18	187. 54	187. 91	188. 27	188. 63	189. 00	189. 36	189. 72	190. 09
240	190. 45	190. 81	191. 18	191. 54	191. 90	192. 26	192. 63	192. 99	193. 35	193. 71
250	194. 07	194. 44	194. 80	195. 16	195. 52	195. 88	196. 24	196. 60	196. 96	197. 33
260	197. 69	198. 05	198. 41	198. 77	199. 13	199. 49	199. 85	200. 21	200. 57	200. 93
270	201. 29	201. 65	202. 01	202. 36	202. 72	203. 08	203. 44	203. 80	204. 16	204. 52
280	204. 88	205. 23	205. 59	205. 95	206. 31	206. 67	207. 02	207. 38	207. 74	208. 10
290	208. 45	208. 81	209. 17	209. 52	209. 88	210. 24	210. 59	210. 95	211. 31	211. 66
300	212. 02	212. 37	212. 73	213. 09	213. 44	213. 80	214. 15	214. 51	214. 86	215. 22
310	215. 57	215. 93	216. 28	216. 64	216. 99	217. 35	217. 70	218. 05	218. 41	218. 76
320	219. 12	219. 47	219. 82	220. 18	220. 53	220. 88	221. 24	221. 59	221. 94	222. 29
330	222. 65	223. 00	223. 35	223. 70	224. 06	224. 41	224. 76	225. 11	225. 46	225. 81
340	226. 17	226. 52	226. 87	227. 22	227. 57	227. 92	228. 27	228. 62	228. 97	229. 32
350	229. 67	230. 02	230. 37	230. 72	231. 07	231. 42	231. 77	232. 12	232. 47	232. 82
360	233. 17	233. 52	233. 87	234. 22	234. 56	234. 91	235. 26	235. 61	235. 96	236. 31
370	236. 65	237. 00	237. 35	237. 70	238. 04	238. 39	238. 74	239. 09	239. 43	239. 78
380	240. 13	240. 47	240. 82	241. 17	241. 51	241. 86	242. 20	242. 55	242. 90	243. 24
390	243. 59	243. 93	244. 28	244. 62	244. 97	245. 31	245. 66	246. 00	246. 35	246. 69
400	247. 04	247. 38	247. 73	248. 07	248. 41	248. 76	249. 10	249. 45	249. 79	250. 13
410	250. 48	250. 82	251. 16	251. 50	251. 85	252. 19	252. 53	252. 88	253. 22	253. 56
420	253. 90	254. 24	254. 59	254. 93	255. 27	255. 61	255. 95	256. 29	256. 64	256. 98
430	257. 32	257. 66	258. 00	258. 34	258. 68	259. 02	259. 36	259. 70	260. 04	260. 38
440	260. 72	261. 06	261. 40	261. 74	262. 08	262. 42	262. 76	263. 10	263. 43	263. 77
450	264. 11	264. 45	264. 79	265. 13	265. 47	265. 80	266. 14	266. 48	266. 82	267. 15
460	267. 49	267. 83	268. 17	268. 50	268. 84	269. 18	269. 51	269. 85	270. 19	270. 52
470	270. 86	271. 20	271. 53	271. 87	272. 20	272. 54	272. 88	273. 21	273. 55	273. 88
480	274. 22	274. 55	274. 89	275. 22	275. 56	275. 89	276. 23	276. 56	276. 89	277. 23
490	277. 56	277. 90	278. 23	278. 56	278. 90	279. 23	279. 56	279. 90	280. 23	280. 56
500	280. 90	281. 23	281. 56	281. 89	282. 23	282. 56	282. 89	283. 22	283. 55	283. 89
510	284. 22	284. 55	284. 88	285. 21	285. 54	285. 87	286. 21	286. 54	286. 87	287. 20
520	287. 53	287. 86	288. 19	288. 52	288. 85	289. 18	289. 51	289. 84	290. 17	290. 50
530	290. 83	291. 16	291. 49	291. 81	292. 14	292. 47	292. 80	293. 13	293. 46	293. 79
540	294. 11	294. 44	294. 77	295. 10	295. 43	295. 75	296. 08	296. 41	296. 74	297. 06
550	297. 39	297. 72	298. 04	298. 37	298. 70	299. 02	299. 35	299. 68	300. 00	300. 33
560	300. 65	300. 98	301. 31	301. 63	301. 96	302. 28	302. 61	302. 93	303. 26	303. 58
570	303. 91	304. 23	304. 56	304. 88	305. 20	305. 53	305. 85	306. 18	306. 50	306. 82
580	307. 15	307. 47	307. 79	308. 12	308. 44	308. 76	309. 09	309. 41	309. 73	310. 05
590	310. 38	310. 70	311. 02	311. 34	311. 67	311. 99	312. 31	312. 63	312. 95	313. 27
600	313. 59	313. 92	314. 24	314. 56	314. 88	315. 20	315. 52	315. 84	316. 16	316. 48
610	316. 80	317. 12	317. 44	317. 76	318. 08	318. 40	318. 72	319. 04	319. 36	319. 68
620	319. 99	320. 31	320. 63	320. 95	321. 27	321. 59	321. 91	322. 22	322. 54	322. 86
630	323. 18	323. 49	323. 81	324. 13	324. 45	324. 76	325. 08	325. 40	325. 72	326. 03
640	326. 35	326. 66	326. 98	327. 30	327. 61	327. 93	328. 25	328. 56	328. 88	329. 19
650	329. 51	329. 82	330. 14	330. 45	330. 77	331. 08	331. 40	331. 71	332. 03	332. 34

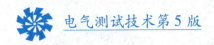

附录 E 铜电阻（Cu50）分度表

分度号　Cu50　　　　　　　　　　　　　$R_0 = 50\Omega$　$\alpha = 0.004280$　　（单位：Ω）

温度/℃	0	1	2	3	4	5	6	7	8	9
−50	39.29	—	—	—	—	—	—	—	—	—
−40	41.40	41.18	40.97	40.75	40.54	40.32	40.10	39.89	39.67	39.46
−30	43.55	43.34	43.12	42.91	42.69	42.48	42.27	42.05	41.83	41.61
−20	45.70	45.49	45.27	45.06	44.34	44.63	44.41	44.20	43.98	43.77
−10	47.85	47.64	47.42	47.21	46.99	46.78	46.56	46.35	46.13	45.92
−0	50.00	49.78	49.57	49.35	49.14	48.92	48.71	48.50	48.28	48.07
0	50.00	50.21	50.43	50.64	50.86	51.07	51.28	51.50	51.71	51.93
10	52.14	52.36	52.57	52.78	53.00	53.21	53.43	53.64	53.86	54.07
20	54.28	54.50	54.71	54.92	55.14	55.35	55.57	55.78	56.00	56.21
30	56.42	46.64	56.85	57.07	57.28	57.49	57.71	57.92	58.14	58.35
40	58.56	58.78	58.99	59.20	59.42	59.63	59.85	60.06	60.27	60.49
50	60.70	60.92	61.13	61.34	61.56	61.77	61.98	62.20	62.41	62.63
60	62.84	63.05	63.27	63.48	63.70	63.91	64.12	64.34	64.55	64.76
70	64.98	65.19	65.41	65.62	65.83	66.05	66.26	66.48	66.69	66.90
80	67.12	67.33	67.54	67.76	67.97	68.19	68.40	68.62	68.83	69.04
90	69.26	69.47	69.68	69.90	70.11	70.33	70.54	70.76	70.97	17.18
100	71.40	71.61	71.83	72.04	72.25	72.47	72.68	72.90	73.11	73.33
110	73.54	73.75	73.97	74.18	74.40	74.61	74.83	75.04	75.26	75.47
120	75.68	75.90	76.11	76.33	76.54	76.76	76.97	77.19	77.40	77.62
130	77.83	78.05	78.26	78.48	78.69	78.91	79.12	79.34	79.55	79.77
140	79.98	80.20	80.41	80.63	80.84	81.06	81.27	81.49	81.70	81.92
150	82.13	—	—	—	—	—	—	—	—	—

部分习题答案

第 2 章

2-2　（1）-2.2mA、$\pm 2.2\text{mA}$，-2.75%　（2）2.5 级

2-3　①$r_m = \pm 5.0\%$，②$r_m = \pm 3.75\%$，选 $U_m = 30\text{V}$，2.5 级

2-4　$\pm 0.015\%$，$\pm 0.21\%$

2-5　选 2.5 级

2-6　$(501.7 \pm 0.36)\text{ Hz}$

2-7　$r_x = \pm 0.007\%$

2-8　$r_x = mr_A + nr_B + pr_C$，$r_x = \pm 8.25\%$

2-9　100Ω，$r_R = 100\%$，电压表上端改接 C 点。

2-10　$R_{x0} = 1\text{M}\Omega$，$r_R = -50\%$，电压表上端改接 B 点。

2-11　（1）串联 $10.2\text{k}\Omega$，$\pm 3.0\%$

　　　（2）并联 $2.55\text{k}\Omega$，$\pm 3.0\%$

　　　（3）串联 $10.2\text{k}\Omega$，$\pm 2.5\%$，并联 $2.55\text{k}\Omega$，$\pm 2.5\%$

2-12　$\pm 1.1\%$

2-13　$r_w = \pm 4.1\%$

2-14　$r = \pm 2.8\%$

2-15　$s = 1.5$ 级

3-1　a)　$x = \sqrt{\dfrac{U_i}{U_x}}$　b)　$U_o = U_a x_1 + U_b x_2$

　　　c)　$U_o = U x_1 x_2$

3-2　$p_x = 500\text{kPa}$

3-3　$U_o = 32\text{mV}$，$R_1 = 100.4\Omega$，$R_2 = 99.6\Omega$，$R_3 = 100.24\Omega$，$R_4 = 99.76\Omega$

3-4　$\pm 1.01\%$，$\pm 0.01\%$

3-6　$I_0 = \dfrac{K_p K_M}{K_{fl} K_F K_{fm}} P_x$，$r_i = \pm 0.2\%$

3-7　$\pm 1.01\%$，$\pm 0.01\%$

3-8　$5\text{m} \pm 4.178\text{m}$

3-9　$\theta = \dfrac{E_1}{C} k_1 k_2 h$

3-10　$r = 14.4\%$

3-11　$r = -2.13\%$

3-12　$r = 8.2\%$

3-14　$r = -20\%$

3-15　管道直径 $D = 10\text{cm}$，$L = 20\text{cm}$，$\theta = 70.5°$

　　　$N_1 = 508$，$N_2 = 536$　　$q_{Vm} = K\left(\dfrac{N_2 - N_1}{N_1 N_2}\right) = 1000\text{m}^3/\text{h}$

3-16　$F_0 = 2000\text{N}$，$L = 20\text{mm}$，$d = 0.05\text{mm}$，$m = 2.5\text{g}$

3-18　144km/h

3-20　$p_x = 1\text{MPa}$

4-1　200℃

4-2　$V_{DD} = 9\text{V}$　$R_A = 10\text{k}\Omega$　$R_B = 2\text{k}\Omega$

4-3　$R_P = 1.05\text{k}\Omega$，取 1.5kΩ 多圈精密变阻器

4-4　$p_x = 300\text{kPa}$

4-5　$\Delta f = 5000\text{Hz}$　$p_x = 100\text{kPa}$

5-1　$R_1 = R_2 = 530\Omega$，$C_1 = C_2 = 0.1\mu\text{F}$，$R_3 = 5.1\text{k}\Omega$，$R_4 = 6.8\text{k}\Omega$

5-2　$C_1 = C_2 = 0.1\mu\text{F}$，$R_1 = R_2 = 1.6\text{k}\Omega$，$R_3 = 10.2\text{k}\Omega$，$R_4 = 5.1\text{k}\Omega$

5-3　$C_1 = C_2 = 0.74\mu\text{F}$，$R_1 = 12.75\text{k}\Omega$，$R_2 = 3.2\text{k}\Omega$，$R_3 = 51\text{k}\Omega$

5-4　0.39Hz，971.4Hz

5-5　$V_x = 160\text{mV}$，$K = \dfrac{1}{5}$

5-6 $K_1 = 4.1 \times 10^{-2}$, $K_2 = 4.03 \times 10^{-2}$, $K_3 = 4.08 \times 10^{-2}$, $K_4 = 4.19 \times 10^{-2}$,

       $K_5 = 4.25 \times 10^{-2}$, $K_6 = 4.25 \times 10^{-2}$, $K_7 = 4.23 \times 10^{-2}$, $K_8 = 4.16 \times 10^{-2}$,

       $K_9 = 4.04 \times 10^{-2}$, $K_{10} = 3.94 \times 10^{-2}$

5-7 $0.22x - 100$, 780℃

5-8 $\pm 2 \times 10^{-5}\%$; $\pm 2 \times 10^{-4}\%$; $\pm 2 \times 10^{-3}\%$

5-9 $\pm 0.2\%$, $\pm 0.005\%$

5-10 $0 \sim 1.0000°$, $K_1 = 1$; $0 \sim 10.000°$, $K_2 = 10$; $0 \sim 100.00°$, $K_3 = 100$; $0 \sim$

       $360.00°$, $K_4 = 1000$。

5-12   取 $t_{r0} = \left(\dfrac{1}{3} \sim \dfrac{1}{5} \right) t_{rs}$, $f_B = 20 \sim 35\text{MHz}$

第 6 章

6-1   132mV

6-2   11mV

6-3   60dB

6-4   91mV, $0.1\mu\text{V}$

6-5   (1) 0.062mV   (2) 5.88mV

参 考 文 献

[1]　张乃国．电子测量技术［M］．北京：人民邮电出版社，1985.

[2]　李颂伦．电气测试技术［M］．西安：西北工业大学出版社，1992.

[3]　吴训一．自动检测技术［M］．北京：机械工业出版社，1981.

[4]　周泽存．检测技术［M］．北京：机械工业出版社，1993.

[5]　南京航空学院，北京航空学院．传感器原理［M］．北京：国防工业出版社，1980.

[6]　常健生．检测与转换技术［M］．北京：机械工业出版社，1992.

[7]　袁禄明．电磁测量［M］．北京：机械工业出版社，1980.

[8]　于轮元．电气测量技术［M］．西安：西安交通大学出版社，1988.

[9]　范家庆，沈祝平．扫频测量技术［M］．北京：电子工业出版社，1985.

[10]　尤德斐．数字化测量技术［M］．北京：机械工业出版社，1980.

[11]　魏岫崑，等．电子测量仪器［M］．天津：天津科学技术出版社，1986.

[12]　陈立周．电气测量［M］．北京：机械工业出版社，1984.

[13]　夏雪生．微机化仪器设计［M］．北京：科学出版社，1988.

[14]　常向阳，等．常用智能仪器的原理与使用［M］．北京：电子工业出版社，1993.

[15]　李腊元，官本云．智能化仪器仪表［M］．北京：科学出版社，1993.

[16]　强锡富．传感器［M］．北京：机械工业出版社，1989.

[17]　李科杰．传感技术［M］．北京：北京理工大学出版社，1989.

[18]　许宜生，丁振荣．自动检测仪表电子电路设计［M］．北京：原子能出版社，1986.

[19]　王洪业．传感器技术［M］．长沙：湖南科学技术出版社，1985.

[20]　郭振芹．非电量电测［M］．北京：中国计量出版社，1984.

[21]　陶时澍．电气测量技术［M］．北京：中国计量出版社，1991.

[22]　周培森．自动检测与仪表［M］．北京：清华大学出版社，1987.

[23]　潘新民，王燕芳．微型计算机与传感器技术［M］．北京：人民邮电出版社，1988.

[24]　何圣静，等．新型传感器［M］．北京：兵器工业出版社，1993.

[25]　刘迎春，等．新型传感器及其应用［M］．长沙：国防科技大学出版社，1991.

[26]　罗四维．传感器应用电路详解［M］．北京：电子工业出版社，1993.

[27]　任仲岳，等．电机电工的微机测试［M］．上海：上海交通大学出版社，1986.

[28]　潘新民，等．单片微型计算机实用系统设计［M］．北京：人民邮电出版社，1993.

[29]　吴勤勤，等．微机化仪表原理及设计［M］．上海：华东化工学院出版社，1992.

[30]　李标荣，等．电子传感器［M］．北京：国防工业出版社，1993.

[31]　任致程．半导体敏感元件及其应用实例［M］．北京：机械工业出版社，1989.

[32]　张福学，等．传感器应用及其电路精选［M］．北京：电子工业出版社，1991.

[33]　李华．MCS－51系列单片机实用接口技术［M］．北京：北京航空航天大学出版社，1993.

[34]　金篆芷，王明时．现代传感技术［M］．北京：电子工业出版社，1995.

[35]　牛德芳．半导体传感器原理及其应用［M］．大连：大连理工大学出版社，1993.

[36]　徐爱钧．智能化测量控制仪表原理与设计［M］．北京：北京航空航天大学出版社，1995.

[37]　范玉久．化工测量及仪表［M］．北京：化学工业出版社，1981.

[38]　王福瑞，等．单片微机测控系统设计大全［M］．北京：北京航空航天大学出版社，1998.

［39］ 丁镇生．传感器及传感技术应用［M］．北京：电子工业出版社，1998.
［40］ 何希才．传感器及其应用电路［M］．北京：电子工业出版社，2001.
［41］ 赵负图．传感器集成电路手册［M］．北京：化学工业出版社，2002.
［42］ 沙占友．中外集成传感器实用手册［M］．北京：电子工业出版社，2005.
［43］ 刘君华．智能传感器系统［M］．西安：西安电子科技大学出版社，2000.
［44］ 沙占友．中外集成传感器实用手册［M］．北京：电子工业出版社，2005.
［45］ 李全利．单片机原理及应用技术［M］．3 版．北京：高等教育出版社，2008.